Cinema 4D R20

完全学习手册

TVart培训基地 编著

人民邮电出版社

北 京

图书在版编目（CIP）数据

Cinema 4D R20完全学习手册 / TVart培训基地编著
. -- 北京 ：人民邮电出版社，2021.1
ISBN 978-7-115-54774-3

Ⅰ．①C… Ⅱ．①T… Ⅲ．①三维动画软件－手册
Ⅳ．①TP391.414-62

中国版本图书馆CIP数据核字(2020)第245710号

内 容 提 要

本书由 TVart 培训基地（Cinema 4D 专业培训机构）组织编写。该书全面阐述了 Cinema 4D R20 的应用范围、界面、基本操作、建模、材质、灯光、渲染、动力学（粒子、毛发、布料等）、运动图形、效果器、关节、Xpresso、Thinking Particles、雕刻、场次系统等方面的知识。全书共 26 章，第 1～14 章讲解 Cinema 4D R20 的基础功能，第 15～26 章讲解 Cinema 4D R20 的高级功能。本书还讲解了 Cinema 4D R20 的体积建模和域等新增功能。

本书附带学习资源，内容包括书中案例实操所用到的工程文件，读者可以在线获取这些资源，具体获取方法请参看本书前言。

本书非常适合作为 Cinema 4D 初、中级读者的入门及提高的学习用书，尤其适合零基础读者，同时还适合作为相关院校或培训机构的教材。

◆ 编　　著　TVart 培训基地
　　责任编辑　张丹丹
　　责任印制　马振武

◆ 人民邮电出版社出版发行　北京市丰台区成寿寺路 11 号
　　邮编　100164　电子邮件　315@ptpress.com.cn
　　网址　https://www.ptpress.com.cn
　　北京瑞禾彩色印刷有限公司印刷

◆ 开本：787×1092　1/16
　　印张：29.5
　　字数：857 千字　　　　　　　2021 年 1 月第 1 版
　　印数：1 – 3 000 册　　　　　　2021 年 1 月北京第 1 次印刷

定价：149.90 元

读者服务热线：(010)81055410　印装质量热线：(010)81055316
反盗版热线：(010)81055315
广告经营许可证：京东市监广登字 20170147 号

这是一本系统介绍Cinema 4D R20基本功能及其应用技巧的书。本书与《Cinema 4D完全学习手册》相比，进行了大量修订并增加了新功能的讲解。TVart培训基地的讲师会在Cinema 4D重大版本更新的时候更新学习手册，以便让更多人快速、全面地了解新版的Cinema 4D。

Cinema 4D这款软件由来已久。在欧美一些国家和亚洲的日本、新加坡等国家，Cinema 4D早已是视频设计师的必备工具。如今，Cinema 4D简单、易用及有亲和力的界面，让越来越多的国内设计师喜欢上这款软件。

中国设计行业在近几十年里不断发展，无论是在理论上还是在形式上都发生了翻天覆地的变化。在行业竞争如此激烈、追求效率的今天，只有具备超越对手的能力，才能在众多从业者中脱颖而出。Cinema 4D能给人带来新鲜的感觉，作为一名设计师，应该不断尝试新鲜事物，不断寻求美的视觉感受。

本书共26章，每章单独介绍一块内容，讲解详细，实例丰富。通过阅读本书，读者可以轻松地掌握Cinema 4D R20的应用技巧。

本书案例实操所用到的工程文件可在线获取。扫描右侧或封底的"资源获取"二维码，关注"数艺设"的微信公众号，即可得到资源文件的获取方式，如需资源获取技术支持，请发送电子邮件至szys@ptpress.com.cn。

资源获取

本书由TVart培训基地的讲师郭术生、徐斌等人共同编写。

编者

2020年6月

资源与支持

本书由"数艺设"出品,"数艺设"社区平台(www.shuyishe.com)为您提供后续服务。

配套资源

- 案例实操的工程文件

资源获取请扫码

"数艺设"社区平台,为艺术设计从业者提供专业的教育产品。

与我们联系

我们的联系邮箱是 szys@ptpress.com.cn。如果您对本书有任何疑问或建议,请您发邮件给我们,并请在邮件标题中注明本书书名及ISBN,以便我们更高效地做出反馈。

如果您有兴趣出版图书、录制教学课程,或者参与技术审校等工作,可以发邮件给我们;有意出版图书的作者也可以到"数艺设"社区平台在线投稿(直接访问 www.shuyishe.com 即可)。如果学校、培训机构或企业想批量购买本书或"数艺设"出版的其他图书,也可以发邮件联系我们。

如果您在网上发现针对"数艺设"出品图书的各种形式的盗版行为,包括对图书全部或部分内容的非授权传播,请您将怀疑有侵权行为的链接通过邮件发给我们。您的这一举动是对作者权益的保护,也是我们持续为您提供有价值的内容的动力之源。

关于"数艺设"

人民邮电出版社有限公司旗下品牌"数艺设",专注于专业艺术设计类图书出版,为艺术设计从业者提供专业的图书、U书、课程等教育产品。出版领域涉及平面、三维、影视、摄影与后期等数字艺术门类,字体设计、品牌设计、色彩设计等设计理论与应用门类,UI设计、电商设计、新媒体设计、游戏设计、交互设计、原型设计等互联网设计门类,环艺设计手绘、插画设计手绘、工业设计手绘等设计手绘门类。更多服务请访问"数艺设"社区平台www.shuyishe.com。我们将提供及时、准确、专业的学习服务。

目 录

第10章　建模案例

第11章　材质详解

第12章　灯光详解

第15章　标签

第16章　动力学——刚体与柔体

第17章　动力学——辅助器

第22章 效果器

第23章 关节

第1章

进入Cinema 4D的世界

01

1.1　Cinema 4D概述

　　Cinema 4D（简称C4D）是德国Maxon公司研发的引以为豪的3D绘图软件。它的字面意思是4D的电影，但它其实是整合3D模型、动画与算图的高级三维绘图软件。它以极快的图形计算速度著称，并有令人惊奇的渲染器和粒子系统。正如它的名字一样，用其制作的各类电影都有很强的表现力。在视觉设计中，它的渲染器不仅在不影响速度的前提下使图像品质有了很大的提高，还在打印、出版、设计上创造着较好的视觉效果。

　　与其他3D软件（如Maya、Softimage XSI、3ds Max等）一样，C4D同样具备高端3D动画软件的大部分功能。不同的是在研发过程中，C4D的工程师更加注重工作流程的流畅性、舒适性、合理性、易用性和高效性。无论是拍摄电影、电视，游戏开发，医学成像，工业、建筑设计，印刷设计还是网络制图，C4D都以其丰富的工具包为用户带来了比其他3D软件更多的帮助和更高的效率。因此，设计师使用C4D创作设计时会感到非常轻松愉快、得心应手，可以将更多的精力置于创作中，即使是新用户，也能很快上手。

1.2　Cinema 4D功能介绍

　　C4D功能强大，可以实现创建模型、创建材质、设计动画、合成效果、文件交换、文件渲染等。

1.创建模型

　　由C4D创建出的模型效果如图1-1所示，这些模型都可以通过C4D的自带功能来创建。

图1-1

　　（1）创建对象

　　C4D中有很多自带的参数化基础模型。这些基础模型可以转换为多边形，以此来创建复杂对象。在C4D中，大量的变形工具和其他的生成器都可以与对象结合在一起使用，创建出的模型效果如图1-2所示。

图1-2

　　样条曲线也是C4D中非常重要的工具，可以使用样条曲线进行调整挤压、放样和扫描等操作。所有的这些操作都有其独特的参数可以调节，有的甚至可以自动制成动画。

　　（2）UV编辑

　　C4D的一个特色就是它有许多UV编辑方法，这些方法能把模型和贴图适当地整合在一起。在3D设计中，合理的UV坐标对于完成满意的描绘和高质量的纹理设计是至关重要的。当UV贴图不像用户创建的模型那样令人满意时，C4D提供了可以信赖的UV工具。不管是低分辨率的游戏模型，还是高分辨率的背景绘制，都可以用C4D的UV工具来完成，创建出的模型效果如图1-3所示。

图1-3

2.创建材质

　　不管创建对象的原材质是人工合成的，还是天然的，C4D都可以创建。C4D的材质选择系统能使用户自如地控制创建的3D物体的表面属性，如图1-4所示。

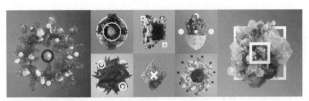

图1-4

创建材质的基本途径是纹理设计或使用着色器。对纹理设计来说，C4D支持大部分常用的图片格式，包括分层的PSD格式。

众多的2D和3D体积着色器让一步一步地创建物体的表面变得更加容易，也让模拟玻璃、木材或铁质等材料变得更加容易。滤光镜和分层着色器可以很容易地使图片呈现出惊人效果。

3.设计动画

C4D创作的动画效果如图1-5所示。

图1-5

（1）动的图像

使用C4D可以把场景制作成专业的3D动画，而使用其他三维软件制作动画则不会像使用C4D这么简单直观。图1-6所示为其他软件的制作效果。

图1-6

（2）时间轴控制器

可以通过时间轴控制器来调整动画的参数，从而控制物体的动画轨迹和关键帧，如图1-7所示。掌握了动画轨迹就可以很容易地控制物体或场景的所有关键帧。用户还可以使用区域工具来移动或缩放动画。

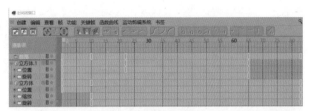

图1-7

（3）函数曲线

用户可以使用函数曲线调整关键帧的插值、查看动画、对大量曲线进行编辑，还可以利用快照功能来查看调整动画之前保存下来的曲线，如图1-8所示。

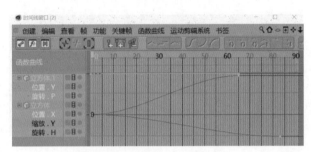

图1-8

（4）非线性动画

使用非线性动画，对具有复杂图层的关键帧的分散动作进行创建、结合和循环使用等操作就会变得十分容易；可以简单地描绘出基于预定动作的动画场景略图，还可以覆盖额外的关键帧或动作创建出基本动作。

（5）支持的音频应用

当需要将图片和音乐同步结合时，可以插入声音，然后直接观察时间轴控制器上的声音波形，如图1-9所示。

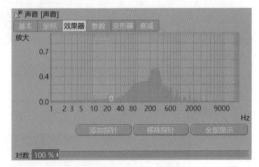

图1-9

（6）粒子系统工具

C4D具有易于操作使用的粒子系统工具栏。可以将任何物体都当成粒子系统中的一员来使用，如几何图形和灯光，如图1-10所示。粒子系统会受到重力、激流和风等自然因素的影响。

图1-10

4.合成效果

使用C4D合成的效果如图1-11和图1-12所示。

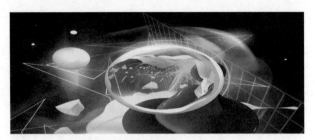

图1-11

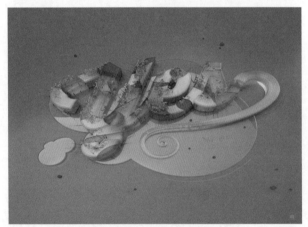

图1-12

5.文件交换

C4D不是独立运行的,它支持多种符合行业标准的文件格式。

C4D提供实现所需文件格式(图像序列、AVI)的途径,并能够创建出自动以正确的格式把序列结合在一起的合成文件。若依靠已经使用的合成的应用程序,则3D摄像头、3D灯光和参照物等的其他数据也会显示出来。

C4D的导出格式如图1-13所示。

C4D的渲染输出格式如图1-14所示。

3D Studio (*.3ds)	BMP
Alembic (*.abc)	BodyPaint 3D (B3D)
Allplan (*.xml)	DDS
Bullet (*.bullet)	DPX
COLLADA 1.4 (*.dae)	HDR
COLLADA 1.5 (*.dae)	IFF
Direct 3D (*.x)	JPG
DXF (*.dxf)	OpenEXR
FBX (*.fbx)	PICT
Illustrator (*.ai)	PNG
Redshift Proxy (*.rs)	PSB
STL (*.stl)	PSD
VRML 2 (*.wrl)	RLA
Wavefront OBJ (*.obj)	RPF
体积 (*.vdb)	TGA
	TIF
	3GP
	ASF
	AVI
	MP4
	WMV

图1-13　　　　　　图1-14

C4D可以无缝衔接的后期软件如图1-15所示。

After Effects
Nuke
Motion
Digital Fusion

图1-15

6.文件渲染

使用C4D的渲染功能得到的效果如图1-16所示。该功能可以配合灯光和材质渲染出漂亮的画面。

图1-16

（1）光照系统

多种类型的光影计算功能是独特而又强大的光照系统的基础。这些计算功能可以控制颜色、亮度、衰减和其他特性，可以调整每种光影的颜色和深浅；可以使用任何光照的亮度值，而不是用抽象的百分比值，来创建光锥中噪声模式的可视灯或者体积灯。光照设置包括对比、镜头反射、阴影颜色、体积灯和噪声等。C4D实现的日光效果如图1-17所示。

图1-17

（2）环境吸收

环境吸收功能可以快速渲染出非常接近现实角落里的阴影或者临近物体之间的阴影，如图1-18所示。

图1-18

（3）分层渲染输出

C4D的分层渲染功能方便灵活，进行简单的设置就可以得到颜色、纹理、高光、反射等渲染文件，如图1-19所示。C4D可以轻松把准备好的文件输出到Adobe Photoshop、Adobe After Effects、Final Cut Pro、Combustion、Shake、Fusion和Motion中。C4D还支持在16位和32位色彩通道中对DPX、HDRI和OpenEXR等格式的高清图片进行渲染。

图1-19

1.3 Cinema 4D与Maya、3ds Max的对比

C4D在我国起步较晚，实际上其开发年代和Maya、3ds Max接近。在一些欧美国家，C4D流行已久，用户非常多。如今，C4D已经成为大部分国内设计师都在学习的优秀软件。

3ds Max和Maya都是综合性软件，功能很全面。3ds Max的插件非常多，可以实现很多复杂的视觉效果。目前在国内，3ds Max主要用在游戏和建筑行业，此外在电视栏目的包装中也有应用，而Maya则侧重于动画和特效方面。

用户刚接触C4D会觉得有些陌生，需要适应其操作方式，而适应之后，就会对它爱不释手。C4D的界面设计非常友好，在界面上就可以完成很多操作，简化了很多烦琐的步骤。C4D的图标化界面让用户倍感亲切，它把很多需要在后台运行的程序进行了图形化和参数化的设计。通过TVart的设计公司PinkaDesign众多项目的经验总结，C4D被证明是一款很好的3D软件。

1.4 Cinema 4D的特色

1.易懂易学的操作界面

C4D的操作界面非常受设计师喜爱。它直观的图标和操作方式高度一致，让使用这款软件变成了一种享受。在C4D中，几乎每个菜单项和命令都有对应的图标，用户可以很直观地了解到该菜单项和命令的作用。

2.快速的渲染能力

C4D拥有业界超快的图计算引擎，在其他三维软件中需要渲染很长时间才能得到的效果，在C4D中进行渲染有可能变得快速、高效，需要更少的时间。特别是C4D的环境吸收，完全在C4D内部完成，效果十分理想。

3.方便的手绘功能

C4D提供了BodyPaint 3D模块，除了可以直接绘制草图外，还可以在产品外观上直接彩绘，轻松从2D操作模式转变为3D效果。BodyPaint 3D是业界非常受欢迎的绘制三维贴图的工具，类似于三维版本的Photoshop。

4.影视后期、电视栏目包装和视频设计

C4D可以将物体或者灯光的三维信息输出到After Effects，后期再进行特殊加工。与After Effects的完美衔接，让C4D成为制作电视栏目包装和后期特效的首选。可以说C4D是一款非常适合动态图形设计师使用的软件。

5.特色功能MoGraph模块

来看看图1-20所示的TVart官方示例，你会对MoGraph呈现出的效果感到惊叹。

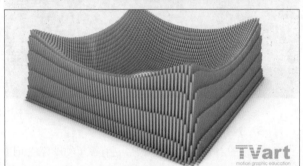

图1-20

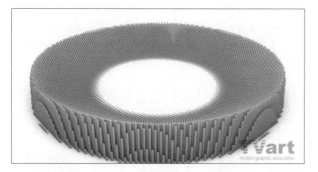

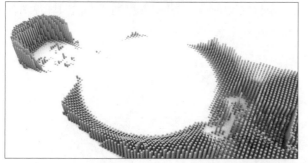

图1-20（续）

现在国内的C4D学习资源很多，但是中文图书相对较少，C4D的图书与3ds Max和Maya的图书相比，在数量和质量上都相差甚远。C4D自带多语言支持，可以在多种语言间任意切换，其中就有中文。

如果你是熟悉Maya或者3ds Max的用户，则可以尝试开始C4D的学习。无论你是平面设计师，还是视频动画设计师，都可以尝试学习C4D，它功能全面，直观易学。如果你是电视包装视频设计师，就更应该开始C4D的学习。C4D在电视包装上显示出了很大的优势。

C4D已经走向成熟，能够提高用户的工作效率，让艺术与技术之间不再有难以跨越的鸿沟。尽情去创作吧！

1.5　Cinema 4D未来的发展预测

未来，C4D将以简单的操作流程、方便的文件编制功能、强大的渲染功能，以及与后期软件的无缝衔接，征服每位设计人员。使用C4D，设计人员能专心致志地进行设计，真正领略视频设计行业的魅力。

C4D便捷和实用的功能可以帮助设计人员提高效率。例如，利用C4D的多通道渲染功能，用户可以在Photoshop中对用C4D渲染分层后的图像进行编辑，这给后期处理提供了极大的方便，因为这一功能允许用户在Photoshop中选择性地修改，使得设计过程更加容易、高效。没有什么软

件能像C4D这样，可以简单、便捷地对某些复杂元素进行编辑和整理。事实证明，C4D是一款效果强大而又实用的工具，它为创建复杂的3D图像提供了快捷可靠的方法，在未来将成为设计人员工作中的必备工具。

1.6　Cinema 4D的应用范围

1.6.1　影视特效制作

运用C4D与BodyPaint 3D制作的电影《黄金罗盘》，荣获第80届奥斯卡金像奖的最佳视觉效果奖。电影《黄金罗盘》里的武装熊、盔甲、动作特效及一些特殊场景，都是用C4D与BodyPaint 3D制作的，其强大的动画制作与材质功能展现出了栩栩如生的特效效果，如图1-21所示。

图1-21

1.6.2 影视后期、电视栏目包装和视频设计

C4D应用在数字电视内容创作流程中是重要的制作动态图像的工具，可以以较低成本达到较高效益。C4D是很多广播产业公司公认的易用、高效的3D图像软件。

当今广告设计师需要可靠、快速且灵活的软件工具，让他们在长期紧迫的工作中，仍然可以制作出优质的视频内容，提高其播报价值。C4D拥有强大的功能和稳定的性能，让设计师在制作的过程中有非常高的满意度并产生强烈的信任感。

Troika Design Group为电视台做过大量的优秀设计。Troika的设计师运用C4D设计了大量的3D作品，不仅速度快，还取得了非常好的成效。TVart培训基地的设计公司PinkaDesign使用C4D为国内众多客户提供了优质服务，极具代表性的作品有广西综艺频道和天津都市频道播出的节目等，如图1-22和图1-23所示。

图1-22

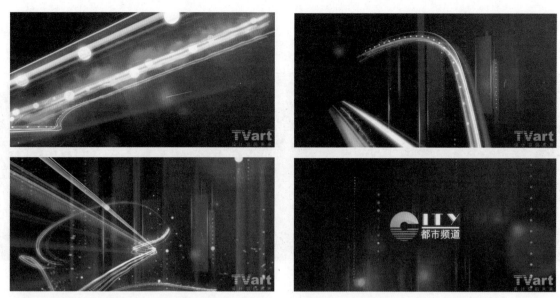

图1-23

    C4D是一款高效、具有独特技术的3D软件，在PinkaDesign公司占有非常重要的地位。C4D非常容易上手，它让设计人员的工作变得特别高效，客户也非常满意用它所设计的作品。C4D的渲染效果锐利，渲染色彩艳丽，当然这也需要提前做好很多方面的设置。

1.6.3　建筑设计

    C4D在建设领域的应用效果如图1-24所示。

图1-24

1.6.4　产品设计

C4D在产品设计方面的应用效果如图1-25所示。

图1-25

1.6.5　插图广告

C4D在插图广告方面的应用效果如图1-26所示。

图1-26

第2章

初识Cinema 4D

02

启动Cinema 4D、标题栏、菜单栏、工具栏、编辑模式工具栏

视图窗口、动画编辑窗口、材质窗口、坐标窗口

对象、场次、内容浏览器、构造窗口

属性面板、层面板、提示栏

2.1 启动Cinema 4D

安装好C4D R20后，启动软件，首先出现的是启动界面，如图2-1所示。

C4D的界面由标题栏、菜单栏、工具栏、编辑模式工具栏、视图窗口、动画编辑窗口、材质窗口、坐标窗口、对象/场次/内容浏览器/构造窗口、属性/层面板和提示栏11个区域组成，如图2-2所示。

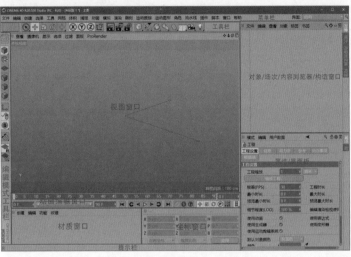

图2-1   图2-2

2.2 标题栏

C4D的标题栏位于界面顶端，包含软件版本和当前编辑文件的信息，如图2-3所示。

CINEMA 4D R20.026 Studio (RC - R20) - [未标题 1 *] - 主要

图2-3

2.3 菜单栏

C4D的菜单栏与其他软件相比有些不同，按照类型可以分为主菜单和窗口菜单。主菜单位于标题栏下方，大部分工具都可以在其中找到；窗口菜单是视图菜单和各区域窗口菜单的统称，分别用于管理各自所属的窗口和区域，如图2-4所示。

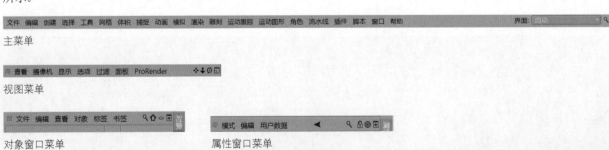

文件 编辑 创建 选择 工具 网格 体积 捕捉 动画 模拟 渲染 雕刻 运动跟踪 运动图形 角色 流水线 插件 脚本 窗口 帮助   界面：启动

主菜单

查看 摄像机 显示 选项 过滤 面板 ProRender

视图菜单

文件 编辑 查看 对象 标签 书签   模式 编辑 用户数据

对象窗口菜单   属性窗口菜单

图2-4

1.子菜单

在C4D的菜单中,如果某个菜单项后带有▸按钮,则表示该菜单项拥有子菜单,如图2-5所示。

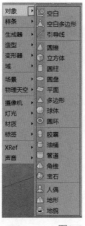

图2-5

2.隐藏的菜单

如果C4D界面显示范围较小,不足以显示界面中的所有菜单,那么系统就会把余下的菜单隐藏在▸按钮下,单击该按钮即可展开菜单,如图2-6所示。

图2-6

3.界面布局

主菜单右侧的 界面:启动 选项可用于切换界面窗口布局。"启动"为默认的窗口布局,其中还包括动画布局(Animate)、三维绘图布局(BP-3D Paint)、UV坐标编辑布局(BP-UV Edit)和标准布局(Standard)等多种布局模式。单击可以显示出所有的界面布局模式,如图2-7所示。

图2-7

4.各个菜单右侧的快捷按钮

视图菜单右侧的 ✛↕↻▣ 按钮为视图操作快捷按钮,分别是✛平移视图、↕缩放视图、↻旋转视图和▣切换视图。

在对象窗口菜单右侧的 🔍⌂◌▣ 快捷按钮中,左侧两个是🔍搜索对象、⌂查找对象;单击◌按钮使其变为▣按钮,可将场景中的所有对象分类罗列;单击▣按钮可以为当前窗口单独创建新窗口。

在属性窗口菜单右侧的 ◀ 🔍🔒◎▣ 快捷按钮中,最左侧◀ 是切换对象或工具的属性按钮;单击▣按钮切换到工程设置;单击🔓按钮使其变为🔒按钮,可锁定当前对象或工具的属性;选择同一个类型的对象或工具的属性,单击◎按钮使其变为◉按钮,再选择其他类型属性就不能被显示,如当前选择的是对象则只能显示对象的属性,即使再选中的是工具也不会显示工具的属性。

2.4 工具栏

C4D的工具栏位于菜单栏下方,它包含部分常用工具,使用这些工具可创建和编辑模型对象,如图2-8所示。

图2-8

工具栏中的工具可以分为两种。有的单击按钮后可以直接使用,而有的需长按右下角带有黑色小三角的按钮,才会显示出来。

- 撤销和重做按钮 ↩↪:可撤销上一步操作和重做撤销的上一步操作,是常用工具之一;其快捷键分别是Ctrl+Z和Ctrl+Y,也可执行主菜单中的"编辑>撤销/重做"命令。

- 选择工具组按钮◉:长按该按钮可显示其他选择方式,如图2-9所示,也可执行主菜单中的"选择"命令。

图2-9

- 视图操作工具包括移动工具✛、缩放工具▣和旋转工具◎。

- 在旋转工具右侧的工具 ◎✛▣◎◎ 是使用过的工具的历史记录,长按该按钮可显示使用过的工

13

具。按空格键可在当前使用的工具和选择工具之间切换。

- 坐标类工具⊗ⓎⓏⓁ：⊗ⓎⓏ为锁定/解锁x轴、y轴、z轴的工具，默认为激活状态，如果单击关闭某个轴向的按钮，那么对该轴向的操作无效（只针对在视图窗口的空白区域进行拖曳的情况）；Ⓛ为全局/对象坐标系统工具，单击可切换全局坐标系统Ⓛ和对象坐标系统Ⓛ。

- 渲染类工具▨▨▨：渲染当前活动视图▨，单击该按钮将对场景进行整体预览渲染；渲染活动场景到图片查看器▨，长按该按钮将显示渲染工具菜单，如图2-10所示；编辑渲染设置按钮▨，用于打开"渲染设置"窗口设置渲染参数，如图2-11所示。

图2-10

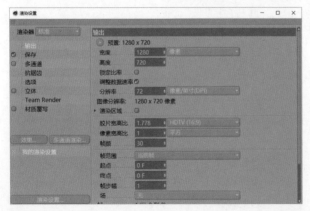

图2-11

2.5 编辑模式工具栏

C4D的编辑模式工具栏位于界面的左端，可以在这里切换不同的编辑工具，如图2-12所示。

图2-12

2.6 视图窗口

在C4D的视图窗口中，默认的是透视视图，滚动鼠标中键可切换不同的视图布局，如图2-13所示。

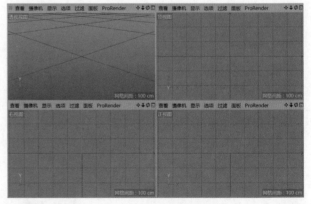

图2-13

2.7 动画编辑窗口

C4D的动画编辑窗口位于视图窗口下方，其中包含时间线和动画播放按钮等，如图2-14所示。

图2-14

2.8 材质窗口

C4D的材质窗口位于动画编辑窗口下方，用于创建、编辑和管理材质，如图2-15所示。

图2-15

2.9 坐标窗口

C4D的坐标窗口位于材质窗口右侧，是该软件独具特色的窗口之一，用于控制和编辑所选对象层级的常用参数，如图2-16所示。

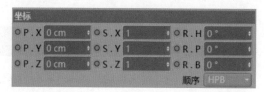

图2-16

2.10 对象/场次/内容浏览器/构造窗口

C4D的对象/场次/内容浏览器/构造窗口位于界面右上方。对象窗口如图2-17所示。

图2-17

1.对象窗口

对象窗口用于管理场景中的对象，这些对象呈树形层级结构显示，即所谓的父子级关系。如果要编辑某个对

象，则可在视图窗口中直接选择该对象，也可在对象窗口中选择（建议使用此方式进行选择操作），选中的对象名称呈高亮显示。如果选择的对象是子级对象，那么其父级对象的名称也将呈高亮显示，但颜色会稍暗一些，如图2-18所示。

图2-18

对象窗口可以分为4个区域，分别是菜单区（顶端红框位置）、对象列表区、隐藏/显示区和标签区，如图2-19所示。

图2-19

2.场次窗口

场次窗口是C4D R17及其之后版本的一个特色更新。这个功能可以有效提高设计师的工作效率，允许设计师在同一个工程下切换视角、材质、渲染设置等。每个场次呈层级结构。如果想激活当前场次，需要勾选该场次。场次窗口可以分为菜单栏、快捷工具栏、场次列表区、覆盖列表区4个部分，如图2-20所示。

图2-20

3.内容浏览器窗口

内容浏览器窗口用于管理场景、图像、材质、程序着色器和预置文件等，在预置中可以加载有关模型、材质等的文件，直接将文件拖曳到场景中即可使用，如图2-21所示。

图2-21

4.构造窗口

构造窗口用于设置对象由点构成的参数，如图2-22所示。

点	X	Y	Z
0	-100 cm	-100 cm	-100 cm
1	-100 cm	100 cm	-100 cm
2	100 cm	-100 cm	-100 cm
3	100 cm	100 cm	-100 cm
4	100 cm	-100 cm	100 cm
5	100 cm	100 cm	100 cm
6	-100 cm	-100 cm	100 cm
7	-100 cm	100 cm	100 cm

图2-22

2.11 属性/层面板

C4D的属性/层面板位于界面右下方。属性面板是非常重要的功能区，它用于设置所选对象的所有属性参数，如图2-23所示。层面板用于管理场景中的多个对象。

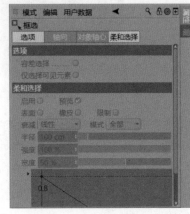

图2-23

2.12 提示栏

C4D的提示栏位于界面底部，用来显示鼠标指针所在区域、工具提示信息及错误警告信息等，如图2-24所示。

框选：点击并拖动鼠标框选元素。按住 SHIFT 键增加选择对象；按住 CTRL 键减少选择对象。

图2-24

Cinema 4D基本操作

03

3.1 编辑模式工具栏

用户在C4D中编辑对象主要使用的是编辑模式工具栏中的工具，如图3-1所示。

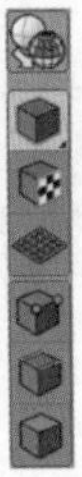

- 🔵：将参数化对象转换为多边形对象（C4D模型对象在默认状态下都是参数化对象，当需要对模型的点、线、面进行编辑时，必须将其转换为多边形对象）。
- 🔲：使用模型模式（只能对模型进行等比缩放）。
- 🔵：使用纹理轴模式（需使用纹理贴图）。
- 🔲：单击此按钮可以修改工作平面的属性。可以利用位移缩放、旋转来手动改变工作平面的网格属性。当修改完工作平面属性后，不要忘记关闭此按钮。
- 🔵：使用点模式，对可编辑对象上的点元素进行编辑，选中的点呈高亮显示。
- 🔲：使用边模式，对可编辑对象上的边元素进行编辑，选中的边呈高亮显示。
- 🔲：使用多边形模式，对可编辑对象上的面元素进行编辑，选中的面呈高亮显示。

图3-1

3.2 工具栏

用户在C4D中操作对象主要使用的是工具栏中的工具，如图3-2所示。

图3-2

3.2.1 选择工具组

选择工具组中🔵包括实时选择🔵、框选🔲、套索选择🔵和多边形选择🔵4个工具。

1.实时选择

当场景中的对象转换为多边形对象后，可激活实时选择工具🔵来选择相应的元素（点、线、面），进入属性面板对该工具进行设置，如图3-3所示。

- 半径：设置选择范围。
- 压感半径：勾选该选项后，当我们使用压感笔时，可以通过压力大小来控制半径大小。
- 仅选择可见元素：勾选该选项，只选择视图中能看见的元素；取消勾选，选择视图中的所有元素。

2.框选

当场景中的对象转换为多边形对象后，可激活框选工具🔲拖曳出一个矩形框，框选相应的元素（点、线、面），进入属性面板对该工具进行设置，如图3-4所示。

图3-3

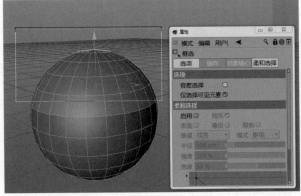

图3-4

- 容差选择：取消勾选时，只有完全处于矩形框内的元素才能被选中；勾选该项后，和矩形框相交的元素都会被选中。

3.套索选择

当场景中的对象转换为多边形对象后，可激活套索选择工具🔵绘制一个不规则的区域，选择相应的元素（点、线、面），进入属性面板对该工具进行设置，如图3-5所示。

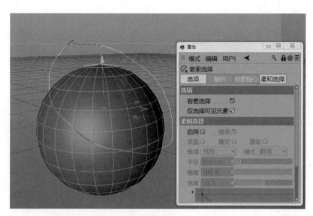

图3-5

4.多边形选择

当场景中的对象转换为多边形对象后，可激活多边形选择工具 ⚲ 绘制一个多边形，选择相应的元素（点、线、面），进入属性面板对该工具进行设置，如图3-6所示。

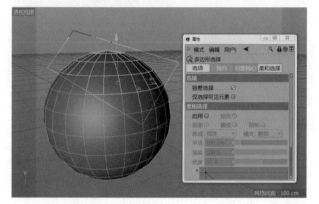

图3-6

3.2.2　移动工具

激活移动工具 ✥ 后，视图中被选中的模型上会出现三维坐标轴，其中红色代表x轴，绿色代表y轴，蓝色代表z轴。如果在视图的空白区域按住鼠标左键并进行拖曳，则可以在场景中自由地移动模型位置。

3.2.3　缩放工具

激活缩放工具 ▦ 后，可以对模型的大小进行控制，也可以单独缩放模型在某一个轴向上的大小（单轴向缩放需要将模型塌陷，可以选中模型后按C键）；在视图空白区域按住鼠标左键并进行拖曳，可对模型进行等比缩放。在默认情况下，我们还可以拖曳被选择模型上的小黄点来改变模型尺寸，如图3-7所示。

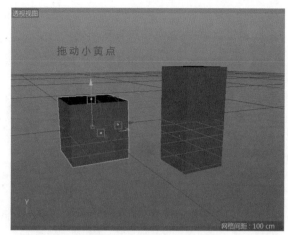

图3-7

3.2.4　旋转工具

旋转工具 ◎ 用于控制模型的角度变化。激活该工具后，模型上会出现一个球形的旋转控制器，旋转控制器上的3个圆环分别控制模型的x轴、y轴、z轴（在对物体进行旋转时，按住Shift键，可以每次旋转5°），如图3-8所示。

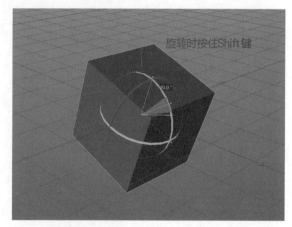

图3-8

3.2.5　实时切换工具

实时切换工具可用于显示当前所选工具 ◙，长按该按钮可显示使用过的工具。按键盘上的空格键可在当前使用的工具和选择工具之间切换。

3.2.6　锁定/解锁x轴、y轴、z轴工具

锁定/解锁x轴、y轴、z轴工具 ⊗Ⓨ⒵ 默认为激活状

态，用于控制轴向的锁定/解锁。例如，对模型进行移动时，如果锁定 x 轴和 z 轴，那么模型就只会在 y 轴方向移动。

3.2.7 全局、对象坐标系统工具

全局坐标系统工具 和对象坐标系统工具 可以单击切换。

- 全局坐标系统（世界坐标轴） ：该坐标轴不随对象空间位置的变化而变化，是绝对坐标系统。
- 对象坐标系统（物体坐标轴） ：该坐标轴随对象空间位置的变化而变化，是相对坐标系统。

3.3 选择菜单

执行主菜单中的"选择"命令，如图3-9所示。

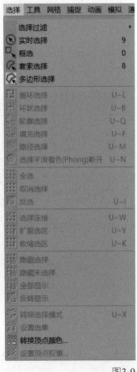

图3-9

3.3.1 选择过滤

"选择过滤"命令下包括4个子命令，分别是"选择器""创建选集对象""全部""无"。

1.选择器

执行"选择>选择过滤>选择器"命令后，会弹出"选

择器"对话框，可以勾选对话框中的对象类型来快速选择场景中对应类型的对象。

2.创建选集对象

选择任意对象后，"创建选集对象"命令被激活，执行该命令后，在对象窗口中会出现一个选集，在"选择过滤"菜单下也会出现一个选集。可以执行"选择>选择过滤>选择选集"命令来选择创建的集，也可以将任意一个对象添加在选集内，如图3-10所示。

图3-10

3.全部/无

如果执行"选择>选择过滤>全部"命令，则对象类型会被全部选中，如图3-11所示，场景中的物体都可以被选中；如果执行"选择>选择过滤>无"命令，那么对象类型会被全部取消选中，场景中的物体也会被取消选中。哪一种对象类型没有勾选，则场景中该类型的对象将不可以被选中。

图3-11

3.3.2 循环选择

执行"循环选择"命令后,可以选中球体经度或纬度上的一圈点、边、面,如图3-12~图3-14所示。

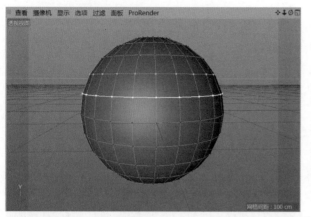

图3-12

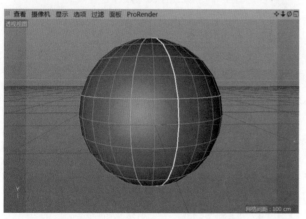

图3-13

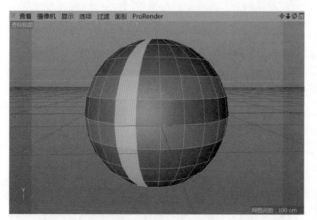

图3-14

3.3.3 环状选择

执行"环状选择"命令后,在点模式下可以选择球体经度或纬度上的两排点,在边模式下可以选择两排边,在面模式下可以选择一圈面,如图3-15~图3-17所示。

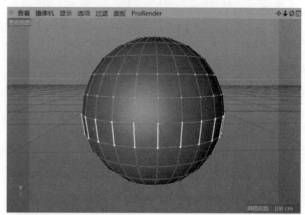

图3-15

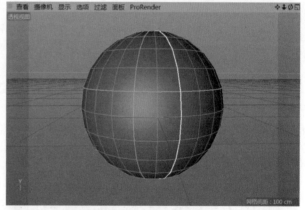

图3-16

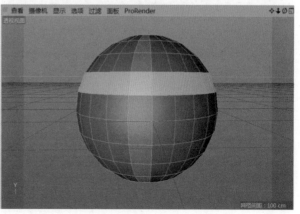

图3-17

3.3.4 轮廓选择

"轮廓选择"命令用于选择面上的一圈边,或者模型上有孔洞的时候选择孔洞的一圈边,如图3-18所示。

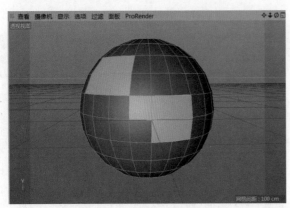

图3-18

3.3.5 填充选择

"填充选择"命令用于边到面的转换选择,在选中闭合边的状态下,执行该命令,可以快速选择闭合边上的面。如果边是非闭合的,则会选择对象的整个面,如图3-19所示。

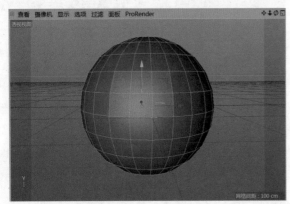

图3-19

3.3.6 路径选择

执行"路径选择"命令,按住鼠标左键进行拖曳,鼠标指针经过的路径上的点、边、面都会在各自对应的模式下被选中。

3.3.7 选择平滑着色(Phong)断开

关于此功能的讲解详见第9章"对象和样条的编辑"的"9.1.38 断开平滑着色(Phong)"小节。

3.3.8 全选

在点、边或者面的模式下,执行"全选"命令,可以选中当前对象所有的点、边或者面。

3.3.9 取消选择

全部取消选择。

3.3.10 反选

在场景中有对象的点、边或者面被选择的状态下,执行"反选"命令,可以实现反向选择。

3.3.11 选择连接

选择对象上的某一点、边或面,执行"选择连接"命令,可以选择整个对象上的点、边或面。

3.3.12 扩展选区

在选择点、边或面的状态下,执行"扩展选区"命令,可以在原来选择的基础上,加选与其相邻的点、边或面。

3.3.13 收缩选区

在选择点、边或面的状态下,执行"收缩选区"命令,可以在原来选择的基础上,从外围减选点、边或面。

3.3.14 隐藏选择

在选择点、边或面的状态下,执行"隐藏选择"命令后,选择的点、边或面不可见。在选择边的状态下,执行该命令的结果如图3-20和图3-21所示。

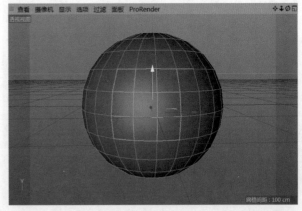

图3-20

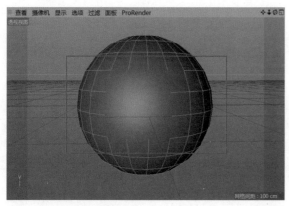

图3-21

3.3.15 隐藏未选择

选择点、边或面,执行"隐藏未选择"命令后,未选择的元素不可见。

3.3.16 全部显示

执行"隐藏选择"或"隐藏未选择"命令后,可以执行"全部显示"命令,使隐藏的点、边或面还原为显示状态。

3.3.17 反转显示

在对象中有隐藏点、边或面的状态下,执行"反转显示"命令,可以使原来显示的点、边或面呈隐藏状态,原来隐藏的点、边或面呈显示状态。

3.3.18 转换选择模式

在选择点、边或面的状态下,执行"转换选择模式"命令,弹出"转换选择"对话框,可在该对话框中切换点、边或面的选择状态,如图3-22所示。

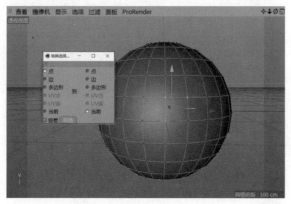

图3-22

3.3.19 设置选集

在选择点、边或面的状态下,执行"设置选集"命令,在对象右侧添加一个选集标签,双击选集标签,可以快速选择之前存储的当前选集里的点、边或者面,如图3-23所示。

图3-23

3.3.20 设置顶点权重

"设置顶点权重"命令一般要和变形器配合使用,其作用是设置点的权重来限制对变形对象的影响,控制变形的精度。把球的上半部分点的权重值设置为100,下半部分点的权重值设置为0,如图3-24所示;在此基础上为其加一个扭曲变形器,再为扭曲变形器添加一个限制标签,效果如图3-25所示。权重值大的点受变形器的影响大,权重值小的点受变形器的影响小。

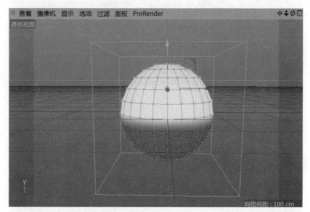

图3-24

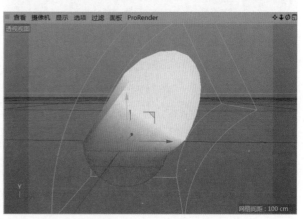

图3-25

3.4 视图控制

在三维软件中，任何一个三维对象都是采用投影的形式来表达的，通过正投影得到正投影视图，通过透视投影得到透视视图。正投影视图就是光线从物体正面向背面投影得到的视图，主要包括"右视图""顶视图""正视图"3种形式，根据这3种视图延伸出了"左视图""底视图""后视图"等其他正投影视图。

在C4D的视图窗口中可以将单视图切换为显示4种视图，每种视图上方都有菜单栏和视图操作按钮，如图3-26所示。

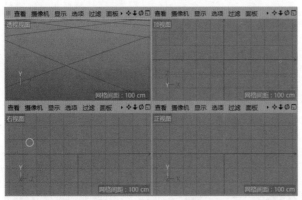

图3-26

可以通过视图操作按钮对视图进行控制。视图操作按钮分别为平移视图按钮✛、推拉视图按钮⬇、旋转视图按钮◎和切换视图按钮🔲，如图3-27所示。

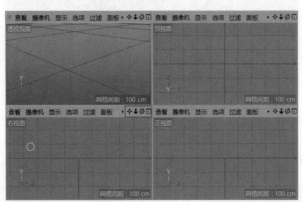

图3-27

3.4.1 平移视图

有3种方法可以平移视图：单击平移视图按钮✛后进行平移；按住键盘上的数字1的同时拖曳视图进行平移；按

住Alt键的同时，按住鼠标中键拖曳进行平移。

3.4.2 推拉视图

有3种方法可以推拉视图：单击推拉视图按钮⬇后进行推拉；按住键盘上的数字2的同时拖曳视图进行推拉；按住Alt键的同时，按住鼠标右键拖曳进行推拉。

3.4.3 旋转视图

有3种方法可以旋转视图：单击旋转视图按钮◎后进行旋转；按住键盘上的数字3的同时拖曳视图进行旋转；按住Alt键的同时，按住鼠标左键拖曳进行旋转。

3.4.4 切换视图

有两种方法可以切换视图：单击要切换的视图上方的切换视图按钮🔲进行切换；将鼠标指针移到想要切换的视图上，按住鼠标中键进行切换。

3.5 视图菜单

在C4D的视图窗口中，默认显示"透视视图"，如图3-28所示，可以通过视图菜单切换不同的视图和布局模式。每种视图都拥有属于自己的菜单，都包含查看、摄像机、显示、选项、过滤、面板和ProRender这7个菜单。

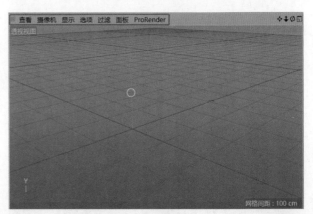

图3-28

3.5.1 查看

"查看"菜单中的命令主要用于对视图进行操作、显示视图内容等，如图3-29所示。

图3-29

1. 作为渲染视图

执行"作为渲染视图"命令后，可将当前选中的视图作为默认的渲染视图。例如，执行"查看>作为渲染视图"命令，将当前视图设置为渲染视图，如图3-30所示。在渲染类工具中单击"渲染活动场景到图片查看器"按钮，（详见"2.4 工具栏"），渲染当前视图显示的效果，如图3-31所示。

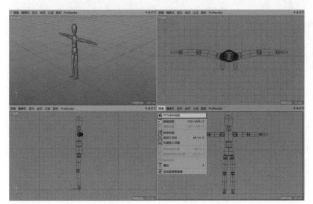

图3-30

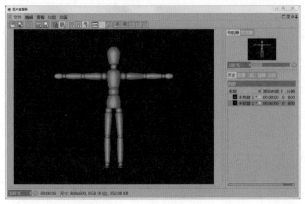

图3-31

2. 撤销视图

对视图进行平移、旋转或缩放等操作后，"撤销视图"命令会被激活，执行这个命令可以撤销之前对视图进行的操作。

3. 重做视图

只有执行过一次以上"撤销视图"命令后，"重做视图"命令才能被激活，该命令用于重做对视图进行的操作。

注意

按住Alt+Ctrl组合键，拖曳鼠标旋转视图。如果没有选择对象，则视图将以世界坐标原点为目标点进行旋转；如果选择了对象，则视图将以对象的坐标原点为目标点进行旋转。

4. 框显全部

执行"框显全部"命令后，场景中的所有对象（包含灯光，图3-32右上角所示）都会显示在视图中，如图3-32所示。

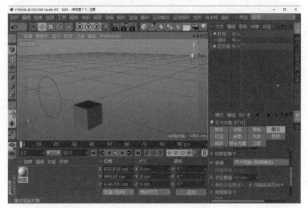

图3-32

5. 框显几何体

执行"框显几何体"命令后，场景中所有的几何体对象都会显示在视图中，但是摄影机和灯光不会显示，如图3-33所示。

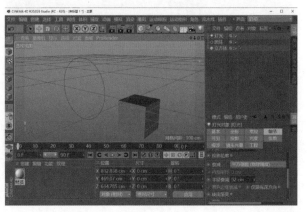

图3-33

6. 恢复默认场景

执行"恢复默认场景"命令会将摄像机镜头恢复至默认的镜头角度（刚打开C4D时的镜头角度）。

7. 框显选取元素

只有场景中的参数化对象转换成多边形对象后，"框显选取元素"命令才能被激活。执行该命令可以将选取的元素（点、线、面）在视图中居中显示，如图3-34所示。

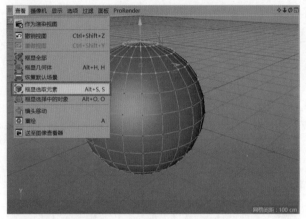

图3-34

8. 框显选择中的对象

执行"框显选择中的对象"命令可将选中的对象居中并拉近显示在视图中，如图3-35所示。

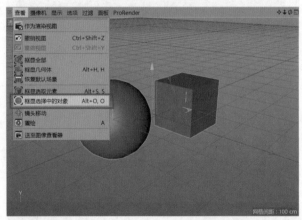

图3-35

9. 镜头移动

C4D为每种视图默认配置了一个摄像机，在透视视图中执行"镜头移动"命令后，可按住鼠标左键进行拖曳，以调整摄像机的位置。

10. 重绘

对视图执行"渲染当前活动视图"命令后，当前视图会显示为渲染后的效果，执行"重绘"命令后，视图可恢复为之前的效果，如图3-36和图3-37所示。

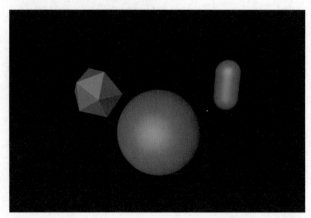

图3-36

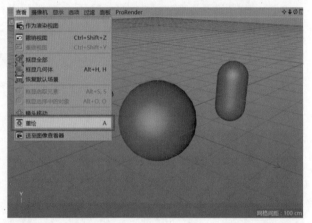

图3-37

3.5.2　摄像机

"摄像机"菜单中的命令用于为视图设置投影类型，如图3-38所示。

图3-38

1. 导航

"导航"命令可以切换各种导航模式来转换摄像机的焦点。在光标模式下，摄像机将以鼠标指针所在的位置为摇移的中心；在中心模式下，摄像机将以视图中心为摇移的中心；在对象模式下，摄像机将以选择的对象为摇移的中心；在摄像机模式下，摄像机将以摄像机的机位点为摇移的中心，如图3-39所示。

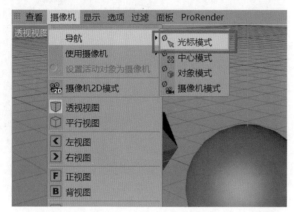

图3-39

2. 使用摄像机

在场景中创建多个摄像机后，可以执行"使用摄像机"命令，在不同的摄像机视图之间切换。

3. 设置活动对象为摄像机

选择一个对象，执行"设置活动对象为摄像机"命令，可以将选择的对象作为观察原点。例如，C4D中没有提供灯光视图，因此可以执行该命令来调节灯光角度，也就是说可以执行该命令来实现从灯光的位置观察视图，以了解灯光的照射范围，相当于把当前的灯光模拟成摄像机。

4. 透视视图/平行视图/左视图/右视图/正视图/背视图/顶视图/底视图

"摄影机"菜单中提供了多种视图模式供设计师观察模型，如透视视图、平行视图、左视图、右视图、正视图、背视图、顶视图、底视图等，如图3-40～图3-47所示。

图3-40

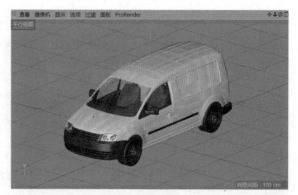

图3-41

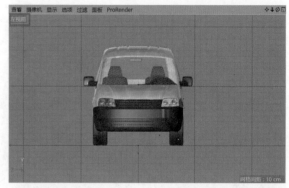

图3-42

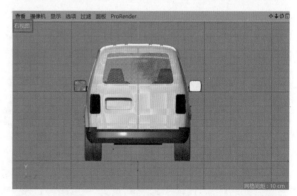

图3-43

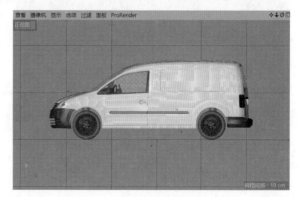

图3-44

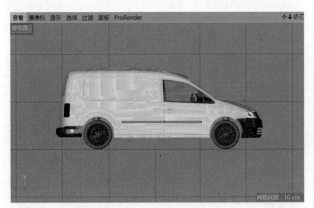

图3-45

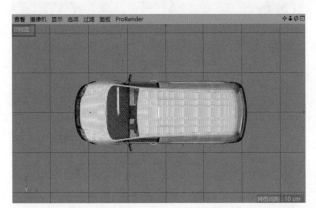

图3-46

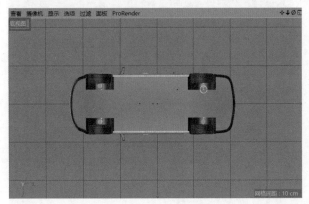

图3-47

5. 轴侧

"轴侧"包括等角视图、正角视图、军事视图、绅士视图、鸟瞰视图、蛙眼视图6种视图模式，如图3-48所示。可以执行"轴侧"中的任意一个命令来切换对应的视图。这些视图不同于常规视图，主要是这些视图3个轴向的比例或视角不同。

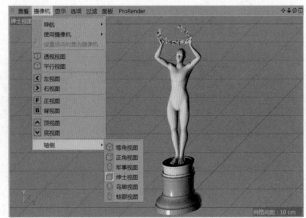

图3-48

等角视图的轴向比例为$x:y:z=1:1:1$，如图3-49所示。

图3-49

正面（角）视图的轴向比例为$x:y:z=1:1:0.5$，如图3-50所示。

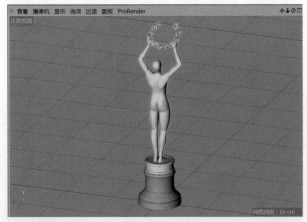

图3-50

军事视图的轴向比例为$x:y:z=1:2:3$，如图3-51所示。

图3-51

绅士视图的轴向比例为$x:y:z=1:1:0.5$，如图3-52所示。

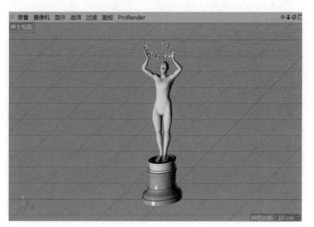

图3-52

鸟瞰视图的轴向比例为$x:y:z=1:0.5:1$，如图3-53所示。

图3-53

蛙眼视图的轴向比例为$x:y:z=1:2:1$，如图3-54所示。

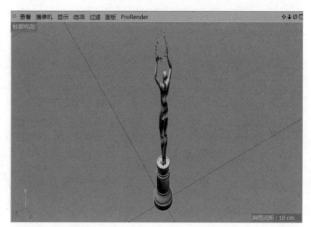

图3-54

3.5.3 显示

"显示"菜单中的命令主要用于控制对象的显示方式，如图3-55所示。

图3-55

1. 光影着色

"光影着色"为默认的着色模式，所有的对象都会根据光源来显示明暗、阴影，如图3-56所示。

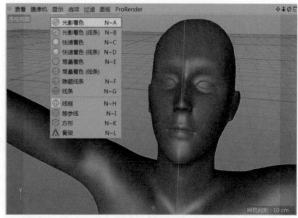

图3-56

2. 光影着色（线条）

"光影着色（线条）"模式与"光影着色"模式相同，但会显示对象的线框，如图3-57所示。

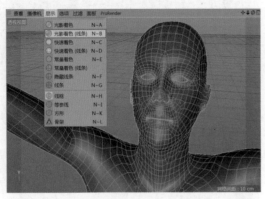

图3-57

3. 快速着色

在"快速着色"模式下，会用默认灯光代替场景中的光源来照射对象，使其呈现出明暗变化，如图3-58所示。

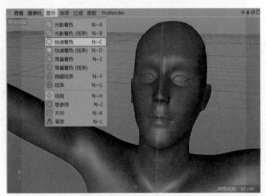

图3-58

4. 快速着色（线条）

"快速着色（线条）"模式与"快速着色"模式相同，但会显示对象的线框，如图3-59所示。

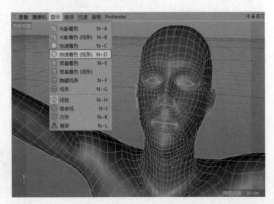

图3-59

5. 常量着色

在"常量着色"模式下，对象表面没有任何明暗变化，如图3-60所示。

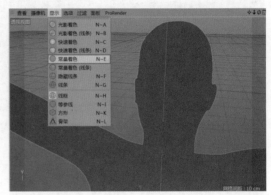

图3-60

6. 常量着色（线条）

"常量着色（线条）"模式与"常量着色"模式相同，但会显示对象的线框，如图3-61所示。

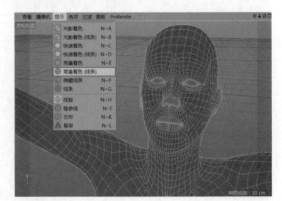

图3-61

7. 隐藏线条

在"隐藏线条"模式下，对象将以线框的形式显示，并隐藏不可见面的网格，如图3-62所示。

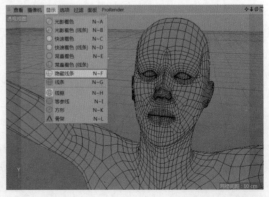

图3-62

8. 线条

"线条"模式会完整显示多边形网格,包括可见面的网格和不可见面的网格,如图3-63所示。

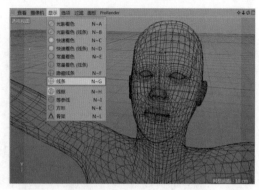

图3-63

9. 线框

"线框"模式以线框的结构方式来显示对象,如图3-64所示。

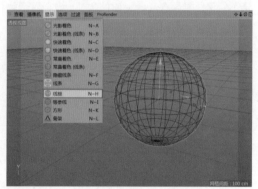

图3-64

10. 等参线

在"等参线"模式下,将仅显示模型的主体结构线,如图3-65所示。

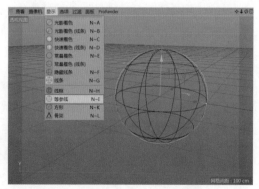

图3-65

11. 方形

在"方形"模式下,对象将以边界框的形式显示,如图3-66所示。

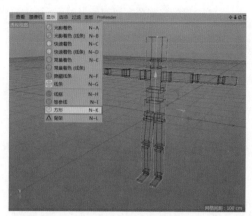

图3-66

12. 骨架

在"骨架"模式下,对象显示为点-线结构,点与点之间通过层级结构连接。这种模式常用于制作角色动画,如图3-67所示。

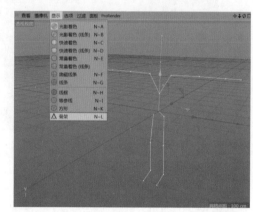

图3-67

3.5.4 选项

"选项"菜单中的命令主要用于控制对象的显示设置和一些配置设置,如图3-68所示。

1. 细节级别

"细节级别"包含低级别、中级别、高级别、使用视窗显示级别作为渲染细节级别。低级别时显示比例为25%;中级别时显示比例为50%;高级别时显示比例为100%。执行"使用视窗显示级别作为渲染细节级别"命令后,将使用视图中对象显示的细节来替代默认的最终渲染细节。

图3-68

2. 立体

在3D摄像机视图中观察场景时，执行"立体"命令，可看到模拟的双机立体显示效果，类似于3D电影。

3. 线性工作流程着色

执行"线性工作流程着色"命令后，场景中的着色模式会发生变化，视图将启用线性工作流程着色。

4. 增强OpenGL

执行该命令后，可以提高显示质量，但前提是需要显卡支持OpenGL功能。

5. 噪波

执行"增强OpenGL"命令后，"噪波"命令才会被激活，在场景中实时显示噪波的效果，如图3-69所示。

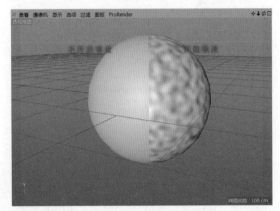

图3-69

6. 后期效果

执行"增强OpenGL"命令后，"后期效果"命令才会被激活，C4D只提供有限的、所支持的后期效果。

7. 投影

执行"增强OpenGL"命令后，"投影"命令才会被激活，在场景中实时显示灯光阴影的效果，如图3-70所示。

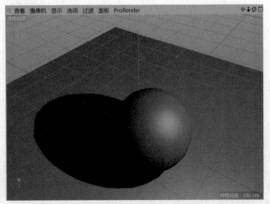

图3-70

8. 透明

执行"增强OpenGL"命令后，"透明"命令才会被激活，在场景中实时显示物体的透明效果，如图3-71所示。

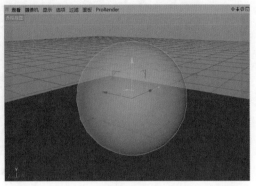

图3-71

9. 反射

执行"增强OpenGL"命令后，"反射"命令才会被激活，在场景中具有反射材质的物体，均会显示物体的反射效果，如图3-72所示。

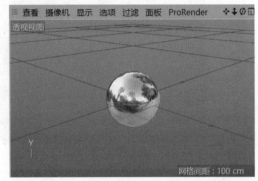

图3-72

10. SSAO

执行"增强OpenGL"命令后，"SSAO"命令才会被激活，在视图中可以直观地看到模型与模型相接触的位置变黑，更有立体感，如图3-73所示。

图3-73

11. Tessellation

执行"增强OpenGL"命令后，"Tessellation"命令才会被激活，如果物体的材质表面有置换贴图，则可以在场景中显示物体的置换效果，这相当于提高了模型的细分精度。要得到这样的效果需要双击创建好的材质球，打开材质编辑器，在置换通道里面添加一张黑白贴图，在"材质编辑器>编辑>视图Tessellation>模式"中选择"统一"选项，如图3-74所示。

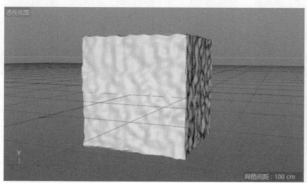 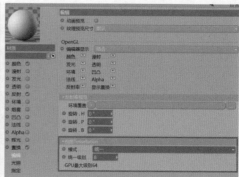

图3-74

12.景深

执行"增强OpenGL"命令后，"景深"命令才会被激活，场景会显示景深。可以设置摄像机的物理属性中的"光圈"值来控制景深的强度，设置对象属性的"目标距离"值来控制焦点，如图3-75所示。

 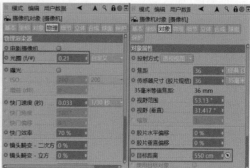

图3-75

13. 背面忽略

执行"背面忽略"命令后，在场景中物体的不可见面将不被显示，如图3-76所示。

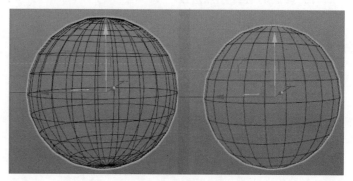

图3-76

14. 等参线编辑

执行"等参线编辑"命令后，所有对象的元素（点、边、面）会被投影到平滑细分对象上，这些元素可以直接选中并影响平滑细分对象，如图3-77所示。

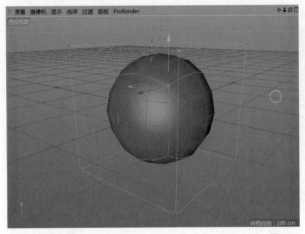

图3-77

15. 层颜色

对象被分别分配到一个层里后，可以在编辑器中查看各层的颜色，如图3-78所示。

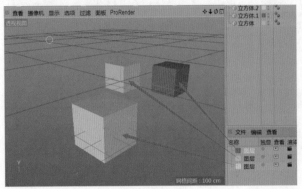

图3-78

16. 多边形法线/顶点法线

这两个命令是将面或者点的法线显示出来，图3-79所示显示的是面的法线。

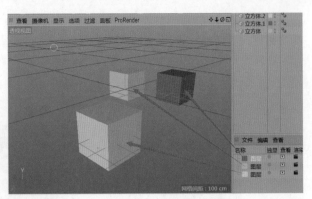

图3-79

17. 显示标签

执行"显示标签"命令后，物体将使用显示模式定义的显示标签（如果存在）。若对象没有显示标签，则继续使用视图的阴影模式。

18. 纹理

执行"纹理"命令后，在场景中物体的材质纹理会被实时显示，如图3-80所示。

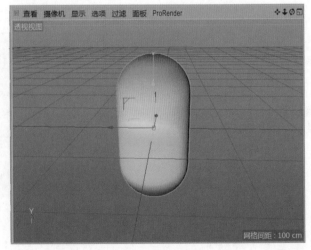

图3-80

19. 透显

执行"透显"命令后，在场景中物体会以半透明的形式显示，在建模的时候，可以看清模型的内部结构，如图3-81所示。

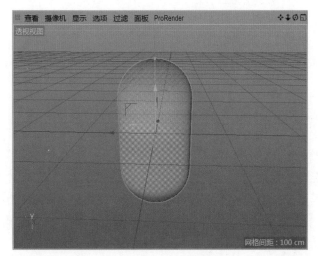

图3-81

20. 默认灯光

执行"默认灯光"命令后,会弹出"默认灯光"窗口,可以按住鼠标左键拖动圆形来调整默认灯光的角度,如图3-82所示。

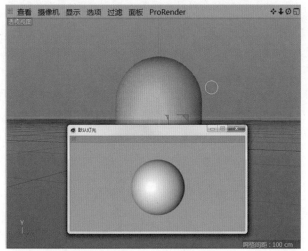

图3-82

21. 配置视图

可以执行"配置视图"命令来对视图进行设置,包括物体的着色方式、显示方式,以及背景参考图的导入等。

22. 配置全部

"配置全部"命令类似于"配置视图"命令,不同的是它可以对多个视图进行设置。

3.5.5 过滤

几乎所有类型的元素都能执行"过滤"菜单中的命令在视图中显示或者隐藏,包括坐标轴的显示与否,如图3-83所示。

取消勾选某种类型的元素后,该类元素将不会显示在场景中。例如,取消勾选"灯光"元素,灯光将不会显示在场景中。

图3-83

3.5.6 面板

"面板"菜单中的命令用于切换和设置不同的视图排列布局类型,如图3-84所示。

图3-84

1. 排列布局

可以执行"排列布局"中的命令来切换视图布局,如执行"面板>排列布局>双堆栈视图布局"命令,如图3-85所示。

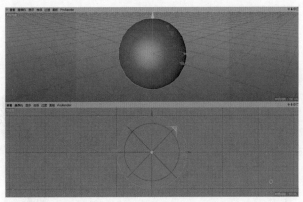

图3-85

执行"面板>排列布局>三视图顶拆分视图布局"命令，如图3-86所示。

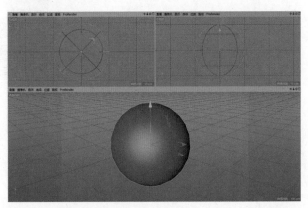

图3-86

2. 新建视图面板

可以执行"新建视图面板"命令来创建一个新的浮动

"视图"窗口，如图3-87所示，还可以多次执行该命令来创建多个浮动视图窗口。

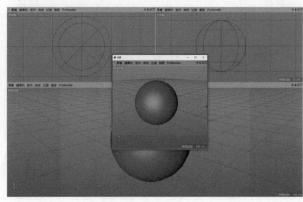

图3-87

3. 切换活动视图

执行"切换活动视图"命令，可将当前视图最大化显示。

4. 视图1/视图2/视图3/视图4/全部视图

执行这些命令可以在视图1（透视视图）、视图2（顶视图）、视图3（右视图）、视图4（前视图）和全部视图之间切换。

3.5.7 ProRender

"ProRender"菜单为Cinema 4D R20新增的渲染功能，在后面的渲染章节（详见"14.11 PBR材质和PBR灯光"）中有详细讲解。

工程文件管理

04

4.1　Cinema 4D的文件菜单

主菜单中的"文件"菜单如图4-1所示。

图4-1

4.1.1　新建、打开和合并

执行主菜单中的"文件>新建"命令，可新建一个文件；执行主菜单中的"文件>打开"命令，可打开一个文件；执行主菜单中的"文件>合并"命令，可合并场景中选择的文件，如图4-2所示。

图4-2

4.1.2　恢复

执行主菜单中的"文件>恢复"命令，可恢复到上次保存的文件状态，如图4-3所示。

图4-3

4.1.3　关闭和全部关闭

执行主菜单中的"文件>关闭"命令，可关闭当前编辑的文件；执行主菜单中的"文件>全部关闭"命令，可关闭当前打开的所有文件，如图4-4所示。

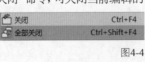

图4-4

4.1.4　保存、另存为和增量保存

执行主菜单中的"文件>保存"命令，可以保存当前编辑的文件；执行主菜单中的"文件>另存为"命令，可以将当前编辑的文件另存成一个新的文件；执行主菜单中的"文件>增量保存"命令，可以在已经保存的工程文件的文件名后面自动加上序号，并另存工程文件，如图4-5所示。

图4-5

4.1.5　全部保存和保存工程（包含资源）

执行主菜单中的"文件>全部保存"命令，可保存当前打开的所有文件；执行主菜单中的"文件>保存工程（包含资源）"命令，可将当前编辑的文件保存成一个工程文件夹，文件中用到的贴图素材也会被保存到工程文件夹中，如图4-6所示。

图4-6

注意

保存工程也就是工作中常说的打包工程，场景文件制作完毕后，需要进行保存工程的操作，避免日后资源丢失，也方便其他人员继续使用。

4.1.6　保存所有场次与资源

将同一个工程中不同场次包含的资源打包保存在一个文件夹中，方便其他人员继续使用。

4.1.7　导出

在C4D中可以将文件导出为3DS、XML、DXF、OBJ等格式，以便和其他软件交互，如图4-7所示。

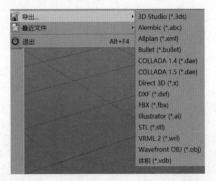

图4-7

4.1.8　最近文件

执行此命令，可以打开C4D最近打开过的工程文件。

4.1.9 退出

执行此命令可以关闭C4D。

4.2 系统设置

执行主菜单中的"编辑>设置"命令,如图4-8所示,可打开"设置"窗口。

在"设置"窗口中可以对C4D的"用户界面""导航""文件""单位"等选项进行自定义设置。

图4-8

1. 用户界面

在"设置"窗口中可以对用户界面进行设置,该窗口的"用户界面"选项如图4-9所示。

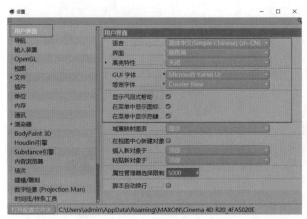

图4-9

- 语言:可将语言设置为简体中文,并提供了多种语言,以满足不同用户的需求。
- 界面:可选择明色调或暗色调。
- 高亮特性:选择"开启"选项后,当前版本里的新增命令会被标记成亮黄色。
- GUI字体:可以更改界面字体,也可自主添加字体,需要注意字体安装太多不利于软件的运行。
- 等宽字体:是指字符宽度相等的字体,在这里可以保持默认。

- 显示气泡式帮助:勾选该选项后,鼠标指针指向某个图标时,将弹出帮助信息,如图4-10所示。

图4-10

- 在菜单中显示图标:默认为勾选状态,菜单中工具名称前方会显示图标,方便理解操作,如图4-11所示。
- 在菜单中显示热键:可用于显示/隐藏菜单中工具的快捷键,如图4-12所示。

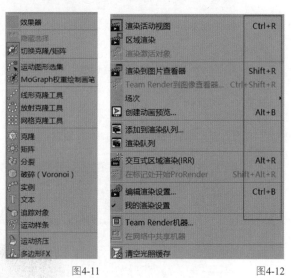

图4-11　　　　　　　　　图4-12

2. 导航

"导航"选项主要控制有关视图操作的设置,如图4-13所示。

- 反转环绕(视图旋转方向):如果不习惯视图旋转的方向,则可以勾选该选项,得到相反的视图摇移。

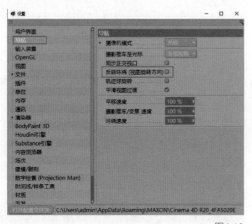

图4-13

3. 文件

"文件"选项主要控制工程文件的保存设置，如图4-14所示。

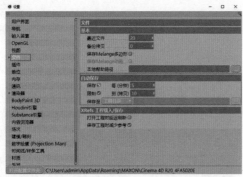

图4-14

- 保存：勾选该选项后，可开启场景自动保存，自定义自动保存的时间。

4. 单位

"单位"选项主要控制C4D的显示单位，如图4-15所示。

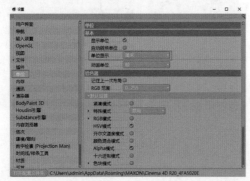

图4-15

- 单位显示：默认为厘米，可以根据实际需要进行更改。

5. 打开配置文件夹

"打开配置文件夹"按钮如图4-16所示。

单击"打开配置文件夹"按钮可以打开备份文件所在的文件夹，如图4-17所示。如果删除该文件夹，则所有设置将恢复到初始状态。

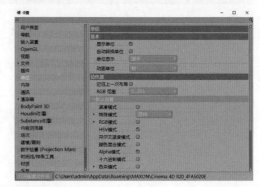

图4-16

图4-17

4.3　工程设置

执行主菜单中的"编辑>工程设置"命令，可打开"工程设置"面板，如图4-18所示。在该面板中可以设置"帧率（FPS）"，如图4-19所示。

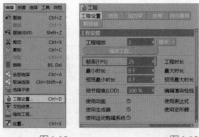

图4-18　　　　　　　　　图4-19

我们将帧率调整为亚洲的帧率，即25帧/秒，C4D默认的动画时间线长度为3秒。

第5章

参数化对象

05

5.1 对象

创建参数几何体有以下两种方法。

第一种：长按 ◎ 按钮，打开几何体面板，在其中选择要创建的几何体，如图5-1所示。

第二种：执行主菜单中的"创建>对象"命令，在子菜单中选择要创建的几何体，如图5-2所示。

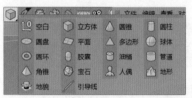

图5-1

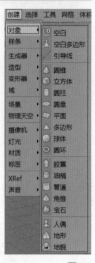

图5-2

注意

本章中主要讲解重要参数，简单、重复和不常用的参数不再赘述。

5.1.1 圆锥

执行主菜单中的"创建>对象>圆锥"命令（或在几何体面板中选择 △ 圆锥 ），创建一个圆锥对象。

1.对象

"对象"选项卡如图5-3所示。

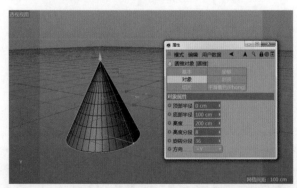

图5-3

- 顶部半径/底部半径：设置圆锥顶部和底部的半径，如果两个值相同，就会得到一个圆柱，如图5-4所示。
- 高度：设置圆锥的高度。
- 高度分段/旋转分段：设置圆锥在经度和纬度方向的分段数。

- 方向：设置圆锥在场景中的方向，如图5-5所示。

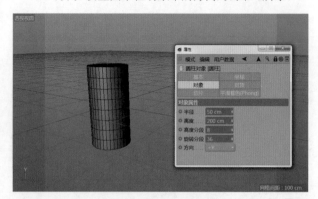

图5-4

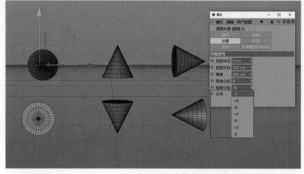

图5-5

2. 封顶

"封顶"选项卡如图5-6所示。

图5-6

- 封顶/封顶分段：勾选"封顶"选项后，可以对圆锥进行封顶；"封顶分段"参数可以调节封顶后顶面的分段数，如图5-7所示。

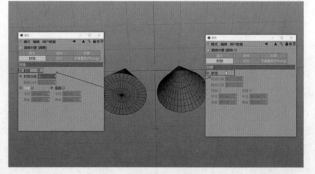

图5-7

- 圆角分段：设置封顶后圆角的分段数。

- 顶部/底部：设置圆锥顶部和底部的圆角大小，如图5-8所示。

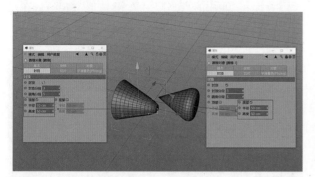

图5-8

5.1.2 立方体

立方体是建模中常用的几何体，现实中与立方体接近的物体很多。执行主菜单中的"创建>对象>立方体"命令（或在几何体面板中选择 立方体），创建一个立方体对象，在属性面板中会显示该立方体的参数设置。"对象"选项卡如图5-9所示。

图5-9

- 尺寸.X/尺寸.Y/尺寸.Z：新建立的立方体默认都是边长为200cm的正方体，通过这3个参数来调整立方体的长、宽、高。
- 分段X/分段Y/分段Z：用于增加立方体在x、y、z轴方向上的分段数，如图5-10所示。
- 分离表面：勾选该选项后，按C键可转换参数化对象为多边形对象，此时立方体被分离为6个表面，如图5-11所示。

图5-10　　　　　图5-11

- 圆角：勾选该选项后，可直接对立方体进行倒角，并通过"圆角半径"和"圆角细分"来设置倒角大小和圆滑程度，如图5-12所示。

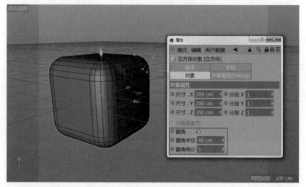

图5-12

注意

在参数后面的上下箭头上单击鼠标右键，可恢复为系统默认数值。

5.1.3 圆柱

执行主菜单中的"创建>对象>圆柱"命令（或在几何体面板中选择 圆柱），创建一个圆柱对象，圆柱的参数调节和圆锥基本相同，这里不再赘述。

5.1.4 圆盘

执行主菜单中的"创建>对象>圆盘"命令（或在几何体面板中选择 圆盘），创建一个圆盘对象。

其属性面板中的"对象"选项卡如图5-13所示。

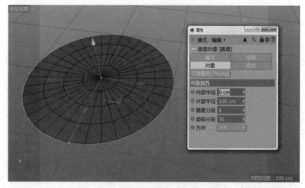

图5-13

- 内部半径/外部半径：系统默认的圆盘对象为一个圆形平面，调节内部半径，可使圆盘变为一个环形的平面；调节外部半径，可使圆盘的外部边缘扩大。图

5-14所示为调节内部半径和调节外部半径的效果。

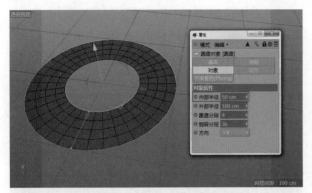

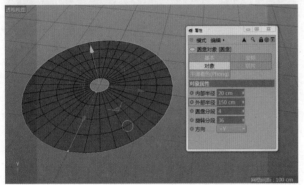

图5-14

- 旋转分段：控制放射状的分段数量。
- 方向：控制圆盘在场景中的方向。

5.1.5 平面

执行主菜单中的"创建>对象>平面"命令（或在几何体面板中选择 <> 平面 ），创建一个平面对象。

注意

平面一般作为地面或反光板来使用。

属性面板中的"对象"选项卡如图5-15所示。

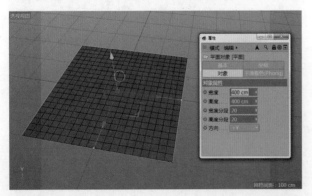

图5-15

5.1.6 多边形

执行主菜单中的"创建>对象>多边形"命令（或在几何体面板中选择 △ 多边形 ），创建一个多边形对象。

属性面板中的"对象"选项卡如图5-16所示。

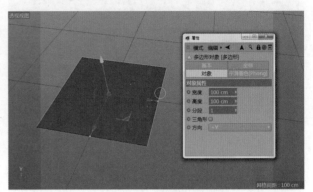

图5-16

- 三角形：勾选该选项后，多边形将转变为三角形。

5.1.7 球体

执行主菜单中的"创建>对象>球体"命令（或在几何体面板中选择 ● 球体 ），创建一个球体对象。

属性面板中的"对象"选项卡如图5-17所示。

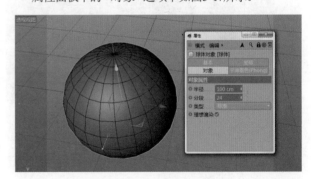

图5-17

- 半径：设置球体的半径。
- 分段：设置球体的分段数，控制球体的光滑程度。
- 类型：其中有标准、四面体、六面体（制作排球的基本几何体）、八面体、二十面体和半球体，如图5-18所示。
- 理想渲染：理想渲染是C4D中很人性化的一项功能，无论视图场景中的模型显示效果的质量如何，勾选该选项后，渲染出来的效果都会非常完美，并且可以节约内存，如图5-19所示。

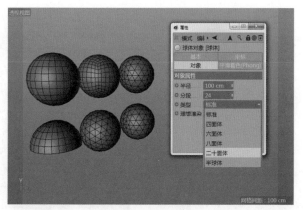

图5-18

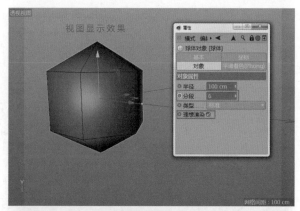

视图显示效果

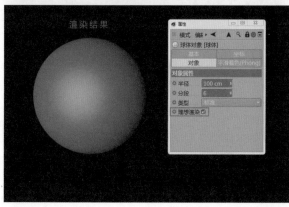

渲染结果

图5-19

5.1.8 圆环

执行主菜单中的"创建>对象>圆环"命令（或在几何体面板中选择⊙ 圆环 ），创建一个圆环对象。

属性面板中的"对象"选项卡如图5-20所示。

- 圆环半径/圆环分段：圆环半径控制整个圆环的大小，圆环分段控制圆环垂直方向上的分段数量。

- 导管半径/导管分段：导管半径控制圆环的粗细，导

管分段控制圆环水平方向上的分段数量。"导管半径"为0cm时，视图中会显示导管曲线，如图5-21所示。

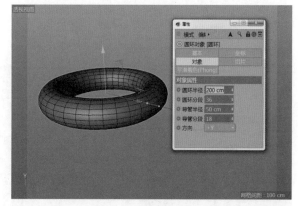

图5-20

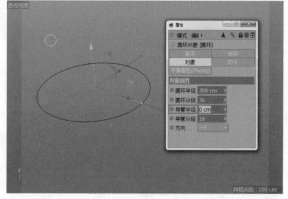

图5-21

5.1.9 胶囊

胶囊是顶部和底部为半球状的圆柱，执行主菜单中的"创建>对象>胶囊"命令（或在几何体面板中选择◑ 胶囊 ），创建一个胶囊对象。

属性面板中的"对象"选项卡如图5-22所示。

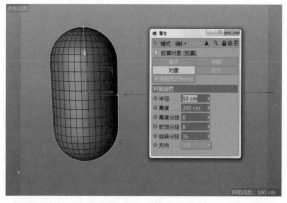

图5-22

5.1.10 油桶

执行主菜单中的"创建>对象>油桶"命令（或在几何体面板中选择 █ 油桶），创建一个油桶对象。

属性面板中的"对象"选项卡如图5-23所示。

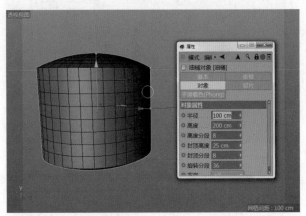

图5-23

- 封顶高度：油桶的形态与圆柱类似，当"封顶高度"为0cm时，油桶会变成一个圆柱，如图5-24所示。

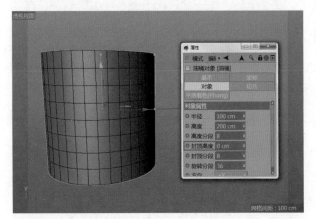

图5-24

5.1.11 管道

执行主菜单中的"创建>对象>管道"命令（或在几何体面板中选择 █ 管道），创建一个管道对象。

属性面板中的"对象"选项卡如图5-25所示。

- 圆角：勾选该选项后，将对管道的边缘部分进行倒角处理，如图5-26所示。

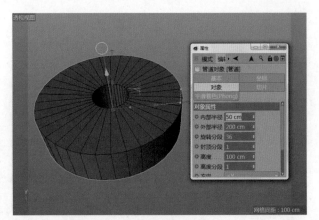

图5-25

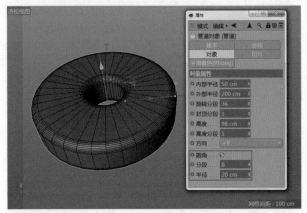

图5-26

5.1.12 角锥

执行主菜单中的"创建>对象>角锥"命令（或在几何体面板中选择 △ 角锥），创建一个角锥对象。角锥的参数调节非常简单，这里不再赘述。

5.1.13 宝石

执行主菜单中的"创建>对象>宝石"命令（或在几何体面板中选择 ◎ 宝石），创建一个宝石对象。

其参数显示在属性面板的"对象"选项卡中，如图5-27所示。

- 分段：用于增加宝石的细节。
- 类型：C4D提供了6种类型的宝石，分别为四面、六面、八面、十二面、二十面（默认创建的类型）和碳原子，如图5-28所示。

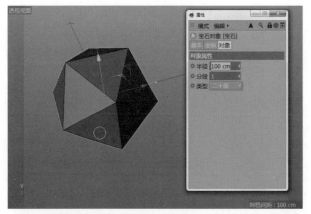

图5-27

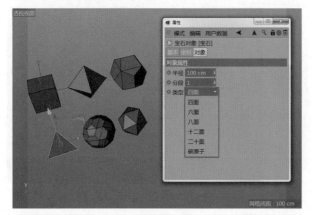

图5-28

5.1.14 人偶

执行主菜单中的"创建>对象>人偶"命令（或在几何体面板中选择 ⚇ 人偶 ），创建一个人偶对象。

其参数显示在属性面板的"对象"选项卡中，如图5-29所示。

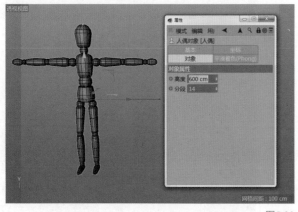

图5-29

将人偶转变为多边形对象，即可单独对人偶的每一个

部分进行操作，如图5-30所示。

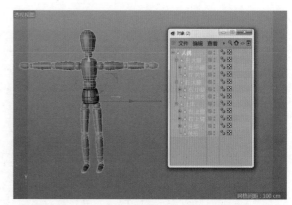

图5-30

5.1.15 地形

执行主菜单中的"创建>对象>地形"命令（或在几何体面板中选择 ⛰ 地形 ），创建一个地形对象。

其参数显示在属性面板的"对象"选项卡中，如图5-31所示。

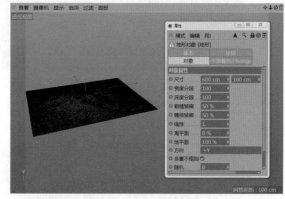

图5-31

- 宽度分段/深度分段：设置地形的宽度与深度方向上的分段数，值越高，地形越精细，如图5-32所示。

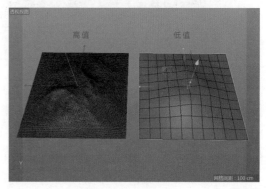

图5-32

- 粗糙褶皱/精细褶皱：设置地形褶皱的粗糙和精细程度，如图5-33所示。

过渡会显得不自然，如图5-39所示。

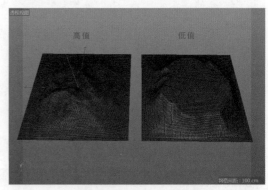

图5-36

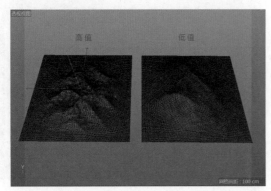

图5-33

- 缩放：设置地形褶皱的缩放大小，如图5-34所示。

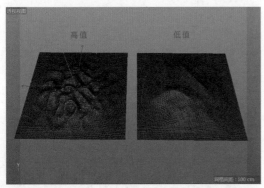

图5-34

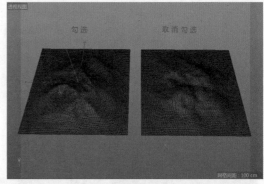

图5-37

- 海平面：用于设置海平面的高度，值越高，海平面越低，如图5-35所示。

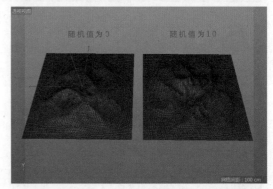

图5-38

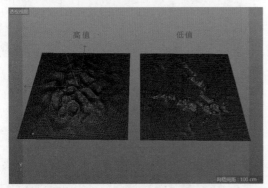

图5-35

- 地平面：设置地平面的高度，值越低，地形越高，顶部也会越平坦，如图5-36所示。
- 多重不规则：产生不同的地形形态，如图5-37所示。
- 随机：用于产生随机的地形效果，如图5-38所示。
- 限于海平面：取消勾选该选项时，地形与海平面的

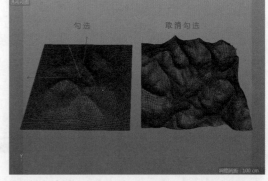

图5-39

- 球状工具：勾选该选项后，可以形成一个球形的地形结构，如图5-40所示。

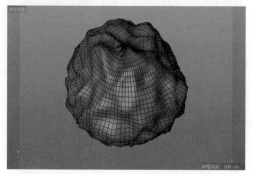

图5-40

5.1.16　地貌

执行主菜单中的"创建>对象>地貌"命令（或在几何体面板中选择 地貌 ），创建一个地貌对象。

其参数显示在属性面板的"对象"选项卡中，如图5-41所示。

图5-41

- 纹理：为地貌添加一个纹理图像后，系统会根据该纹理图像来显示地貌，如图5-42所示。

图5-42

- 宽度分段/深度分段：用于设置地貌宽度与深度方向上的分段数，值越高，模型越精细，如图5-43所示。

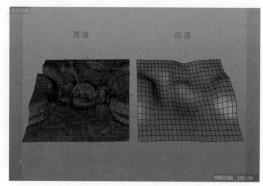

图5-43

- 底部级别/顶部级别：用于设置地貌从上往下/从下往上的细节显示级别，如图5-44所示。

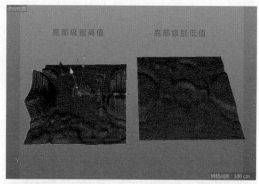

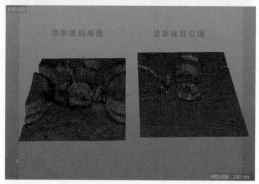

图5-44

5.2　样条曲线

样条曲线是指通过绘制的点生成曲线，然后用这些点来控制曲线。样条曲线结合其他命令生成三维模型，是一种基本的建模方法。

创建样条曲线有以下两种方法。

第一种：长按  按钮，打开样条面板，在其中选择相应的样条曲线，如图5-45所示。

第二种：执行主菜单中的"创建>样条"命令，在子菜单中选择要创建的样条曲线，如图5-46所示。

图5-45

图5-46

5.3 绘制样条曲线

C4D提供了4种绘制样条曲线的工具，如图5-47所示。

图5-47

5.3.1 画笔

画笔 是C4D中常用的一种创建曲线的工具。其有5种类型，分别为线性、立方、Akima、B-样条和贝塞尔，如图5-48所示。

图5-48

1. 贝塞尔

画笔默认的曲线类型为贝塞尔。贝塞尔曲线也称贝兹曲线，是设计工作中常用的曲线之一。在视图中单击可绘制一个控制点，绘制两个点以上时，系统会自动在两个控制点之间计算出一条贝塞尔曲线（此时形成的是由直线段构成的曲线，类似于后文中的线性曲线），如图5-49所示。

- 在绘制一个控制点时，按住鼠标左键不放，然后进行拖曳，会在控制点上出现一个手柄，两个控制点之间的曲线会变为光滑的曲线，这时可以拖动手柄自由控制曲线的形状，如图5-50所示。

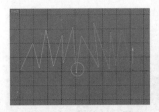
图5-49

图5-50

绘制完贝塞尔曲线后还可以对其进行编辑。

- 移动控制点：绘制完一条自由样条曲线以后，单击移动工具 ✛，即可选择样条曲线上的点进行移动；在画笔工具模式下，可直接拖曳某一段的样条曲线进行自由编辑。

- 添加控制点：选中样条曲线，按住Ctrl键，单击需要添加点的位置，即可为曲线添加一个控制点。
- 选择多个控制点：可以执行主菜单中的"选择>框选"命令，或者按住Shift键依次单击加选。

2. 线性

线性样条曲线的点与点之间使用直线连接，如图5-51所示。

3. 立方

立方样条曲线在视图中单击即可绘制。当立方样条曲线的控制点超过3个时，系统会自动计算出控制点的平均值，然后得出一条光滑的曲线（立方样条曲线会经过绘制的控制点）如图5-52所示。

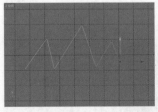
图5-51

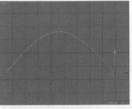
图5-52

4. Akima

Akima样条曲线较为接近控制点的路径，如图5-53所示。

5. B-样条

B-样条曲线在视图中单击即可绘制。当B-样条曲线的控制点超过3个时，系统会自动计算出控制点的平均值，然后得出一条光滑的曲线（B-样条曲线只会经过绘制的首尾点），如图5-54所示。

图5-53

图5-54

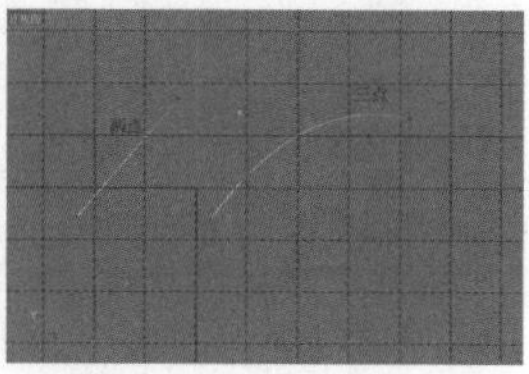

5.3.2 草绘

草绘 工具的开放性很强，可以自由绘制样条曲线，如图5-55所示。

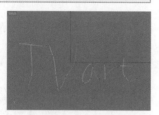
图5-55

5.3.3 平滑样条

平滑样条 工具可以作为一种塑造笔刷，让用户能够以各种方式来修改样条曲线的半径与强度，整体扩大当前笔刷的影响区域并提高当前笔刷的控制强度（按住Ctrl+鼠标中键，上下拖曳控制笔刷强度，左右拖曳控制半径），如图5-56所示。

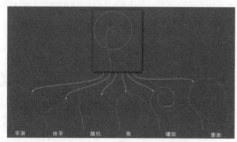

图5-56

5.3.4 Arc Tool

Arc Tool 工具可以在两条线段之间自由连接出一个弧形样条曲线，也可以将一条线段的某一段重新编辑成弧形，如图5-57所示。

图5-57

绘制完样条曲线后，在属性面板中会出现相应的参数，如图5-58所示。

- **类型**：包括线性、立方、阿基玛（Akima）、B-样条和贝塞尔（Bezier）5种；创建完一条曲线以后，可以自由修改曲线的类型，非常方便，如图5-59所示。

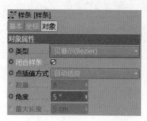
图5-58

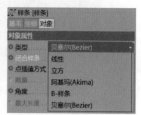
图5-59

- **闭合样条**：闭合样条曲线的方法有两种，一种是绘制时直接闭合（在起点附近单击，系统自动捕捉到起点）；另一种是选择"闭合样条"选项。
- **点插值方式**：用于设置样条曲线的插值计算方式，包括无、自然、统一、自动适应和细分5种方式，如图5-60所示。

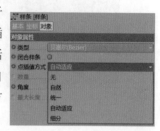
图5-60

5.4 原始样条曲线

C4D提供了一些设置好的样条曲线，如圆环、矩形、星形等，可以执行主菜单中的"创建>样条"命令进行选择，也可以在样条面板中进行选择，如图5-61所示。

图5-61

5.4.1 圆弧

执行主菜单中的"创建>样条>圆弧"命令（或在样条面板中选择 ），绘制一段圆弧。

其参数显示在属性面板的"对象"选项卡中，如图5-62所示。

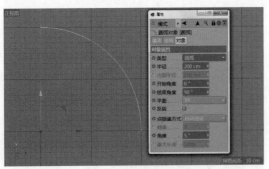

图5-62

- 类型: 圆弧对象包含4种类型,分别为圆弧、扇区、分段、环状,如图5-63所示。

图5-63

- 半径: 设置圆弧的半径。
- 开始角度: 设置圆弧的起始位置。
- 结束角度: 设置圆弧的结束位置。
- 平面: 以任意两个轴形成的面为扇形放置的平面,如图5-64所示。

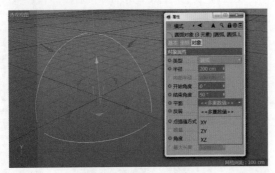

图5-64

- 反转: 反转圆弧的起始方向。

5.4.2 圆环

执行主菜单中的"创建>样条>圆环"命令(或在样条面板中选择 ● 圆环),绘制一个圆环。

其参数显示在属性面板的"对象"选项卡中,如图5-65所示。

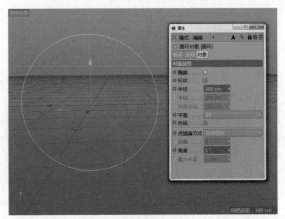

图5-65

- 椭圆/半径: 勾选"椭圆"选项后,圆形会变成椭圆形;"半径"用于设置椭圆长短轴的半径,如图5-66所示。

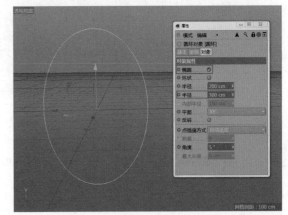

图5-66

- 环状/内部半径: 勾选"环状"选项后,圆形会变成一个圆环;"内部半径"用于设置圆环内部的半径,如图5-67所示。

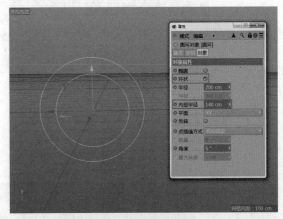

图5-67

- 半径: 设置整个圆形的半径。

5.4.3 螺旋

执行主菜单中的"创建>样条>螺旋"命令（或在样条面板中选择 ⬚ 螺旋 ），绘制一段螺旋。

其参数显示在属性面板的"对象"选项卡中，如图5-68所示。

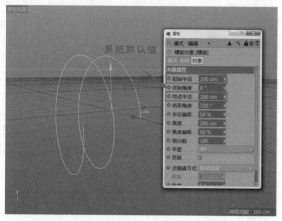

图5-68

- 起始半径/终点半径：设置螺旋起点和终点的半径，如图5-69所示。

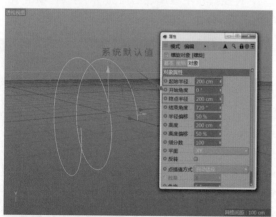

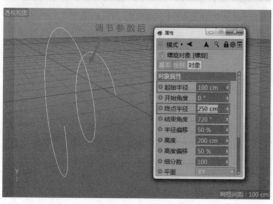

图5-69

- 开始角度/结束角度：设置螺旋开始和结束时的角度。
- 半径偏移：设置螺旋半径的偏移程度，如图5-70所示。

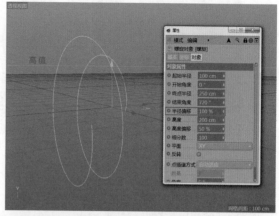

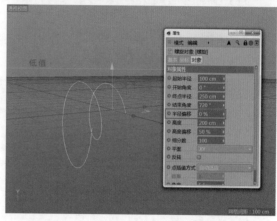

图5-70

- 高度：设置螺旋的高度。
- 高度偏移：设置螺旋高度的偏移程度，如图5-71所示。
- 细分数：设置螺旋的细分程度，值越高，越圆滑。

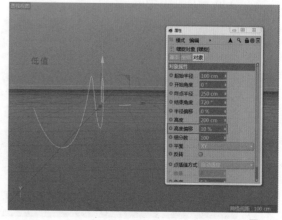

图5-71

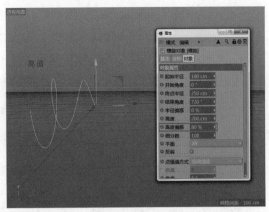

图5-71（续）

5.4.4 多边

执行主菜单中的"创建>样条>多边"命令（或在样条面板中选择○ 多边），绘制一条多边形。

其参数显示在属性面板的"对象"选项卡中，如图5-72所示。

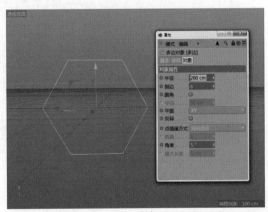

图5-72

- 侧边：设置多边形的边数，默认为六边形，此处设置为10，效果如图5-73所示。

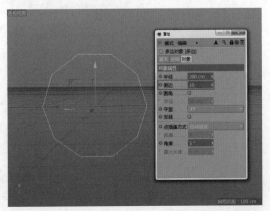

图5-73

- 圆角/半径：勾选"圆角"选项后，多边形变为圆角多边形；"半径"控制圆角的半径，如图5-74所示。

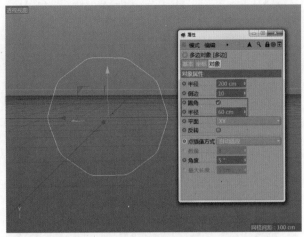

图5-74

5.4.5 矩形

执行主菜单中的"创建>样条>矩形"命令（或在样条面板中选择□ 矩形），绘制一个矩形。

其参数显示在属性面板的"对象"选项卡中，如图5-75所示。

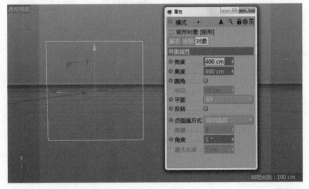

图5-75

- 宽度/高度：用于调节矩形的宽度和高度。
- 圆角：勾选该选项后，矩形将变为圆角矩形，可以通过"半径"来调节圆角半径。

5.4.6 星形

执行主菜单中的"创建>样条>星形"命令（或在样条面板中选择☆ 星形），绘制一个星形。

其参数显示在属性面板的"对象"选项卡中，如图5-76所示。

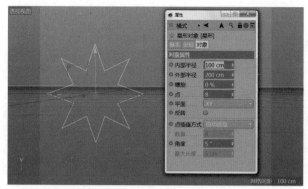

图5-76

其参数显示在属性面板的"对象"选项卡中，如图5-79所示。

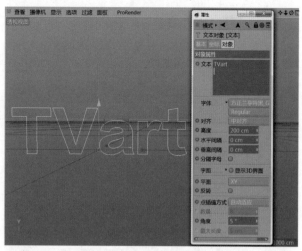

图5-79

- 内部半径/外部半径：分别用来设置星形内部顶点和外部顶点的半径，如图5-77所示。

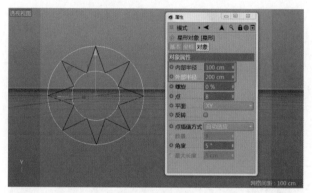

图5-77

- 螺旋：设置星形内部控制点的旋转程度，如图5-78所示。

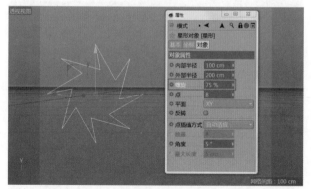

图5-78

5.4.7　文本

执行主菜单中的"创建>样条>文本"命令（或在样条面板中选择 T 文本），创建一个文本。

- 文本：用于输入需要创建的文字。
- 字体：用于自动载入系统已安装字体。
- 对齐：用于设置文字的对齐方式，包括左、中对齐和右3种（以坐标轴为参照进行对齐）。
- 高度：设置文字的高度。
- 水平间隔/垂直间隔：设置横排/竖排文字的间距。
- 分隔字母：勾选该选项后，当转变为多边形对象时，文字会被分离为各自独立的对象，如图5-80所示。
- 字距：可以单击后面的黑色小三角，打开单独控制字间距的参数；也可以勾选"显示3D界面"选项，从视图中交互调节字间距。
- 平面：可以改变文本的方向。
- 反转：控制反转方向，最好不要勾选。
- 点插值方式：改变样条曲线上的点和点之间的过渡方式，可以通过下面的"数量""角度""最大长度"来修改曲线的插值结果。

图5-80

5.4.8　矢量化

执行主菜单中的"创建>样条>矢量化"命令（或在样条面板中选择 矢量化 ），绘制一个矢量化样条曲线。

其参数显示在属性面板的"对象"选项卡中，如图5-81所示。

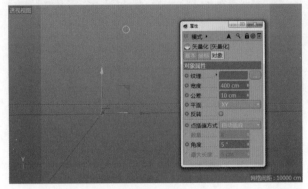

图5-81

- 纹理：默认的矢量化样条曲线是一个空白对象，为其载入纹理图像后，系统会根据图像的明暗对比信息自动生成轮廓曲线，如图5-82所示。

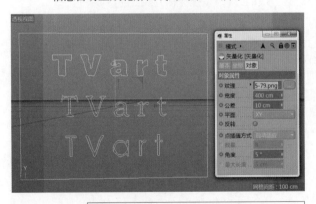

图5-82

- 宽度：设置生成轮廓曲线的整体宽度。
- 公差：设置生成轮廓曲线的误差范围，值越小，计算得越精细，如图5-83所示。

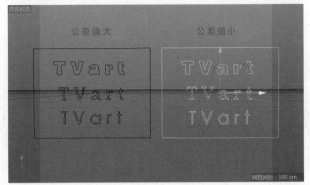

图5-83

5.4.9　四边

执行主菜单中的"创建>样条>四边"命令（或在样条面板中选择 四边 ），绘制一个四边形。

其参数显示在属性面板的"对象"选项卡中，如图5-84所示。

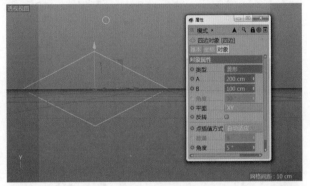

图5-84

- 类型：分为菱形、风筝、平行四边形和梯形4种，如图5-85所示。

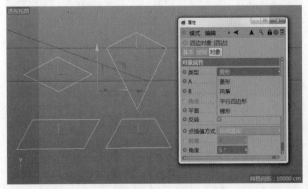

图5-85

- A/B：分别代表四边形在水平/垂直方向上的长度。

- 角度: 只有当四边形为平行四边形或者梯形时,该选项才会被激活,用于控制四边形的角度。

5.4.10 蔓叶类曲线

执行主菜单中的"创建>样条>蔓叶类曲线"命令(或在样条面板中选择 Ｙ 蔓叶类曲线),绘制一条蔓叶类曲线。

其参数显示在属性面板的"对象"选项卡中,如图5-86所示。

图5-86

- 类型: 分为蔓叶、双扭和环索3种,如图5-87所示。

图5-87

- 宽度: 设置蔓叶类曲线的生长宽度。
- 张力: 设置曲线之间伸缩张力的大小,只能控制蔓叶和环索这两种类型的曲线。

5.4.11 齿轮

执行主菜单中的"创建>样条>齿轮"命令(或在样条面板中选择 ◎ 齿轮),绘制一条齿轮曲线。

其参数显示在属性面板的"对象"选项卡中,如图5-88所示。

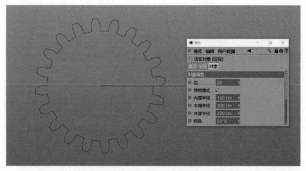

图5-88

- 齿: 设置齿轮的数量。
- 传统模式: 是C4D R20之前版本中的调节方式,这里不建议使用。
- 内部半径/中间半径/外部半径: 分别设置齿轮内部、中间和外部的半径。
- 斜角: 设置齿轮外侧斜角的角度。

5.4.12 摆线

执行主菜单中的"创建>样条>摆线"命令(或在样条面板中选择 ◎ 摆线),绘制一条摆线。

其参数显示在属性面板的"对象"选项卡中,如图5-89所示。

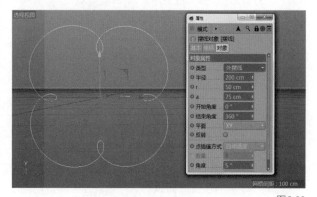

图5-89

- 类型: 分为摆线、外摆线和内摆线3种。
- 半径/r/a: 半径代表摆线的长度,r用于调节摆线上交叉形态的数量(只有摆线为内摆线或外摆线时,才可用),a用于调节摆线上交叉形态的大小。
- 开始角度/结束角度: 设置摆线轨迹的起始点和结束点。

5.4.13 公式

执行主菜单中的"创建>样条>公式"命令(或在样条面板中选择 公式),绘制一条公式曲线。

其参数显示在属性面板的"对象"选项卡中,如图5-90所示。

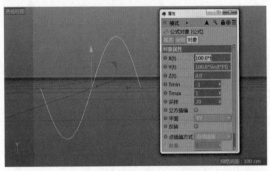

图5-90

- X(t)/Y(t)/Z(t):在这3个本文框内输入数学函数公式后,系统将根据公式生成曲线。
- Tmin/Tmax:用于设置公式中t参数的最大值和最小值。
- 采样:用于设置曲线的采样精度。
- 立方插值:勾选该选项后,曲线将变得平滑。

5.4.14 花瓣

执行主菜单中的"创建>样条>花瓣"命令(或在样条面板中选择 花瓣),绘制一条花瓣曲线。

其参数显示在属性面板的"对象"选项卡中,如图5-91所示。

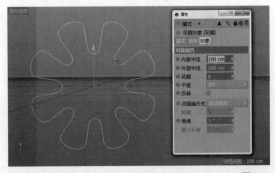

图5-91

- 内部半径/外部半径:用于设置花瓣曲线内部和外部的半径。
- 花瓣:设置花瓣的数量。

5.4.15 轮廓

执行主菜单中的"创建>样条>轮廓"命令(或在样条面板中选择 轮廓),绘制一条轮廓曲线。

其参数显示在属性面板的"对象"选项卡中,如图5-92所示。

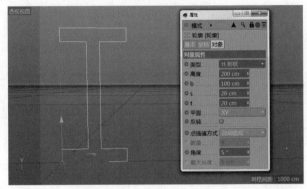

图5-92

- 类型:分为H形状、L形状、T形状、U形状和Z形状5种,如图5-93所示。

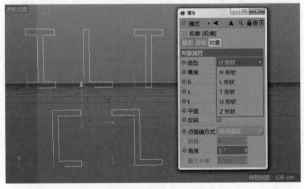

图5-93

- 高度/b/s/t:分别用于控制轮廓曲线的高度和各部分的宽度。

第6章

生成器

06

C4D提供的生成器建模方式分为细分曲面、挤压、旋转、放样、扫描和贝塞尔6种，如图6-1所示。

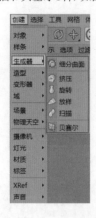

图6-1

6.1 细分曲面

细分曲面 细分曲面 是非常强大的三维设计雕刻工具之一，通过为细分曲面对象上的点、边增加权重，以及对表面进行细分来制作出精细的模型。

执行主菜单中的"创建>生成器>细分曲面"命令，在场景中创建一个细分曲面对象，再创建一个立方体对象，这两者之间没有建立任何关系，互不影响，如图6-2所示。

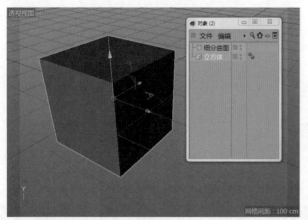

图6-2

如果想让"细分曲面"命令对立方体对象产生作用，就必须让立方体对象成为细分曲面对象的子对象。产生作用之后的立方体会变得圆滑，并且其表面会被细分，如图6-3所示。

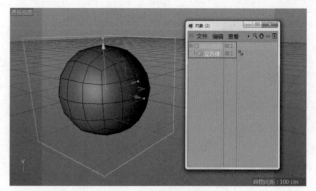

图6-3

注意

在C4D中，无论是造型工具还是变形器工具，都不会直接作用在模型上，而是以对象的形式显示在场景中。如果想让这些工具直接作用在模型对象上，就必须使这些模型对象和工具对象形成层级关系。

其参数显示在属性面板的"对象"选项卡中，如图6-4所示。

图6-4

• 编辑器细分：控制视图中所编辑模型对象的细分程度，也就是只影响显示的细分数，如图6-5所示。

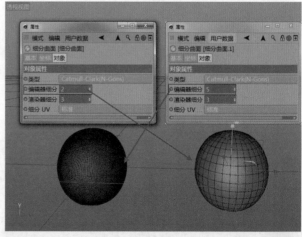

图6-5

• 渲染器细分：控制渲染时显示出的细分程度，也就是只影响渲染结果的细分数，如图6-6所示。

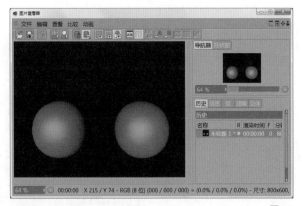

图6-6

6.2 挤压

挤压 是针对样条曲线建模的工具，可将二维曲线挤压成为三维模型。执行主菜单中的"创建>生成器>挤压"命令，在场景中创建一个挤压对象。创建一个花瓣样条对象，让花瓣样条对象成为挤压对象的子对象，即可将花瓣样条曲线挤压成为三维的花瓣模型，如图6-7所示。

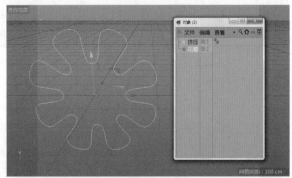

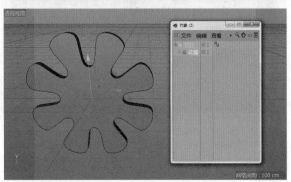

图6-7

其参数显示在属性面板的"对象"选项卡中，如图6-8所示。

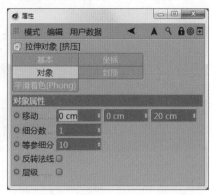

图6-8

- 移动：包含3个数值输入框，从左至右依次代表在x轴、y轴和z轴上的挤出距离，如图6-9所示。

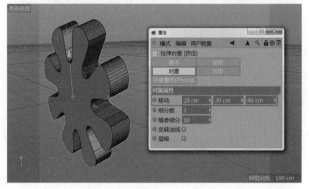

图6-9

- 细分数：控制挤压对象在挤压轴上的细分数量，如图6-10所示。

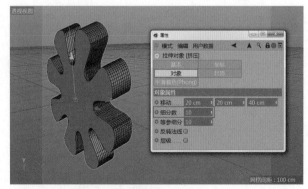

图6-10

- 等参细分：执行视图菜单中的"显示>等参线"命令，可以发现该参数控制的等参线的细分数量，如图6-11所示。

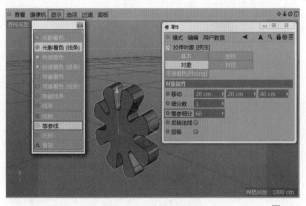

图6-11

- 反转法线: 该选项用于反转法线的方向, 如图6-12
所示。

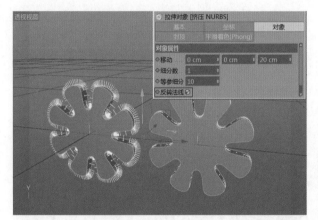

图6-12

- 层级: 勾选该选项后, 如果将挤压过的对象转换为
可编辑的多边形对象, 那么该对象将按照层级划
分显示, 如图6-13所示。

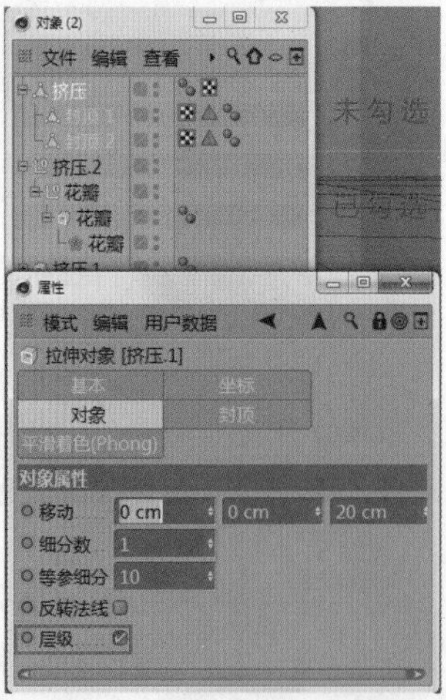

“封顶”选项卡如图6-14所示。

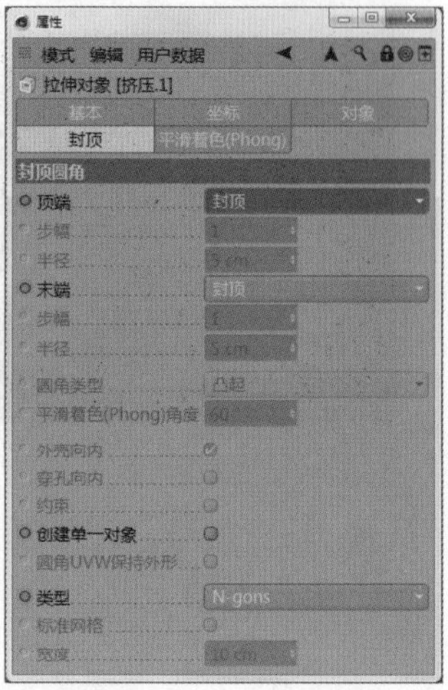

图6-14

- 顶端/末端: 都包含了“无”“封顶”“圆角”“圆角
封顶”4个选项, 如图6-15所示。

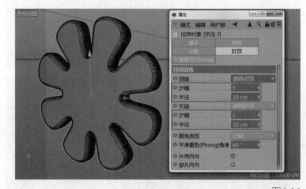

图6-15

- 步幅/半径: 分别控制圆角处的分段数和圆角半
径, 如图6-16所示。

图6-13

图6-16

- 圆角类型: 用于“圆角”和“圆角封顶”, 包括线性、
凸起、凹陷、半圆、1步幅、2步幅和雕刻7种类型, 如
图6-17所示。

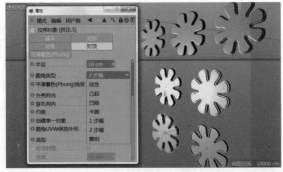

图6-17

- 平滑着色（Phong）角度：设置相邻多边形之间的平滑角度，数值越大，相邻多边形之间越平滑。
- 外壳向内：设置挤压轴上的外壳是否向内，效果如图6-18所示。

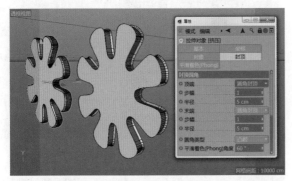

图6-18

- 穿孔向内：当挤压的对象上有穿孔时，可设置穿孔是否向内。
- 约束：以原始样条曲线作为外轮廓。
- 创建单一对象：勾选该选项后，模型的正面、侧面和倒角将合并为一个整体。
- 圆角UVW保持外形：让倒角的贴图大小和正面大小统一。
- 类型：分为三角形、四边形和N-gons 3种，如图6-19所示。

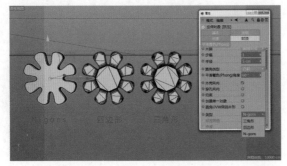

图6-19

- 标准网格：勾选该选项后，模型正面和背面会出现细分网格，同时会激活下面的"宽度"选项。
- 宽度：可以减小或增大数值来改变模型的细分程度。

"平滑着色（Phong）"选项卡如图6-20所示。

图6-20

- 角度限制：控制物体表面是否受到面与面之间的角度限制，勾选此选项后，下面的"平滑着色（Phong）角度"选项才有意义。
- 平滑着色（Phong）角度：设置相邻多边形之间的平滑角度，数值越大，相邻多边形之间就越平滑，默认参数为60°。
- 使用边断开：当对样条曲线执行过类似倒角这样的操作后，再次挤压会出现一些断开的边，这时取消勾选该选项，可以去除面上的折痕。

6.3 旋转

旋转 ⚫ 旋转 可将二维曲线围绕y轴旋转生成三维模型。

执行主菜单中的"创建>生成器>旋转"命令，在场景中创建一个旋转对象，再创建一个样条对象，让样条对象成为旋转对象的子对象，使该样条围绕y轴旋转生成一个三维模型，如图6-21所示。

注意

最好在二维视图中创建样条对象，这样能更好地把握模型的精准度。

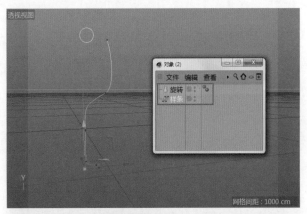

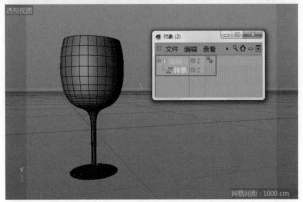

图6-21

图6-23

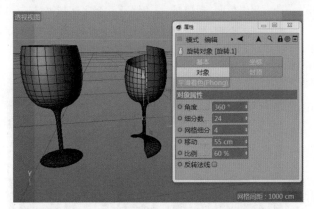

图6-24

其参数显示在属性面板的"对象"选项卡中，如图6-22所示。

图6-22

- 角度：控制旋转对象围绕*y*轴旋转的角度，如图6-23所示。
- 细分数：定义旋转对象的细分数量。
- 网格细分：设置等参线的细分数量。
- 移动/比例："移动"用于设置旋转对象绕*y*轴旋转时纵向移动的距离；"比例"用于设置旋转对象绕*y*轴旋转时移动的比例，如图6-24所示。

6.4 放样

放样 可根据多条二维曲线的外边界搭建曲面，从而形成复杂的三维模型。

执行主菜单中的"创建>生成器>放样"命令，在场景中创建一个放样对象，再创建多个样条（如花瓣、矩形）对象，让样条对象成为放样对象的子对象，即可放样生成一个复杂的三维模型，如图6-25所示。

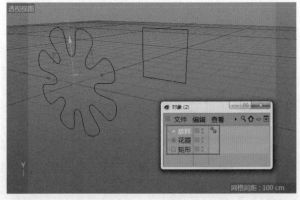

图6-25

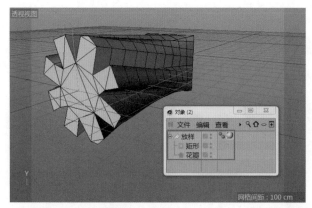

图6-25（续）

其参数显示在属性面板的"对象"选项卡中，如图6-26所示。

图6-26

- 网孔细分U/网孔细分V：分别设置网孔在U方向（沿圆周的截面方向）和V方向（纵向）上的细分数量，如图6-27所示。

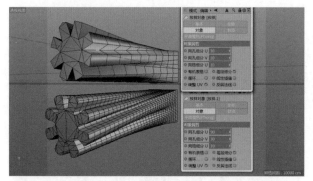

图6-27

- 网格细分U：用于设置等参线在U方向上的细分数量，如图6-28所示。

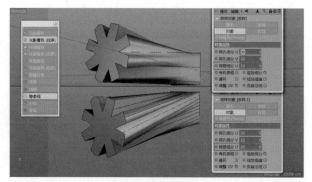

图6-28

- 有机表格：取消勾选该选项，放样时通过样条上的各对应点来构建模型；勾选该选项，放样时可自由、有机地构建模型，如图6-29所示。

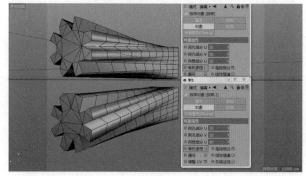

图6-29

- 每段细分：勾选该选项后，V方向上的网格会根据设置的"网孔细分V"参数均匀细分。
- 循环：勾选该选项后，两条样条将连接在一起，如图6-30所示。

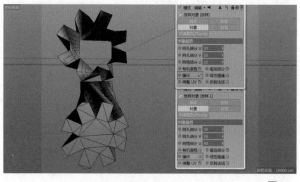

图6-30

- 线性插值：勾选该选项后，样条之间将使用线性插值。
- 调整UV：当使用3个或3个以上的曲线做放样时，改变中间样条的位置会影响贴图变形，这时候可以通过"调整UV"来控制是否改变样条位置。

6.5 扫描

扫描  可以将一个二维图形的截面，沿着某条样条路径移动形成三维模型。

执行主菜单中的"创建>生成器>扫描"命令，在场景中创建一个扫描对象，再创建两个样条（圆弧、花瓣）对象，一个充当截面，一个充当路径，让这两个样条对象成为扫描对象的子对象，即可扫描生成一个三维模型，如图6-31所示。

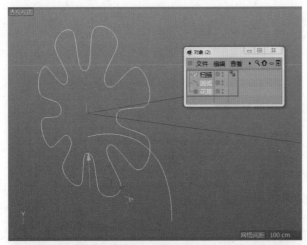

图6-31

注意

两个样条对象成为扫描对象的子对象时，代表截面的样条在上、路径的样条在下。该面板中有些选项和参数，对实际工作影响不大，这里针对常用的选项进行讲解。

其参数显示在属性面板的"对象"选项卡中，如图6-32所示。

图6-32

- 网格细分：设置等参线的细分数量。
- 终点缩放：设置扫描对象在路径终点的缩放比例，如图6-33所示。

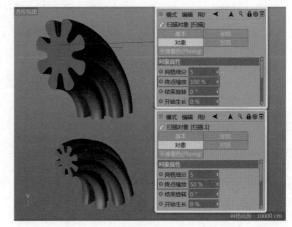

图6-33

- 结束旋转：设置对象到达路径终点时的旋转角度，如图6-34所示。

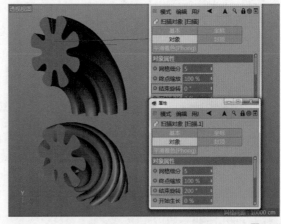

图6-34

- 开始生长/结束生长：分别设置扫描对象沿路径移动形成三维模型的起点和终点，如图6-35所示。

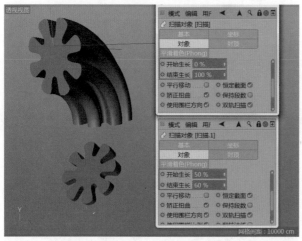

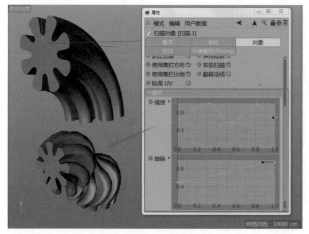

图6-35

- 细节：该选项组包含"缩放"和"旋转"两个表格，在表格的左右两侧分别有两个小圆点，左侧的小圆点控制扫描对象起点处的缩放和旋转程度，右侧的小圆点控制扫描对象终点处的缩放和旋转程度；另外，可以在表格中按住Ctrl键单击添加小圆点来调整模型的不同形态；如果想删除多余的点，只需将该点向右上角拖曳出表格即可，如图6-36所示。

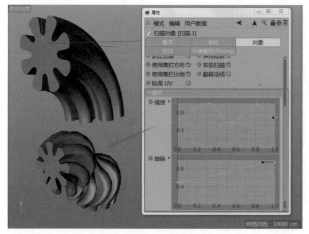

图6-36

6.6 贝塞尔

贝塞尔 与其他生成器命令不同，它不需要任何子对象，就能创建出三维模型。

执行主菜单中的"创建>生成器>贝塞尔"命令，在场景中创建一个贝塞尔对象，它在视图中显示为一个曲面，对曲面进行编辑和调整，形成想要的三维模型即可，如图6-37所示。

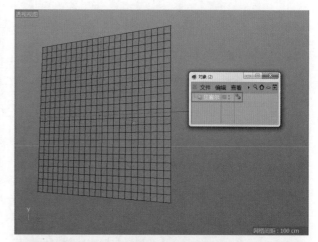

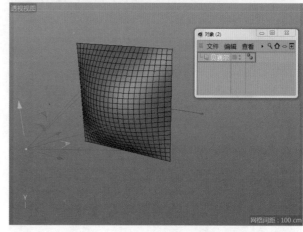

图6-37

其参数显示在属性面板的"对象"选项卡中，如图6-38所示。

图6-38

- 水平细分/垂直细分：分别设置曲面在x轴方向和y轴方向上的网格细分数量，如图6-39所示。

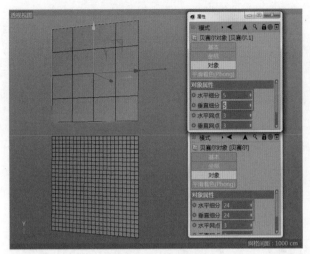

图6-39

- 水平网点/垂直网点：分别设置曲面在x轴方向和y轴方向上的控制点数量，如图6-40所示。

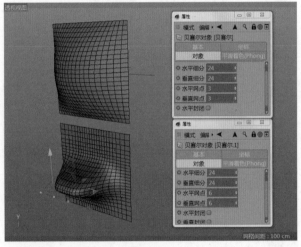

图6-40

注意

"水平网点"和"垂直网点"是贝塞尔对象比较重要的参数。移动这些控制点，可以调整曲面的形态，这些控制点与对象转变为可编辑多边形对象之后的点元素是不同的。

- 水平封闭/垂直封闭：分别用于x轴方向和y轴方向上的封闭曲面，常用于制作管状物体，如图6-41所示。

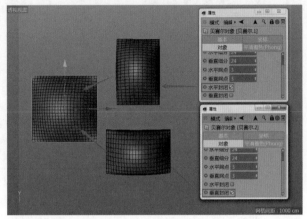

图6-41

第7章

造型工具组

07

阵列、晶格、布尔、样条布尔
连接、实例、融球、对称
Python生成器
LOD
减面

C4D中的造型工具非常强大，可以自由组合出各种不同的效果，它的可操控性和灵活性是其他三维软件无法比拟的。图7-1所示的克隆（详见第21章）、体积生成和体积网格（详见第10章）在其他章节里面进行了详细讲解，在此不做赘述，如图7-1所示。

图7-1

7.1 阵列

执行主菜单中的"创建>造型>阵列"命令（或在造型工具面板中选择 阵列 ），创建一个阵列对象。新建一个参数化几何体（这里用宝石对象来举例），将宝石对象作为阵列对象的子对象，如图7-2所示。

图7-2

其参数显示在属性面板的"对象"选项卡中，如图7-3所示。

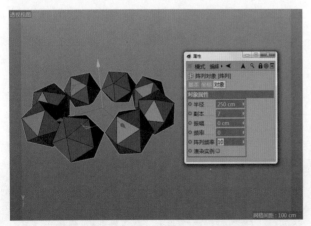

图7-3

- 半径/副本：设置阵列的半径和阵列中对象的数量，如图7-4所示。
- 振幅/频率：控制阵列波动的范围和快慢（只有播放动画时才有效果），如图7-5所示。

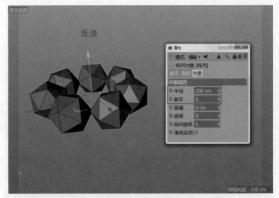

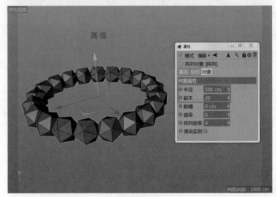

图7-4

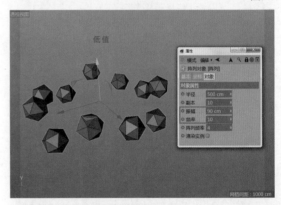

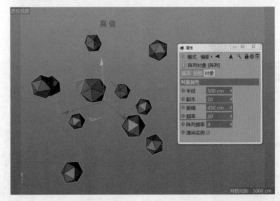

图7-5

- 阵列频率：控制阵列中每个物体波动的范围，需要与振幅和频率结合使用。

7.2 晶格

执行主菜单中的"创建>造型>晶格"命令（或在造型工具面板中选择 晶格），创建一个晶格对象。创建一个宝石对象，将宝石对象作为晶格对象的子对象，如图7-6所示。

图7-6

其参数显示在属性面板的"对象"选项卡中，如图7-7所示。

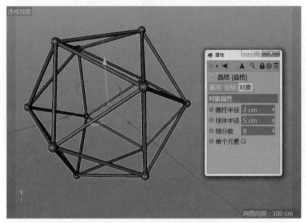

图7-7

- 圆柱半径：几何体上的样条变为圆柱时，控制圆柱的半径大小。
- 球体半径：几何体上的点变为球体时，控制球体的半径大小。
- 细分数：控制圆柱和球体的细分，如图7-8所示。

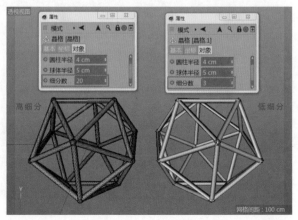

图7-8

- 单个元素：勾选该选项后，当晶格对象转化为多边形对象时，晶格会被分离成各自独立的对象，如图7-9所示。

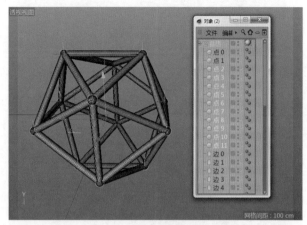

图7-9

7.3 布尔

执行主菜单中的"创建>造型>布尔"命令（或在造型工具面板中选择 布尔），创建一个布尔对象。布尔运算需要在两个及以上的物体间进行，这里创建一个球体和立方体来举例说明，如图7-10所示。

图7-10

其参数显示在属性面板的"对象"选项卡中，如图7-11所示。

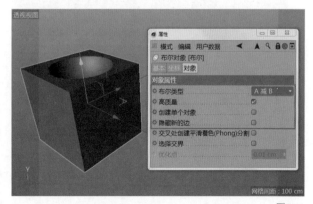

图7-11

- 布尔类型：通过"A减B""A加B""AB交集""AB补集"4种类型来对两个物体进行运算，从而得到新的物体，如图7-12所示（这里A为立方体，B为球体）。

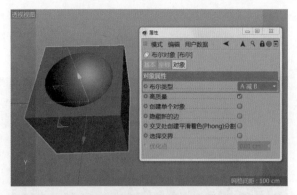

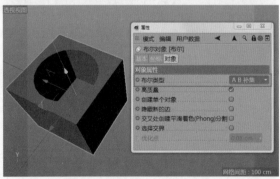

图7-12

- 高质量：勾选该选项可以得到更高质量的运算结果，但是多数情况下并不需要。
- 创建单个对象：勾选该选项后，当布尔对象转变为多边形对象时，会被合并为一个整体，如图7-13所示。

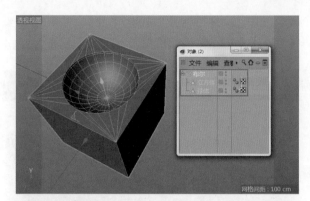

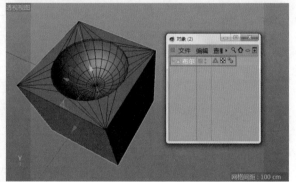

图7-13

- 隐藏新的边：布尔运算完成后，线的分布不均匀，勾选该选项后，会隐藏不规则的线，如图7-14所示。

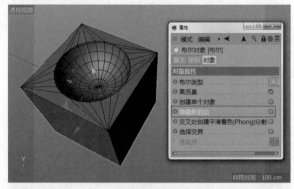

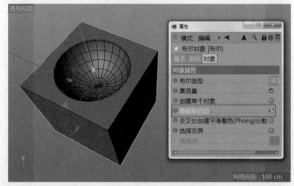

图7-14

- 交叉处创建平滑着色（Phong）分割：勾选该选项，可以让交叉的边缘变得圆滑，但只有在遇到较复杂的边缘结构时，才有效果。

- 选择交界：勾选该选项后，可以在塌陷的时候自动创建边选集。

- 优化点：只有勾选"创建单个对象"选项后，该选项才能被激活，用于对布尔运算完成后对象中的点元素进行优化处理，删除无用的点（值较大时才会起作用）。

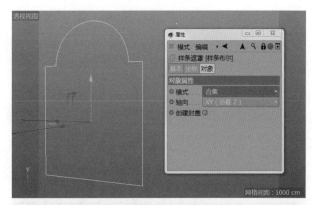

7.4 样条布尔

执行主菜单中的"创建>造型>样条布尔"命令（或在造型工具面板中选择 ），创建一个样条布尔对象。由于样条布尔需要两个及以上的样条对象才能运算，因此这里创建一个矩形和一个圆环来举例说明，如图7-15所示。

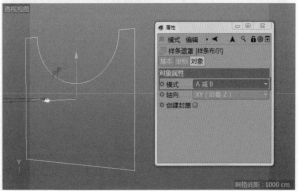

图7-15

其参数显示在属性面板的"对象"选项卡中，如图7-16所示。

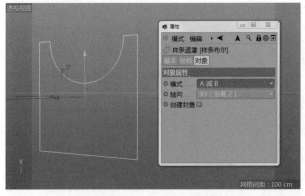

图7-16

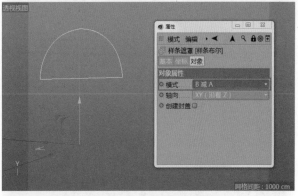

- 模式：该选项提供了6种模式用于对样条曲线进行相加或者相减等运算，从而得到新的样条曲线，如图7-17所示（这里A为矩形，B为圆环）。

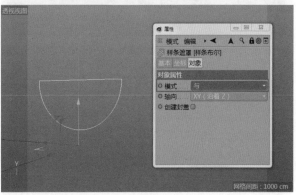

图7-17

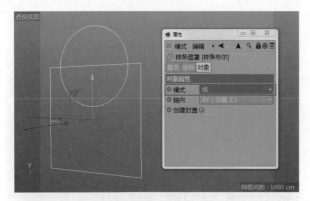

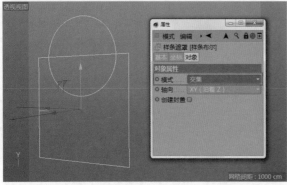

图7-17（续）

- 创建封盖：勾选该选项后，样条曲线会形成一个闭合的面，如图7-18所示。

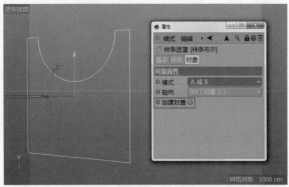

图7-18

7.5 连接

执行主菜单中的"创建>造型>连接"命令（或在造型工具面板中选择 连接 ），创建一个连接对象。连接需要两个及以上的物体才能运算，这里创建两个立方体来举例说明（尽量使用结构相似的两个物体进行连接），如图7-19所示。

图7-19

其参数显示在属性面板的"对象"选项卡中，如图7-20所示。

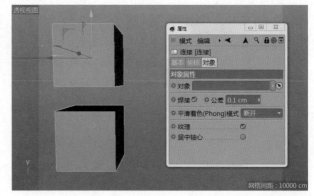

图7-20

- 焊接：勾选该选项后，才能对两个物体进行连接。
- 公差：只有勾选"焊接"选项后，才能调整"公差"数值，两个物体会自动连接，如图7-21所示。

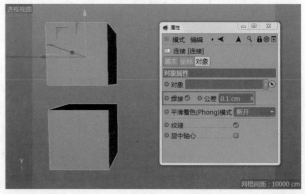

图7-21

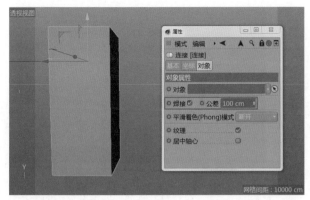

图7-21（续）

- 平滑着色（Phong）模式：对接口处进行平滑处理。
- 纹理：处理焊接时候的纹理解决方案，此处保持默认设置即可。
- 居中轴心：勾选该选项后，当两个物体连接后，其坐标轴移动至物体的中心。

7.6 实例

执行主菜单中的"创建>造型>实例"命令（或在造型工具面板中选择 实例 ），创建一个实例对象。实例对象需要和其他的几何体合用。这里创建一个球体对象，将其拖曳到实例的属性面板中"参考对象"右侧的空白区域。

其参数显示在属性面板的"对象"选项卡中，如图7-22所示。

图7-22

现在实例继承了球体的所有属性，接下来对实例和立方体进行布尔运算，如图7-23所示。

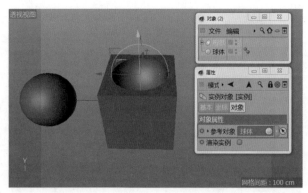

图7-23

如果对这次布尔运算不满意，可以再创建一个宝石对象，将其拖曳到实例的属性面板中"参考对象"右侧的空白区域。这时实例继承了宝石的所有属性，即该宝石和立方体又进行了一次布尔运算，不需要重新再对宝石和立方体进行布尔运算，非常方便，如图7-24所示。

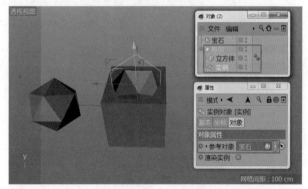

图7-24

7.7 融球

执行主菜单中的"创建>造型>融球"命令（或在造型工具面板中选择 融球 ），创建一个融球对象。创建两个球体对象，将两个球体对象作为融球对象的子对象，如图7-25所示。

图7-25

其参数显示在属性面板的"对象"选项卡中，如图7-26所示。

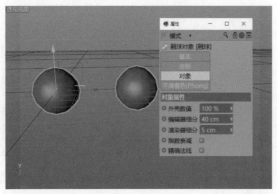

图7-26

- 外壳数值: 设置融球的溶解程度和大小, 如图7-27 所示。

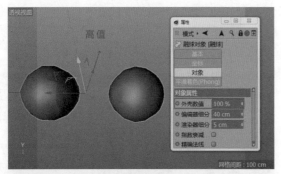

图7-27

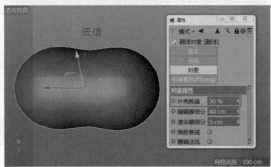

图7-28

- 编辑器细分: 设置显示视图中融球的细分数, 值越 小, 融球越圆滑, 如图7-28所示。

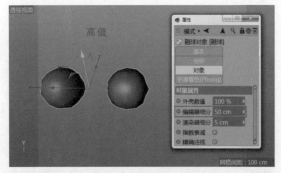

图7-28

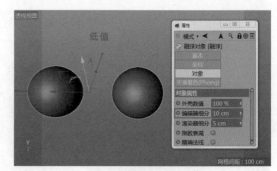

图7-28（续）

- 渲染器细分: 设置渲染时融球的细分数, 值越小, 融球越圆滑 (这里不能对编辑视图进行渲染, 必 须渲染到图片查看器中), 如图7-29所示。

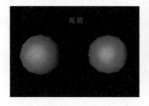
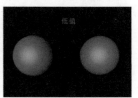

图7-29

- 指数衰减: 勾选该选项后, 融球大小和圆滑程度 会有所衰减。
- 精确法线: 勾选该选项后, 可以强制控制法线的方 向正确。

7.8 对称

执行主菜单中的"创建>造型> 对称"命令(或在造型工具面板中选 择○ 对称), 创建一个对称对象。创建 一个立方体对象, 将立方体对象作为对 称对象的子对象, 如图7-30所示。

图7-30

其参数显示在属性面板的"对象"选项卡中, 如图 7-31所示。

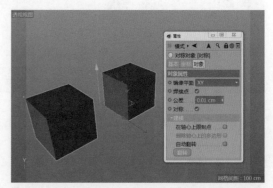

图7-31

- 镜像平面: 包括XY、ZY和XZ 3个选项, 如图7-32所示。

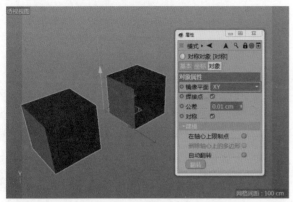

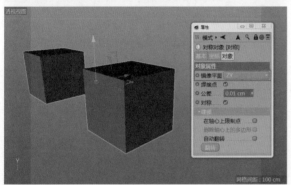

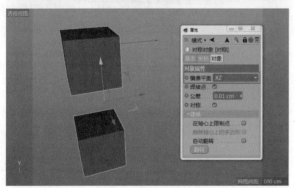

图7-32

- 焊接点/公差: 勾选"焊接点"选项后, "公差"选项被激活, 可以调节"公差"数值, 让两个模型连接到一起。
- 对称: 勾选该选项, 可以确保焊接点精确放置在镜像轴上。
- 在轴心上限值点: 勾选该选项, 可以防止不小心移动位于轴上的点。
- 删除轴心上的多边形: 勾选该选项, 可以防止在对称轴上出现重叠的面。
- 自动翻转: 将对称原始模型放置在对称平面的对面。

- 翻转: 勾选"自动翻转"选项后, 这个按钮可以忽略。

7.9 Python生成器

执行主菜单中的"创建>造型>Python生成器"命令(或在造型工具面板中选择 Python 生成器), 需要用到编程语言来进行操作, 如图7-33所示。

图7-33

7.10 LOD

在编辑视图窗口中, LOD, 即自适应显示级别, 会根据摄像机与模型的距离自动改变模型表面的数量, 其属性面板如图7-34所示。

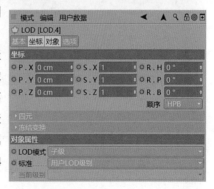

图7-34

LOD可以让离摄像机较近模型的显示细节程度较高，离摄像机较远模型的显示细节程度较低，以节省预览动画的时间，如图7-35所示。

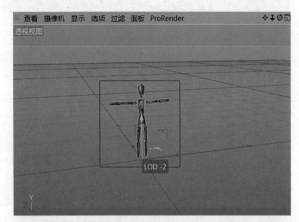

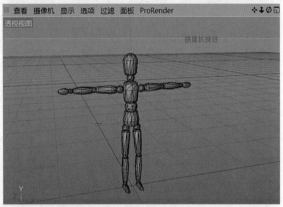

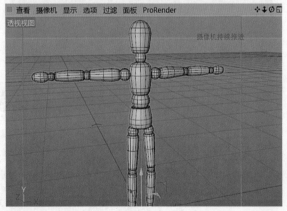

图7-35

7.10.1 功能实操：LOD的具体用法

01 执行"创建>对象>人偶"命令，并为其加上蓝色材质，如图7-36所示。

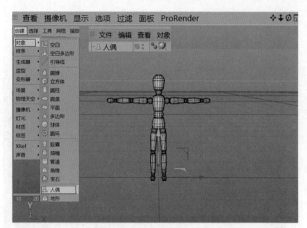

图7-36

02 选中蓝色人偶模型，执行"创建>造型>减面"命令，并将模型拖曳到减面生成器下，作为其子级，如图7-37所示。

图7-37

03 选中蓝色人偶模型的减面生成器，调节对象属性下的减面强度为70%，如图7-38所示。

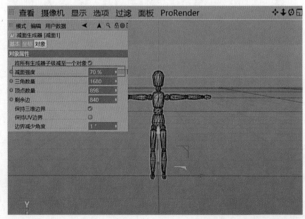

图7-38

04 创建第二个人偶模型，为其添加红色材质，执行"创建>造型>减面"命令，并将模型拖曳到减面生成器下，作为其子级，如图7-39所示。

图7-39

05 选中红色人偶模型的减面生成器，调节对象属性下的减面强度为98%，如图7-40所示。

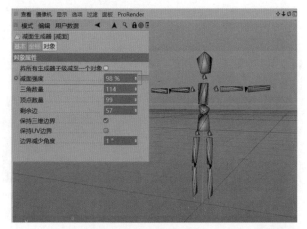

图7-40

06 创建第三个人偶模型，为其添加粉色材质，如图7-41所示。

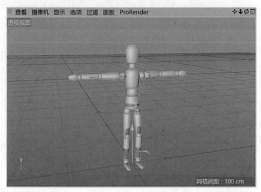

图7-41

07 执行"创建>造型>LOD"命令，并将所有对象拖曳为LOD对象的子级，如图7-42所示。

图7-42

08 选中LOD对象，将对象属性下的LOD模式选择为子级，如图7-43所示。将标准选择为屏幕尺寸V，视图中会出现一个边框。LOD的原理是检查边框和界面空间的垂直距离，来推拉摄像机，以得到不同细节级别的模型，如图7-44和图7-45所示。

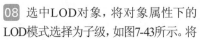

图7-43　　　　　　图7-44

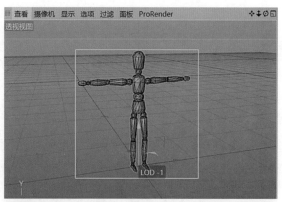

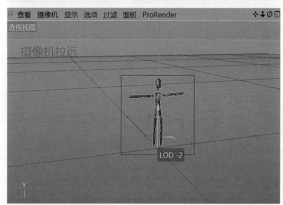

图7-45

7.10.2　功能实操：创建自定义显示模式

使用LOD功能时，需要创建多个不同细节级别的模型，为了操作方便，用户可以使用单个模型在LOD中设置自定义显示，以省去创建模型所用的时间。

01 创建人偶模型，将模型拖曳为LOD的子级，如图7-46所示。

02 将LOD对象属性下的LOD模式选择为简化，并将标准选择为屏幕尺寸V，如图7-47所示。

图7-46　　　　　　图7-47

03 在LOD条上的不同位置单击，添加不同颜色的渐变节点。每添加一个颜色节点，在下方都会出现一个对应编号的级别。摄像机与模型的距离越近，级别越低；摄像机与模型的距离越远，级别越高，如图7-48所示。

图7-48

04 将级别-0的简化模式调节为完整对象模式。将级别-1
的简化模式调节为抽取模式，将强度调节为80%。将级
别-2的简化模式调节为凸形外壳模式。将级别-3的简化模
式调节为边界框模式。将级别-4的简化模式调节为空对象
模式。完整对象模式会保留模型的原始状态。抽取模式的
作用是强度提高后自动减少模型的显示面数。凸形外壳模
式的作用是显示最简化的模型。边界框模式的作用是将
模型显示为立方体。空对象模式的作用是将模型显示为圆
环。具体如图7-49所示。

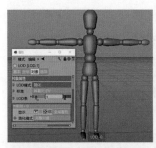
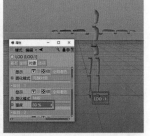

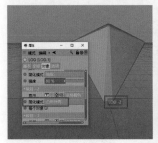

图7-49

7.11　减面

　　执行"创建>造型>减面"命令（或在造型工具面板中选
择 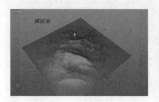），创建一个减面对象。新建一个地形，将地形对象
作为减面对象的子对象。减面的作用是在减少模型面的同时，
保持模型的基本形状，使其不发生大的改变，如图7-50所示。

图7-50

　　其参数显示在属性面板的"对象"选项卡中，如图
7-51所示。

图7-51

- 将所有生成器子级减至一个对象：勾选此选项后，
  减面工具下面的所有对象会统一进行减面处理。
- 减面强度：设置减面对模型面的削减程度，值越
  大，削减的面越多。
- 三角数量/顶点强度/剩余边：可以控制模型减面
  之后，面、点、边的数量；同时这3个参数是互相关
  联的。
- 保持三维边界：勾选该选项后，模型的边界会保
  持原来的形状。
- 保持UV边界：勾选该选项后，模型UV不会缩小而
  会保持原来的形状。
- 边界减少角度：当没有勾选"保持三维边界"选项
  时，该参数控制了边界变化的强度；如果值为0，则
  边界保持不变；如果值非常大，则边界会被消除。

第8章

变形器工具组

08

扭曲、膨胀、斜切等29种变形器工具的使用方法及相应属性使用变形器工具可以给几何体添加各种变形效果，从而获得令人满意的几何形态。C4D的变形器和其他三维软件的变形器相比，出错率更低，灵活性更大，速度也更快，非常实用。

C4D提供的变形器有扭曲、膨胀、斜切、锥化、螺旋、FFD、网格、挤压&伸展、融解、爆炸、爆炸FX、破碎、修正、颤动、变形、收缩包裹、球化、表面、包裹、样条、导轨、样条约束、摄像机、碰撞、置换、公式、风力、平滑和倒角，共29种，如图8-1所示。

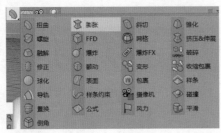

图8-1

创建变形器有以下两种方法。

（1）按住变形器工具组按钮，打开变形器工具面板，可根据需要选择相应的变形器。

（2）执行主菜单中的"创建>变形器"命令来创建变形器，如图8-2所示。

图8-2

8.1 扭曲

扭曲变形器用于对场景中的模型对象进行扭曲变形。

执行主菜单中的"创建>变形器>扭曲"命令，在场景中创建一个扭曲对象，再创建一个圆柱对象，现在两者之间没有建立任何关系，互不影响，如图8-3所示。

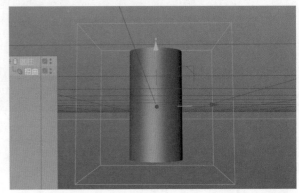

图8-3

如果想让扭曲对象对圆柱对象产生作用，就必须让扭曲对象成为圆柱对象的子对象。产生联系之后的圆柱对象会根据扭曲变形器的属性调整而变形扭曲，如图8-4所示。

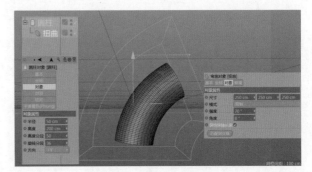

图8-4

其参数显示在属性面板的"对象"选项卡中。

- 匹配到父级：当变形器作为模型对象子级时，单击"匹配到父级"按钮，可自动与父级的大小、位置进行匹配，如图8-5和图8-6所示。

图8-5

图8-6

- 尺寸：包含3个数值输入框，从左到右依次代表x轴、y轴、z轴上扭曲的尺寸，如图8-7所示。

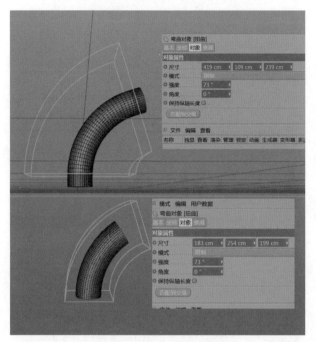

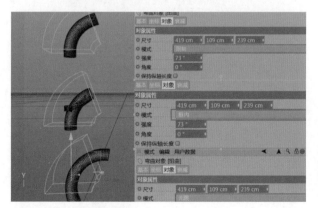

图8-7

- 模式：设置模型对象的扭曲模式，有限制、框内和无限3种。限制是指模型对象在扭曲框的范围内产生扭曲效果；框内是指模型对象只有在扭曲框内才能产生扭曲效果；无限是指模型对象不受扭曲框的限制，如图8-8所示。

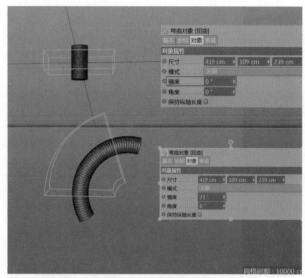

图8-9

- 角度：控制扭曲的角度，如图8-10所示。

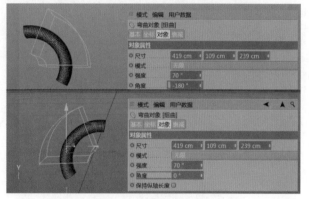

图8-10

- 保持纵轴长度：勾选该选项后，将始终保持模型对象原有的纵轴长度不变，如图8-11所示。

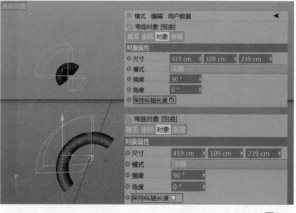

图8-8

- 强度：控制扭曲的程度，如图8-9所示。

图8-11

注意

下文中变形器的参数如与"扭曲"的参数一致，则不再赘述。

8.2 膨胀

膨胀变形器 膨胀 用于对场景中的模型对象进行膨胀变形。

执行主菜单中的"创建>变形器>膨胀"命令，在场景中创建一个膨胀对象。创建一个圆锥对象，让膨胀对象成为圆锥对象的子对象，适当调整膨胀对象的属性参数，即可使圆锥膨胀变形，如图8-12所示。

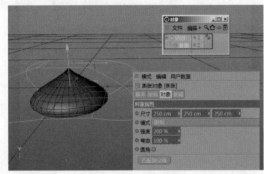

图8-12

其参数显示在属性面板的"对象"选项卡中，如图8-13所示。

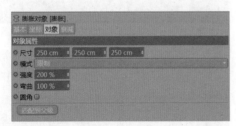

图8-13

- 弯曲：设置膨胀时的弯曲程度，如图8-14所示。

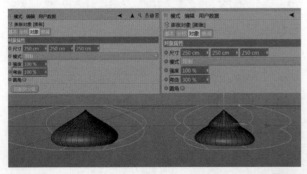

图8-14

- 圆角：勾选该选项后，能保持膨胀为圆角，如图8-15所示。

图8-15

8.3 斜切

斜切变形器 斜切 用于对场景中的模型对象进行斜切变形。

执行主菜单中的"创建>变形器>斜切"命令，在场景中创建一个斜切对象。创建一个立方体对象，让斜切对象成为立方体对象的子对象，适当调整斜切对象的属性参数，即可使立方体斜切变形，如图8-16所示。

图8-16

其参数显示在属性面板的"对象"选项卡中，如图8-17所示。

图8-17

8.4 锥化

锥化变形器 锥化 用于对场景中的模型对象进行

锥化变形。

执行主菜单中的"创建>变形器>锥化"命令,在场景中创建一个锥化对象。创建一个球体对象,让锥化对象成为球体对象的子对象,适当调整锥化对象的属性参数,即可使球体锥化变形,如图8-18所示。

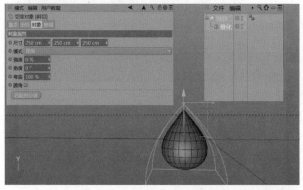

图8-18

其参数显示在属性面板的"对象"选项卡中,如图8-19所示。

图8-19

8.5 螺旋

螺旋变形器 螺旋 用于对场景中的模型对象进行螺旋变形。

执行主菜单中的"创建>变形器>螺旋"命令,在场景中创建一个螺旋对象。创建一个立方体对象,让螺旋对象成为立方体对象的子对象,适当调整螺旋对象的属性参数,即可使立方体螺旋变形,如图8-20所示。

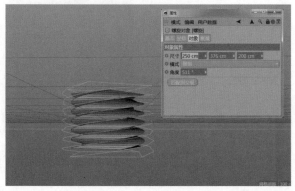

图8-20

其参数显示在属性面板的"对象"选项卡中,如图8-21所示。

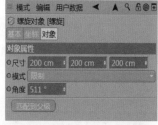

图8-21

8.6 FFD

FFD变形器 FFD 用于对场景中的模型对象进行晶格控制变形。控制变形FFD对象上的点,来控制模型对象的形态,即可达到变形的目的。

执行主菜单中的"创建>变形器>FFD"命令,在场景中创建一个FFD对象。创建一个圆柱对象,让FFD对象成为圆柱对象的子对象,调整FFD对象上的点使圆柱变形,如图8-22所示。

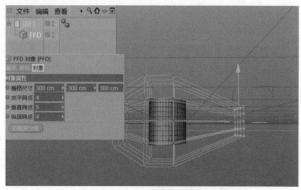

图8-22

其参数显示在属性面板的"对象"选项卡中,如图8-23所示。

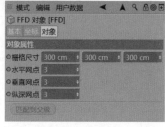

图8-23

- 栅格尺寸:包含3个数值输入框,从左到右依次代表x轴、y轴、z轴轴向上栅格的尺寸。

- 水平网点/垂直网点/纵深网点:分别控制x轴、y轴、z轴轴向上网点分布的数量。

8.7 网格

网格变形器 网格 用于对场景中的模型对象进行网格

变形。

执行主菜单中的"创建>变形器>网格"命令,在场景中创建一个网格对象。创建一个球体对象和立方体对象,让网格对象成为球体对象的子对象,调整立方体对象上的点使球体变形,如图8-24所示。

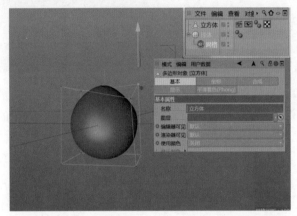

图8-24

注意

在使用网格前必须先初始化。

其参数显示在属性面板的"对象"选项卡中,如图8-25所示。

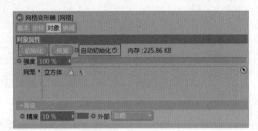

图8-25

- 初始化/恢复:开启控制和取消控制。
- 自动初始化:一般情况下我们都会手动初始化,所以不用勾选该选项。
- 强度:控制影响的程度。
- 网笼:在右侧空白区域中可添加控制模型的对象。
- 精度:控制网格影响的精度,这个数值对模型效果的影响不大。
- 外部:当网格对象比被控制模型大的时候,可以通过此参数来改变网格对模型的影响。

"衰减"选项卡用于处理网格对模型影响的衰减效果,此选项卡只有在网格工具正常使用时才有效,如图8-26所示。

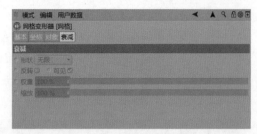

图8-26

8.8 挤压&伸展

"挤压&伸展"变形器 挤压&伸展 用于对场景中的模型对象进行挤压或伸展变形。

执行主菜单中的"创建>变形器>挤压&伸展"命令,在场景中创建一个"挤压&伸展"对象。创建一个立方体对象,让"挤压&伸展"对象成为立方体对象的子对象,调整"挤压&伸展"对象的属性参数使立方体变形,如图8-27所示。

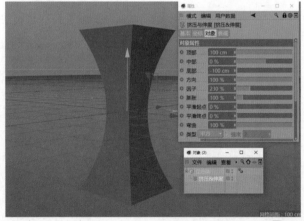

图8-27

其参数显示在属性面板的"对象"选项卡中,如图8-28所示。

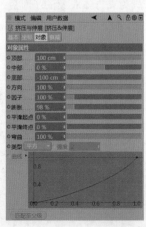

- 因子:控制挤压或伸展的程度,只有先调整此参数,其他参数才能起作用,如图8-29所示。
- 顶部/中部/底部:分别控制模型对象顶部、中部和底部的挤

图8-28

压或伸展形态，如图8-30所示。

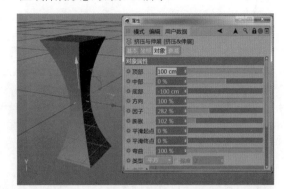

图8-29

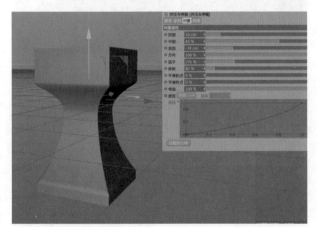

图8-30

- 方向：设置"挤压&伸展"模型对象沿x轴方向扩展。
- 膨胀：设置"挤压&伸展"模型对象的膨胀变化。
- 平滑起点/平滑终点：分别设置"挤压&伸展"模型对象起点和终点的平滑程度。
- 弯曲：设置"挤压&伸展"模型对象的弯曲变化。
- 类型：包括平方、立方、四次方、自定义和样条5种类型，选择样条类型时，激活下方"曲线"选项，可调节曲线以控制"挤压&伸展"模型对象的细节。

"衰减"选项卡如图8-31所示。

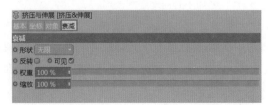

图8-31

- 形状：包括无限、噪波、圆柱、圆环、圆锥、方形、无、来源、球体、线性和胶囊11种，选择不同的形状会激活相应的参数选项。

8.9 融解

融解变形器 ⊙ 融解 用于对场景中的模型对象进行融解变形。

执行主菜单中的"创建>变形器>融解"命令，在场景中创建一个融解对象。创建一个宝石对象，让融解对象成为宝石对象的子对象，调整融解对象的属性参数使宝石对象融解变形，如图8-32所示。

其参数显示在属性面板的"对象"选项卡中，如图8-33所示。

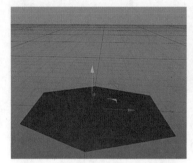

图8-32　　　　图8-33

- 强度：设置融解强度的大小，如图8-34所示。

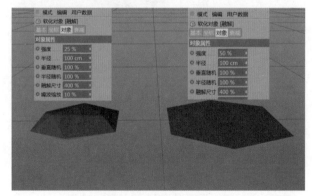

图8-34

- 半径：设置融解对象的半径。
- 垂直随机/半径随机：分别设置融解对象垂直高度和半径的随机值。
- 融解尺寸：设置融解对象的融解尺寸。
- 噪波缩放：设置融解对象的噪波缩放变化。

8.10　爆炸

爆炸变形器 可以使场景中的模型对象产生爆炸效果。

执行主菜单中的"创建>变形器>爆炸"命令,在场景中创建一个爆炸对象。创建一个球体对象,让爆炸对象成为球体对象的子对象,调整爆炸对象的属性参数来控制球体的爆炸效果,如图8-35所示。

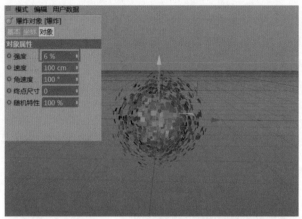

图8-35

其参数显示在属性面板的"对象"选项卡中,如图8-36所示。

- 强度:设置爆炸程度,值为0时不爆炸,值为100时爆炸完成。
- 速度:值越大,碎片到爆炸中心的距离越远,反之越近。

图8-36

- 角速度:设置碎片的旋转角度。
- 终点尺寸:设置碎片爆炸完成后的大小。
- 随机特性:设置爆炸后碎片的随机排列。

8.11　爆炸FX

爆炸FX变形器 可以使场景中的对象产生爆炸效果,其效果更逼真。

执行主菜单中的"创建>变形器>爆炸FX"命令,在场景中创建一个爆炸FX对象。创建一个挤压对象,将爆炸FX对象作为挤压对象的子对象,爆炸效果如图8-37所示。

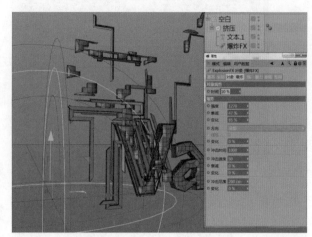

图8-37

其参数显示在属性面板的"对象"选项卡中,如图8-38所示。

- 时间:控制爆炸的范围,与场景中的绿色变形器同步。

"爆炸"选项卡如图8-39所示。

图8-38　　　　图8-39

- 强度:设置爆炸强弱,值越大爆炸越强,反之越弱。
- 衰减(强度):设置爆炸强度的衰减,当值为0时,各处的爆炸强度相同,当值大于0时,爆炸强度从爆炸中心向外逐渐变弱。
- 变化(强度):当值为0时,所有碎片的爆炸强度都相同,当值不为0时,碎片的爆炸强度随机变化。
- 方向:控制爆炸方向,沿某个轴或某个平面爆炸。
- 线性:当方向设为单轴时,该选项被激活,勾选此选项可以使所有爆炸碎片的受力相同。
- 变化(方向):可影响爆炸方向的随机值,使每个碎片的爆炸方向略有不同。

- 冲击时间：类似于爆炸强度，值越大，爆炸越剧烈。
- 冲击速度：该值与冲击时间共同控制爆炸范围。
- 衰减（冲击速度）：当值为0时，没有衰减；当值为100时，衰减范围将缩小到爆炸范围内（绿色框见图8-37）。
- 变化（冲击速度）：控制微调爆炸范围内的随机变化。
- 冲击范围：控制物体表面外的爆炸范围（红色变形器见图8-37）不加速爆炸。
- 变化（冲击范围）：控制物体表面外的爆炸范围内的细微变化。

"簇"选项卡如图8-40所示。

图8-40

- 厚度：设置爆炸碎片的厚度，正值为向法线的正方向挤压，负值为向法线的负方向挤压，值为0时，无碎片、无厚度。
- 厚度（百分比）：设置爆炸碎片厚度变化的随机比例。
- 密度：设置每一组碎片的密度，如果想要爆炸忽略群集的重量，则设置为0。
- 变化（密度）：设置每一组碎片的密度变化。
- 簇方式：设置形成爆炸碎片对象的类型。
- 蒙板：可以使用物体上的面选集作为爆炸的目标区域。
- 固定未选部分：当簇方式选择为"使用选集标签"时，该选项被激活，未被选择的部分将不参与爆炸。
- 最少边数/最多边数：当簇方式选择为"自动"时，

该选项被激活，用于设置形成碎片多边形的最大边数和最小边数。

- 消隐：勾选该选项会使碎片变小，直至最终消失。
- 类型：设置碎片消失的控制方式为时间或距离。
- 开始/延时：设置爆炸碎片消失所需的时间或距离。

"重力"选项卡如图8-41所示。

图8-41

- 加速度：重力加速度，默认为9.81。
- 变化（加速度）：重力加速度的变化值。
- 方向：重力加速度的方向。
- 范围：重力加速度的范围（蓝色变形器见图8-37）。
- 变化：重力加速度的微调。

"旋转"选项卡如图8-42所示。

- 速度：碎片的旋转速度。
- 衰减：控制碎片旋转速度由快到慢的过程。
- 变化：碎片旋转速度的变化值。
- 转轴：控制碎片的旋转轴。
- 变化（转轴）：控制碎片旋转轴的倾斜程度。

"专用"选项卡如图8-43所示。

图8-42

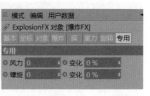

图8-43

- 风力：默认方向为z轴，负值方向为z轴负方向，正值方向为z轴正方向。
- 变化（风力）：风力大小的变化。
- 螺旋：默认沿y轴方向旋转的力，正值为逆时针旋转，负值为顺时针旋转。
- 变化（螺旋）：旋转力的随机变化值。

8.12　破碎

破碎变形器破碎可以使场景中的对象产生破碎的效果。

执行主菜单中的"创建>变形器>破碎"命令，在场景中创建一个破碎对象。创建一个球体对象，将球体对象向y轴方向移动400cm，让破碎对象成为球体对象的子对象。调整破碎对象的属性参数来控制球体的破碎效果，因为破碎自带重力效果，所以几何对象破碎后会自然下落，且默认水平面为地平面，如图8-44所示。

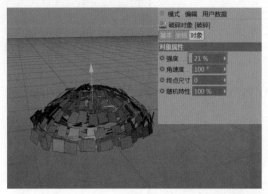

图8-44

其参数显示在属性面板的"对象"选项卡中，如图8-45所示。

- 强度：设置破碎的起始和结束，0%时破碎开始，100%时破碎结束。
- 角速度：碎片的旋转角度。
- 终点尺寸：破碎结束时碎片的大小。
- 随机特性：破碎形态的微调。

图8-45

8.13　修正

修正变形器修正用于对场景中的模型对象进行修正变形。执行主菜单中的"创建>变形器>修正"命令，在场景中创建一个修正对象。

此变形器主要用于模型不被塌陷的情况，可以对点、边、面进行控制，设置强度值来改变影响的大小，其参数如图8-46所示。

- 锁定/缩放/映射：建议保持默认设置。
- 强度：控制变形的程度。

图8-46

8.14　颤动

颤动变形器颤动用于对场景中的模型对象进行颤动变形。

执行主菜单中的"创建>变形器>颤动"命令，在场景中创建一个颤动对象。创建一个球体对象，让颤动对象成为球体对象的子对象，调整颤动对象的属性参数，并给模型对象做动画，来实现颤动的变形效果，如图8-47所示。

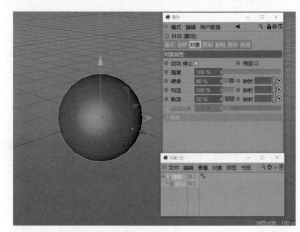

图8-47

注意

一定要给模型对象做关键帧动画。

其参数显示在属性面板的"对象"选项卡中，如图8-48所示。

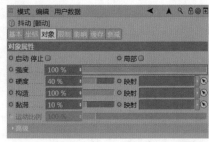

图8-48

- 启动　停止：勾选此选项会激活"运动比例"选项。
- 局部：建议保持默认设置。
- 强度：设置颤动的强度。
- 硬度/构造/黏滞：用来辅助颤动的细节变化，可以自行调节。
- 运动比例：激活后，可以控制颤动的强弱。
- 映射：通过顶点贴图来控制某一区域产生颤动。

8.15 变形

变形变形器 变形 用于控制模型对象的变形动画。

执行主菜单中的"创建>对象>宝石"命令，新建一个宝石对象。将宝石转换为多边形，复制"宝石"得到"宝石.1"，调整宝石.1的形状（这里调整宝石的顶点），变形的基本要求是两个对象顶点的数目要一致，如图8-49所示。对原始的宝石执行"角色 标签>姿态变形"命令，如图8-50所示。

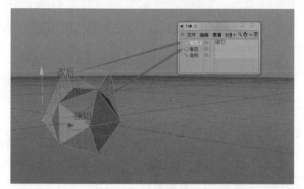

图8-49

图8-50

进入属性面板勾选"点"选项，如图8-51所示。

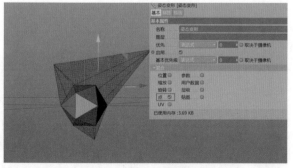

图8-51

进入"姿态变形"标签的属性面板，将"宝石.1"拖入"姿态"右侧的空白区域，通过"强度"来控制原始宝石的变形程度，如图8-52所示。此时宝石已经变形成功，为方便观看，将"宝石.1"隐藏，如图8-53所示。

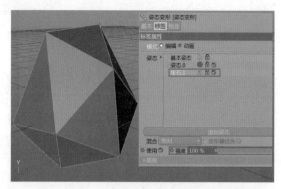

图8-52

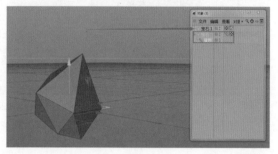

图8-53

执行主菜单中的"创建>变形器>变形"命令，新建一个变形对象，变形对象需要成为宝石对象的子对象，如图8-54所示。进入属性面板控制宝石的变形，如图8-55所示。

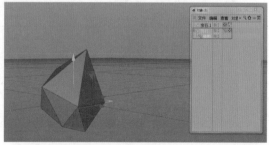

图8-54

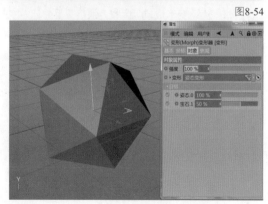

图8-55

8.16　收缩包裹

收缩包裹变形器 _{收缩包裹} 可以实现一个模型对象对另一个模型对象的表面包裹。

执行主菜单中的"创建>变形器>收缩包裹"命令,在场景中创建一个收缩包裹对象。创建一个球体(变形体)对象,让收缩包裹对象成为球体对象的子对象,如图8-56所示。

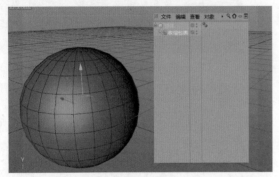

图8-56

再创建一个圆锥对象,选择收缩包裹对象,同时将圆锥对象拖到收缩包裹属性面板"目标对象"右侧的文本框中,如图8-57所示。

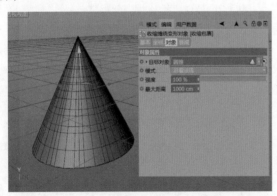

图8-57

此时已经变形成功,调整"强度"百分比,控制变形程度,如图8-58所示。

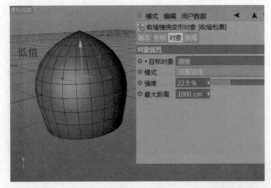

图8-58

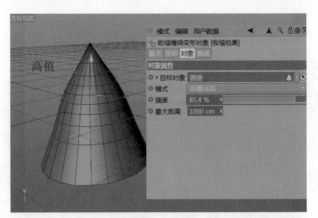

图8-58(续)

8.17　球化

球化变形器 _{球化} 可以把模型对象变成一个球体。

执行主菜单中的"创建>变形器>球化"命令,在场景中创建一个球化对象。创建一个立方体对象,增加立方体对象的分段数,让球化对象成为立方体对象的子对象,如图8-59所示。

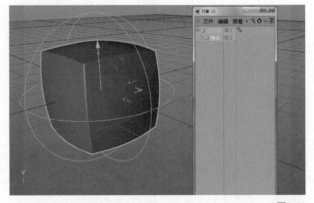

图8-59

其参数显示在属性面板的"对象"选项卡中,如图8-60所示。

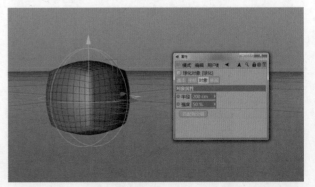

图8-60

- 半径: 设置球化的半径大小。
- 强度: 设置变形的程度,值越大,变形越厉害,如图8-61所示。

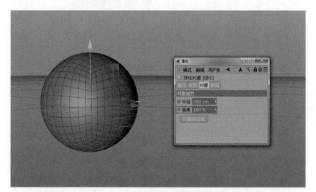

图8-61

- 匹配到父级: 当变形器作为对象的子级时,单击"匹配到父级"按钮,可自动与父级的大小、位置进行匹配。

8.18 表面

表面变形器可以让一个模型对象依附在另一个模型对象表面,从而实现同时变形的效果。

执行主菜单中的"创建>变形器>表面"命令,在场景中创建一个表面对象。创建一个文本对象,给文本对象添加一个挤压工具,如图8-62所示。将文本对象作为挤压对象的子对象(这里需要先将挤压工具转换为多边形,再选择子对象,用鼠标右键单击所有物体,执行"连接对象+删除"命令),如图8-63所示。

图8-62

图8-63

新建一个平面,将该平面拖入表面属性面板中的"表面"右侧的文本框中,如图8-64所示。单击"初始化"按钮,将文字依附到平面的表面上,如图8-65所示。

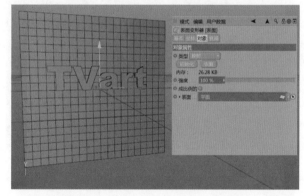

图8-64

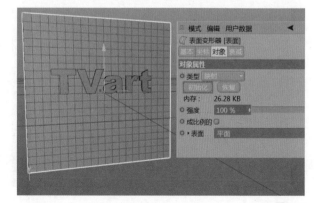

图8-65

此时,如果对平面进行变形,那么文本也会跟着变形。

8.19 包裹

包裹变形器 多用于将平面改为圆柱形或者球形。

执行主菜单中的"创建>变形器>包裹"命令,在场景中创建一个包裹对象。创建一个立方体对象,增加其分段数,将立方体对象沿z轴缩放,如图8-66所示。

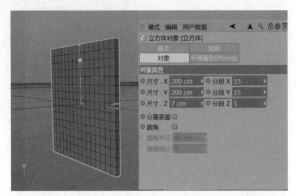

图8-66

将包裹对象作为立方体对象的子对象,如图8-67所示。

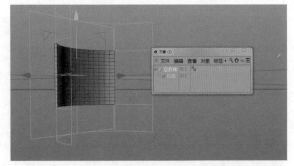

图8-67

其参数显示在属性面板的"对象"选项卡中,如图8-68所示。

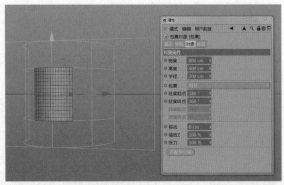

图8-68

• 宽度:设置包裹的范围,值越大,包裹的范围越小,如图8-69所示。

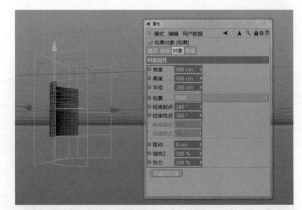

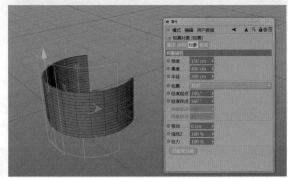

图8-69

• 高度:设置包裹的高度。
• 半径:设置包裹对象的半径。
• 包裹:包含柱状和球状两种类型,如图8-70所示。

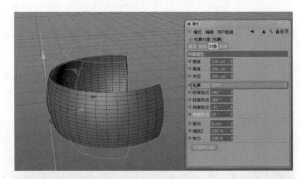

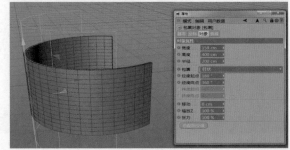

图8-70

• 经度起点/经度终点:设置包裹对象起点和终点的

位置。

- 移动：设置包裹对象在y轴上的拉伸值，如图8-71所示。

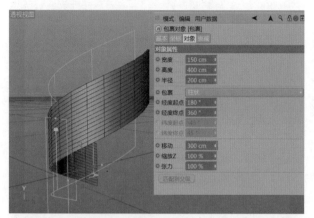

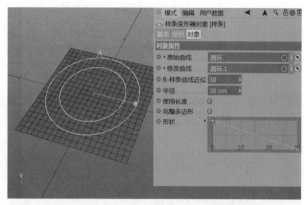

图8-72

通过两个圆环样条对象之间的位置变化来控制平面的形变，可在属性面板中对样条变形器进行设置。

其参数显示在属性面板的"对象"选项卡中，如图8-73所示。

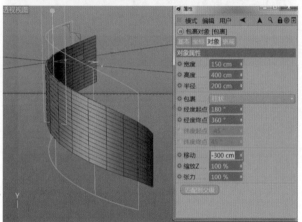

图8-71

- 缩放Z：设置包裹对象在z轴上的缩放值。
- 张力：设置包裹变形器对包裹对象施加的强度。
- 匹配到父级：当变形器作为对象的子级时，单击"匹配到父级"按钮，可自动与父级的大小、位置进行匹配。

8.20 样条

样条变形器 可以使用样条对象来控制模型对象的表面变形。

执行主菜单中的"创建>变形器>样条"命令，在场景中创建一个样条对象。创建一个平面对象和两个圆环样条对象，将样条对象作为平面对象的子对象。把两个圆环样条对象分别拖入样条属性面板中"对象"选项卡的"原始曲线"和"修改曲线"右侧的文本框中，如图8-72所示。

图8-73

- 半径：控制两个圆环样条之间物体形变的半径，如图8-74所示。

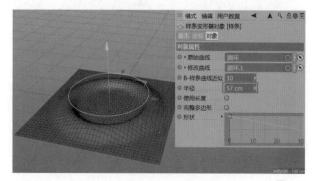

图8-74

- 完整多边形：勾选该选项后，物体的变形会更圆滑。
- 形状：通过曲线来控制物体的形状，如图8-75所示。

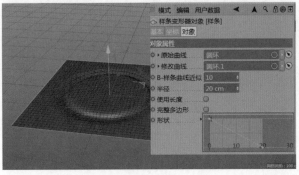

图8-75

8.21 导轨

导轨变形器 导轨 可以使用样条对象来控制模型对象的变形。

执行主菜单中的"创建>变形器>导轨"命令，在场景中创建一个导轨对象。创建一个立方体对象，增加立方体对象的分段数。绘制两条样条曲线，将导轨对象作为立方体对象的子对象。将两条样条曲线分别拖入导轨属性面板中"对象"选项卡的"左边Z曲线"和"右边Z曲线"右侧的文本框里，如图8-76所示。

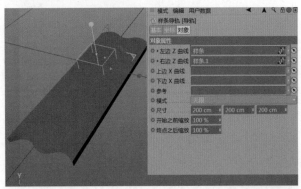

图8-76

通过两条样条曲线的位置变化来控制立方体的形变，可进入属性面板对导轨变形器进行设置。

其参数显示在属性面板的"对象"选项卡中，如图8-77所示。

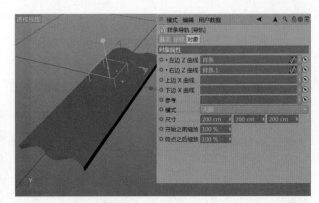

图8-77

- 模式：包括限制、框内和无限3种类型。
- 尺寸：在x轴、y轴、z轴方向上进行缩放来控制物体的形变。

其他参数可以自行尝试调节。

8.22 样条约束

样条约束变形器 样条约束 可以将模型对象约束到样条对象上，以实现路径动画。

执行主菜单中的"创建>变形器>样条约束"命令，在场景中创建一个样条约束对象。创建一个胶囊对象和一段螺旋线，增加胶囊对象的分段数，如图8-78所示。

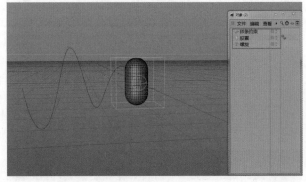

图8-78

其参数显示在属性面板的"对象"选项卡中。

将样条约束对象作为胶囊对象的子对象，将螺旋线拖入样条约束属性面板中"对象"选项卡"样条"右侧的文本框里，将轴向改为和胶囊对象的轴向一致（这里是+Y方向），如图8-79所示。

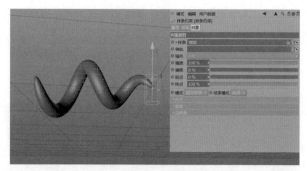

图8-79

- 导轨：可以用另一条曲线来控制被样条约束模型的旋转方向。
- 强度：设置样条对模型的约束强度。
- 偏移：设置模型在样条上的偏移大小。
- 起点/终点：设置模型在样条上的起点和终点位置。
- 模式：设置是以样条的长度为准，还是模型的长度为准。
- 结束模式：当模型的位置超出样条后，可以通过结束模式来改变限制长度或者允许模型超出。
- 边界盒：可以通过这里的参数来控制模型的长短及模型在曲线上的位置；但是不建议在这里修改，不是很直观。
- 尺寸/旋转：通过曲线来控制模型和样条的尺寸与旋转，如图8-80所示。

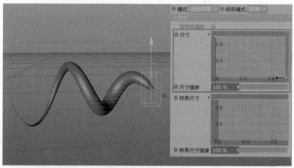

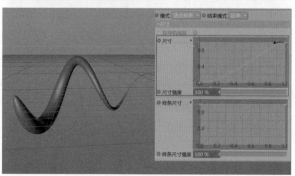

图8-80

8.23 摄像机

摄像机变形器 可以在整个摄影机视角内生成点，之后通过这些点来改变模型形状。

执行主菜单中的"创建>变形器>摄像机"命令，在场景中创建一个摄像机对象。创建一个胶囊对象和一个摄像机对象，将后创建的摄像机对象作为胶囊对象的子对象，如图8-81所示。

图8-81

其参数显示在属性面板的"对象"选项卡中。

将摄像机对象拖入摄像机属性面板中"对象"选项卡的"摄像机"参数右侧的文本框里，如图8-82所示。

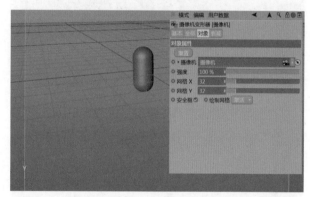

图8-82

- 强度：控制摄像机变形器对模型的变形强弱（这里需要进入点层级，调整网点的位置对模型进行变形），如图8-83所示。

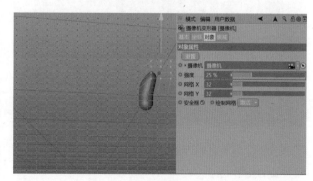

图8-83

- 网格X/网格Y: 控制网格的疏密程度。
- 安全框: 控制是否受到视图安全框的限制。
- 绘制网格: 在取消变形器选择的情况下, 是否显示网格。

8.24 碰撞

碰撞变形器 碰撞 可以实现模型之间的碰撞变形。

执行主菜单中的"创建>变形器>碰撞"命令, 在场景中创建一个碰撞对象。创建一个平面对象和一个球体对象, 将碰撞对象作为平面对象的子对象, 如图8-84所示。

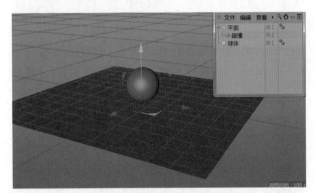

图8-84

其参数显示在属性面板的"对象"选项卡中。

把球体对象拖入碰撞属性面板中"碰撞器"选项卡的"对象"右侧的空白区域, 如图8-85所示。

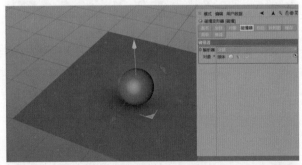

图8-85

8.25 置换

置换变形器 置换 通过贴图来改变物体的形态, 是比较重要的变形器。

执行主菜单中的"创建>变形器>置换"命令, 在场景中创建一个置换对象。创建一个平面对象(为其增加一些分段数), 将置换对象作为平面对象的子对象。切换到置换属性面板中的"着色"选项卡, 把需要的图片导入"着色器"中, 如图8-86所示。

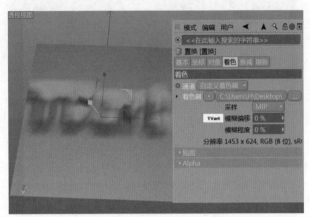

图8-86

其参数显示在属性面板的"对象"选项卡中。

- 强度/高度: 控制置换的强弱和整体高度。

"着色"选项卡重点参数是"贴图": 通过偏移X/Y、长度X/Y、平铺来控制贴图的位置和形状。

"衰减"选项卡的调整和其他变形器一样, 通过衰减形式来控制变形区域。

"刷新"选项卡建议保持默认设置。

8.26 公式

公式变形器 公式 可以通过表达式和编程语言来改变物体的形态。

执行主菜单中的"创建>变形器>公式"命令, 在场景中创建一个公式对象。创建一个平面对象, 将公式对象作为平面对象的子对象。

其参数显示在属性面板的"对象"选项卡中, 如图8-87所示。

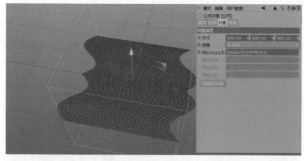

图8-87

- 效果：提供手动、球状、柱状、X半径、Y半径和Z
  半径6种类型，如图8-88所示。

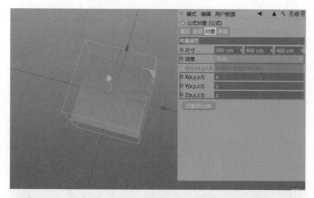

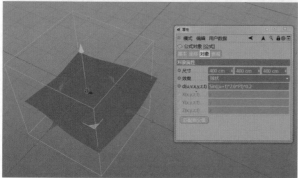

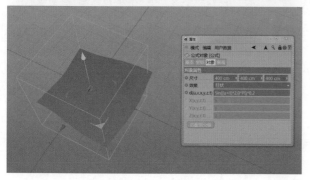

图8-88

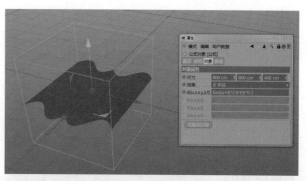

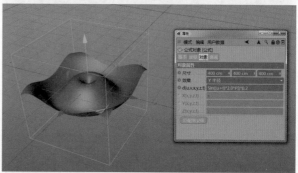

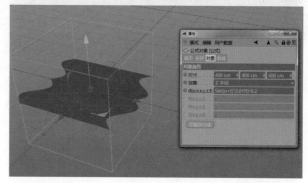

图8-88（续）

8.27 风力

风力变形器 ⬜ 风力 类似于动力学中的力场，可以模拟风对物体的吹动。

执行主菜单中的"创建>变形器>风力"命令，在场景中创建一个风力对象。创建一个平面对象，将风力对象作为平面对象的子对象。

其参数显示在属性面板的"对象"选项卡中，如图8-89所示。

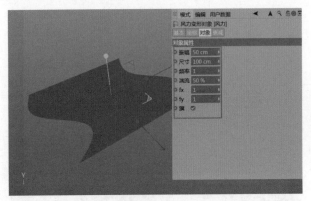

图8-89

- 振幅：设置模型波动的范围。
- 尺寸：设置模型波动的大小，如图8-90所示。数值越小，波动越大。

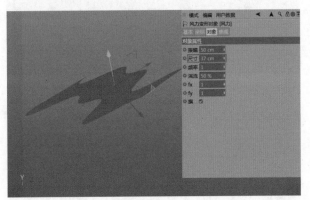

图8-90

- 频率：设置模型波动的频率。
- 湍流：设置模型波动的形状。
- fx：横向的波动数量。
- fy：纵向的波动数量。
- 旗：最好保持勾选，这样可以让对象向多个方向波动。

8.28 平滑

平滑变形器 用于平滑模型表面。

执行主菜单中的"创建>变形器>平滑"命令，在场景中创建一个平滑对象。创建一个球体对象，将其转换为多边形对象，进入点模式，移动球体对象上的点。将平滑对象作为球体对象的子对象，如图8-91所示。

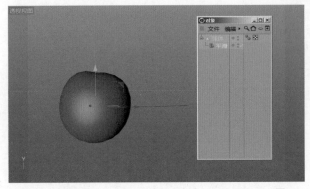

图8-91

其参数显示在属性面板的"对象"选项卡中，如图8-92所示。

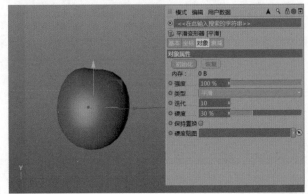

图8-92

- 强度：设置平滑的程度。
- 类型：包括平滑、松弛和强度3种类型。
- 迭代：控制平滑的迭代次数，数值越大，执行迭代的次数就越多。
- 硬度：设置平滑的软硬程度，数值越小，越圆滑。
- 保持置换：保持默认设置即可。
- 硬度贴图：可以使用顶点贴图来控制影响的区域。

8.29 倒角

倒角变形器 主要用于对模型的硬边进行倒角，让边界更加圆滑。

关于倒角的详细讲解，请详见"第9章 对象和样条的编辑"中的"9.1.20 倒角"。

第9章

对象和样条的编辑

09

编辑对象

编辑样条

9.1 编辑对象

当对象塌陷后,包含点、边和面3种层级。对象的操作建立在这3种元素的基础上,想要对这些元素进行编辑,就需要切换到相应的编辑模式下,按回车键可以在编辑模式之间迅速切换。

当把参数化对象塌陷后,进入点、边或者面模式,就可以单击鼠标右键,在弹出的快捷菜单中对多边形对象进行编辑。多边形对象的点模式快捷菜单、边模式快捷菜单和面模式快捷菜单分别如图9-1~图9-3所示。

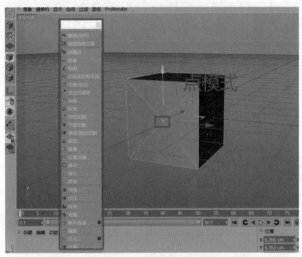

图9-1

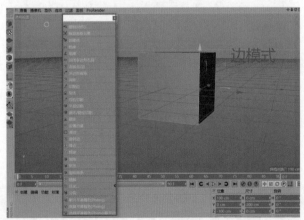

图9-2

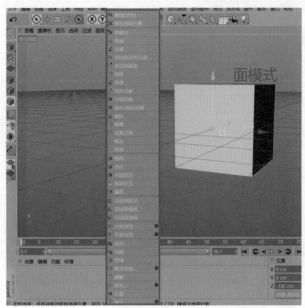

图9-3

9.1.1 创建点

"创建点"命令用于点、边、面模式下,执行该命令,并在多边形对象的边、面上单击,即可生成一个新的点,如图9-4所示。

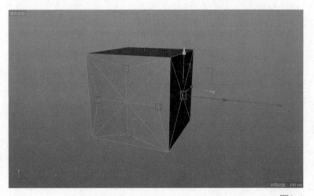

图9-4

9.1.2 桥接

"桥接"命令用于点、边、面模式下,需要对同一多边形对象执行。如果是两个对象,则需要先对它们执行快捷菜单(单击鼠标右键可以调出)中的"对象>连接对象"命令。在点模式下执行该命令,需依次选择3~4个点来生成一个新的面,如图9-5所示。

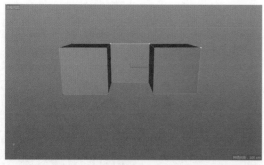

图9-5

在边模式下执行该命令，需依次选择两条边来生成一个新的面，如图9-6所示。

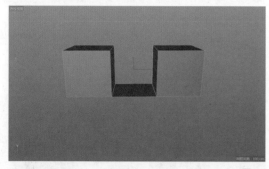

图9-6

在面模式下，先选择两个面，执行该命令，再在空白区域按住鼠标，出现一条与面垂直的白线后，释放鼠标，则两个选择的面会桥接起来，如图9-7和图9-8所示。

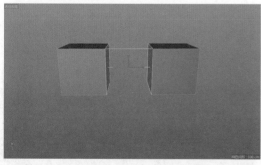

图9-7

图9-8

9.1.3　笔刷

"笔刷"命令用于点、边、面模式下，执行该命令，能以软选择的方式对多边形进行雕刻涂抹，如图9-9所示。

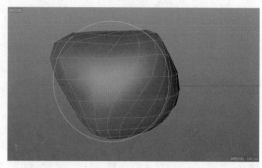

图9-9

9.1.4　封闭多边形孔洞

"封闭多边形孔洞"命令用于点、边、面模式下，当多边形有孔洞时，可以执行该命令，把孔洞闭合，如图9-10所示。

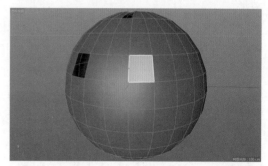

图9-10

9.1.5　连接点/边

"连接点/边"命令用于点、边模式下。在点模式下，选择不在一条线上但相邻的两点，执行该命令，两点间会出现一条新的边，如图9-11所示。

图9-11

在边模式下，选择相邻边，执行该命令，会在所选边的中点位置出现新的边；选择不相邻的边，执行该命令，所选边会在中点位置细分一次，如图9-12所示。

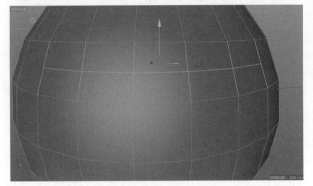

图9-12

9.1.6 多边形画笔

"多边形画笔"命令用于点、边、面模式下，在不同编辑模式下可以有不同的建模命令，也可以创建多边形。

- 带状四边形模式：勾选该选项后，在视图中创建两条边，可以创建一个四边形的面，如图9-13所示。

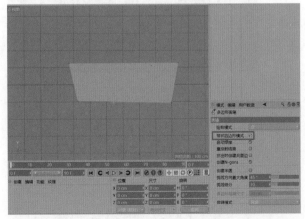

图9-13

- 自动焊接：勾选该选项后，在进行点、边、面操作时，按住Ctrl键可以进行挤压，当两个点临近时，点会自动焊接，如图9-14所示。

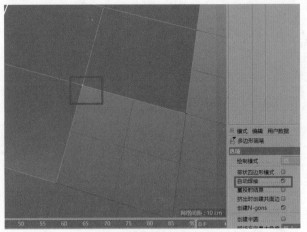

图9-14

- 重投射结果：勾选该选项后，用多边形笔刷进行点、边、面操作时，创建出的点、边、面会贴合映射的模型，如图9-15所示。

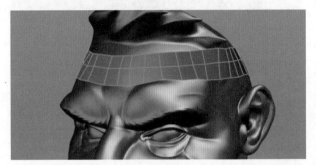

图9-15

- 挤出时创建共面边：勾选该选项后，按住Ctrl键可以进行挤压，并在挤压上保留原有的边，如图9-16所示。

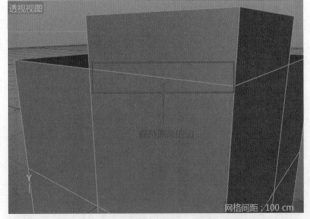

图9-16

- 创建N-gons：在进行点、边、面操作时，用于决定是否产生连接线，如图9-17所示。

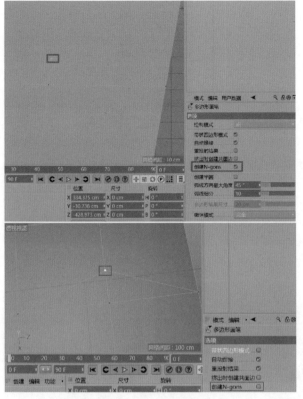

图9-17

- 创建半圆: 在进行点、边、面操作时, 按住Ctrl+Shift组合键可以将一条边调整为圆弧; 不勾选该选项时, 可以自由控制这个圆弧的大小, 勾选该选项后, 圆弧将会以边的长度为直径创建一个半圆, 弧线细分控制创建的圆弧细分, 如图9-18所示。

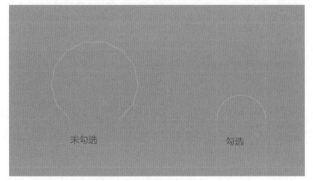

未勾选   勾选

图9-18

- 弧线方向最大角度: 控制弧的最大角度。
- 弧线细分: 控制产生的弧的细分数。
- 多边形笔刷尺寸: 可以调节笔刷的大小。
- 微调模式: 包括4种调节多边形的模式, 如图9-19

所示; 当启用"完全"时, 无论是否在同一种模式下, 都可以进行点、边、面的操作; 当启用"点"时, 无论是否在同一种模式下, 都只能进行点的操作; 当启用"边"时, 无论是否在同一种模式下, 都只能进行边的操作; 当启用"面"时, 无论是否在同一种模式下, 都只能进行面的操作。

图9-19

9.1.7 消除

"消除"命令用于点、边、面模式下, 执行该命令, 可以移除一些点、边, 形成新的多边形拓扑结构。

注意

"消除"命令有别于"删除"命令, "消除"命令执行后, 多边形对象不会出现孔洞, 执行"删除"则会出现孔洞。

9.1.8 切割边

"切割边"命令用于边模式下, 选择要分割的边, 执行该命令, 可以在所选择的边之间插入环形边。它与"连接点/边"命令类似, 不同的是该命令可以插入多条环形边, 并且可以对属性面板中"选项"选项卡中的参数进行调节。"偏移"可控制新创建边的添加位置; "缩放"可控制新创建边的间距; "细分数"可控制新创建边的数量; 取消勾选"创建N-gons"选项, 否则会不显示分割的边, 如图9-20所示。

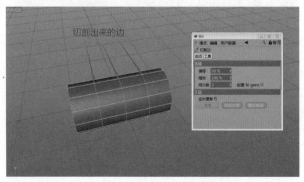

切割出来的边

图9-20

9.1.9 熨烫

"熨烫"命令用于点、边、面模式下。执行该命令,即可拖曳调整点、线、面的平整程度。

9.1.10 线性切割

"线性切割"命令用于点、边模式下。执行该命令,可以在点、边之间加上点或边,其属性面板如图9-21所示。

图9-21

- 仅可见:勾选该选项后,只可以对能看到的多边形部分进行切割,看不到的部分无法进行切割,如图9-22和图9-23所示。

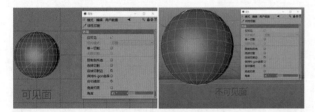

图9-22

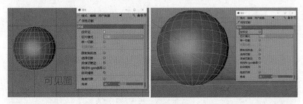

图9-23

- 切片模式:设置切刀的各种切割模式,如图9-24所示;切割只在多边形上产生结构线,如图9-25所示;"分割"会把模型分割成两部分,如图9-26所示;"移除A部分"会把模型分割成两部分,并且删掉A部分,如图9-27所示;"移除B部分"会把模型分割成两部分,并且删掉B部分,如图9-28所示。

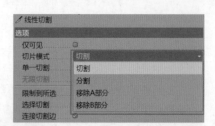

图9-24

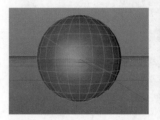

图9-25

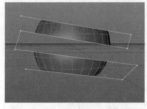

图9-26 (图9-25)

图9-27 图9-28

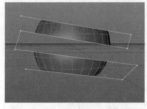

图9-27

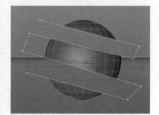

图9-28

- 单一切割:勾选该选项后,只能一次性生成两个控制点,如图9-29所示;不勾选时,可以一次性生成两个或者两个以上的控制点,如图9-30所示。

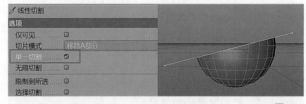

图9-29

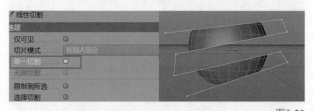

图9-30

- 无限切割:勾选"单一切割"选项后,"无限切割"选项才会被激活;勾选后,切割线将会延伸,可以对多个模型同时进行切割,如图9-31所示。

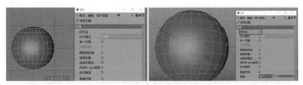

图9-31

- 限制到所选：勾选该选项后，切刀工具只会切割选择的面或者边，如图9-32所示。

图9-32

- 选择切割：勾选该选项后，在边模式下，切割后的边会被选中，如图9-33所示。

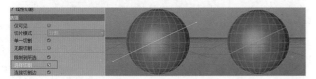

图9-33

- 连接切割边：勾选该选项后，切割的是面，取消勾选则切割的是边，如图9-34所示。

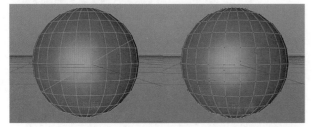

图9-34

- 保持N-gon曲率：勾选该选项后，如果切割的是非平面N-gon面，那么切割边会保持N-gon面的形态，否则会改变N-gon面的形态，如图9-35所示。

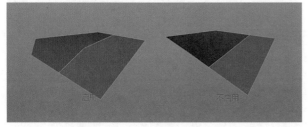

图9-35

- 自动捕捉：勾选该选项后，切刀工具遇到模型的点、边、面时会自动进行吸附，如图9-36所示。

图9-36

- 角度约束：控制切割被特定的角度约束。
- 角度：控制具体约束的角度值。
- 实时切割：勾选该选项后，可以看到实时切割所产生的点和边。

9.1.11 平面切割

"平面切割"命令用于点、边、面模式下。执行该命令，可沿着一个平面进行切割，其属性面板如图9-37所示。

图9-37

- 模式：与线性切割的切片模式功能一样。
- 平面模式：调整该参数，可以调节切刀的方向，如图9-38所示。

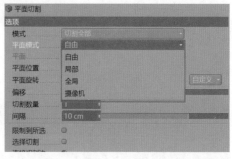

图9-38

◇ 自由：在模型外设置两个切割点，会沿着两点连线方向为模型形成一个对应的切割面，如图9-39所示。

图9-39

当调整"平面位置"或者"平面旋转"的数值时,会在切割的平面上形成一个坐标操纵杆,可以直接调整数值或者操作坐标操纵杆来控制切割的平面的位置或旋转角度,如图9-40所示。

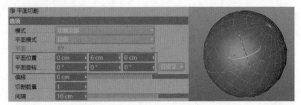

图9-40

◇ 局部:配合"平面"中的XY、YZ、XZ属性,可以以模型自身坐标为标准来切割环线,如图9-41所示。

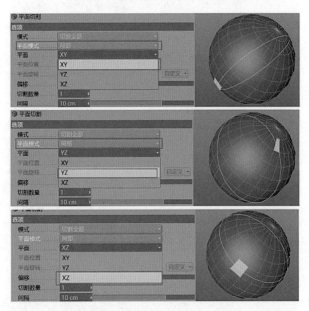

图9-41

◇ 全局:配合"平面"中的XY、YZ、XZ属性,可以以世界坐标为标准来切割环线,如图9-42所示。

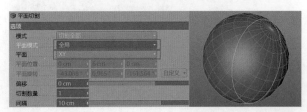

图9-42

◇ 摄像机:配合"平面"中的XY、YZ、XZ属性,可以以摄像机视角平面为标准来切割环线,如图9-43所示。

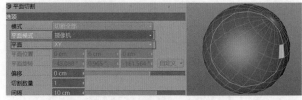

图9-43

• 偏移:调节该参数,可以在模型表面进行滑动,以调整切割环线,如图9-44所示。

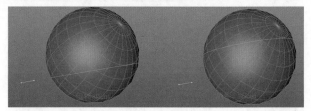

图9-44

• 切割数量:调节该参数,可以改变切割环线的数量,如图9-45所示。

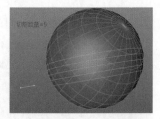

图9-45

• 间隔:调节该参数,可以调整切割面之间的距离,如图9-46所示。

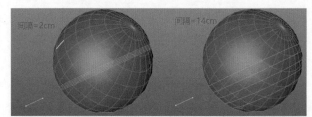

图9-46

9.1.12 循环/路径切割

"循环/路径切割"命令用于点、边、面模式下。执行该命令,可添加一圈循环边,其属性面板的"选项"选项卡如图9-47所示。

图9-47

- 模式: 调节该参数, 可以改变切割的方向, 如图9-48所示。

图9-48

◇ 循环: 可以给模型加上循环线, 如图9-49所示。

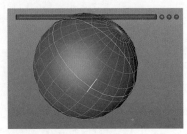

图9-49

◇ 路径: 可以给模型选中的面或边加上循环线, 如图9-50所示。

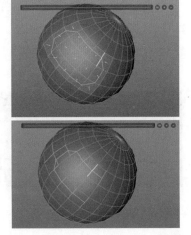

图9-50

- 偏移模式: 可以控制切刀的偏移距离, 如图9-51所示。

图9-51

◇ 比率: 会让循环线成比例分割, 如图9-52所示。

◇ 边缘距离: 会让循环线成相等的距离分割, 如图9-53所示。

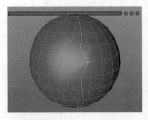

图9-52   图9-53

偏移、距离、切割数量这3个属性配合使用, 可以控制循环线的位置和数量, 如图9-54所示。

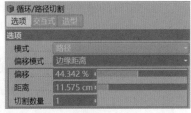

图9-54

- 偏移: 控制循环线的位置。

- 距离: 控制循环线之间的距离。

- 切割数量: 控制循环线的数量, 也可以滑动循环切割的滑块进行控制, 如图9-55所示。

图9-55

加减按钮 可以增加和减少循环线的数量；栅栏按钮 可以让添加的循环线分布得均匀；三角滑块 可以调整循环线在模型上的位置，在横条上单击可以添加一个三角滑块，拖曳三角滑块到空白区域可以删除一条循环线。

"交互式"选项卡用于控制切割模型的方式，其属性面板如图9-56所示。

图9-56

- 重复切割：如果上次操作设置了复杂的切割方式，那么勾选该选项后，就会按照上次的设置进行切割，如图9-57所示。

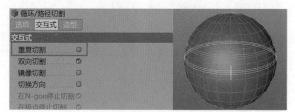

图9-57

- 双向切割：勾选该选项后，循环线会沿所选边缘进行双向切割，否则只会进行单向切割，如图9-58所示。

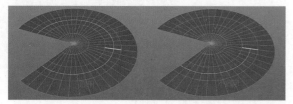

图9-58

- 镜像切割：勾选该选项后，会以物体自身坐标为中心对称分布切割的循环线，如图9-59所示。

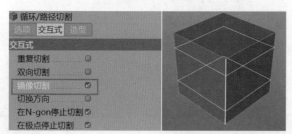

图9-59

- 在N-gon停止切割：勾选该选项后，循环线的添加会在N-gon面停止，如图9-60所示。

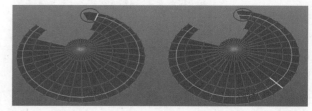

图9-60

- 在极点停止切割：勾选该选项后，循环线的添加会在极点的位置停止，如图9-61所示。

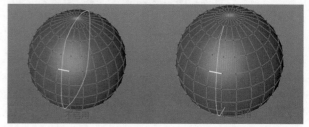

图9-61

"造型"选项卡用于控制切割出来的循环线的造型，如图9-62所示。

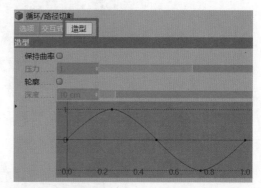

图9-62

- 保持曲率：勾选该选项后，新增的循环线会尽可能保持原来模型的曲率，如图9-63所示。

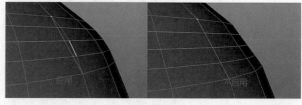

图9-63

- 压力：控制添加循环线后模型曲率的大小，如图9-64所示。

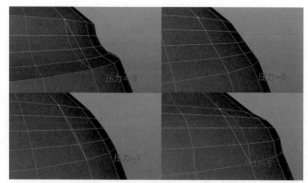

图9-64

- 轮廓/深度：勾选"轮廓"选项后，"深度"选项和曲线都会被激活，曲线可以调整循环线的曲率，"深度"可以调节循环线曲率的大小变化，如图9-65所示。

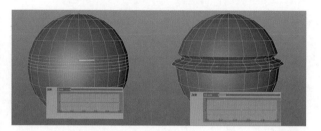

图9-65

9.1.13 磁铁

"磁铁"命令用于点、边、面模式下，类似于"笔刷"命令。执行该命令，也可以以软选择的方式对多边形进行雕刻涂抹，如图9-66所示。

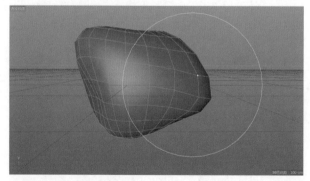

图9-66

9.1.14 镜像

"镜像"命令用于点、面模式下。想要精确复制对象，需要在其属性面板"镜像"选项卡中设置镜像的"坐标系统"和"镜像平面"。在点模式下执行该命令，可以对点进行镜像，如图9-67所示。

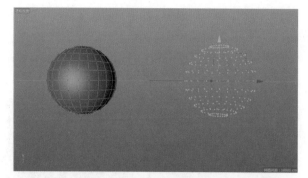

图9-67

在面模式下执行该命令，可以对面进行镜像，如图9-68所示。

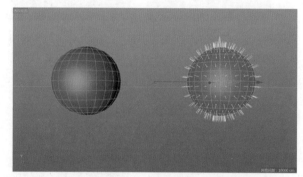

图9-68

9.1.15 设置点值

"设置点值"命令用于点、边、面模式下。执行该命令，可以调整选择的点、线、面的位置。

9.1.16 滑动

改进后的"滑动"命令支持对多条边同时进行滑动操作，对于边层级的滑动，增加了相关的参数控制，如图9-69所示。其属性面板各项参数简介如下。

图9-69

- 偏移：当"偏移模式"为"等比例"时，该参数可以用于调节偏移位置的百分比（也可以在操作视图中进行交互式调节）；当该参数值接近-100%或100%时，可以使滑动边到达相邻的两条边的位置，如图9-70～图9-72所示。

- 缩放：可以将滑动边沿着点的法线方向向上或向下移动，类似于缩放效果。
- 偏移模式：定义边滑动的绝对值，即滑动边从原始位置偏移的距离，如图9-73所示。

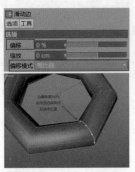

图9-70

图9-71

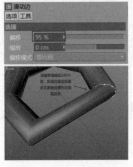

图9-72

图9-73

◇ 固定距离：在该模式下，每条边的滑动距离是固定的。

◇ 等比例：在该模式下，每条边的滑动距离与这条边的邻边位置有关，该方式比较常用，如图9-74所示。

图9-74

注意

在滑动时，按住Ctrl键不放，可以复制滑动边。

- 限制：勾选该选项，滑动边只能在邻边范围内滑动；取消勾选该选项，滑动边可以超出邻边范围滑动。
- 保持曲率：取消勾选该选项时，滑动边只能在多边形的表面滑动；勾选该选项，滑动边会在滑动的起点与终点之间创建一条弧线，且滑动边会一直沿着这条弧线滑动，如图9-75所示。

图9-75

- 克隆：勾选该选项，选中的每一条滑动边将在活动的过程中被复制，与按住Ctrl键进行滑动的效果一样。

9.1.17 旋转边

"旋转边"命令只用于边模式下。选择一条边执行该命令，所选择的边会以顺时针方向旋转连接至下一个点上，如图9-76和图9-77所示。

图9-76

图9-77

9.1.18 缝合

"缝合"命令存在于点、边、面模式下。执行该命令，可以实现点与点、边与边及面与面的连接。

9.1.19 焊接

"焊接"命令用于点、边、面模式下。执行该命令，可以使选择的点、边、面合并在指定的一个点上。

9.1.20 倒角

"倒角"命令的属性面板如图9-78所示。

1. 工具选项

- 导角模式：分为实体和倒棱两种，用户可以根据自己的需要判断对所选多边形执行哪种模式的倒角；倒棱模式会让模型的边缘会形成斜面；实体模式一般都是为了在

图9-78

多边形模型使用细分曲面工具时，突出边缘的轮廓结构，如图9-79和图9-80所示。

图9-79　　　　　　　　　　　图9-80

- 偏移模式：包括固定距离、径向和均匀3种模式。
  - 固定距离：当倒角工具在多边形边层级下使用时，至少有两条新的边会在原始边的两侧创建出来，这两条边在相邻的每个多边形上滑动，在这两条边之间会创建一个新的多边形面；由倒角产生的这两条边在多边形表面上的滑动距离相等，这个距离由"偏移"来确定，如图9-81所示。

图9-81

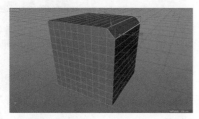

图9-82

图9-82所示为默认立方体塌陷为多边形后，对其中一条边在固定距离模式下设置"偏移"值为20cm时得到的效果，图中侧面的每个矩形网格的边长为20cm。用多边形面进行倒角时，选定的面会产生挤压和缩放，缩放的程度由偏移值来确定，如图9-83所示。

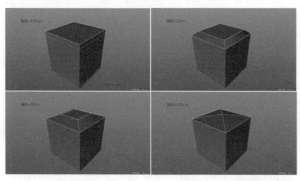

图9-83

使用点模式时，选择的点将被溶解，溶解后会新生成

一些点，这些点将沿着与所选择点相连接的边，组成一个拐角。形成的拐角大小由偏移值来确定，如图9-84所示。

- 径向：该模式一般只用于三边相交的情况，在交点的位置生成一个球面的形状，由偏移值来确定球面的半径，如图9-85所示。

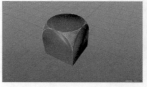

图9-84　　　　　　　　　　　图9-85

- 均匀：可以产生均匀分布的边；同时配合偏移值，可以影响新生成的两条边到邻边距离的百分比，也可以提高细分值，如图9-86和图9-87所示。

图9-86

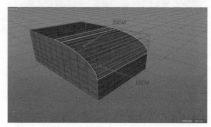

图9-87

当对多边形面进行倒角时，偏移值可以控制倒角的大小，如图9-88所示。

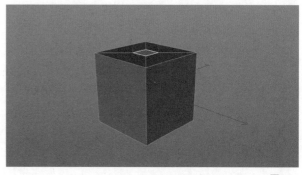

图9-88

偏移值可定义所选的点倒角后到下一个点的距离百分比，如图9-89所示。

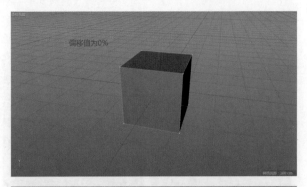

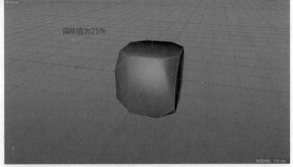

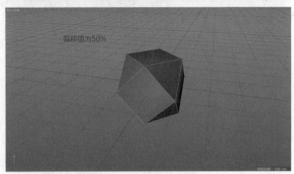

图9-89

别调整轮廓正向或负向的移动，也可以在操作视图中拖曳进行交互式操作，如图9-91所示。

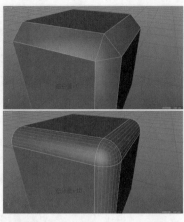

图9-90

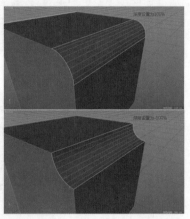

图9-91

- 偏移：用来控制倒角的大小，较小的偏移值形成较小的倒角，反之则形成较大的倒角。根据偏移模式不同，可以用百分比或者单位数值来控制倒角大小，如果勾选下方的"限制"选项，则倒角的最大范围将被限定。

- 细分：用来控制倒角后新生成面的细分数量，这一区域会以黄色高亮显示在操作视图中。该值为0时，倒角后会在物体表面创建硬化边缘结构，提高该值，可以为倒角创建圆滑边缘结构，如图9-90所示。

- 深度：在"细分"不为0的情况下，在物体的倒角处创建圆弧形的倒角轮廓（例如，如果对一个立方体的边缘进行倒角，从面上看，会看到立方体倒角处出现一个外突的弧形轮廓），可以调整此参数来分

- 限制：控制在倒角过程中，所选元素的倒角范围是否可以超出相邻元素。不勾选此选项，则倒角范围会超出相邻元素所处的范围，这样会产生相重叠的面；勾选此选项，倒角的范围将会被限制在所选相邻元素的所处范围内，如图9-92所示。

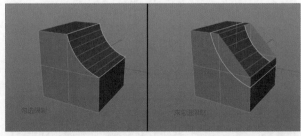

图9-92

2.修形

- 外形：可以使用外形属性为倒角形成的新区域

定义任意的外形结构, 包括圆角、用户、轮廓3种
方式。

◇ 圆角: 在此方式下, 如果 "张力" 属性保持为100%,
   那么倒角处的轮廓将始终是一个圆弧形 (细分属性
   不为0时)。

◇ 用户: 在此方式下, 可以使用一个函数曲线来塑造
   倒角轮廓的结构。如果不勾选下方的 "对称" 选
   项, 则函数曲线的形状会直接映射到整个轮廓结构
   上。根据之前的 "深度" 属性可以调整曲线的方向
   和幅度, 并且设置较大的 "细分" 值可以更精确地
   显示曲线的结构, 如图9-93所示。

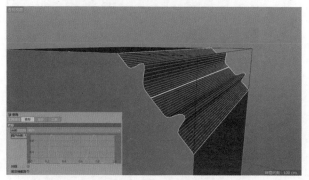

图9-93

◇ 对称: 不勾选该选项, 在倒角轮廓上只出现一次曲
   线结构, 勾选该选项, 函数曲线的结构将在倒角轮
   廓上重复出现, 如图9-94所示。

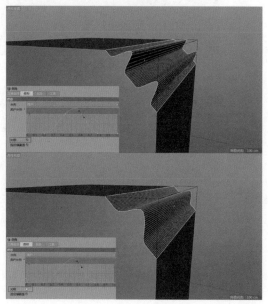

图9-94

◇ 固定横截面: 在对一个扭曲或弯折的管道结构的
   边缘进行倒角, 将 "外形" 设置为用户或轮廓时,

勾选该选项, 在倒角模型的拐角处将不会出现轮廓
扭曲变形的效果, 如图9-95所示。

图9-95

◇ 轮廓: 在此方式下, 用户可以自由定义倒角轮廓
   的形状, 可以将一条样条线拖入轮廓样条属性
   后面的空白区域。这个样条线的形状就可以用来
   定义倒角轮廓的形状。样条曲线的点插值方式会
   影响倒角轮廓处的细分数量, 如果使用此方式,
   那么原来的细分属性将不再起作用, 如图9-96
   所示。

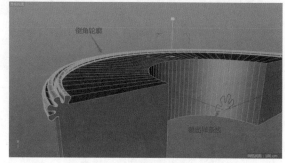

图9-96

• 张力: 当 "外形" 设置为圆角时, 可以利用 "张
  力" 属性来调整弧形的切线长度和方向。该参数
  为100%时, 圆弧的切线方向会出现在相邻的表面
  之上。较低 (或者较高) 的数值会使圆弧出现较
  为凹陷或突出的情况。另外还要注意深度属性的
  设置, 其会影响圆弧的曲率, 如图9-97和图9-98
  所示。

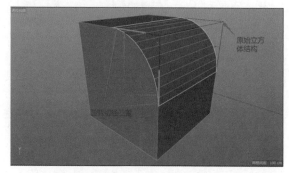

图9-97

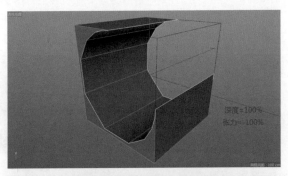

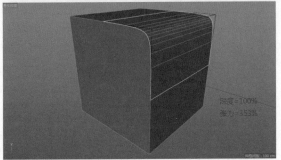

图9-98

3.拓扑

"拓扑"选项卡主要用来调节边在倒角过程中，拐角处和所选边末尾的拓扑结构，以及控制倒角后新生成面的拓扑结构，具体参数如图9-99所示。

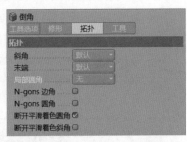

图9-99

- **斜角**：只能用在边模式下的倒角操作中，如果选择了一个多边形表面连续的边，则该属性一般对所选边的拐角处或多条边的公共点进行拓扑结构的处理；各选项的处理效果如图9-100所示。
- **末端**：控制在倒角过程中，所选倒角边的末端呈现的拓扑结构。

◇ **默认**：选择该方式，倒角边末端的拓扑结构将沿着未发生倒角的边缘向外延伸，延伸的长度由偏移值控制，如图9-101所示。

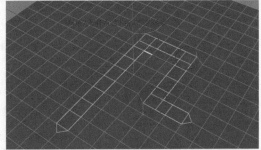

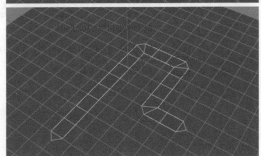

图9-100

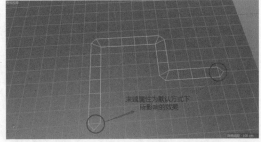

图9-101

◇ **延伸**：选择该方式，倒角边末端的拓扑结构将沿着未发生倒角的边缘向外延伸，延伸范围不受偏移值影响，将延伸至整个相邻的边，如图9-102所示。

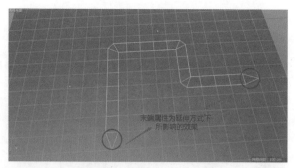

图9-102

◇ 插入：选择该方式，倒角边末端会产生生硬的结
构，末端的边不会产生过渡；未被倒角的边将保持
原始状态不变，如图9-103所示。

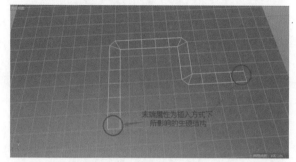

图9-103

• 局部圆角：只用在特殊情况下，如果在倒角时选择
的3条边交于一点，则该参数可以对拐角处的效果
产生如下影响。

◇ 无：设置为"无"，在倒角处将产生线性边缘
效果。

◇ 完全：设置为"完全"，在倒角边缘将产生圆角。

◇ 凸角：与"完全"的区别只有在"深度"设置为负值
时才可以看出来；当"深度"设置为负值时，原本的
圆角会出现反向的效果，如图9-104所示。

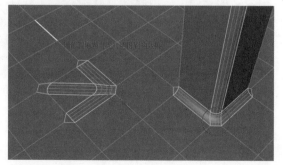

图9-104

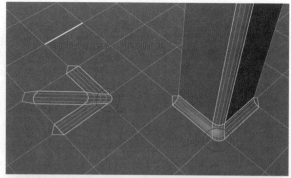

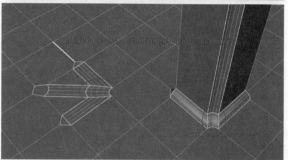

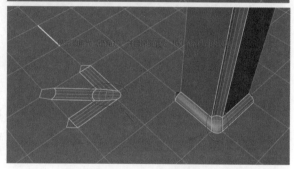

图9-104（续）

• N-gons边角：定义多边形倒角在交点（拐角）处
形成多边形的细分结构，在拐角处会出现由排列
规则的多边形网格构成的细分结构；勾选该选
项，则会用N边形取代拐角处的规则网格，如图
9-105所示；一般情况下应当尽量避免N边形的
出现。

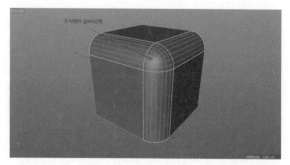

图9-105

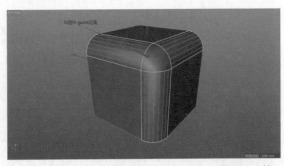

图9-105（续）

- N-gons圆角：用来定义边在倒角过程中新生成的多边形表面的细分结构。在非拐角（交点）处新生成的多边形表面会出现由排列规则的多边形网格所构成的细分结构。如果勾选该选项，则会用N边形取代原多边形表面的规则网格，一般情况下应当尽量避免N边形的出现，如图9-106所示。

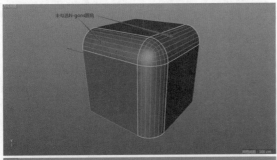

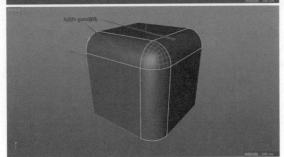

图9-106

- 断开平滑着色圆角：勾选该选项后，可以使倒角过程中在多边形顶点处产生的多边形平面产生平滑的圆角，如图9-107所示。
- 断开平滑着色斜角：勾选该选项后，可以使倒角过程中在多边形顶点处产生的多边形平面产生锐利硬化的转折，如图9-108所示。

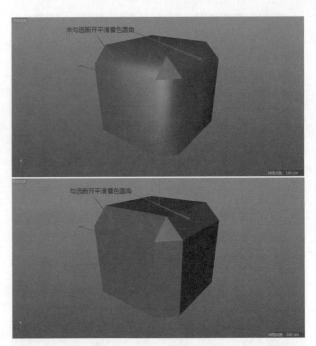

图9-107

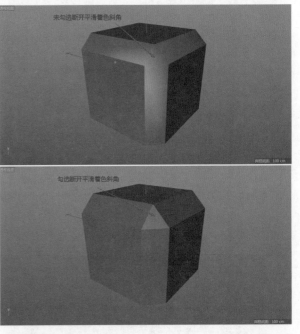

图9-108

4.工具

实时更新、应用、新的变换、复位数值等保持默认设置即可。这些参数使用起来不是很方便，我们可以通过前面的操作完成所有倒角效果。

9.1.21 挤压

"挤压"命令用于点、边、面模式下。执行该命令后，选择的元素会被挤压。选择一个点，执行该命令，选择的点会被挤压，如图9-109所示。

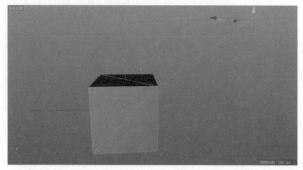

图9-109

选择一条边，执行该命令，选择的边会被挤压，如图9-110所示。

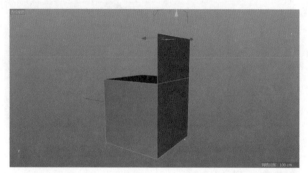

图9-110

选择一个面，执行该命令，选择的面会被挤压，如图9-111所示。

图9-111

9.1.22 提取样条

该命令很简单，也很实用。在选择了一些边的状态下，执行"提取样条"命令可以把选择的边单独提出来，变成

样条曲线，读者可以尝试一下。

9.1.23 内部挤压

"内部挤压"命令只用于面模式下。执行该命令，可以在选择的面上挤压插入一个新的面。内部挤压的程度通过属性面板"选项"选项卡中的参数来调节，"偏移"控制向内挤压的宽度，"细分数"控制向内挤压形成的分段数，如图9-112所示。

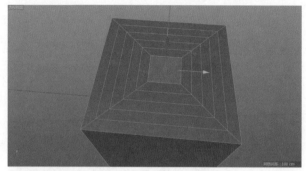

图9-112

9.1.24 矩阵挤压

"矩阵挤压"命令只用于面模式下。选择一个面执行该命令，可以出现重复挤压的效果。矩阵挤压的程度可以通过属性面板"选项"选项卡中的步、移动、缩放、旋转、变化等参数来调节，如图9-113所示。

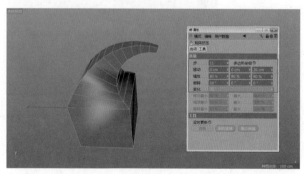

图9-113

9.1.25 偏移

"偏移"命令只用于面模式下，类似于"挤压"命令。选择一个面执行两个命令时，二者没有区别；选择两个或两个以上的面执行两个命令时，效果就不同了。选择3个面分别执行"挤压"和"偏移"命令，左边为执行"挤压"命令的效果，右边为执行"偏移"命令的效果，如图9-114所示。

图9-114

9.1.26　沿法线移动

　　"沿法线移动"命令只用于面模式下。执行该命令后，选择的面将沿该面的法线方向移动，如图9-115所示。

图9-115

9.1.27　沿法线缩放

　　"沿法线缩放"命令只用于面模式下。执行该命令后，选择的面将在垂直于该面的法线的平面上缩放，如图9-116示。

图9-116

9.1.28　沿法线旋转

　　"沿法线旋转"命令只用于面模式下。执行该命令后，选择的面将以该面的法线为轴进行旋转，如图9-117所示。

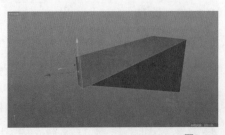

图9-117

9.1.29　对齐法线

　　"对齐法线"命令只用于面模式下，即统一法线。执行该命令后，所有选择面的法线将统一，如图9-118所示。

图9-118

9.1.30　反转法线

　　"反转法线"命令只用于面模式下。执行该命令后，选择面的法线将反转，如图9-119所示。

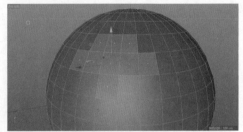

图9-119

9.1.31　阵列

　　"阵列"命令用于点和面模式下。在面模式下执行该命令后，可以按一定的规则来复制所选的面，排列的方法、位置和数量可以通过属性面板"选项"选项卡中的参数进行调节，如图9-120所示。

图9-120

9.1.32　克隆

　　"克隆"命令用于点和面模式下，类似于"阵列"命令,只是效果略有不同。在面模式下执行该命令后,实现面的复制,如图9-121所示。

图9-121

9.1.33 坍塌

"坍塌"命令只用于面模式下。选择一个面执行该命令,选择的面会坍塌消失并形成一个点,如图9-122所示。

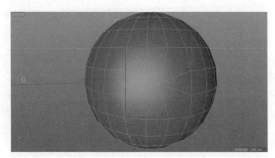

图9-122

9.1.34 断开连接

"断开连接"命令用于点和面模式下。选择一个面执行该命令,可以使选择的面从多边形对象上分离出来,如图9-123所示。

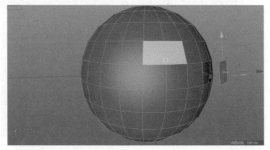

图9-123

9.1.35 融解

"融解"命令用于点、边、面模式下。选择一个点执行该命令,选择的点和与这个点相邻的线都会被融解消除,

如图9-124所示。

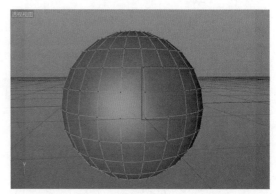

图9-124

选择一条边执行该命令,选择的边会被融解消除,如图9-125所示。

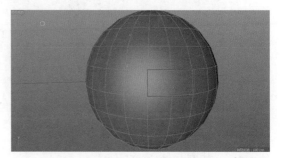

图9-125

选择一些相邻的面执行该命令,选择的面会合并成一个整体的面,如图9-126和图9-127所示。

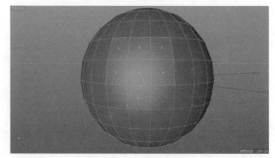

图9-126

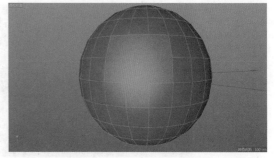

图9-127

9.1.36 优化

"优化"命令用于点、边、面模式下。用于优化多边形，可以合并相邻近但未焊接的点，消除残余的空闲点，还可以优化公差来控制焊接范围，如图9-128所示。

图9-128

9.1.37 分裂

"分裂"命令只用于面模式下。选择一个面执行该命令，选择的面会分裂出来并成为一个独立的多边形，如图9-129所示。

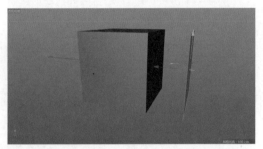

图9-129

9.1.38 断开平滑着色（Phong）

"断开平滑着色（Phong）"命令只用于边模式下。选择一条边执行该命令，选择的边不会进行平滑着色，渲染后是一条不光滑的硬边，如图9-130和图9-131所示。

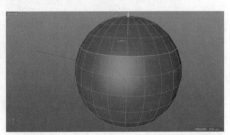

图9-130

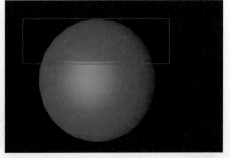

图9-131

9.1.39 恢复平滑着色（Phong）

"恢复平滑着色（Phong）"命令只用于边模式下。选择已经断开平滑着色的边执行该命令，可以使选择的边恢复正常。

9.1.40 选择平滑着色（Phong）断开边

"选择平滑着色（Phong）断开边"命令只用于边模式下。执行该命令，可以快速选出已经断开平滑着色的边。

9.1.41 细分

"细分"命令只用于面模式下。选择一个面执行该命令，选择的面会被细分成多个面，细分级别可以自主设置，如图9-132所示。

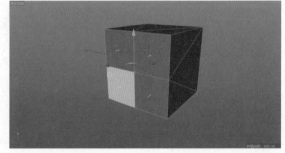

图9-132

9.1.42 三角化

"三角化"命令只用于面模式下。选择一个面执行该命令，选择的面会被分成三角面，如图9-133所示。

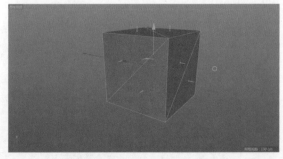

图9-133

9.1.43 反三角化

"反三角化"命令只用于面模式下。选择已经被分成三角面的面执行该命令，选择的面将还原为原来的面。

9.1.44 三角化N-gons

当多边形对象为N-gons结构时，执行该命令可使多边形对象的N-gons结构变成三角面。

9.1.45 移除N-gons

当多边形对象为N-gons结构时，执行该命令可使多边形对象恢复成多边形结构。

9.2 编辑样条

样条是指定一组控制点而得到的曲线，其大致形状由这些点控制。在样条的点模式下，可以在编辑器窗口中单击鼠标右键，打开快捷菜单对样条进行编辑，如图9-134所示。

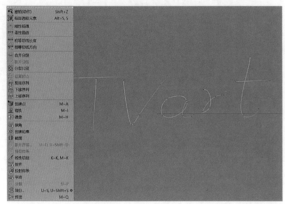

图9-134

9.2.1 撤销（动作）

执行"撤销（动作）"命令，可进行返回操作，如同按Ctrl+Z组合键。

9.2.2 框显选取元素

执行"框显选取元素"命令，所有选择的点将最大化显示在视图中，如图9-135所示。

图9-135

9.2.3 刚性插值

执行"刚性插值"命令后，点、边效果如图9-136所示。

图9-136

9.2.4 柔性插值

执行"柔性插值"命令后，点、边效果如图9-137所示。

图9-137

9.2.5 相等切线长度

执行"相等切线长度"命令后，贝塞尔点两侧的手柄变得一样长，如图9-138所示。

图9-138

9.2.6 相等切线方向

执行"相等切线方向"命令后，贝塞尔点两侧的手柄变平直，如图9-139所示。

图9-139

9.2.7　合并分段

选择同一样条内的两段非闭合样条中的任意两个首点或尾点，执行"合并分段"命令，可以使两段样条连接成一段样条，如图9-140和图9-141所示。

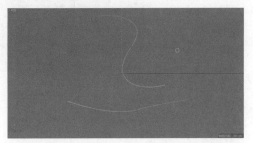

图9-140

图9-141

9.2.8　断开分段

选择一条非闭合样条中除首尾点外的任意一点，执行"断开分段"命令，与该点相邻的线段被去除，该点成为一个孤立的点，如图9-142和图9-143所示。

图9-142

图9-143

9.2.9　分裂片段

选择一条由多段样条组成的样条，执行"分裂片段"命令，组成该样条的多段样条将各自成为独立的样条，如图9-144和图9-145所示。

图9-144

图9-145

9.2.10　设置起点

在闭合样条中选择任意一点，执行"设置起点"命令，可以将选择的点设置为该样条的起始点。在非闭合样条中，只能选择首点或尾点来执行该命令。

9.2.11　反转序列

执行"反转序列"命令，可以反转样条的方向。

9.2.12　下移序列

在选择点后，执行"下移序列"命令，点的排号顺序会向后移。

9.2.13　上移序列

在选择点后，执行"上移序列"命令，点的排号顺序会向前移。

9.2.14 创建点

执行"创建点"命令,可以在样条上单击添加点。

9.2.15 磁铁

执行"磁铁"命令,可以对点进行类似于软选择后的移动,如图9-146所示。

图9-146

9.2.16 镜像

执行"镜像"命令,可以对样条进行水平或垂直的镜像,如图9-147所示。

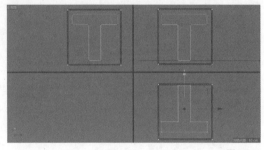

图9-147

9.2.17 倒角

选择一个点执行"倒角"命令,按住鼠标左键进行拖曳,可以形成一个圆角,如图9-148所示。

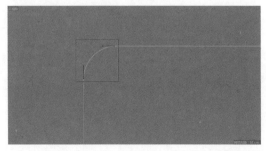

图9-148

9.2.18 创建轮廓

执行"创建轮廓"命令,按住鼠标左键拖曳出一个新的样条,新样条与原样条各部分都是等距的,如图9-149所示。

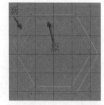

图9-149

9.2.19 截面

选择两条样条,执行"截面"命令,在视图中按住鼠标左键拖曳出一条直线,只要与两条样条相交,就有新的样条生成,如图9-150所示。

图9-150

9.2.20 断开连接

在样条上选择任意一点,执行"断开连接"命令,该点将被拆分成两个点,如图9-151所示。

图9-151

9.2.21 提取样条

在样条上,"提取样条"命令不可执行。

9.2.22 线性切割

执行"线性切割"命令,可以在曲线上加点。

9.2.23 排齐

选择样条上的所有点,执行"排齐"命令,所有点将排列成一条直线,如图9-152和图9-153所示。

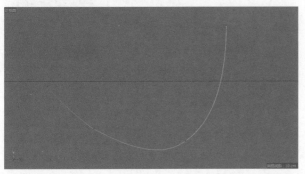

图9-152

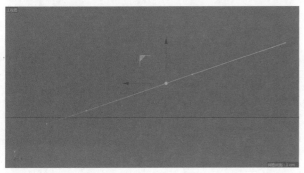

图9-153

9.2.24 投射样条

执行"投射样条"命令,可以使样条投射到模型表面,从而得到和模型表面曲率一样的样条形状。

9.2.25 平滑

选择样条上相邻的两个或两个以上的点,执行"平滑"命令,按住鼠标左键进行拖曳,可使样条上原来两个点之间的线段上出现更多的点。

9.2.26 分裂

选择样条上面的某一段,执行"分裂"命令可以分裂出新的样条。

9.2.27 细分

选择样条,执行"细分"命令,样条整体上会增加更多的点;选择样条上的局部点,执行"细分"命令,样条局部会增加点,如图9-154和图9-155所示。

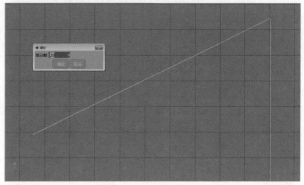

图9-154

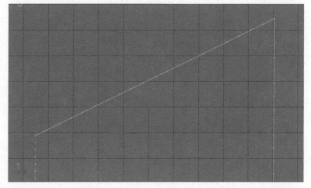

图9-155

9.2.28 焊接

执行"焊接"命令,可以将多个点焊接在一起,成为一个点。

第10章

建模案例

10

基础几何体建模
样条线及NURBS建模
造型工具建模
体积建模

10.1 基础几何体建模

基础几何体建模主要是通过参数化对象和样条工具来制作场景。

10.1.1 立方体

立方体的主要参数如图10-1所示。

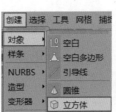

图10-1

- 尺寸.X/尺寸.Y/尺寸.Z：这3个参数共同调节立方体的外形，用来设置立方体的长度、宽度和高度。
- 分段X/分段Y/分段Z：这3个参数用来设置长、宽、高方向上的分段数量。
- 圆角：勾选该选项，可以使立方体形成圆角或切角。
- 圆角半径：用来设置圆角的大小。
- 圆角细分：用来设置圆角的分段，值越大，圆角越光滑，当值为1时，圆角变成切角，如图10-2所示。

图10-2

10.1.2 案例实操：制作简约沙发

沙发的效果图和白模如图10-3和图10-4所示。

图10-3

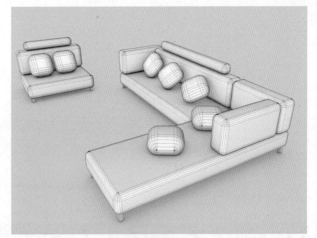

图10-4

01 执行主菜单中的"创建>对象>立方体"命令，在场景中创建立方体，如图10-5所示。

图10-5

02 在属性面板中修改立方体参数，如图10-6所示。

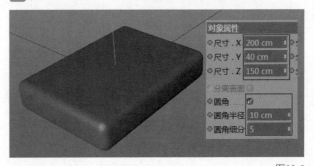

图10-6

03 选择02步创建的立方体，按住Ctrl键，将其沿y轴方向移动复制出一个立方体，然后在属性面板中修改立方体参数并移动其位置，如图10-7所示。

04 沿y轴移动复制出一个立方体，参数和位置如图10-8所示。

05 创建一个立方体，参数和位置如图10-9所示。

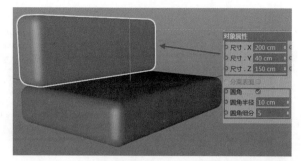

图10-7

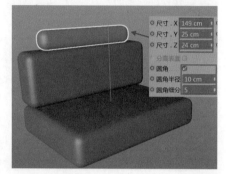

图10-8

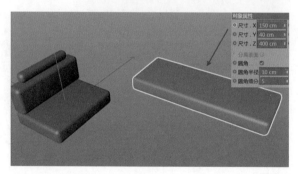

图10-9

06 选择05步创建的立方体,按住Ctrl键,在正视图中将其沿y轴方向移动复制出一个立方体,然后在属性面板中修改立方体参数并移动其位置,如图10-10所示。

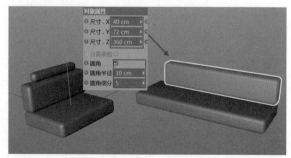

图10-10

07 选择06步创建的立方体,按住Ctrl键,将其沿z轴方向移动复制出一个立方体,然后在属性面板中修改立方体参数并移动其位置,如图10-11所示。

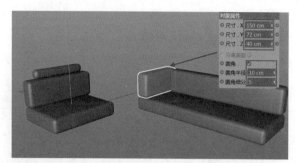

图10-11

08 创建一个立方体,位置和参数如图10-12所示。

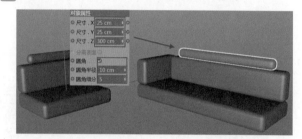

图10-12

09 创建一个立方体,位置和参数如图10-13所示。

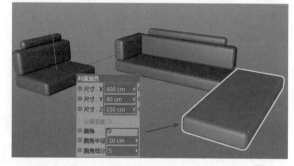

图10-13

10 选择09步创建的立方体,按住Ctrl键,将其沿y轴方向移动复制出一个立方体,然后在属性面板中修改立方体参数并移动其位置,如图10-14所示。

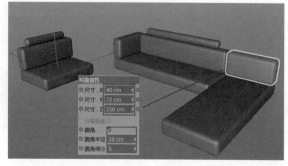

图10-14

11 选择10步创建的立方体，按住Ctrl键，将其沿x轴方向移动复制出一个立方体，然后在属性面板中修改立方体参数并移动其位置，如图10-15所示。

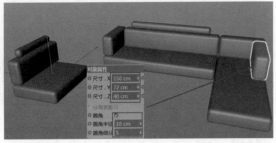

图10-15

12 创建一个立方体，参数和位置如图10-16所示。

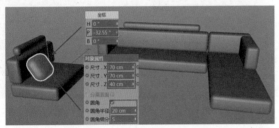

图10-16

13 选择12步创建的立方体，按住Ctrl键，将其沿x轴方向移动复制出一个立方体，如图10-17所示。

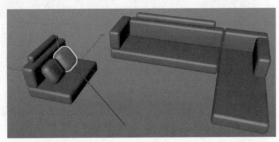

图10-17

14 用同样的方法复制出多个立方体，放置在图10-18所示的位置。

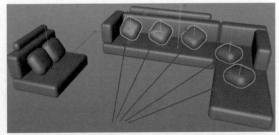

图10-18

15 创建一个立方体，参数和位置如图10-19所示。

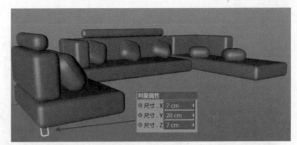

图10-19

16 选择15步创建的立方体，移动复制出11个长方体，并放置在图10-20和图10-21所示的位置。

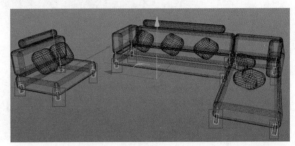

图10-20

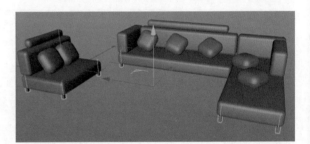

图10-21

10.1.3　案例实操：制作简易书架

书架的效果图和白模如图10-22和图10-23所示。

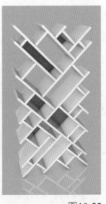

图10-22

图10-23

01 执行主菜单中的"创建>对象>平面"命令,在场景中创建一个平面作为参考,如图10-24所示。

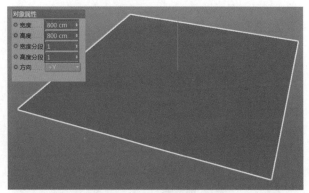

图10-24

02 执行主菜单中的"创建>对象>立方体"命令,在场景中创建一个立方体,并将其沿z轴方向旋转45°,位置和参数如图10-25所示。

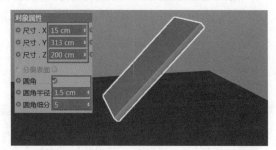

图10-25

03 选择02步创建的立方体,确认坐标系统为对象坐标系统📐,按住Ctrl键,将其沿x轴方向移动复制出一个立方体,并调整其参数和位置,如图10-26所示。

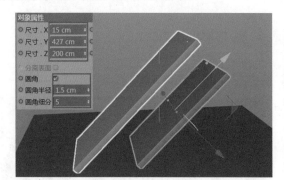

图10-26

04 用同样的方法制作出多个立方体,调整它们的参数及位置,如图10-27所示,这里只需调整"尺寸.X"和"尺寸.Y"这两个参数即可。

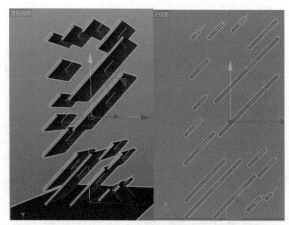

图10-27

05 创建一个立方体,并将其沿z轴方向旋转-45°,位置和参数如图10-28所示。

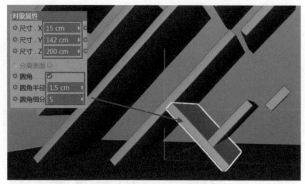

图10-28

06 选择05步创建的立方体,确认坐标系统为对象坐标系统📐,按住Ctrl键,将其沿x轴方向移动复制出一个立方体,并调整其参数和位置,如图10-29所示。

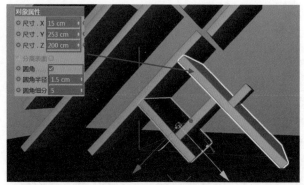

图10-29

07 用同样的方法制作出多个立方体,调整它们的参数及位置,如图10-30所示,这里只需调整"尺寸.X"和"尺寸.Y"这两个参数即可。

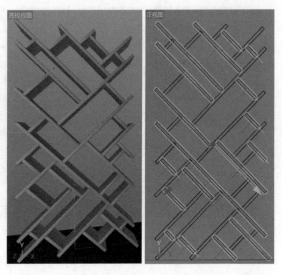

图10-30

08 创建一个立方体，并将其沿z轴方向旋转−45°，位置和参数如图10-31所示。

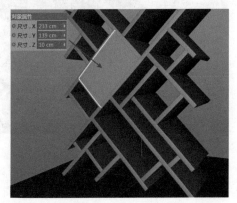

图10-31

09 选择08步创建的立方体，确认坐标系统为对象坐标系统 **⬛**，按住Ctrl键，将其沿x轴方向移动复制出一个立方体，并调整其参数和位置，如图10-32所示。

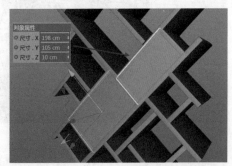

图10-32

10 用同样的方法制作出多个立方体，调整它们的参数及位置，如图10-33所示，这里只需调整"尺寸.X"和"尺寸.Y"这两个参数即可。

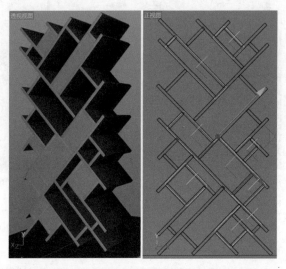

图10-33

10.1.4 圆锥

圆锥的主要参数如图10-34所示。

图10-34

- 顶部半径/底部半径：设置圆锥顶面和底面两个圆的半径。
- 高度：设置圆锥的高度。
- 高度分段：设置沿圆锥主轴的分段数。
- 旋转分段：设置圆锥的边数，如图10-35所示。

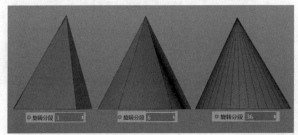

图10-35

- 方向：设置圆锥创建时的朝向，如图10-36所示。

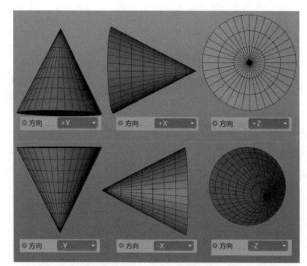

图10-36

- 封顶：勾选该选项时，圆锥的顶面和底面有封盖。
- 封顶分段：设置围绕圆锥顶部和底部中心的同心分段数。
- 圆角分段：当"顶部"和"底部"任一选项被勾选后，该选项被激活，用来决定圆角的光滑程度；值为1时，呈切角状态，如图10-37所示。

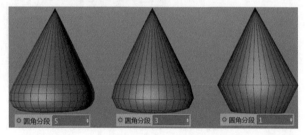

图10-37

- 顶部/底部：勾选后，可设置圆锥在顶部和底部的圆角大小，如图10-38所示。

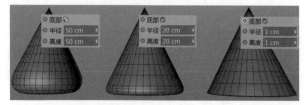

图10-38

- 切片：控制是否开启切片功能。
- 起点/终点：决定圆锥沿中心轴旋转成形的完整性。从起点的角度到终点的角度等于360°时，圆锥的底面为完整的圆；小于360°时，圆锥底面为扇形，如图10-39所示。

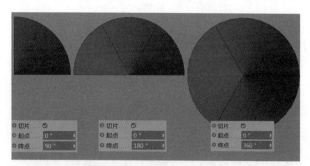

图10-39

- 标准网格：让切面成为标准的四边面。
- 宽度：控制四边面的大小。

10.1.5　圆柱

圆柱的主要参数如图10-40所示。

图10-40

- 半径：设置圆柱的顶面和底面大小。
- 高度：设置圆柱的高度。
- 高度分段：设置沿圆柱主轴的分段数。
- 旋转分段：设置圆柱的边数。
- 方向：设置圆柱创建初始的朝向。
- 封顶：勾选该选项时，圆柱的顶面和底面有封盖。
- 分段（封顶）：设置围绕圆柱轴心的同心分段数。
- 圆角：勾选该选项，圆柱会具有圆角效果。
- 分段（圆角）：设置圆角光滑的程度；值为1时，呈切角状态。
- 半径（圆角）：设置圆角的大小。
- 切片：控制是否开启切片功能。
- 起点/终点：决定圆柱沿中心轴旋转成形的完整性；从起点的角度到终点的角度等于360°时，为完整的圆柱；小于360°时，圆柱的顶面和底面均为扇形。

10.1.6　球体

球体的主要参数如图10-41所示。

图10-41

- 半径: 设置球的大小。
- 分段: 设置球的细分程度。
- 类型: 设置构成球体的几何结构, 如图10-42所示。

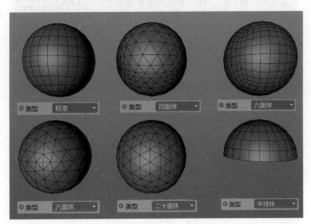

图10-42

- 理想渲染: 勾选该选项后, 分段数将不影响渲染, 渲染效果都很光滑, 如图10-43所示。

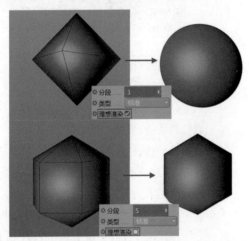

图10-43

10.1.7 管道

管道的主要参数如图10-44所示。

图10-44

- 内部半径/外部半径: 设置管道内部与外部的半径大小。
- 旋转分段: 设置管道内外圈的边数。
- 封顶分段: 设置管道内部半径和外部半径之间的分段数。
- 高度: 设置管道的高度。
- 高度分段: 设置沿管道主轴方向的分段数。
- 方向: 设置管道创建时的朝向。
- 圆角: 勾选该选项, 管道会具有圆角效果。
- 分段: 设置圆角光滑程度, 值为1时, 呈现切角状态。
- 半径: 设置圆角的大小。
- 切片: 控制是否开启切片功能。
- 起点/终点: 决定管道沿中心轴旋转成形的完整性, 从起点的角度到终点的角度等于360°时, 管道的顶面和底面为完整的环状。

10.1.8 圆环

圆环的主要参数如图10-45所示。

图10-45

- 圆环半径: 设置圆环整体的半径。
- 圆环分段: 设置围绕环形的分段数目, 减小数值可以减少多边形的分段数。
- 导管半径: 设置横截面圆的半径。
- 导管分段: 设置环形横截面圆形的边数。
- 方向: 决定圆环创建初始的朝向。
- 切片: 控制是否开启切片功能。
- 起点/终点: 决定圆环横截面圆形沿中心轴旋转成形的完整性, 从起点的角度到终点的角度等于360°时, 圆环为完整的环状。

10.1.9 案例实操: 制作餐桌椅

餐桌椅的效果图和白模如图10-46和图10-47所示。

图10-46　　　　　　　　　　　图10-47

01 执行主菜单中的"创建>对象>圆柱"命令，在场景中创建圆柱，并设置其参数如图10-48所示。

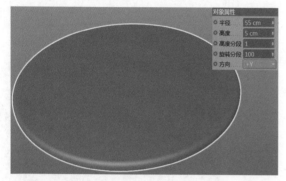

图10-48

02 选择创建好的圆柱，按住Ctrl键，将其沿y轴方向移动复制出一个圆柱，并调整其参数和位置，如图10-49所示。

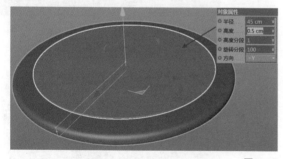

图10-49

03 选择02步创建好的圆柱，移动复制圆柱，调整其参数和位置，如图10-50所示。

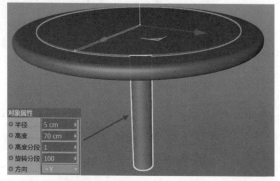

图10-50

04 移动复制圆柱，调整其参数和位置，如图10-51所示。

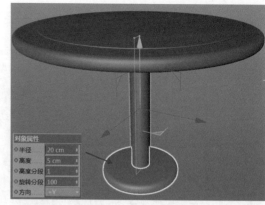

图10-51

05 移动复制圆柱，调整其参数和位置，如图10-52所示。

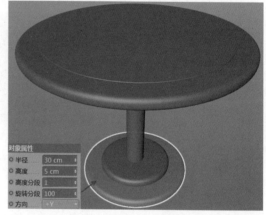

图10-52

06 在场景中创建管道，调整其参数和位置，如图10-53所示。

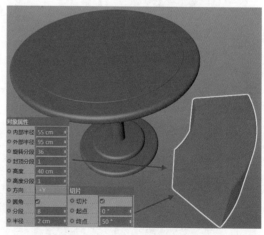

图10-53

07 选择创建好的管道，按住Ctrl键，将其沿y轴方向移动复制出一个管道,并调整其参数和位置,如图10-54所示。

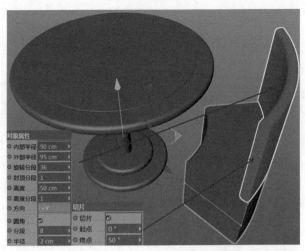

图10-54

08 同时选择已经创建好的两个管道,按住Ctrl键,将它们沿y轴方向旋转复制出这两个管道,用同样的方法将其他4个管道也复制出来,效果如图10-55所示。

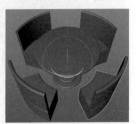

图10-55

10.1.10 案例实操:制作水杯

水杯的效果图和白模如图10-56和图10-57所示。

图10-56　　　　　　图10-57

01 执行主菜单中的"创建>对象>圆柱"命令,在场景中创建圆柱,并设置其参数如图10-58所示。

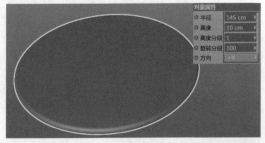

图10-58

02 选择创建好的圆柱,按住Ctrl键,将其沿y轴方向移动复制出一个圆柱,并调整其参数和位置,如图10-59所示。

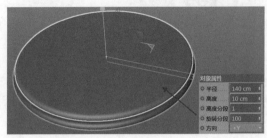

图10-59

03 在场景中创建管道,参数和位置如图10-60所示。

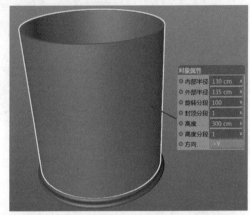

图10-60

04 在场景中创建圆环,参数和位置如图10-61所示。

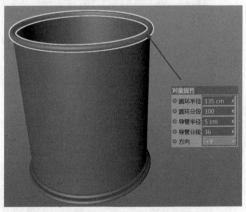

图10-61

05 创建一个圆环,参数和位置如图10-62所示。

06 选择05步创建好的圆环,按住Ctrl键,将其沿y轴负方向移动复制出一个圆环,并调整其参数和位置,如图10-63所示。

07 创建一个圆环,参数和位置如图10-64所示。

08 创建两个圆环,它们的位置和参数如图10-65所示。

图10-62

图10-63

图10-64

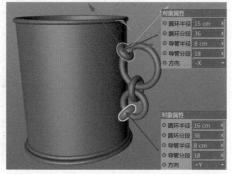

图10-65

10.1.11 案例实操：制作葡萄装饰品

葡萄装饰品的效果图和白模如图10-66和图10-67所示。

图10-66　　　　　　　图10-67

01 执行主菜单中的"创建>对象>圆柱"命令，在场景创建一个圆柱，参数如图10-68所示。

图10-68

02 选择创建好的圆柱，按住Ctrl键，将其沿y轴方向移动复制出一个圆柱，并调整参数和位置，如图10-69所示。

03 在场景中创建一个圆柱，参数和位置如图10-70所示。

图10-69　　　　　　　图10-70

04 选择03步创建的圆柱，移动复制出两个圆柱并将它们旋转放置在图10-71所示的位置。

05 在场景中创建一个球体，对其进行移动复制操作，摆放出一串葡萄的形状，选择所有复制出来的球体，在对象面板中单击鼠标右键，在弹出的快捷菜单中执行"群组对象"命令，使它们成为一个组，如

图10-71

图10-72所示。

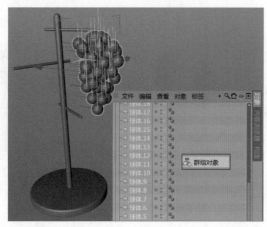

图10-72

06 选择05步打好的组，在对象面板中按住Ctrl键进行拖曳，复制出两个组，对这两个组进行适当旋转，并放置在图10-73所示的位置。

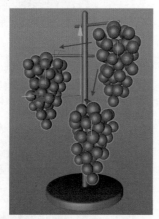

图10-73

10.1.12 案例实操：制作卡通城堡

卡通城堡的效果图和白模如图10-74和图10-75所示。

图10-74

图10-75

01 执行主菜单中的"创建>对象>立方体"命令，在场景中创建一个立方体，参数如图10-76所示。

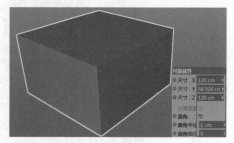

图10-76

02 移动复制01步创建的立方体，调整其参数和位置，如图10-77所示。

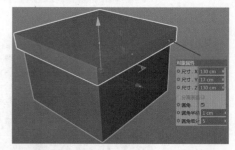

图10-77

03 复制02步创建的立方体，调整其参数和位置，如图10-78所示。

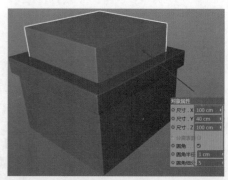

图10-78

04 复制03步创建的立方体,调整其参数和位置,如图10-79所示。

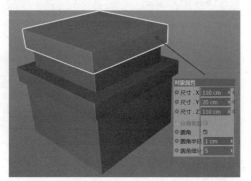

图10-79

05 创建一个立方体,调整其参数和位置,如图10-80所示。

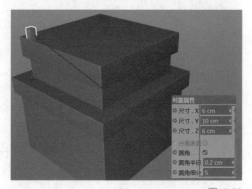

图10-80

06 选择05步创建的立方体,移动复制出多个立方体,并放置在图10-81所示的位置。

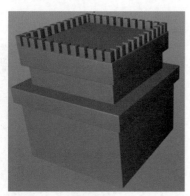

图10-81

07 创建一个立方体,参数和位置如图10-82所示。

08 选择07步创建好的立方体,沿y轴方向移动复制出一个立方体,调整其参数和位置,如图10-83所示。

09 创建一个立方体,参数和位置如图10-84所示。

10 选择09步创建的立方体,移动复制出多个立方体,并放

置在图10-85所示的位置。

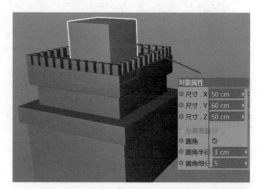

图10-82

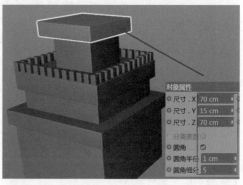

图10-83

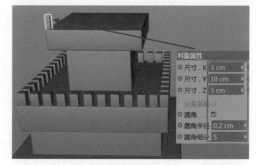

图10-84

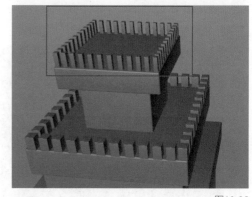

图10-85

11 创建一个圆柱,参数和位置如图10-86所示。

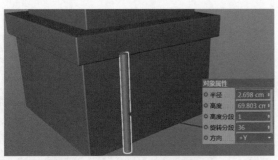

图10-86

12 选择11步创建的圆柱，移动复制，并调整参数和位置，如图10-87所示。

图10-87

13 复制12步创建的圆柱，调整其位置和参数，如图10-88所示。

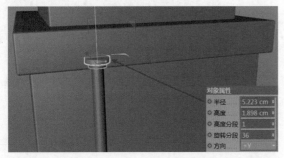

图10-88

14 复制13步创建的圆柱，调整其位置和参数，如图10-89所示。

图10-89

15 创建一个圆锥，调整其位置和参数，如图10-90所示。

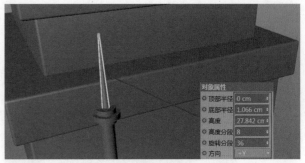

图10-90

16 选择图10-91所示的对象，按Alt+G组合键，把它们编组，并且移动复制组至图10-91所示的位置。

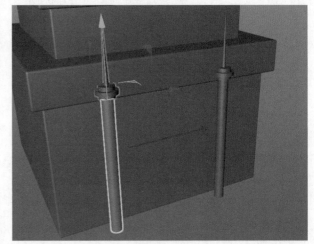

图10-91

17 创建一个立方体，参数和位置如图10-92所示。

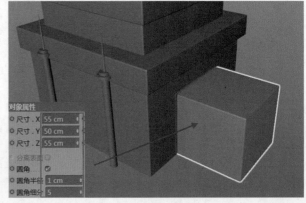

图10-92

18 创建一个圆锥，参数和位置如图10-93所示。

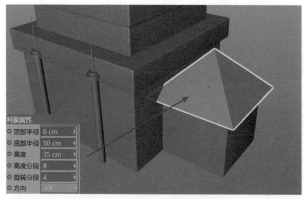

对象属性
○ 顶部半径	0 cm
○ 底部半径	50 cm
○ 高度	35 cm
○ 高度分段	8
○ 旋转分段	4
○ 方向	+Y

图10-93

19 创建一个圆柱，参数和位置如图10-94所示。

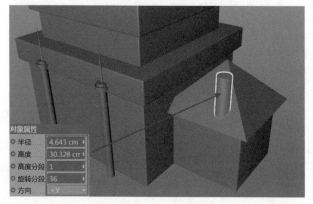

对象属性
○ 半径	4.643 cm
○ 高度	30.328 cm
○ 高度分段	1
○ 旋转分段	36
○ 方向	+Y

图10-94

20 创建一个圆锥，参数和位置如图10-95所示。

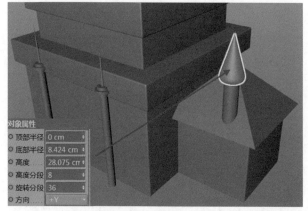

对象属性
○ 顶部半径	0 cm
○ 底部半径	8.424 cm
○ 高度	28.075 cm
○ 高度分段	8
○ 旋转分段	36
○ 方向	+Y

图10-95

21 创建一个圆锥，参数和位置如图10-96所示。

22 创建一个圆柱，参数和位置如图10-97所示。

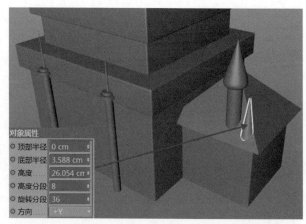

对象属性
○ 顶部半径	0 cm
○ 底部半径	3.588 cm
○ 高度	26.054 cm
○ 高度分段	8
○ 旋转分段	36
○ 方向	+Y

图10-96

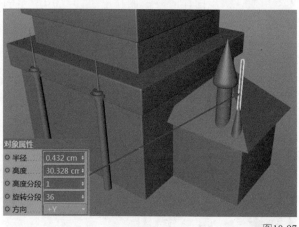

对象属性
○ 半径	0.432 cm
○ 高度	30.328 cm
○ 高度分段	1
○ 旋转分段	36
○ 方向	+Y

图10-97

23 选择22步创建好的圆柱，移动复制出一个圆柱，并调整其参数和位置，如图10-98所示。

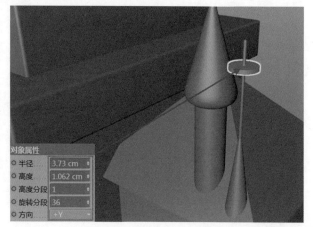

对象属性
○ 半径	3.73 cm
○ 高度	1.062 cm
○ 高度分段	1
○ 旋转分段	36
○ 方向	+Y

图10-98

24 复制23步创建的圆柱，参数和位置如图10-99所示。

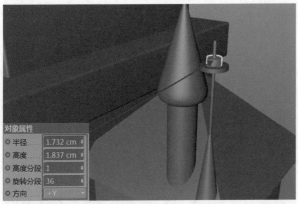

图10-99

25 用22~24步同样的方法制作出图10-100所示的圆柱。

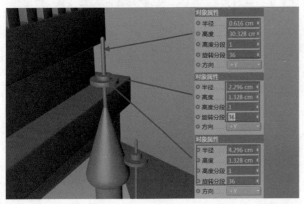

图10-100

26 创建管道,将其沿z轴旋转45°,位置和参数如图10-101所示。

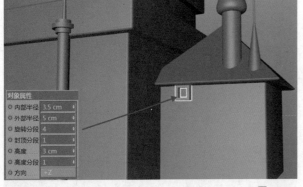

图10-101

27 选择26步创建的管道,单击 按钮将坐标系统切换为世界坐标系统,移动复制出两个管道,放置在图10-102所示的位置。

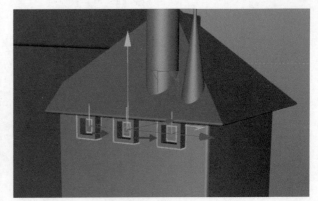

图10-102

28 创建圆环,参数和位置如图10-103所示。

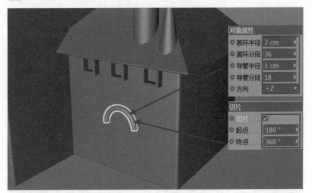

图10-103

29 创建圆柱,参数和位置如图10-104所示,注意圆柱的半径要和25步创建的圆环的"导管半径"一致,以便对接。

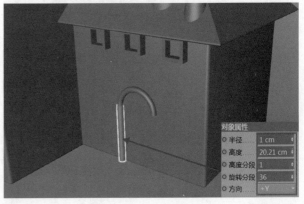

图10-104

30 沿x轴方向移动复制29步创建的圆柱到图10-105所示的位置。

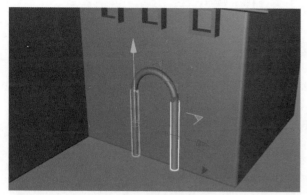

图10-105

31 选择图10-106所示的对象，按Alt+G组合键将它们编组。

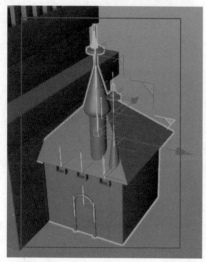

图10-106

32 选择31步编好的组，移动复制出一个组到图10-107所示的位置。

图10-107

33 创建立方体，位置和参数如图10-108所示。

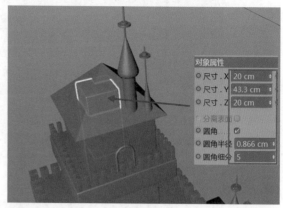

图10-108

34 创建圆锥，位置和参数如图10-109所示。

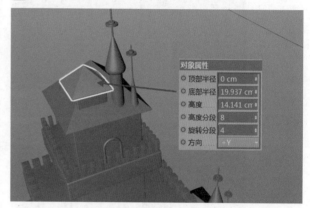

图10-109

35 创建圆柱，位置和参数如图10-110所示。

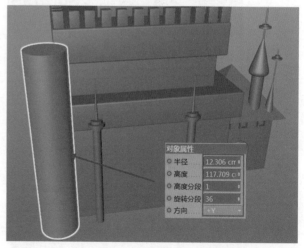

图10-110

36 移动复制35步创建的圆柱，并调整其位置和参数，如图10-111所示。

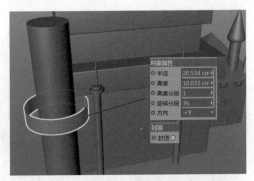

图10-111

37 创建圆锥，参数和位置如图10-112所示。

图10-112

38 创建圆环，参数和位置如图10-113所示。

图10-113

39 选择图10-114所示的3个对象，移动复制出这3个对象，并调整其参数和位置，如图10-114所示。

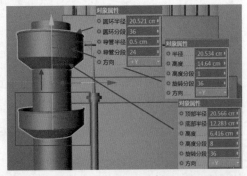

图10-114

40 创建3个圆柱，参数和位置如图10-115所示。

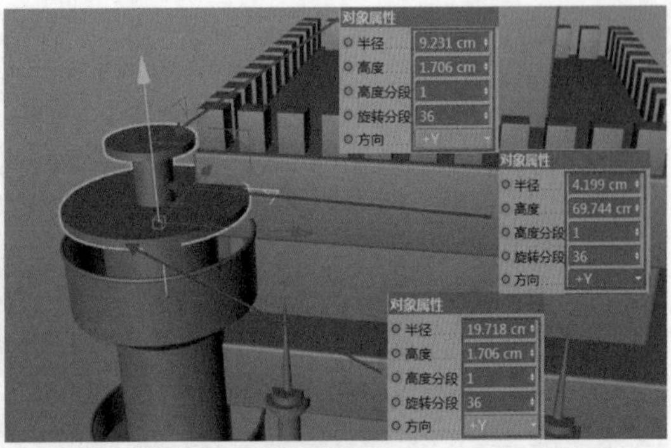

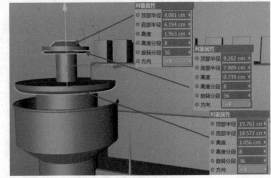

图10-115

41 创建3个圆锥，参数和位置如图10-116所示。

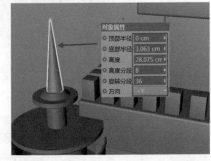

图10-116

42 创建圆锥，参数和位置如图10-117所示。

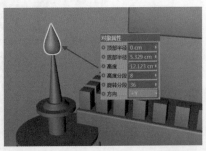

图10-117

43 选择42步创建的圆锥，移动复制，并调整其参数和位置，如图10-118所示。

图10-118

44 创建圆柱，并移动复制出4个圆柱，位置和参数如图10-119所示。

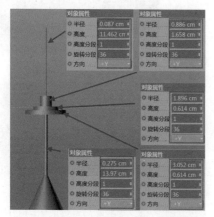

图10-119

45 创建圆锥，参数和位置如图10-120所示。

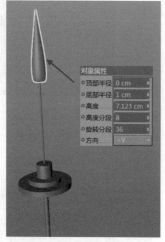

图10-120

46 图10-121所示的3个小窗户的制作方法和28~30步的方法相似，这里不再赘述。

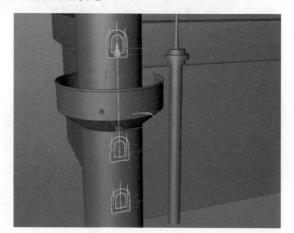

图10-121

47 选择图10-122所示的对象编组，并移动复制出一个组，稍做删减，然后调整组的位置。

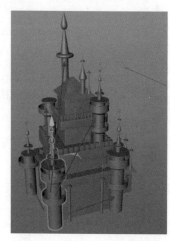

图10-122

48 选择图10-123所示的对象，移动复制出一个对象并缩放放置在图10-123所示的位置。

图10-123

10.1.13 胶囊

胶囊的主要参数如图10-124和图10-125所示。

图10-124　　　　图10-125

- 半径：设置胶囊的半径及胶囊封顶半球的大小。
- 高度：决定胶囊除封顶之外的高度。

- 高度分段：设置沿胶囊主轴方向的分段数。
- 封顶分段：设置胶囊封顶半球的分段数。
- 旋转分段：设置绕胶囊主轴方向的分段数。
- 方向：设置胶囊创建时的朝向。
- 切片：控制是否开启切片功能。
- 起点/终点：设置胶囊沿中心轴旋转成形的完整性，从起点的角度到终点的角度等于360°时，胶囊呈完整的环状。

10.1.14　角锥

角锥的参数如图10-126所示。

图10-126

- 尺寸：分别设置角锥x轴、y轴和z轴方向上的大小。
- 分段：设置角锥表面的细分程度。
- 方向：设置角锥创建时的朝向。

10.1.15　案例实操：制作台灯

台灯的效果图和白模如图10-127和图10-128所示。

图10-127　　　　　　　　图10-128

01 创建圆柱，参数如图10-129所示。

图10-129

02 选择01步创建的圆柱，沿y轴移动复制出一个圆柱，并调整其参数和位置，如图10-130所示。

03 创建圆环，调整其参数和位置，如图10-131所示。

图10-130

图10-131

04 创建胶囊，参数和位置如图10-132所示。

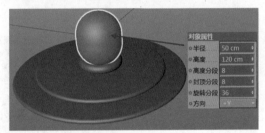

图10-132

05 选择03步创建的圆环，移动复制出一个圆环，参数和位置如图10-133所示。

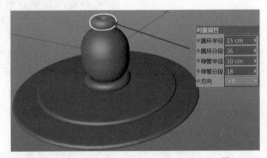

图10-133

06 选择04步创建的胶囊，移动复制出一个胶囊，参数和位置如图10-134所示。

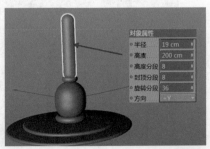

图10-134

07 选择05步创建的圆环,移动复制出一个圆环,参数和位置如图10-135所示。

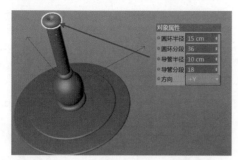

图10-135

08 选择07步创建的圆环,移动复制出两个圆环,参数和位置如图10-136所示。

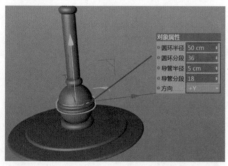

图10-136

09 创建球体,参数和位置如图10-137所示。

图10-137

10 创建胶囊,参数和位置如图10-138所示。

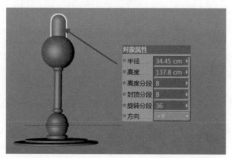

图10-138

11 创建圆锥,参数和位置如图10-139所示。

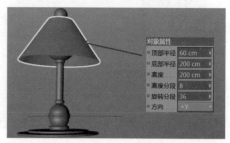

图10-139

12 创建3个圆环,它们的参数和位置如图10-140所示。

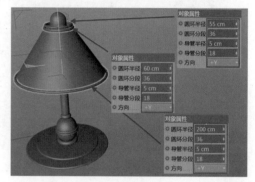

图10-140

13 创建圆柱,参数和位置如图10-141所示。

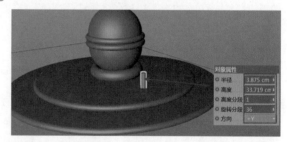

图10-141

14 创建圆锥,参数和位置如图10-142所示。

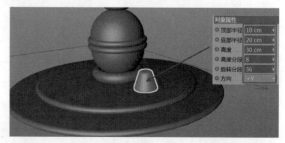

图10-142

15 创建3个宝石,将它们缩小放置在图10-143所示的位置。

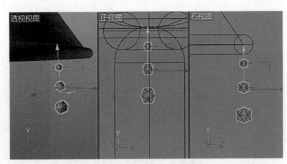

图10-143

16 创建两个角锥，将它们缩小放置在图10-144所示的位置。

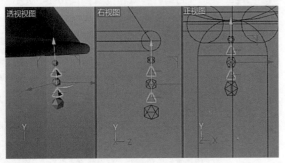

图10-144

17 选择图10-144所示的对象，将它们编组后，选择该组，在对象面板中按住Ctrl键进行拖曳，复制出63个组。选择所有的组，执行主菜单中的"工具>环绕对象>排列"命令，设置好参数后，单击"应用"按钮。参数设置如图10-145和图10-146所示。

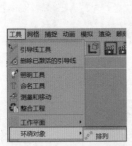

图10-145

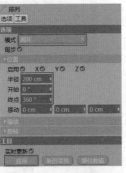

图10-146

18 选择排列好的组，将其移动到图10-147所示的位置。

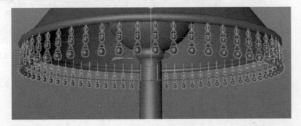

图10-147

10.2 样条线及NURBS建模

样条线主要配合NURBS建模来实现创建模型，本节主要讲解样条线和NURBS工具的使用。

10.2.1 案例实操：制作倒角字

倒角字的效果图和白模如图10-148和图10-149所示。

图10-148

图10-149

01 执行主菜单中的"创建>样条>文本"命令，在正视图中创建文本，在对象属性面板中输入需要的文字，在"字体"选项中选择合适的字体，如图10-150所示。

图10-150

02 在正视图中创建矩形，其参数如图10-151所示。

图10-151

03 在对象面板中按住Ctrl键进行拖曳，复制出8个矩形。选择所有矩形，执行主菜单中的"工具>环绕对象>排列"命令，设置好参数后单击"应用"按钮，如图10-152所示。

图10-152

04 选择所有的矩形，按C键将它们转换成多边形对象，在对象窗口中单击鼠标右键，在弹出的快捷菜单中执行"连接对象+删除"命令，将所有矩形合并成一个对象，该对象自动命名为"矩形.9"。选择文本，进入对象属性面板，勾选"分隔字母"选项，按C键将其转换成多边形对象，每个字母都变成了单独的对象，如图10-153所示。

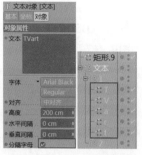

图10-153

05 选择所有字母，将它们与文本脱离父子级关系；选择T和V这两个字母，执行"连接对象+删除"命令将它们合并成一个对象，该对象自动命名为"T.1"；选择a、r和t这3个字母，执行"连接对象+删除"命令，将它们合并成一个对象，该对象自动命名为"a1"。

06 执行主菜单中的"创建>造型>样条布尔"命令，将矩形.9和T.1作为样条布尔的子对象，样条布尔的效果和参数如图10-154所示。

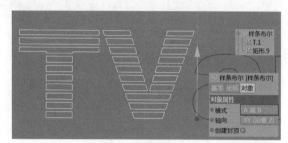

图10-154

07 选择样条布尔，按C键将其转换成多边形对象；选择样条布尔和a1，执行"连接对象+删除"命令，将它们合并成一个对象，该对象自动命名为"样条布尔.1"。

08 执行主菜单中的"创建>生成器>挤压NURBS"命令，将样条布尔.1作为挤压NURBS的子对象，设置挤压NURBS的参数，如图10-155所示。

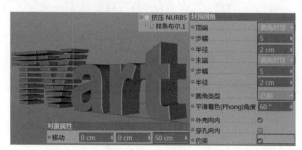

图10-155

10.2.2 案例实操：制作小号

小号的效果图和白模如图10-156和图10-157所示。

图10-156　　　　　　　　　图10-157

01 在正视图的视图菜单中执行"选项>配置视图"命令，在属性面板中切换到"背景"选项卡，单击图像后面的按钮调入小号图片作为参考，并调整参数如图10-158所示。

图10-158

02 在正视图中绘制图10-159所示的样条，将样条的点差值方式选择为统一，并增加其数量。

图10-159

03 样条在透视视图中的效果如图10-160所示。

图10-160

04 创建圆环，参数和位置如图10-161所示。

05 执行主菜单中的"创建>生成器>扫描"命令，将圆环和02步创建的样条作为扫描NURBS的子对象，具体参数如图10-162所示，效果如图10-163所示。

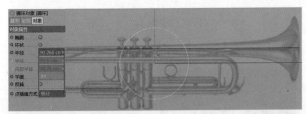

图10-161

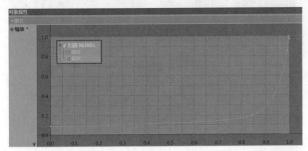

图10-162

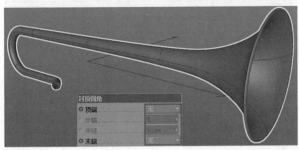

图10-163

06 绘制图10-164所示的样条,将样条的点差值方式选择为统一,并增加其数量。

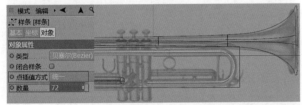

图10-164

07 样条在透视视图中的效果如图10-165所示。

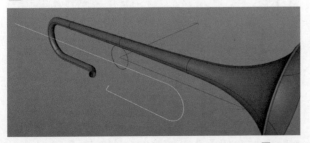

图10-165

08 将04步创建的圆环复制一个,创建扫描NURBS,自动命名为"扫描NURBS.1",将圆环和06步创建的样条作为扫描NURBS.1的子对象,具体参数如图10-166所示,效果如图10-167所示。

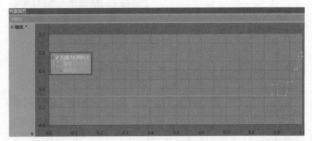

图10-166

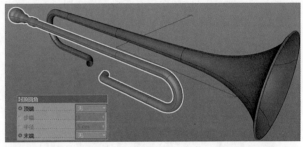

图10-167

09 绘制图10-168所示的样条。

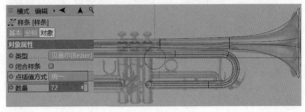

图10-168

10 样条在透视视图中的效果如图10-169所示。

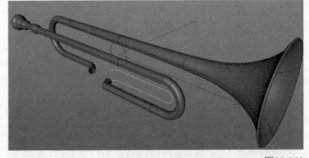

图10-169

11 复制08步创建的圆环,创建扫描NURBS,自动命名为"扫描NURBS.2",将圆环和09步创建的样条作为扫描NURBS.2的子对象,具体参数如图10-170所示,效果如图

10-171所示。

图10-170

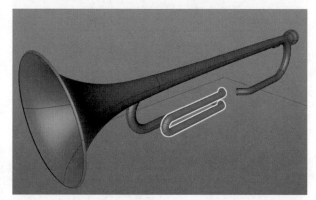

图10-171

12 绘制样条，将样条的点差值方式选择为统一，并增加其数量，如图10-172所示。

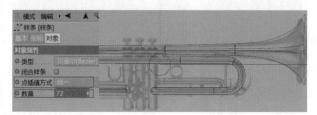

图10-172

13 样条在透视视图中的效果如图10-173所示。

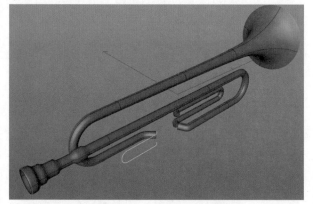

图10-173

14 用11步的方法制作出图10-174所示的对象，该对象自动命名为"扫描NURBS.3"。

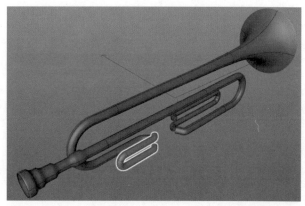

图10-174

15 绘制直线样条，将样条的点差值方式选择为统一，并增加其数量，如图10-175所示。

图10-175

16 复制11步创建的圆环，创建扫描NURBS，自动命名为"扫描NURBS.4"，将圆环和15步创建的样条作为扫描NURBS.4的子对象，具体参数如图10-176所示，效果如图10-177所示。

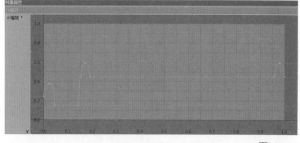

图10-176

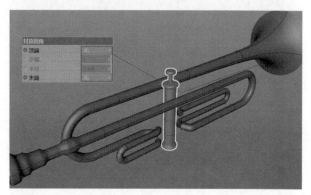

图10-177

17 将16步创建的对象移动复制两个，放置在如图10-178所示的位置。

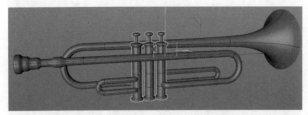

图10-178

18 用11步的方法制作出图10-179所示的对象。

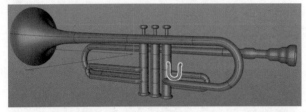

图10-179

19 创建3个圆柱对象和一个圆环对象，将它们放置在图10-180所示的位置。

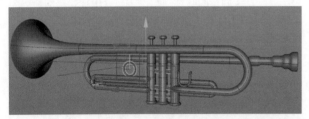

图10-180

10.2.3　案例实操：制作酒瓶和酒杯

酒瓶和酒杯的效果图和白模如图10-181和图10-182所示。

图10-181

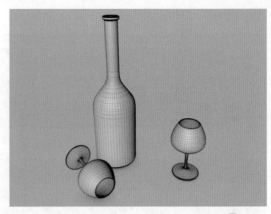

图10-182

01 在正视图中绘制图10-183所示的样条。

02 执行主菜单中的"创建>生成器>旋转NURBS"命令，创建旋转NURBS。将01步绘制的样条作为旋转NURBS的子对象，参数和效果如图10-184所示。

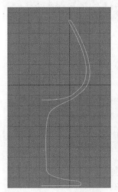

图10-183　　　　　　　　图10-184

03 在正视图中绘制图10-185所示的样条。

04 创建旋转NURBS，将03步绘制的样条作为旋转NURBS的子对象，效果如图10-186所示。

图10-185　　　　　　　　图10-186

10.2.4 案例实操：制作马灯

马灯的效果图和白模如图10-187和图10-188所示。

图10-187

图10-188

01 在正视图中绘制图10-189所示的样条。

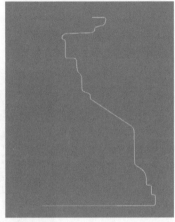
图10-189

02 创建旋转NURBS，将01步绘制的样条作为旋转NURBS的子对象，参数及效果如图10-190所示。

图10-190

03 绘制图10-191所示的样条。

04 创建旋转NURBS，将03步绘制的样条作为旋转NURBS的子对象，参数和02步的旋转NURBS参数一致，效果如图10-192所示。

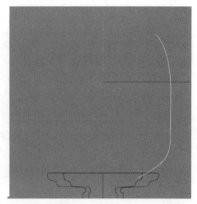
图10-191

图10-192

05 绘制图10-193所示的样条。

06 创建旋转NURBS，将05步绘制的样条作为旋转NURBS的子对象，参数和02步的旋转NURBS参数一致，效果如图10-194所示。

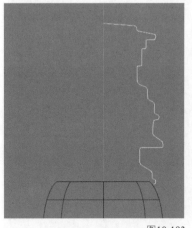
图10-193

图10-194

07 创建圆环样条，将其调整成图10-195所示的样子。

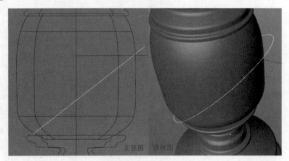

图10-195

08 创建圆环样条，创建扫描NURBS，将圆环样条和07步创建的圆环样条都作为扫描NURBS的子对象，效果如图10-196所示。

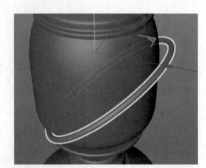

图10-196

09 用07、08步的方法制作出图10-197所示的模型。

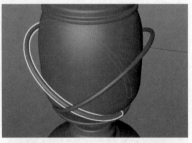

图10-197

10 创建图10-198所示的样条。

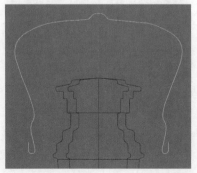

图10-198

11 创建圆环样条，创建扫描NURBS，将圆环样条和10步创建的样条作为扫描NURBS的子对象，效果如图10-199所示。

图10-199

12 创建图10-200所示的两条样条，一条作为路径，另一条作为截面。

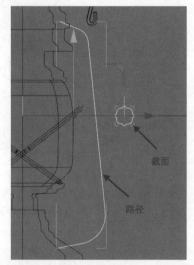

图10-200

13 创建圆环样条，创建扫描NURBS，将12步创建的两条样条作为扫描NURBS的子对象，效果如图10-201所示。

图10-201

14 将13步创建的扫描NURBS对象旋转复制一个,放置到图10-202所示的位置。

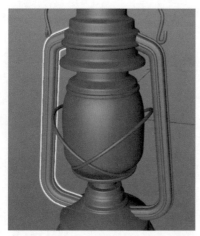

图10-202

15 创建图10-203所示的样条。

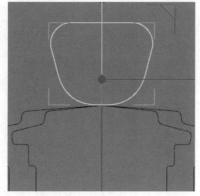

图10-203

16 创建圆环样条,创建扫描NURBS,将圆环样条和15步创建的样条作为扫描NURBS的子对象,效果如图10-204所示。

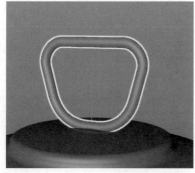

图10-204

17 创建图10-205所示的样条。

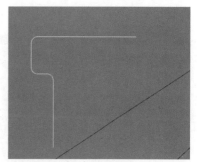

图10-205

18 创建旋转NURBS,将17步绘制的样条作为旋转NURBS的子对象,效果如图10-206所示。

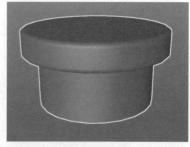

图10-206

19 选择18步创建的旋转NURBS对象,按C键将其转换为多边形对象,旋转移动放置在图10-207所示的位置。

图10-207

10.2.5 案例实操:制作花瓶

花瓶的效果图和白模如图10-208和图10-209所示。

图10-208

图10-209

01 创建圆环,按C键将其转换成多边形对象,进入点模式,执行右键快捷菜单中的"细分"命令,参数和效果如图 10-210 所示。

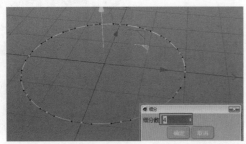

图10-210

02 选择01步创建的圆环,移动复制出一个圆环,并将其缩放调整至图10-211所示的状态。

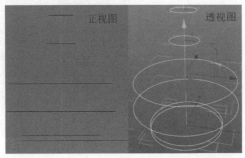

图10-211

03 选择01步创建的圆环,移动复制一个圆环到图10-212所示的位置。

图10-212

04 进入点模式,在顶视图中隔点选择,缩小点距离,将圆环调整成图10-213所示的形状。

图10-213

05 复制两个04步修改过的圆环,将其放置在图10-214所示的位置。

06 执行主菜单中的"创建>NURBS>放样NURBS"命令,将所有的圆环作为放样NURBS的子对象,效果如图10-215所示。

图10-214 　　　　　　　　　图10-215

07 最后检查子对象的排列顺序如图10-216所示。

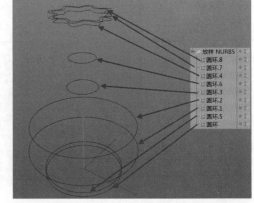

图10-216

注意

　　在应用放样NURBS时,子对象的排列顺序就是放样对象的面形成的顺序。

10.2.6　案例实操:制作香水瓶

香水瓶的效果图和白模如图10-217和图10-218所示。

图10-217 　　　　　　　　　图10-218

01 在顶视图中创建矩形,按C键将其转换成多边形对象,进入点模式,对4个点进行倒角,效果如图10-219所示。

图10-219

02 选择01步创建的矩形,移动复制5个,再进行缩放操作,将它们放置在图10-220所示的位置。

图10-220

03 在顶视图中创建圆环,如图10-221所示。

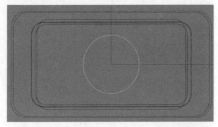

图10-221

04 选择03步创建的圆环,移动复制8个,再进行缩放操作,将它们放置在图10-222所示的位置。

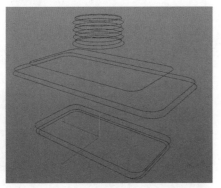

图10-222

05 创建放样NURBS,把所有的样条对象作为放样NURBS的子对象,参数和效果如图10-223所示,完成实心瓶子的创建。需要注意子对象的排列顺序。

图10-223

06 制作瓶子的内部。选择放样NURBS,将其可见性关闭。选择其中一个圆环,移动复制3个,再进行缩放操作,将它们放置在图10-224所示的位置。

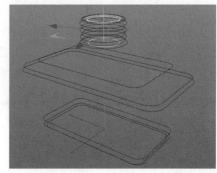

图10-224

07 选择其中一个矩形,移动复制3个,再进行缩放操作,将它们放置在图10-225所示的位置。

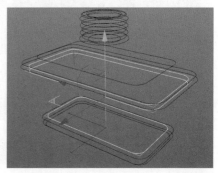

图10-225

08 选择06、07步创建的6个对象,将它们作为放样NURBS的子对象,效果如图10-226所示。

图10-226

10.3　造型工具建模

造型工具是C4D中比较重要的一组工具，主要用于模型的编辑，包含对称、布尔，样条布尔等。下面将讲解该工具的使用方法。

10.3.1　案例实操：制作骰子

骰子的效果图和白模如图10-227和图10-228所示。

图10-227　　　　　图10-228

01 创建立方体，参数如图10-229所示。

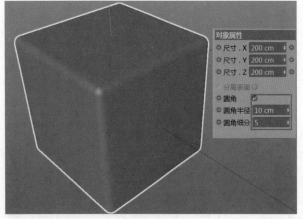

图10-229

02 创建21个球体，调整它们的位置和大小，21个球体和立方体6个面的位置关系如图10-230所示。

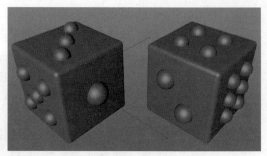

图10-230

03 选择所有对象，按C键将它们转换成多边形对象。在对象面板中选择21个球体，执行右键快捷菜单中的"连接对象+删除"命令，将它们合并成一个对象。执行主菜单中的"创建>造型>布尔"命令，将合并的对象和立方体作为布尔的子对象，设置布尔参数，如图10-231所示。

注意

在应用布尔运算时，布尔运算的结果与布尔子对象的顺序有关，上层子对象为布尔参数中的A物体，下层子对象为布尔参数中的B物体。

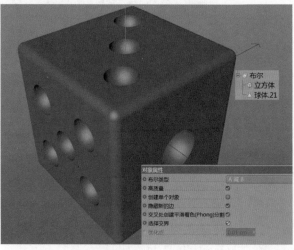

图10-231

10.3.2　案例实操：制作插线板

插线板的效果图和白模如图10-232和图10-233所示。

图10-232　　　　　　　　图10-233

01 创建立方体，参数如图10-234所示。

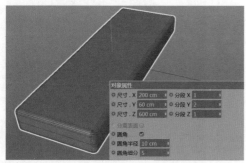

图10-234

02 在顶视图中创建图10-235所示的样条，在层面板中执行右键快捷菜单中的"连接对象+删除"命令，将它们合并成一个对象。

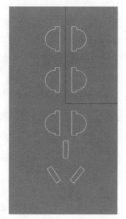

图10-235

03 创建挤压NURBS，将02步创建的样条作为挤压NURBS的子对象，调整其参数与位置，注意与01步创建的立方体相交的部分，如图10-236所示。

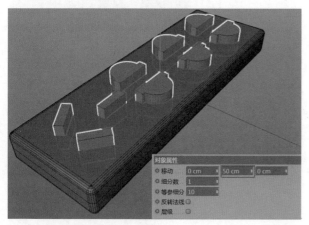

图10-236

04 创建布尔，将挤压NURBS和立方体作为布尔的子对象，调整布尔的参数，如图10-237所示。

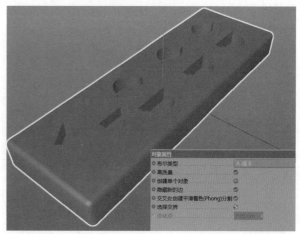

图10-237

05 在顶视图中创建图10-238所示的样条。

图10-238

06 创建圆环样条，并适当缩放。创建扫描NURBS，将圆环和05步创建的样条作为扫描NURBS的子对象，如图10-239所示。

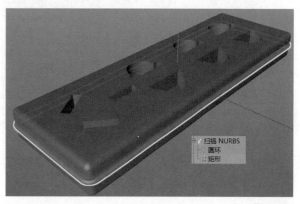

图10-239

07 创建布尔，将06步创建的扫描NURBS对象和04步创建的布尔作为此次创建的布尔的子对象，并设置其参数，如图10-240所示。

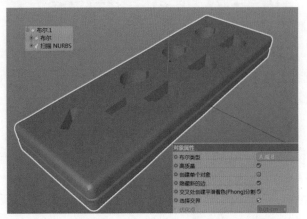

图10-240

10.3.3　案例实操：制作原子结构球

原子结构球的效果图和白模如图10-241和图10-242所示。

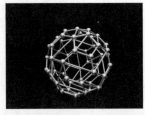 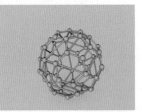

图10-241　　　　　　　　　图10-242

01 创建宝石，参数如图10-243所示。

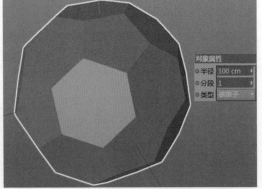

图10-243

02 执行主菜单中的"创建>造型>晶格"命令，将01步创建的宝石作为晶格的子对象，设置晶格参数，如图10-244所示。

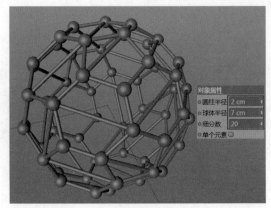

图10-244

10.3.4　案例实操：制作冰激凌

冰激凌的效果图和白模如图10-245和图10-246所示。

图10-245　　　　　　　　图10-246

01 创建圆锥，参数如图10-247所示。

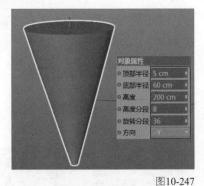

图10-247

02 在顶视图中创建圆环样条，将其调整为图10-248所示的形状。

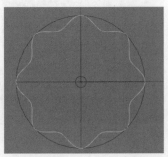

图10-248

03 创建挤压NURBS，将02步创建的样条作为挤压NURBS的子对象，参数和效果如图10-249所示。

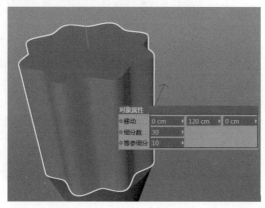

图10-249

04 创建锥化，将03步创建的挤压NURBS和锥化编组，并调整锥化的参数和位置，如图10-250所示。

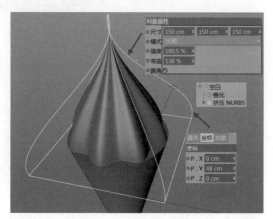

图10-250

05 创建螺旋，将04步创建的组和螺旋编组，并调整螺旋的参数和位置，如图10-251所示。

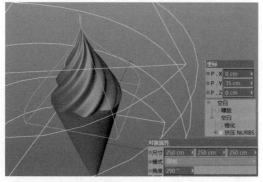

图10-251

06 创建扭曲，将05步创建的组和扭曲编组，并调整扭曲的参数和位置，如图10-252所示。

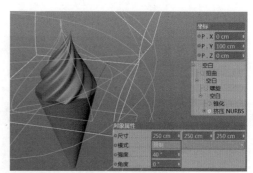

图10-252

10.3.5 案例实操：制作沙漏

沙漏的效果图和白模如图10-253和图10-254所示。

图10-253　　　　　　图10-254

01 创建圆柱，参数如图10-255所示。

图10-255

02 创建膨胀，将01步创建的圆柱作为膨胀的子对象，设置膨胀的参数，如图10-256所示。

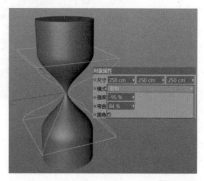

图10-256

03 创建两个圆环，位置和参数如图10-257所示。

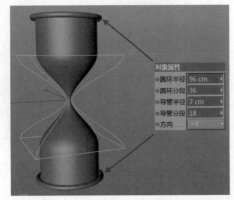

图10-257

04 创建4个圆柱，位置和参数如图10-258所示。

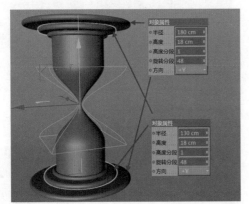

图10-258

05 创建立方体，位置和参数如图10-259所示。

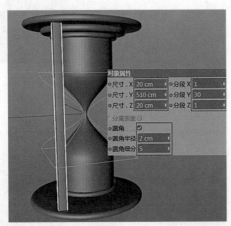

图10-259

06 创建螺旋，作为05步创建的立方体的子对象，并调整螺旋的参数和位置，如图10-260所示。

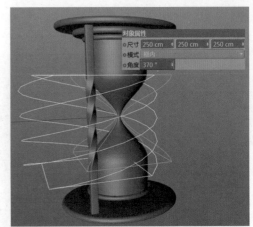

图10-260

07 选择06步创建好的螺旋，移动复制出3个，放置在图10-261所示的位置。

图10-261

10.4 体积建模

体积建模是C4D R20中新增的一种建模方式，它可以对多个多边形对象或者样条对象进行计算（如相加、相减、相交），从而组合成一个新的模型，并且可以使用体积修改器平滑或重构效果，如图10-262所示。

图10-262

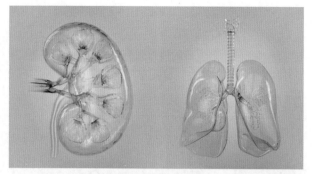

图10-262（续）

体积菜单中有体素网格、体积生成、体积网格、平滑滤镜、调节外形滤镜、体积载入等命令，如图10-263所示。

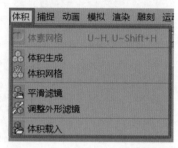

图10-263

1.体积生成

体积生成可以将不同的对象转换为像素对象，其属性面板如图10-264所示。

- 体素类型：包含SDF和雾两种类型。
    ◇ SDF：选择该类型后，把对象放在下方列表里就可以生成像素对象。
    ◇ 雾：选择该类型后，可把流体、火焰、烟雾等类型的对象生成为像素对象。
- 体素尺寸：如同图片的像素，参数越小模型越精

细，如图10-265所示。

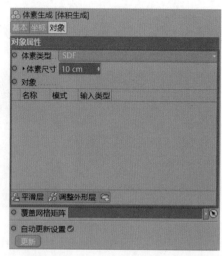

图10-264

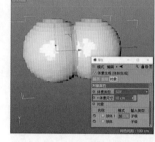 

图10-265

- 对象：需要把模型对象调整为体积生成对象的子对象，才会产生效果，系统会自动把模型对象加载在对象列表里，如图10-266所示；该列表里，可以加入多边形、样条、粒子、生成器、域等不同类型的对象，还可进行加、减、相交这3种模式的运算，如图10-267所示。

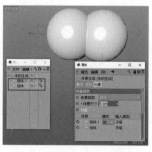

图10-266

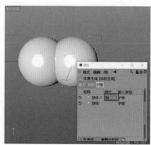 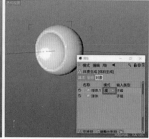 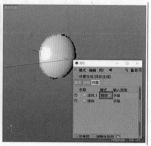

图10-267

- 平滑层：勾选该选项后，可以使生成的像素对象产生平滑的效果，如图10-268所示。
- 调整外形层：勾选该选项后，可以使生成的像素对象膨胀或者缩小一圈，如图10-269所示。

- 体素范围阈值：决定模型的圆滑程度，默认最高的平滑程度是50%。
- 自适应：可以去除掉一些不需要的边，如图10-271所示。

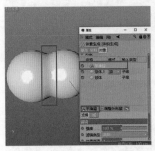
图10-268

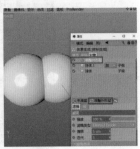
图10-269

- 自动更新设置：勾选该选项后，所有设置的参数都会自动更新；没有勾选该选项，则每次更改参数后都只有单击"更新"按钮，才能看到效果。

2.体积网格

体积生成只能得到粗糙的模型，配合体积网格才能得到精细的模型。将体积生成放在体积网格下面就可以得到精细模型，如图10-270所示。

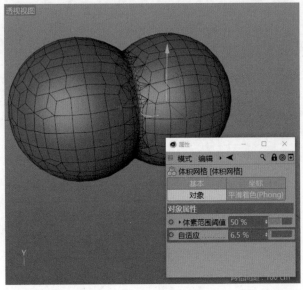
图10-271

3.平滑滤镜

平滑滤镜可以对体积对象的融合效果进行平滑操作。

4.调节外形滤镜

调节外形滤镜的功能和平滑滤镜的功能类似，可以对融合后的体积对象进行平滑处理。

5.体积载入

体积载入用于从外部引入体积对象。

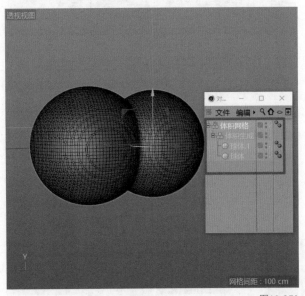
图10-270

第11章

材质详解

11

11.1 材质与表现

在三维图像的设计应用中，材质是非常微妙而又充满魅力的，物体的颜色、纹理、透明、光泽等特性都需要通过材质来表现。材质在三维作品创作中有着举足轻重的作用。

在生活中你会发现四周充满了各种各样的材质，如金属、石头、玻璃、塑料和木材等。部分材质如图11-1～图11-4所示。

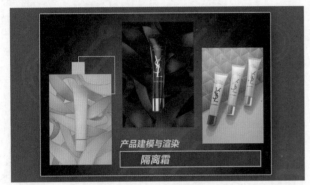

图11-1

图11-2

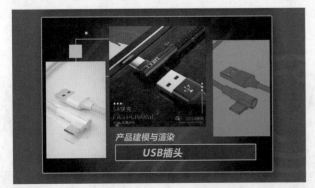

图11-3

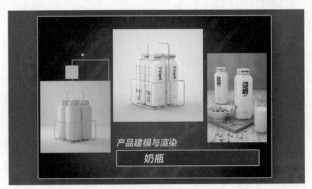

图11-4

如果想要用C4D实现逼真的效果，就应该先了解物体的质感。所谓质感，直观解释就是指光线照射在物体表面时物体表现出的视觉效果。在三维制作中则是设置纹理、灯光、阴影等元素来对物体的视觉形态进行再现。生活中有各种质感的物体，如果不仔细观察它们，就不能发现它们细腻而微妙的特点。质感又是由哪些元素构成的呢？

1.时间

环顾四周，不同的物体有不同的特征，即便是同种物体也有各自的年龄特征。长时间存在或使用会使物体形成老化、伤痕等纹理特征。在描绘物体的色彩和花纹时，需要描绘出在其基本特征的基础上捕捉到的可以体现其质感的纹理。很多物体都因着岁月而形成的痕迹，使其跟平常的模样有很大的差别，如图11-5所示。

图11-5

2.光照

光照对材质的影响非常大，一旦物体离开了光，其材质就无法体现。在黑夜或无光的环境下，物体不能反射光，其材质将不可分辨，即使有微弱的光，也很难分辨，而在正常的光照环境下，则很容易分辨。此外，彩色光照下会使物体的表面颜色难于辨认,而在白色光照下,则容易辨认。

3.色彩与纹理

物体通常呈现的颜色是反射的一些光色,这些光色作用于眼睛,使我们能辨认物体的颜色及纹理。在三维制作中用户可以按照自己的感觉来定义物体的颜色和纹理。

4.光滑与反射

光滑的物体表面会出现明显的高光,如玻璃、金属、车漆等,如图11-6所示;而表面粗糙的物体,高光则不明显,如瓦片、砖块、橡胶等,如图11-7所示。这是光线反射的结果。光滑的物体表面能像镜面一样反射出光线,形成高光区,物体表面越光滑,其对光线的反射就越强,所以在三维材质编辑中,越光滑的物体,其高光范围越小,亮度越高。

图11-6

图11-7

5.透明与折射

当光线从透明物体内部穿过时,会发生偏转,这就是折射,如图11-8所示。不同的透明物体的折射率不同,温度不同时,同种物体的折射率也不同。例如,当爆炸发生时,会有一股热浪向四周冲出,而穿过热浪看后面的景象,会看见明显的扭曲现象。这就是因为热浪的高温改变了空气密度,所以空气的折射率发生了变化。

图11-8

当把手掌放置在光源前面时,从手掌背光部分看会看见透光现象,这种透明形式在三维软件中称为"半透明"。除了皮肤可以发生透光现象外,纸、蜡烛等也可以发生,如图11-9所示。

图11-9

6.温度

水变成冰块,铁变成液态铁,这些形态变化都是因为温度发生了变化,所以它们的质感也发生了变化,如图11-10所示。

图11-10

在三维制作中表现质感时,先要对物体的形态、构造、特征进行全面分析。只有近距离观察物体,捕捉其表面特征,深刻理解其构造,才能模拟出物体真实的质感。

11.2 材质类型

在材质窗口菜单中执行"创建>新材质"命令,如图11-11所示,可创建新的材质球,如图11-12所示。这是C4D中的标准材质,也是常用的材质。在材质窗口的空白区域双击或者按Ctrl+N组合键都可以创建新材质。

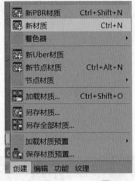

图11-11　　　　　　　图11-12

标准材质拥有多个功能强大的物理通道,可以进行外置贴图和内置程序添加纹理等多种混合和编辑。除标准材质外,C4D还提供了多种着色器,可在其中直接选择所需材质,如图11-13和图11-14所示。

图11-13

图11-14

用户还可以执行"创建>另存材质"命令将所选材质保存为外部文件,或执行"创建>保存全部材质"命令将所有材质保存为外部文件。当想用保存的材质时,只需执行"创建>加载材质"命令加载材质即可。

11.3 材质编辑器

双击新创建的材质球,打开"材质编辑器"窗口。该窗口主要分为两个部分,左侧为材质预览区和材质通道,右侧

为通道的属性面板,如图11-15所示。当在左侧选择通道后,右侧就会显示该通道的属性面板。

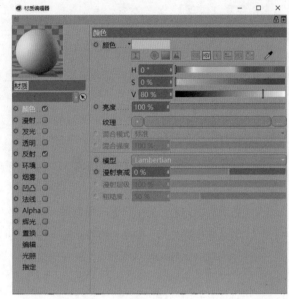

图11-15

在材质预览区中单击鼠标右键,即可弹出快捷菜单,如图11-16所示。在该快捷菜单中执行"打开窗口"命令,可弹出独立的"材质"窗口,如图11-17所示,并可缩放窗口,以便观察材质细节。该快捷菜单中还有可调节材质的显示大小、方式等命令。

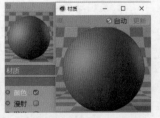

图11-16　　　　　　　图11-17

11.3.1 颜色

本小节开始讲解C4D材质通道的重要部分，了解了物体的材质之后，我们还要通过C4D把想要的材质调节出来。从本小节开始内容很多也很重要，读者要认真体会和记忆所讲的内容。

颜色即物体的固有色，可以选择任意颜色作为物体的固有色。C4D默认以RGB模式 ▦ 选择颜色，如图11-18所示。

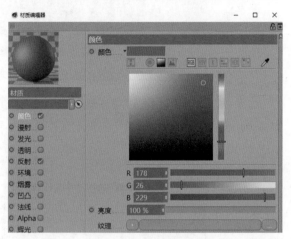

图11-18

可以在图11-19所示的位置单击紧凑 ▦ 按钮切换拾色器的显示方式，也可以单击色轮 ▦ 按钮、光谱 ▦ 按钮和从图像中取色 ▦ 按钮；还可以单击对应的按钮切换成HSV ▦ （色相、饱和度、明度）、开尔文温度 ▦ 、颜色混合 ▦ 、十六进制色彩 ▦ 、色块 ▦ 或吸管 ▦ 模式来更加方便地调整当前材质的固有色，如图11-19所示。

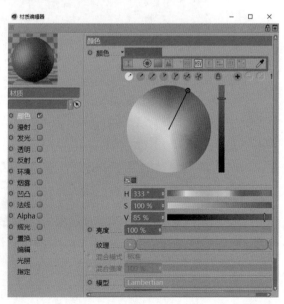

图11-19

亮度属性可以设置固有色的整体明暗度，可直接输入百分比数值，也可拖动滑块调节。在纹理选项右侧可单击 ▦ 按钮，加载贴图作为物体的外表颜色，可调节模糊偏移和模糊程度值来使纹理产生模糊效果。单击混合模式右侧的下拉按钮后会弹出下拉列表，可选择不同的模式来对图像进行混合，如图11-20所示。可输入数据或拖动滑块来控制贴图的混合强度。

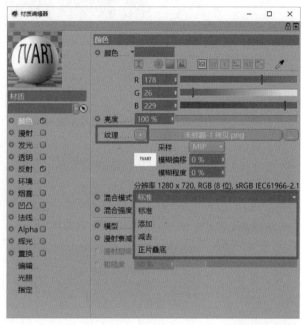

图11-20

纹理是每个材质通道都有的属性，单击该选项右侧的 ▦ 按钮，会弹出的子菜单，列出多种纹理以供选择，如图11-21所示。如果单击 ▦ 后面的长条，则可以直接导入图片，作为贴图使用。

1.清除
清除所添加纹理效果。

2.加载图像
加载任意图片作为贴图使用。

3.创建纹理
执行"创建纹理"命令将弹出"新建纹理"对话框，用于创建自定义纹理，由于此功能很少用到，这里不做详细讲解，如图11-22所示。

图11-21

图11-22

4.复制着色器/粘贴着色器

可以快速复制或粘贴贴图文件。

5.加载预置/保存预置

可将设置好的纹理保存在计算机中，方便以后使用。

6.噪波

噪波是一种程序着色器。执行该命令后，单击纹理预览图，如图11-23所示，进入噪波的属性面板，可设置噪波的颜色、相对比例、循环周期等，如图11-24所示。面板右上角的 ◄ 按钮可与上一级的颜色通道来回切换。

图11-23

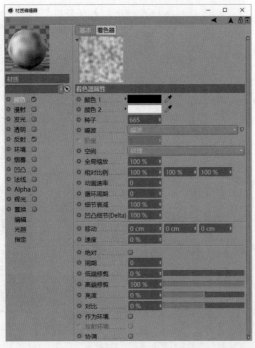

图11-24

7.渐变

执行"渐变"命令后，单击渐变纹理缩略图进入"渐变色标设置"对话框，如图11-25所示。移动或双击滑块可更改渐变颜色，还可在面板中更改渐变的类型、湍流等，如图11-26所示。

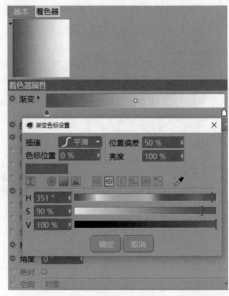

图11-25

图11-26

8.菲涅耳（Fresnel）

进入"菲涅耳"属性面板，拖动滑块来控制菲涅耳的属性，它可模拟物体从中心到边缘的颜色、反射、透明等属性的变化，如图11-27所示。

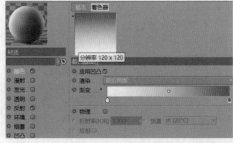

图11-27

提示

菲涅耳（1788—1827年）是法国土木工程学家、物理学家，由于他对物理光学有卓越的贡献，被人们称为"物理光学的缔造者"，这方面的很多成果就以他的名字命名。如果将菲涅耳作用在透明通道，表面正对着人眼，透明度高，侧对着人眼，透明度低。图11-28和图11-29所示的照片体现了菲涅耳效应。

图11-28　　　　　　　　图11-29

9.颜色

进入"颜色"属性面板，可修改材质的颜色，这里做的修改和直接修改通道颜色类似，如图11-30所示。

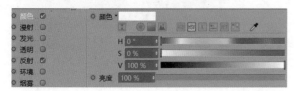

图11-30

10.图层

进入"图层"属性面板，单击 图像... 按钮会弹出"图像加载"对话框，选择一个图像即加载一个图层，可多次加载图像，如图11-31所示。

图11-31

单击 着色器... 按钮可加载其他纹理为图层，如图11-32所示。

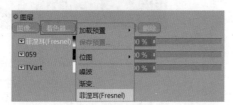

图11-32

单击 效果... 按钮可加入效果调整图层，如图11-33所示，可用于对当前图层以下的图层进行整体调节。

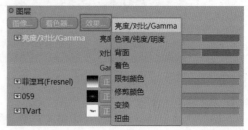

图11-33

单击 文件夹 按钮可添加一个文件夹图层，其他图层可拖曳到文件夹图层中进行整体编辑和管理，如图11-34所示。单击 删除 按钮可删除图层。

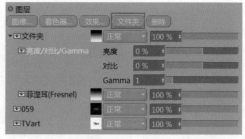

图11-34

11.着色

进入"着色"属性面板，单击纹理右侧的按钮可添加各种纹理。渐变滑块调节的颜色用于修改所添加纹理的颜色，如图11-35所示。

图11-35

12.背面

进入"背面"属性面板，单击纹理右侧的按钮可添加各种纹理，还可以配合色阶、过滤宽度来调节纹理的效果，如图11-36所示。

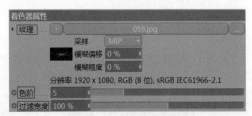

图11-36

13.融合

进入"融合"属性面板，单击模式右侧的■按钮，展开下拉列表框，可选择不同的融合模式，如图11-37所示。"混合"选项可输入数据或拖动滑块来控制融合的百分比。单击混合通道■按钮及基本通道■按钮可加载纹理，将两个或多个纹理融合成新的纹理，如图11-38所示。

图11-37

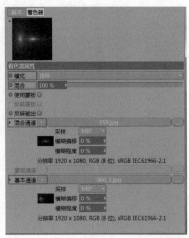

图11-38

14.过滤

进入"过滤"属性面板，单击纹理右侧的按钮可加载纹理，并可在属性面板中调节纹理的色调、明度、对比等，如图11-39所示。

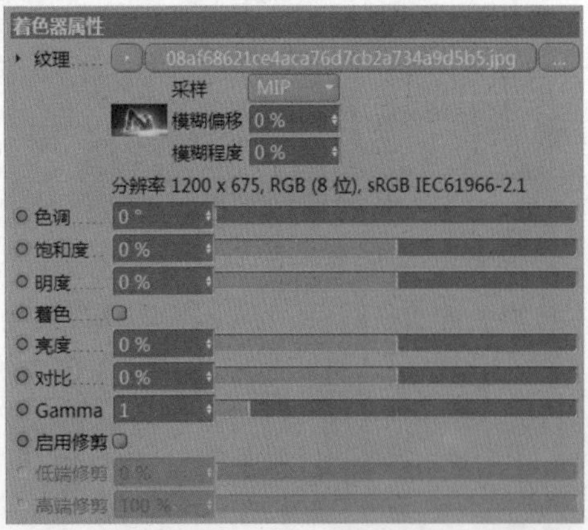

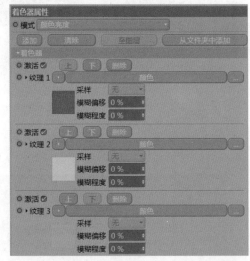

15. MoGraph

此纹理分为多个MoGraph着色器，此类着色器只作用于MoGraph（运动图形）物体，如图11-40所示。

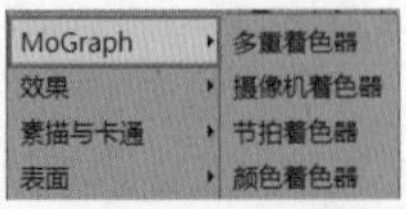

图11-40

注意

有关运动图形相关知识，在第21章中会详细讲解。

- 多重着色器：进入"多重着色器"属性面板，单击纹理后面的■按钮可选择添加各种纹理，单击 添加 按钮可添加多个纹理图层，如图11-41所示。将模式由颜色亮度切换成索引比率，对象显示多个纹理效果，如图11-42所示。

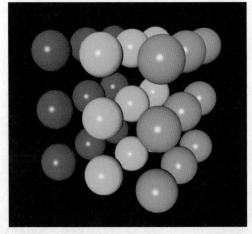

图11-41

图11-39

图11-42

- 摄像机着色器：进入"摄像机着色器"属性面板，从对象窗口中拖曳摄像机到属性面板中的摄像机载入栏，摄像机里所显示的画面就会被当作贴图添加在场景中的对象上，并可对此贴图进行水平或垂直缩放。可以通过"包含前景"选项和"包含背景"选项来控制前景和背景是否参与对象贴图，如图11-43和图11-44所示。

图11-43

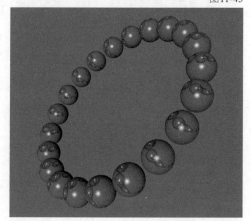

图11-44

- 节拍着色器：进入"节拍着色器"属性面板，可以输入每分钟拍数的值来控制颜色改变的频率，还可以用范围曲线来调整颜色变化的强弱，如图11-45所示。

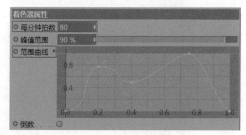

图11-45

- 颜色着色器：进入"颜色着色器"属性面板，单击通道右侧下拉按钮可切换颜色或索引比率通道。选择"颜色"选项，MoGraph物体的颜色为默认颜色；选择"索引比率"选项，MoGraph物体的颜色会根据样条的曲率而改变，如图11-46～图11-48所示。

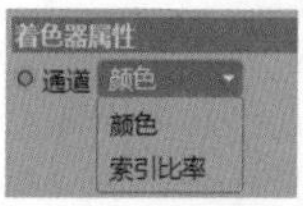

图11-46

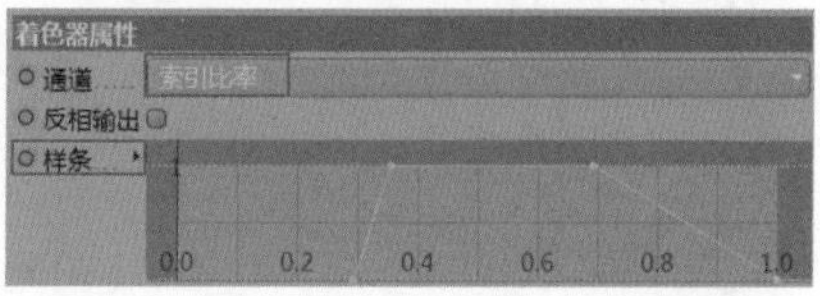

图11-47

图11-48

16.效果

"效果"命令中有多种效果可供选择，常用效果有各向异性、投射、环境吸收等，如图11-49所示。

图11-49

每种效果都有各自的特性，如图11-50所示。如各向异性，执行该命令进入"各向异性"属性面板，可调节各级高光及各向异性的具体参数，如图11-51和图11-52所示。

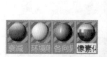

图11-50

图11-51

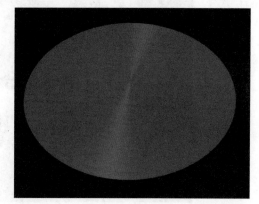

图11-52

17.素描与卡通

"素描与卡通"命令中包含4种素描方式，如图11-53所示。

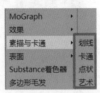

图11-53

- 划线：执行"划线"命令进入"划线"属性面板，单击纹理右侧的 ■ 按钮加载纹理，在属性面板中可对贴图的偏移U、偏移V、密度等进行调整，如图11-54和图11-55所示。

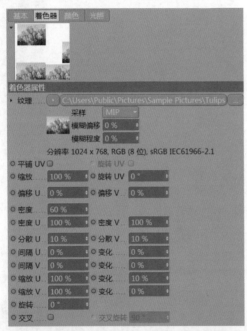

图11-54

图11-55

- 卡通：进入"卡通"属性面板，滑动漫射滑块可调节显示颜色，还可以勾选相应选项来设置颜色显示的方式，如摄像机、灯光等，如图11-56和图11-57所示。

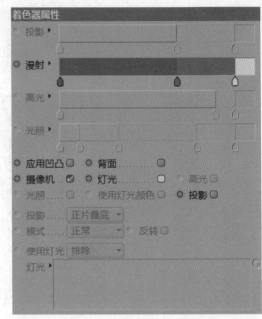

图11-56

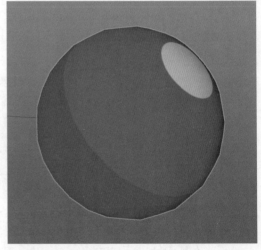

图11-57

- 点状：可以在对象表面生成点状的纹理排列。
- 艺术：进入"艺术"属性面板，单击纹理右侧的 ■ 按钮，可加载各种纹理，"全局"选项使纹理能以平直方式投射在对象上，并可对纹理的缩放U、缩放V等做调整，如图11-58和图11-59所示。

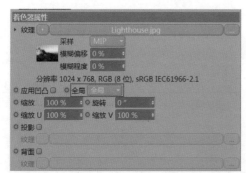

图11-58

图11-59

图11-63

19. Substance着色器

Substance着色器是结合Substance Bitmap2Material来使用的。Bitmap2Material是一个强大的工具，它能帮助用户把位图生成无缝材质（法线贴图、置换贴图、高光贴图等）。同时，Bitmap2Material还是针对游戏引擎（Unity3D、Unreal Engine 4）开发的工具，是一个极其强大的过滤器，可以帮助用户在游戏引擎中任意位图处生成完整的、高质量的、无缝的瓦片状材质（法线贴图、置换贴图、高光贴图、环境遮挡贴图等）。

20.多边形毛发

"多边形毛发"命令是用于模拟毛发纹理的。进入"多边形毛发"属性面板，可对颜色、高光等进行调节，如图11-64所示。

18.表面

"表面"命令中提供了多种仿真纹理，如图11-60和图11-61所示。例如，执行"表面>砖块"命令进入"砖块"属性面板，可调节砖块宽度和砖块高度，如图11-62和图11-63所示。

图11-60

图11-61

图11-62

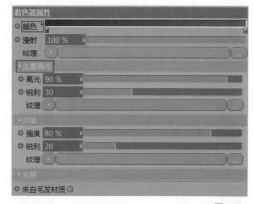

图11-64

11.3.2 漫射

漫射是投射在粗糙物理表面上的光，向各个方向反射的现象。物体呈现出的颜色跟光线有着密切的关系，漫射通道能定义物体反射光线的强弱。打开"漫射"属性面板，直接输入数值或滑动滑块可调节漫射亮度，在"纹理"选项中可加入各种纹理来影响漫射效果，如图11-65所示。颜色相同时，漫射强弱会直接影响材质的效果，如图11-66和图11-67所示。

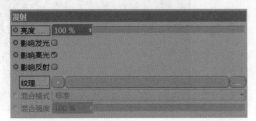

图11-65

漫射强

图11-66

漫射弱

图11-67

11.3.3 发光

材质的发光属性常用来表现自发光的物体，如荧光灯、火焰等。它不能产生真正的发光效果，不能充当光源，但如果使用全局光照渲染器并选择"全局照明"选项，对象就会产生真正的发光效果。进入"发光"属性面板，可以调整颜色参数来自由调节对象发光的颜色，还可以拖动亮度滑块来调节发光的亮度，另外，加载纹理也会影响发光效果，如图11-68和图11-69所示。

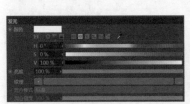

图11-68

图11-69

11.3.4 透明

物体的透明度可由颜色的明度和亮度来控制。纯透明的物体不需要颜色通道。用户若想表现彩色的透明物

体，可通过"吸收颜色"选项来调节物体颜色。折射率可用于调节物体的折射强度，直接输入数值即可，也可以通过"折射率预设"选项来选择需要的物体折射率。常见的材质折射率如下表所示。

材质	折射率	材质	折射率
真空	1.000	绿宝石	1.576
空气	1.000	红宝石	1.770
水	1.333	石英	1.644
酒精	1.360	水晶	2.000
玻璃	1.500	钻石	2.417

用户还可根据材质特性，通过纹理选项加载纹理来影响透明效果。透明玻璃都具有菲涅耳的特性，观察角度越正，透明度越高，如图11-70和图11-71所示。

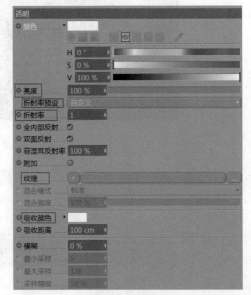

图11-70

图11-71

11.3.5 反射

从C4D R17以后，C4D改变最大的就是"材质编辑器"窗口里面的反射通道。现在的反射通道不但功能和结构与过去不同，渲染速度有了较大的提升，效果变化非常显著，而且增加了很多参数来创建物体表面反射的细节。下面让我们一起来了解一下反射通道的特点。

（1）反射通道和高光通道合并在一起。

（2）合在一起的反射、高光功能可以实现分层管理，单独控制。

（3）每一层又可以单独控制很多属性（凹凸贴图、法线贴图、菲涅耳等）。

（4）有很多反射模式（Backmann、GGX、Phone、Ward、Anisotropic、Diffuse、Irawan）。

（5）在渲染速度方面，实现同类效果，比过去快很多。

模型是一个壳，材质的作用就是赋予这个壳各种各样的物理外观属性。在材质的设定中，只有颜色与纹理、高光与反射、透明与折射等材质特点符合现实世界中的规律，渲染时产生的图像才具有说服力。这其中，颜色通道（环境光）、高光通道（光源）和反射通道（环境）对物体外观属性的影响是非常大的，其他通道只是用来制作特殊效果和增强影响的。所以，掌握这3个重要通道，基本上就能控制对象的表面属性，如图11-72所示。

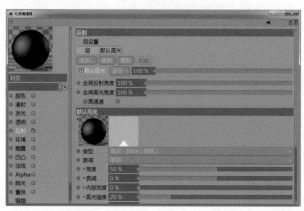

图11-72

当勾选"透明"选项时，会在反射中默认加入新的一层，而这一层是不能删除和改变的。

光线不仅能在物体表面反射，折射到物体内的光线也能发生反射。同时，不仅物体表面的光线反射有菲涅耳效果，折射也可以有菲涅耳效果。

提示

在透明通道中，"全内部反射"和"双面反射"这两个选项必须勾选，如图11-73所示，否则反射通道里的透明度设置不起作用。

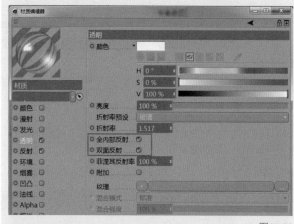

图11-73

1.反射通道的布局和功能

反射通道由层构成，最多可以支持15个层（第一层是总管理层），层之间、每个层后都有控制条，用来调整当前层的透明度，如图11-74所示。注意层的放置顺序，上层会遮盖下层。双击层名称可以重命名当前层。

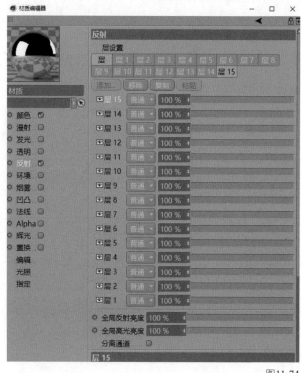

图11-74

在层名称上单击鼠标右键可以移除、复制、粘贴、复制层，如图11-75所示。

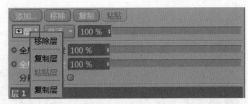

图11-75

全局反射亮度和全局高光亮度这两个参数控制物体的最终效果，相当于总开关，控制当前反射通道内的所有反射亮度及高光亮度的显示强度，参数范围为0%~1000%。层1的分离通道选项是总的开关，如果取消勾选，那么层内的这个选项就都关闭了，如图11-76所示。

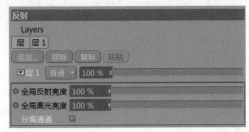

图11-76

2.反射通道的反射类型

为什么会有这么多反射类型？这是由物体表面的光滑程度决定的，如图11-77所示。如果物体表面非常光滑，那么入射光线和反射光线的角度相等，如同镜子反射，表现为反射光线集中、反射强。如果物体表面较为粗糙，那么反射光线就会发散。物体表面越粗糙，反射光线发散得越厉害，表现反射光线发散、反射弱。

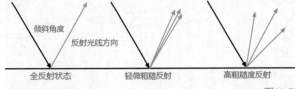

图11-77

由于物体表面复杂，反射光线发散的形状不同，因此计算机软件按照不同的反射模型，提供了不同的算法，对现实进行模拟计算。图11-78所示的类型a和类型b的反射角度类似，但反射光线强弱不同，图中还有各向异性的模型和漫射光线的模型。

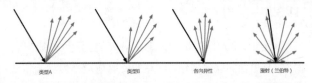

图11-78

按照现实中物体反射的多样性和物理模型描述，C4D提供了如下反射类型，如图11-79所示。

图11-79

- Beckmann：常用类型，用于模拟常规物体表面的反射类型，适用于大部分情况。
- GGX：最适合表现金属材质的反射。
- Phong：和过去的Phone模式一样，适合表现表面的高光和光线的渐变变化。
- Ward：非常适合表现软表面的反射，如橡胶和皮肤。

注意

Beckmann、GGX、Phong、Ward这4种类型其实差别不是特别大，但是根据经验，GGX类型的效果会更好。

- 各向异性：表现特定方向的反射。
- Irawan（织物）：更特殊的各向异性，专门用于表现逼真的布料。

绿色框选的两种反射类型为漫射类型：没有强烈的反射，表面均匀，类似亚光效果。这两种类型类似于颜色通道，渲染速度快，但不建议使用，C4D R20保留它们一是为了和旧版本兼容，二是它们不能被全局光照（Global Illumination，GI）的缓存所使用。

蓝色框选的反射（传统）和高光（传统的两种方式）是为了兼容之前的版本。

图11-80所示为官方提供的不同粗糙度的反射效果差异，你必须仔细看才能看出差别。

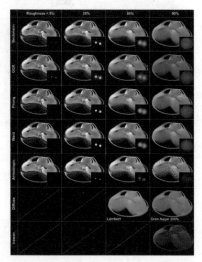

图11-80

3.反射类型的构成

每种反射类型基本都由两个部分组成，第一部分是控制反射光线的各种参数，第二部分就是环境，常用参数如图11-81所示。

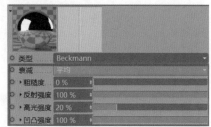

图11-81

- 衰减：用来切换颜色通道和层颜色（当前反射层）相混合的计算模式，类似Photoshop里面的图层叠加模式。在现实世界中，物体的颜色影响物体表面的反射，这个参数模拟的就是这种影响。如果不选择颜色通道，那么这个选项就没有用。该选项包含4种混合算法，分别为平均、最大、最小和金属。
- 粗糙度：现实世界中的物体表面非常复杂，除镜子以外，所有的物体表面都具有一定的粗糙度。这个选项就是控制粗糙程度的（实际上是指反射光线方向的混乱程度）。粗糙度还受到下方的"层采样"的直接影响。这里的粗糙度就是之前版本反

射中的模糊细化。

图11-82所示为官方的不同粗糙度参数的渲染图。

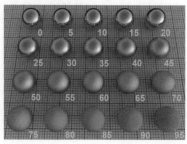

图11-82

该参数的取值范围为0%～100%，如果为0%，就是完全镜面反射，如果为100%，那么就表示亚光材质。

"粗糙度"左侧有一个■按钮，单击可以载入纹理，如图11-83所示。调用的纹理图片自动转化为黑白灰图片（白色为255，黑色为0，灰色为中间任意值）。也就是说，不仅可以调整数值来控制整体的粗糙程度，还可以加载纹理来具体调整不同位置的粗糙程度。

图11-84所示粗糙度为0%、没有纹理的效果；图11-85所示粗糙度为30%、没有纹理的效果；图11-86所示粗糙度为30%、添加了噪波纹理的效果。没有纹理的时候，粗糙度值默认控制材质球整体的粗糙程度，添加纹理后黑色区域没有粗糙效果，白色区域有粗糙效果，灰色区域的粗糙效果介于二者之间，过渡自然。

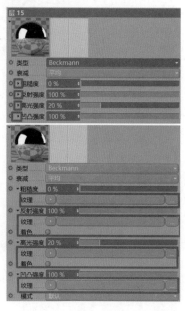

图11-83

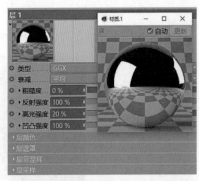

图11-84

图11-85

图11-86

- 反射强度：指的是反射光线的强度，取值范围为
  0%～10000%，值越大，对象越像镜子。
  ◇ 纹理：通过纹理控制反射区域和强度，以增加细节。
  ◇ 着色：勾选该选项后，颜色通道的颜色就会影响反
  射通道，如图11-87所示。

图11-87

- 高光强度：是指物体上高光的亮度，如图11-88
  所示。

图11-88

- 凹凸强度：可以在当前层里加载一张黑白纹理来定
  义当前层的凹凸效果，取值范围为0%～100%，单击
  旁边的▸按钮，如图11-89和图11-90所示。

图11-89

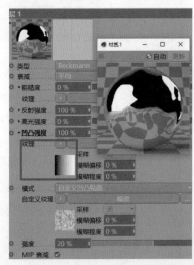

图11-90

◇ 纹理：放入此通道的贴图会转变为黑白贴图，其颜

色的亮度会控制使用对象不同位置的亮度。

- 模式：一种是凹凸贴图，另一种是法线贴图（一般情况下使用凹凸贴图，使对象表面凹凸）。
- 强度：控制凹凸效果，强度越大，凹凸效果越明显。
- MIP衰减：控制对象的羽化值（对象的锐化和虚化）。

注意

必须在"自定义纹理"里面添加凹凸贴图才会产生凹凸效果。

4.层颜色

层颜色可以定义当前层的颜色（类似于滤镜），如图11-91所示。

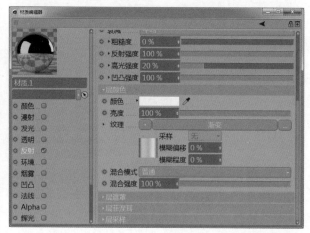

图11-91

- 颜色：定义物体反射面的颜色，如果想制作彩色金属，则可以直接在此定义；默认白色为全部反射，不受总控制层的影响。
- 亮度：默认值为100%（最高可取10000%），亮度越高，当前层越亮，亮度为0%的时候，当前层为黑色（不产生效果）。
- 纹理：可以加载一张纹理贴图来影响当前反射面的颜色。
- 混合模式：控制当前层颜色和纹理之间的混合算法。
- 混合强度：控制当前层颜色和纹理在透明度或亮度方面的比例，取值范围为0%～100%。

5.层遮罩

层遮罩类似于Alpha通道，添加棋盘纹理后，纹理黑色区域将镂空显示，白色区域将保留当前反射层，如图

11-92所示。

这里需要注意的是，在当前反射通道中只有一层反射的情况下，层遮罩与层颜色的作用是一样的，都可以当作遮罩和颜色。分别在层遮罩和层颜色里面添加棋盘纹理，能看到两个效果是一样的，如图11-93所示。

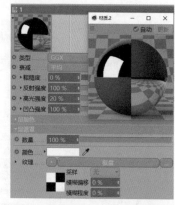

图11-92

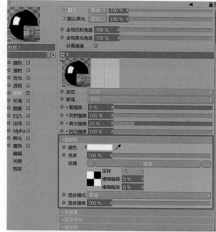

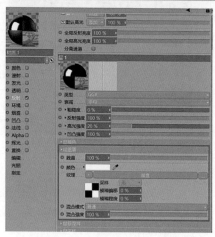

图11-93

但是不同的是，反射通道里面有两个以上的反射层

时（在反射层里添加两层反射，一层是模糊反射，另一层是镜面反射），在顶层的层颜色里添加黑白纹理，黑色的区域可以直接透过下面所有的层看到基础的颜色，而在层遮罩中，可以透过当前层看到下面的反射层，如图11-94所示。

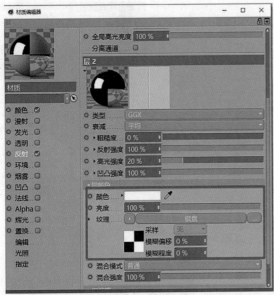

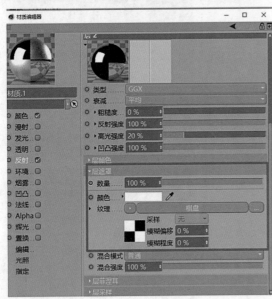

图11-94

6.层菲涅耳

菲涅耳的作用在之前的章节里已经讲解过了。菲涅耳是一个很重要的功能，现实中，我们能看到的物体基本都具有菲涅耳效应。

在这里可以将"层菲涅耳"看作是一个带有很多预设的遮罩。它可以让反射不完全存在于模型上，让反射更加柔和。当然这里的"层菲涅耳"是基于物理的方式计算的。

7.层采样

层采样主要用来调节反射后的渲染精细度，可以增大采样细分和限制次级值来提高渲染精度，如图11-95所示。

- 采样细分：增大数值之后会看到因粗糙度而产生的噪点区域变得精细很多。
- 限制次级：限制采样细分的数值，也就是说采样细分最高只能调节到限制级里的数值。
- 切断：用来阻隔当前层的显示范围。

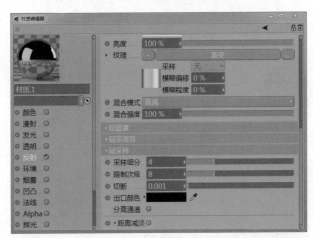

图11-95

- 出口颜色：调节物体与物体之间产生的黑色区域，如图11-96所示。

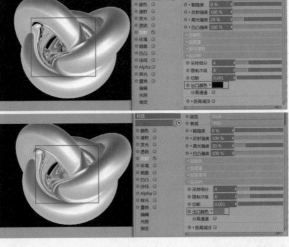

图11-96

- 距离减淡: 可以控制反射的强弱变化(同时也取决于对象和地面的距离), 如图11-97所示。

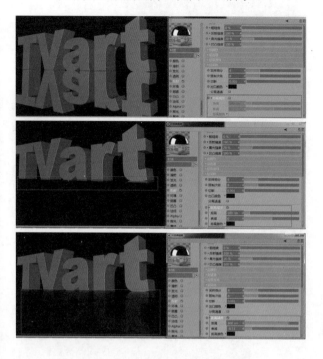

图11-97

11.3.6 环境

用户可以使用环境通道虚拟一个环境当作对象的反射来源, 这样渲染速度比使用反射通道时更快。在属性面板中, "纹理"选项可加载各种纹理来当作对象的反射贴图, 如图11-98和图11-99所示。

图11-98   图11-99

11.3.7 烟雾

烟雾效果可配合环境对象使用, 将材质赋予环境对象, 可使环境产生烟雾笼罩的效果。烟雾的颜色和亮度可任意调节, 如图11-100所示。距离参数可模拟对象在烟雾环境中的可见距离, 如图11-101和图11-102所示。

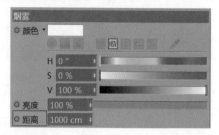

图11-100

图11-101   图11-102

11.3.8 凹凸

凹凸通道以贴图的黑白信息来定义凹凸的强度, 强度参数可以定义凹凸显示强度, 加载的纹理可确定凹凸形状, 如图11-103所示。凹凸的作用就是通过黑白纹理来改变对象表面的法线方向, 从而产生凹凸效果, 如图11-104所示。

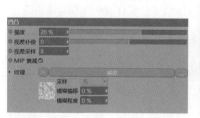

图11-103   图11-104

11.3.9 法线

在法线通道属性面板的"纹理"选项中加载法线贴图, 可使低精度模型具有高精度的效果。法线贴图是从高精度模型上烘焙生成的带有3D纹理信息的特殊纹理, 如图11-105和图11-106所示。

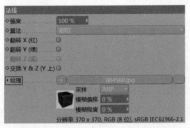

图11-105　　　　　　　图11-106

11.3.10　Alpha

Alpha通道可以根据贴图的黑白信息对物体进行镂空处理,纯黑即全透明,纯白即全保留。进入"Alpha"属性面板,在"纹理"选项中即可加载法线贴图。其他属性用于对纹理效果进行调整,如图11-107和图11-108所示。

图11-107　　　　　　　图11-108

11.3.11　辉光

辉光通道能表现物体发光、发热的效果,可用来模拟霓虹灯、岩浆等物体的质感。进入"辉光"属性面板,可调节辉光内/外部强度、半径等,如图11-109和图11-110所示。

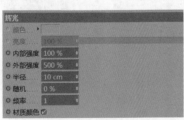

图11-109　　　　　　　图11-110

11.3.12　置换

置换是一种真正的凹凸,它相对凹凸通道制作出的效果有更多的细节,更加真实,但会耗费更多的计算时间。进入"置换"属性面板,可调节置换的强度、纹理等,如图

11-111和图11-112所示。

图11-111　　　　　　　图11-112

11.3.13　编辑

"编辑"属性面板可以控制贴图的动画预览,也可以控制材质各个通道的显示等,如图11-113所示。

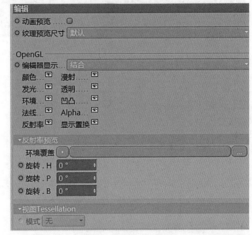

图11-113

11.3.14　光照

在"光照"属性面板中,可以对场景中的全局光照和焦散进行设置,如图11-114所示。

图11-114

11.3.15 指定

"指定"属性面板用于指定材质所赋予的对象,如图11-115和图11-116所示。

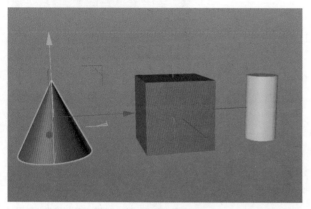

图11-115

图11-116

11.4 纹理标签

对象被指定材质后,在对象窗口中会出现纹理标签,如果对象被指定了多个材质,就会出现多个纹理标签,如图11-117所示。

图11-117

单击纹理标签,可打开其属性面板,如图11-118所示。

图11-118

1.材质

单击"材质"左侧的小三角按钮,可以展开材质的基本属性,可以在这里对材质的颜色、亮度、纹理等进行设置,如图11-119所示。"材质"右侧是材质名称,双击即可对其进行编辑。

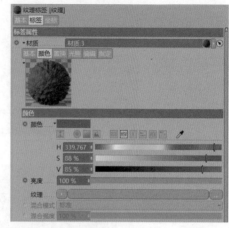

图11-119

2.选集

当创建了多边形选集后,可把多边形选集拖曳到右侧文本框中,这样就只有多边形选集包含的面被指定了该材质。这种方式可以为不同的面指定不同的材质,如图11-120和图11-121所示。

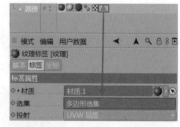

图11-120

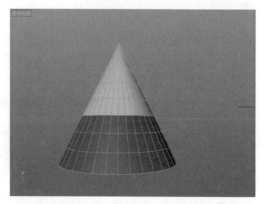

图11-121

除此之外,选集还有另外一种用法,即在场景中创建文本，再添加一个挤压，参数如图11-122所示，效果如图11-123所示。

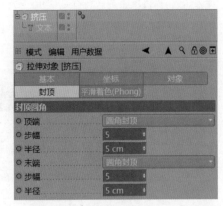

图11-122

图11-123

01 创建一种新材质，指定给挤压对象，如图11-124所示。

图11-124

02 创建一种新材质，把材质的颜色设定成紫色，指定给挤压对象。选择新创建的纹理标签，在选集文本框中输入"C1"，参数如图11-125所示，效果如图11-126所示。

图11-125

图11-126

03 按住Ctrl键拖曳复制材质1的纹理标签，单击复制出来的材质标签，在选集文本框中输入"C2"，如图11-127~图11-129所示。

图11-127

图11-128

图11-129

04 创建一种新材质，设定材质的颜色为绿色，指定给挤压对象。选择新创建的纹理标签，在选集文本框中输入"R1"，参数如图11-130所示，效果如图11-131所示。

图11-130

图11-131

05 按住Ctrl键拖曳复制材质2的纹理标签，单击复制出来的材质标签，在选集文本框中输入"R2"，如图11-132~图

11-134所示。

图11-132

图11-133

图11-134

以上操作可以为一个挤压对象的正面、背面、正面倒角、背面倒角指定不同的材质。这是一种特殊的用法，挤压对象正面的选集为C1，背面的选集为C2，正面倒角的选集为R1，背面倒角的选集为R2。

3.投射

当材质内部包含纹理贴图后，可以通过"投射"选项来设置贴图在对象上的投射方式，投射方式有球状、柱状、平直、立方体、前沿、空间、UVW贴图、收缩包裹、摄机贴图，如图11-135所示。

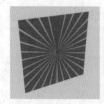

图11-135

- 球状：该投射方式是将纹理贴图以球状形式投射到对象上，如图11-136所示。

图11-136

- 柱状：该投射方式是将纹理贴图以柱状形式投射到对象上，如图11-137所示。

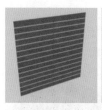

图11-137

- 平直：该投射方式仅适合于平面对象，如图11-138所示。

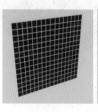

图11-138

- 立方体：该投射方式是将纹理贴图投射到立方体的6个面上，如图11-139所示。
- 前沿：该投射方式是将纹理贴图从视图的视角投射到对象上，投射的贴图会随着视角的变化而变化；如果将一张纹理贴图同时投射到一个多边形对象及其背景上，看起来就会非常匹配，如图11-140所示。

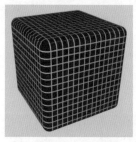

图11-139　　　　　　　　　　图11-140

- 空间：该投射方式类似于平直投射，但不会像平直投射那样拉伸边缘像素，而会穿过对象；右侧为平直投射，左侧为空间投射，如图11-141所示。

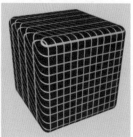

图11-141

- UVW贴图：正常情况下，几何体对象都会有UVW坐标，可为它们选择"UVW贴图"投射方式，如图11-142所示。
- 收缩包裹：该投射方式是指纹理的中心被固定到一点，并且余下的纹理会被拉伸以覆盖对象，如图11-143所示。

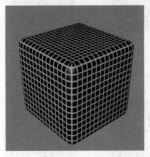

图11-142　　　　　　　图11-143

- 摄像机贴图：该投射方式与前沿投射方式类似，不同的是纹理是从摄像机投射到对象上的，不会随视角变化而变化，但会随摄像机朝向而改变投射角度；图11-144所示为摄像机贴图投射方式的工作原理。

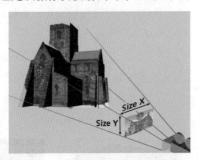

图11-144

- 投射显示：可以调节纹理在视图中显示的方式，如图11-145所示。

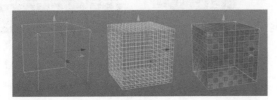

图11-145

4. 侧面

侧面用于设置纹理贴图的投射方向，包含双面、正面和背面3个方向，如图11-146所示。可以在一个对象上加两个材质，分别设置为正面和背面，实现双面材质效果。

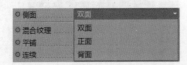

图11-146

- 双面：该选项是指纹理贴图将投射在多边形每一个面的正反两面上，如图11-147所示。

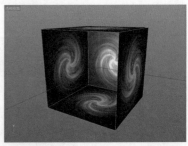

图11-147

- 正面：该选项是指纹理贴图将投射在多边形每一个面的正面（法线面）上，如图11-148所示。

图11-148

- 背面：该选项是指纹理贴图将投射在多边形每一个面的背面（也就是非法线面）上，如图11-149所示。

图11-149

5. 混合纹理

若一个对象被指定了多种材质，那它就会有多个纹理标签。新指定的材质会覆盖之前指定的材质，但是，如果新指定的材质是镂空材质，则镂空部分会透出之前指定的材质，相当于一种混合材质，如图11-150

图11-150

所示。

当对象被指定一种材质时，混合纹理选项将不起作用。当对象被指定两种或两种以上材质后，可以通过混合纹理选项来实现材质的混合，如图11-151所示。

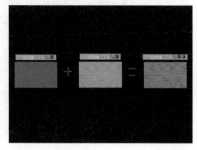

图11-151

6. 平铺

"平铺U"和"平铺V"这两个选项分别用于设置纹理图片在水平方向和垂直方向上的重复数量。默认值为1，值为1时对象上的纹理图片不会重复，如图11-152所示。值为2时，在水平方向和垂直方向上，纹理将重复两次。值大于2时，如果勾选"平铺"选项，那么重复的纹理图片都将显示，如图11-153所示；如果取消勾选"平铺"选项，那么重复的纹理图片将只显示第一张，如图11-154所示。

图11-152

图11-153

图11-154

7. 连续

当"平铺U"和"平铺V"的值大于1时，勾选"连续"选项，纹理图像会呈镜像显示，这样可以避免接缝的产生，如图11-155所示。

图11-155

8. 使用凹凸UVW

设置纹理贴图的投射方式为"UVW贴图"后，"使用凹凸UVW"选项才能被激活，同时该选项的效果需要在凹凸通道中应用才能显示，如图11-156所示。

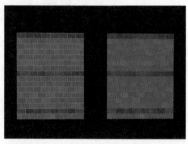

图11-156

9. 偏移U/偏移V

"偏移U"和"偏移V"用于设置纹理贴图在水平方向和垂直方向上的偏移距离，如图11-157所示。

图11-157

10. 长度U/长度V

"长度U"和"长度V"用于设置纹理贴图在水平方向和垂直方向上的长度，与"平铺U"和"平铺V"是同步的，如图11-158所示。

11. 平铺U/平铺V

"平铺U"和"平铺V"用于设置纹理贴图在水平方向和垂直方向上的平铺次数，与"长度U"和"长度V"联动变化，如图11-158所示。

图11-158

12. 重复U/重复V

"重复U"和"重复V"决定纹理贴图在水平方向和垂直方向上的重复次数，如图11-159所示。

图11-159

11.5　材质节点

Cinema 4D R20之前的版本，材质球的模式都是用层级方式来调节的，这种层级方式非常容易上手。但是缺点也很明显：调节稍微复杂一点的材质，层级关系会变得非常麻烦，而且不够直观。新的节点材质球在通道和参数上与旧版本几乎是一样的，但是调节材质的方式变得更

为直观，所有的参数都可以在一个界面中调节，如图11-160所示。

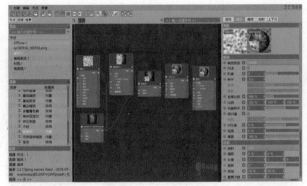

图11-160

在材质面板中单击"创建"菜单会看到3组和节点材质相关的命令，分别是新Uber材质、新节点材质和节点材质，如图11-161所示。

图11-161

11.5.1　新Uber材质

这种材质还保留了旧版本中材质编辑器的调节方式，在保留这种调节方式的同时，可以切换到节点编辑器来编辑，即单击"节点编辑器"按钮进入"节点编辑器"窗口中，如图11-162所示。

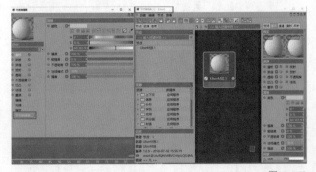

图11-162

在调节材质的时候，既可以直接使用原来的方式，也可以通过节点来调节。如果要使用贴图，则将贴图直接拖曳到节点编辑器里，与颜色进行链接即可，如图11-163所示。

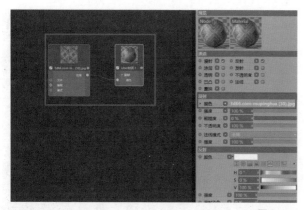

图11-163

11.5.2 新节点材质

创建"新节点材质",这种材质只能用节点的编辑方式,创建完之后,双击材质球,就会直接进入节点编辑器里,如图11-164所示。

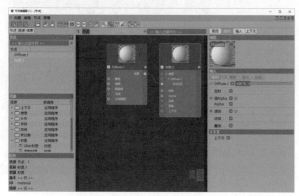

图11-164

进入节点编辑器后,里面的大部分的参数还是与旧版本一样,但是操作方式和旧版本大不一样。单击Diffuse.1节点,就可以调节其属性,里面大部分的属性和默认材质球的属性是一样的,但是连接的BSDF节点是不一样的。单击展开BSDF类型下拉列表框,如图11-165所示。

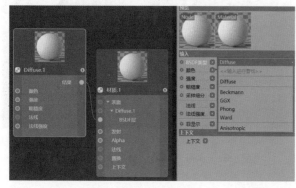

图11-165

- Diffuse:用来调节漫射类型的材质,这种材质没有反射效果,如图11-166所示。
- Beckman、GGX、Phong、Ward:用来调节反射类型的材质,如图11-167所示。
- Anisotropic:用来调节拉丝金属类型的材质;若想要出现各向异性的效果,则粗糙度不能为0%,如图11-168所示。

图11-166

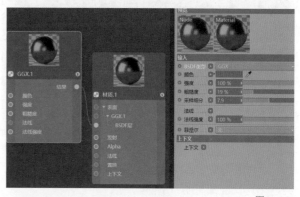

图11-167

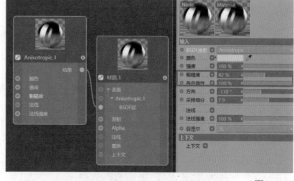

图11-168

如果想调节透明材质,则需要单击材质球,并且勾选"透明"选项,该选项里面的属性和默认渲染器的调节方法相同,如图11-169所示。

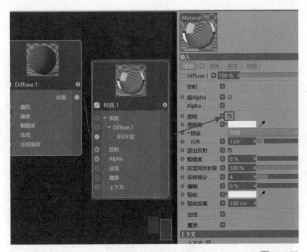

图11-169

11.5.3 节点材质

执行"创建>节点材质"命令，该命令的子菜单里面包含的材质都是预设材质，如图11-170所示。

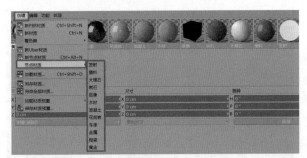

图11-170

节点编辑器中包含很多节点，为了方便记忆，这里已经进行了分类，如图11-171所示。

图11-171

* 上下文：此类节点可以调节贴图的投射方式，如图11-172所示。

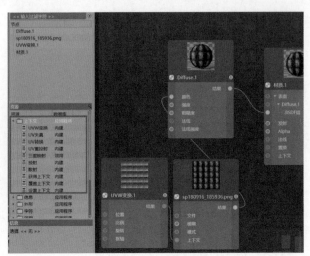

图11-172

* 外形：此类节点可以创建很多预设图案，如图11-173所示。

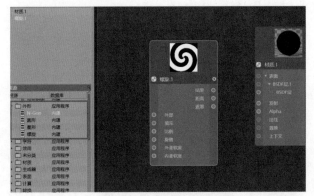

图11-173

* 材质：此类节点可以创建Uber材质与预设材质，如图11-174所示。

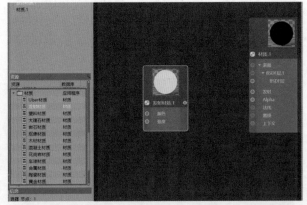

图11-174

* 生成器：此类节点可以创建程序纹理，如图11-175所示。

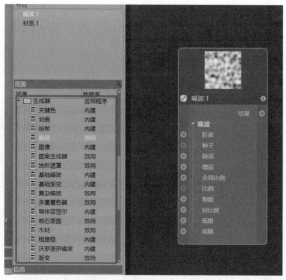

图11-175

- 表面：此类节点可以设置不同通道属性，如图11-176所示。

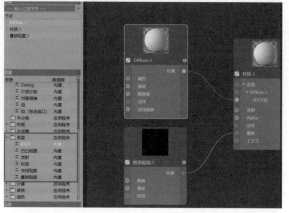

图11-176

- 颜色：此类节点可以用来添加调色滤镜，如图11-177所示。

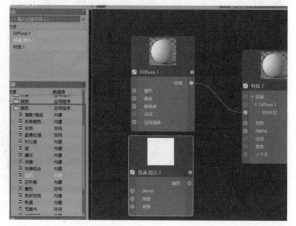

图11-177

11.6　案例实操：制作金属字（银）

金属字（银）的制作效果如图11-178所示。

图11-178

01　打开学习资源中的初始金属字文件，场景中的灯光已经布好，在材质面板中双击创建一个新的材质，并双击材质球的名称，将其改名为"金属材质"。按住鼠标左键拖曳材质球到挤压对象上，如图11-179所示。

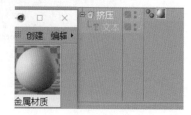

图11-179

02　双击01步中创建的材质球，弹出"材质编辑器"窗口，调整颜色通道、反射通道及高光属性，反射通道中的粗糙度和层颜色的纹理是设置重点，将粗糙度设置为26%，在层颜色的"纹理"选项里添加菲涅耳效果，如图11-180～图11-182所示。

图11-180

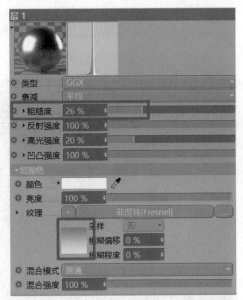

图11-181

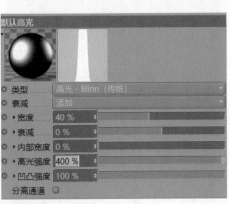

图11-182

03 单击█渲染按钮，渲染效果如图11-183所示。

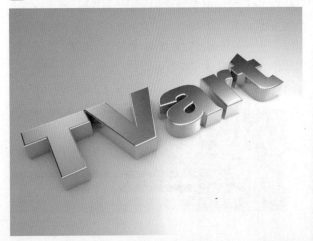

图11-183

04 渲染效果显示地面有点亮。在材质面板中新建材质，将其改名为地面，将地面材质指定给平面。双击地面材质球，弹出"材质编辑器"窗口，关闭颜色通道，如图11-184所示。为反射通道添加GGX，如图11-185所示。

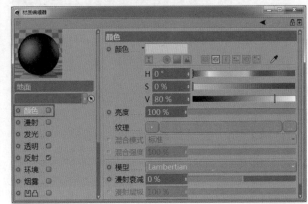

图11-184

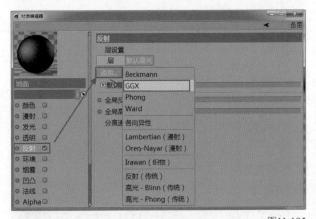

图11-185

05 最终渲染效果如图11-186所示。

图11-186

11.7 案例实操: 制作金属字 (铜)

金属字 (铜) 的制作效果如图11-187所示。

图11-187

01 在学习资源提供的文件中, 打开初始金属字2文件, 场景中的灯光和摄影机已经设定好了。在材质面板中双击创建一个新的材质, 并双击材质球的名称, 将其改名为侧面。按住鼠标左键拖曳材质球到挤压对象上, 如图11-188所示。

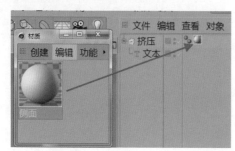

图11-188

02 双击侧面材质球, 弹出 "材质编辑器" 窗口, 设置颜色如图11-189所示。为反射通道添加GGX, 设置粗糙度为20%, 设置层颜色为亮黄色 (这里的黄色可以根据自己喜好进行调节), 如图11-190所示。在层遮罩的 "纹理" 选项中添加菲涅耳效果, 并将黑色调整为亮灰色, 同时设置层采样下的采样细分为7, 如图11-191所示。

图11-189

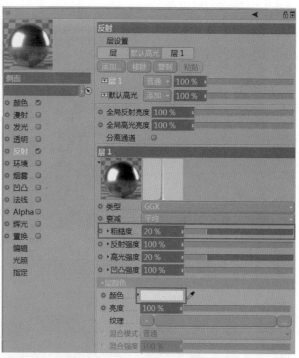

图11-190

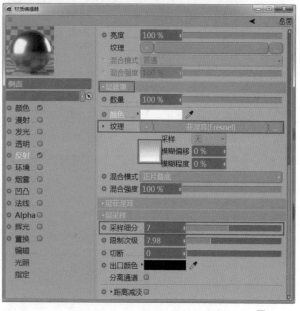

图11-191

03 渲染效果如图11-192所示。

04 现在所有字是一种材质, 可以为它的侧面和正面分别指定不同的材质来增强质感。在材质面板中创建一个新的材质, 并双击材质球的名称, 将其改名为正面。按住鼠标左键拖曳材质球到挤压对象上, 选择当前材质的纹理标签, 在标签属性面板的选集中输入 "C1", 如图11-193所示。这样就为挤压对象的正面指定了一种不同的材质。

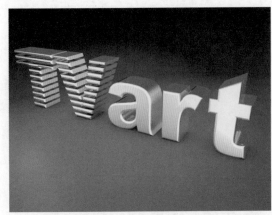

图11-192

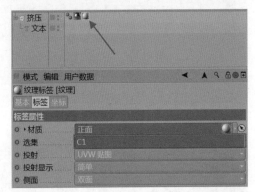

图11-193

05 拖曳材质球到挤压对象上，选择当前材质的纹理标签，在标签属性面板的选集中输入"C2"，如图11-194所示。这样就为挤压对象的背面和正面指定了相同的材质。

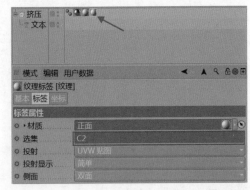

图11-194

06 双击正面材质球，弹出"材质编辑器"窗口，设置颜色为棕色，比之前的材质颜色略暗一点，如图11-195所示。有关反射通道的设置可以参考之前的参数，如图11-196所示。高光的调节如图11-197所示。这些材质参数无须死记硬背，读者可以多进行尝试。

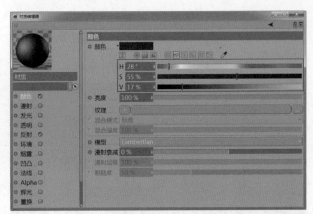

图11-195

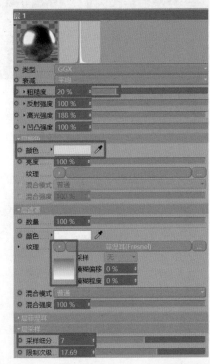

图11-196

图11-197

07 渲染效果如图11-198所示。

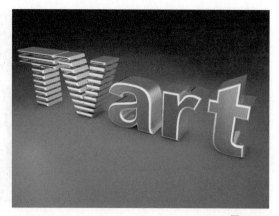

图11-198

08 在材质面板中创建一个新的材质球，并双击材质球的名称，将其改名为倒角。按住鼠标拖曳材质球到挤压对象上，选择当前材质的纹理标签，在标签属性面板的选集中输入"R1"，如图11-199所示。这样就为挤压对象的正面倒角指定了一种不同的材质。

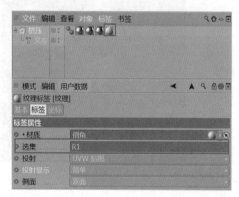

图11-199

09 拖曳材质球到挤压对象上，选择当前材质的纹理标签，在标签属性面板的选集中输入"R2"，如图11-200所示。这样就为挤压对象的背面倒角和正面倒角指定了相同的材质。

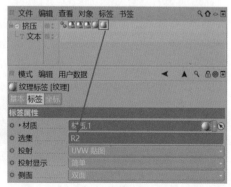

图11-200

10 双击倒角材质球，弹出"材质编辑器"窗口，设置其颜色、反射和高光如图11-201~图11-203所示。

图11-201

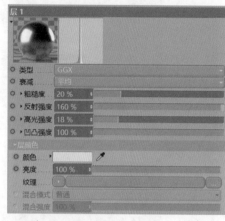

图11-202

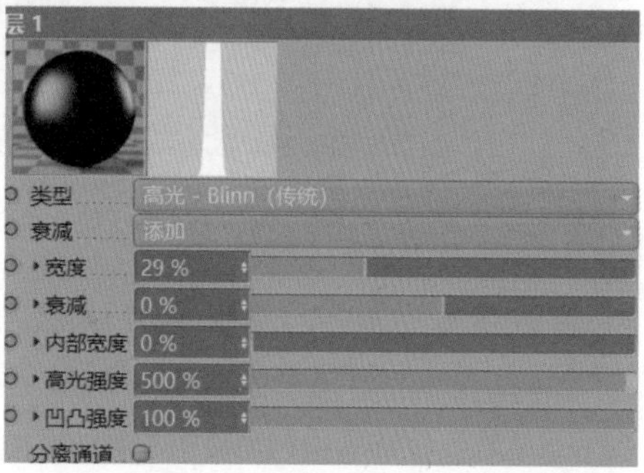

图11-203

11 渲染效果如图11-204所示。由于参数的差别，因此这里的效果会有轻微变化，读者可以多多尝试。

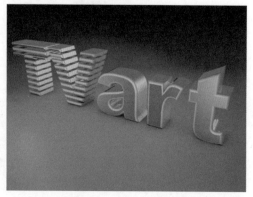

图11-204

12 现在的效果不是很好，原因是环境不够亮。接下来给地面和天空指定材质，在材质面板中创建一个新材质球，将其改名为地面，将地面材质指定给地面。双击地面材质球，弹出"材质编辑器"窗口，给材质的发光通道添加暗色渐变，如图11-205所示。为反射通道添加GGX，在之后的绝大部分操作中，我们都会为反射通道添加GGX反射类型。设置反射通道的反射强度为10%，如图11-206所示。

图11-205

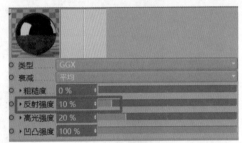

图11-206

13 在材质面板中创建一个新材质球，将其改名为天空。将天空材质指定给天空。双击天空材质球，弹出"材质编辑器"窗口，在发光通道里添加图层纹理，在图层的下层导入学习资源中提供的素材图片215.jpg，在图层的上层设置"色调/纯度/明度"的参数如图11-207所示。

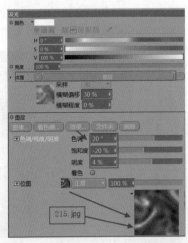

图11-207

14 渲染效果如图11-208所示。

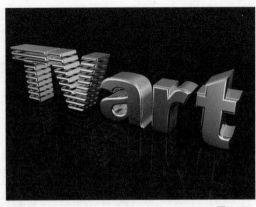

图11-208

11.8　案例实操：制作不锈钢小闹钟

不锈钢小闹钟的制作效果如图11-209所示。

图11-209

01 打开学习资源中提供的初始小闹钟工程文件，场景中的灯光和摄影机已经布置好。在材质面板中创建新的材质球，将其改名为不锈钢表壳，将新建的材质指定给表壳。双击不锈钢表壳材质球，弹出"材质编辑器"窗口，调整颜色通道的颜色为亮灰色，如图11-210所示。为反射通道添加GGX，设置反射通道的反射强度为100%，在层遮罩的纹理中添加菲涅耳效果，并调整其颜色，如图11-211所示。选择反射类型为高光，设置高光参数如图11-212所示。

图11-210

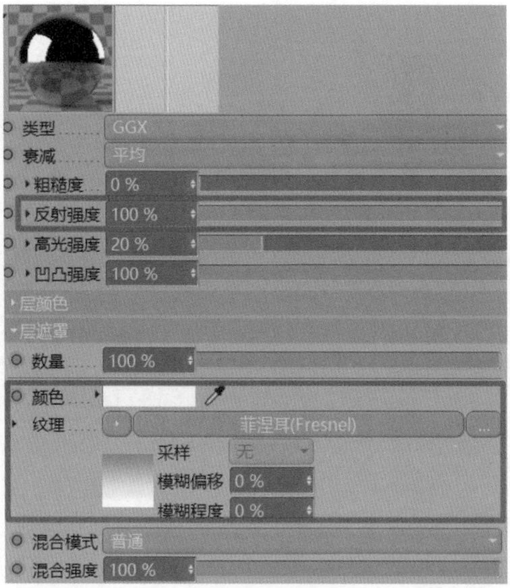

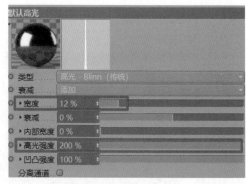

图11-211

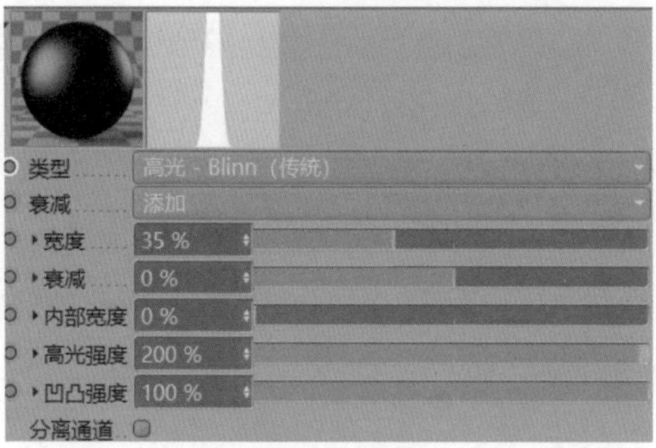

图11-212

图11-214

03 创建新的材质球,将其改名为表盘,把材质指定给表盘。双击表盘材质球,在"材质编辑器"窗口的颜色通道中指定纹理为clock.jpg。单击表盘纹理标签,在属性面板中将投射方式改为平直,在工具栏中单击 ⊗ 按钮显示纹理坐标,如图11-215所示。

02 创建新的材质球,将其改名为玻璃,把材质指定给玻璃面。双击玻璃材质球,在"材质编辑器"窗口中调整材质的透明、高光参数,具体参数设置如图11-213和图11-214所示。

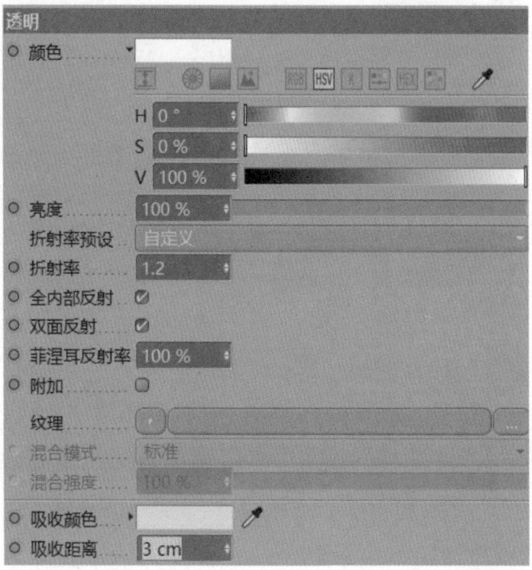

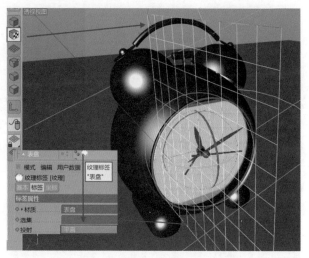

图11-215

04 选择表盘纹理标签,单击鼠标右键,在弹出的快捷菜单中执行"适合对象"命令,效果如图11-216所示。

图11-213

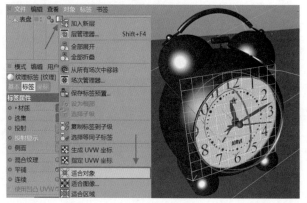

图11-216

05 将颜色通道中的纹理复制并粘贴到发光通道里，如图11-217所示。

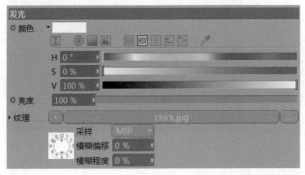

图11-217

06 创建新的材质球，将其改名为表针，把材质指定给表针。双击表针材质球，在"材质编辑器"窗口中设置颜色如图11-218所示。

图11-218

07 选择表针材质球，按住Ctrl键拖曳复制出一个材质球，将其改名为表针2，将材质指定给表针2，在表针2的"材质编辑器"窗口中设置颜色如图11-219所示。

图11-219

08 创建新的材质球，将其改名为垫圈，把材质指给垫圈。双击垫圈材质球，在"材质编辑器"窗口中设置其颜色、高光如图11-220和图11-221所示。

图11-220

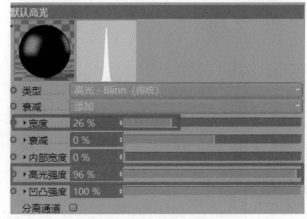

图11-221

09 创建新的材质球，将其改名为地面，把材质指定给地面，在"材质编辑器"窗口的发光通道中添加棋盘纹理，参数和颜色如图11-222所示。

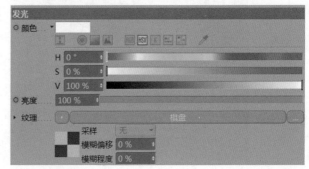

图11-222

10 反射通道的设置如图11-223所示。

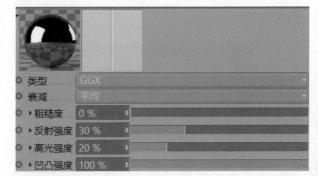

图11-223

11 创建新的材质球，将其改名为天空，把材质指定给天空。在"材质编辑器"窗口的发光通道中为纹理指定过滤器，在过滤器的纹理中指定预设的BasicStudio2.hdr，并设置其参数如图11-224所示。

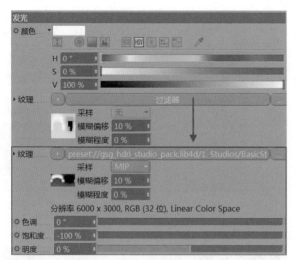

图11-224

12 渲染效果如图11-225所示。

图11-225

11.9 案例实操：制作陶瓷茶具

陶瓷茶具的制作效果如图11-226所示。

图11-226

01 导入学习资源中的初始陶瓷茶具文件，场景中的灯光和摄影机已经设定好了。在材质面板中创建一个新的材质球，将其改名为陶瓷，将陶瓷材质指定给茶具。双击陶瓷材质球，弹出"材质编辑器"窗口，分别设置其颜色通道、发光通道、反射通道、高光参数，这里的参数设置和之前基本类似，故不再重复赘述，具体参数设置如图11-227~图11-230所示。

图11-227

图11-228

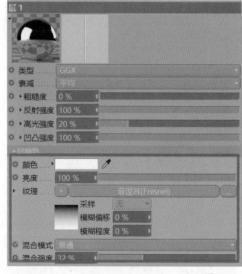

图11-229

图11-230

02 渲染效果如图11-231所示。

图11-231

03 在材质面板中新建材质球，将其改名为金边，将材质指定给茶具边缘的面。双击金边材质球，弹出"材质编辑器"窗口，分别设置颜色通道、反射通道和高光，这里的参数设置和之前基本类似，只需要稍做调整即可，在这里不再重复赘述，具体参数设置如图11-232~图11-234所示。

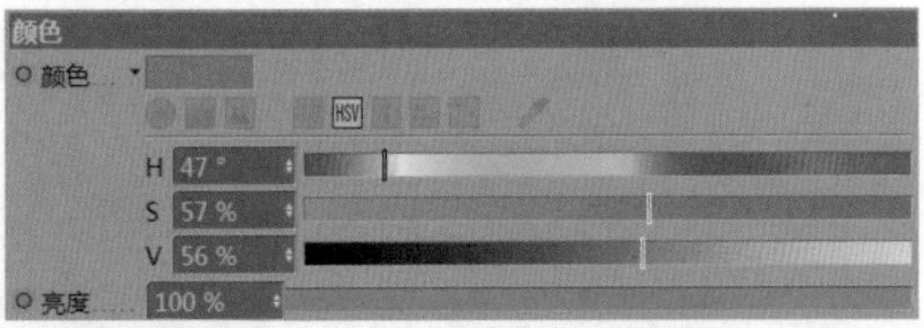

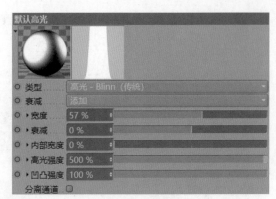

图11-234

04 渲染效果如图11-235所示。

图11-235

05 给地面、天空及反光板等环境指定材质。在材质面板中创建一个新材质球，将其改名为天空，将材质指定给天空。双击天空材质球，弹出"材质编辑器"窗口，在发光通道里添加图层纹理，在图层的下层导入素材文件215.jpg，在图层的上层设置"色调/纯度/明度"的参数如图11-236所示。

图11-232

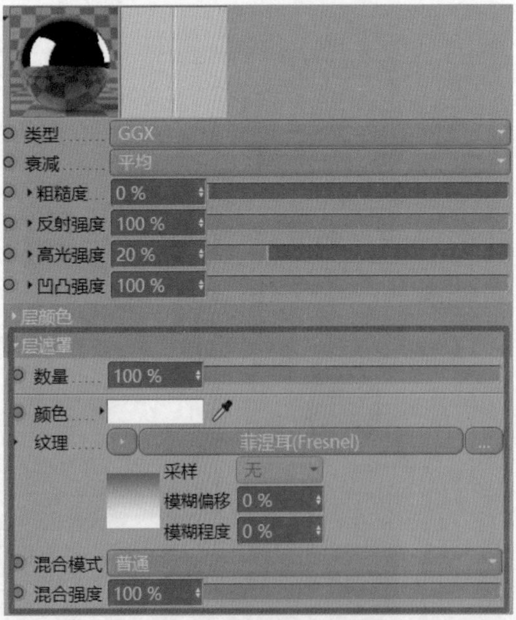

图11-233

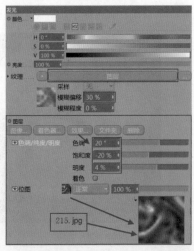

图11-236

06 在材质面板中创建一个新材质球,将其改名为地面,将材质指定给地面。双击地面材质球,弹出"材质编辑器"窗口,在颜色通道里指定平铺贴图,具体设置如图11-237所示。

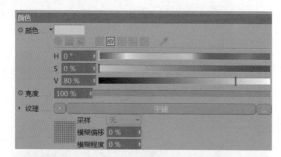

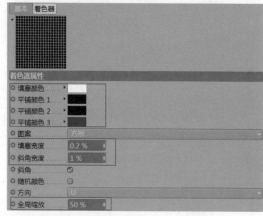

图11-237

07 反射通道的设置如图11-238所示。

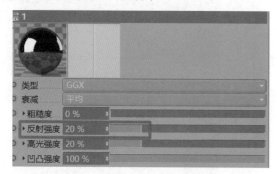

图11-238

08 在材质面板中创建一个新材质球,将其改名为反光板,将材质指定给反光板。双击反光板材质球,弹出"材质编辑器"窗口,设置其颜色、发光参数如图11-239和图11-240所示。

图11-239

图11-240

09 渲染效果如图11-241所示。

图11-241

11.10 案例实操:制作玻璃酒瓶

玻璃酒瓶的制作效果如图11-242所示。

图11-242

1.酒瓶材质制作

01 导入学习资源中的初始玻璃酒瓶文件,场景中的灯光和摄影机已经设定好了。在材质面板中创建一个新的材质球,将其玻璃材质指定给瓶子。双击玻璃材质球,弹出"材质编辑器"窗口,分别设置材质的颜色通道、透明通道、反射通道和高光,具体参数设置如图11-243~图11-246所示。

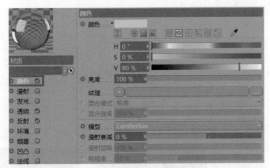

图11-243

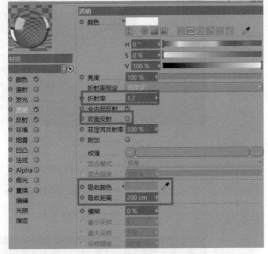

图11-244

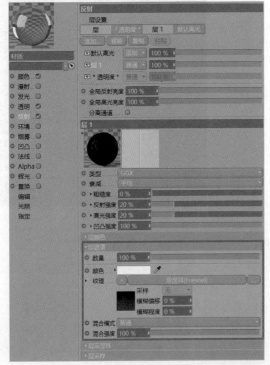

图11-245

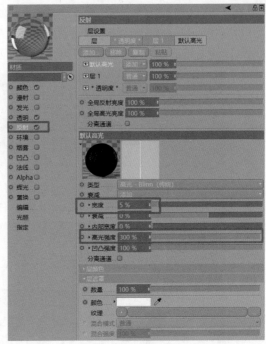

图11-246

02 创建一个新的材质球，设置材质的颜色、高光，具体参数设置如图11-247和图11-248所示。

图11-247

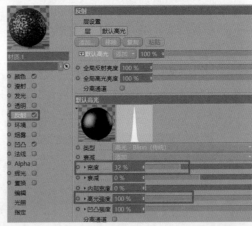

图11-248

03 勾选凹凸通道，添加噪波纹理，调整噪波贴图的全局缩放参数为20%，如图11-249所示。进入面模式，选中瓶口部分的面，为其指定该材质。

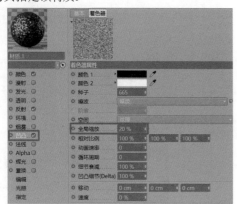

图11-249

04 创建一个新的材质球，双击材质球，打开"材质编辑器"窗口，设置材质的颜色、反射、高光，具体参数设置如图11-250~图11-252所示。

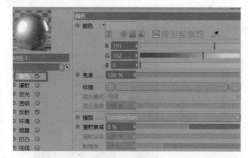

图11-250

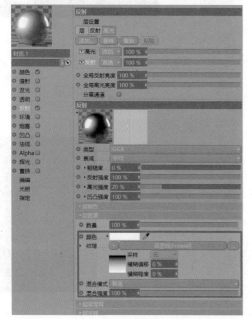

图11-251

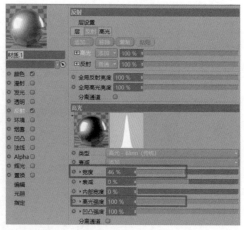

图11-252

05 在面模式中，选中酒瓶金属边缘区域，直接为其指定该材质即可。创建材质球。双击材质球，打开"材质编辑器"窗口，设置材质的颜色、反射、高光，具体参数设置如图11-253~图11-255所示。

图11-253

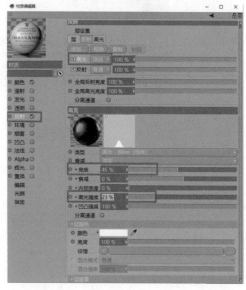

图11-254

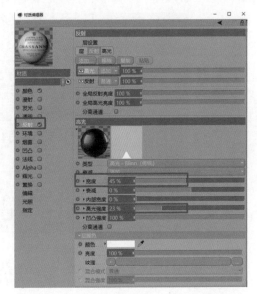

图11-255

图11-257

图11-258

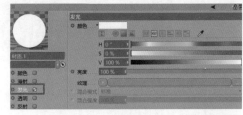

图11-259

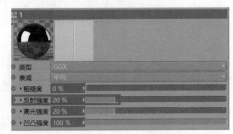

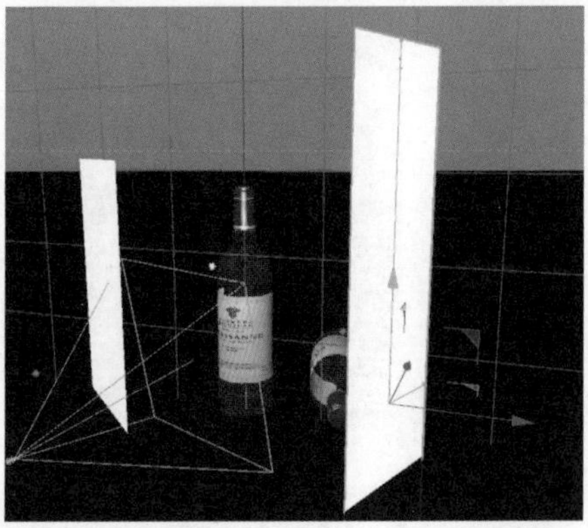

酒瓶材质制作到这里就结束了，接下来开始搭设环境。单击"窗口"菜单，选择内容浏览器，在内容浏览器中执行"预置>Prime>Materials>HDRI>HDRI 011"命令，这里是指预置文件所提供的HDRI贴图。如果你没有安装预置文件，则可以使用自己的HDRI贴图，将该材质赋予天空。

2.环境设置

01 创建地面材质，勾选反射通道，将反射强度降低，如图11-256所示。

图11-256

02 地面会对酒瓶产生影响，给地面添加合成标签，将酒瓶排除，如图11-257所示。

03 天空会对地面产生影响，给天空添加合成标签，直接排除地面，如图11-258所示。

04 想要增添细节可以添加两个反光板。创建两个平面，赋予其发光材质，如图11-259所示，平面的摆放位置如图11-260所示。

图11-260

05 反光板会对地面产生影响，所以添加合成标签，将地面排除，如图11-261所示。

06 渲染效果如图11-262所示。

图11-261

图11-262

至此，玻璃酒瓶案例制作完成。

第12章

灯光详解

12

灯光概述
灯光类型
灯光常用参数
灯光应用技巧

12.1 灯光概述

自然界中人们看到的光来自太阳或产生光的物体，包括白炽灯、荧光灯、萤火虫等。光是人类生存不可或缺的物质，是人类认识外部世界的依据。在三维软件中，光是表现三维效果的非常重要的一部分，能够表达出作品的灵魂。没有光，人们就不可能通过视觉来获得信息，所看见的将是一片黑暗。现实中光的效果如图12-1所示。

图12-1

光的功能在于照亮场景及营造氛围，在计算机动画（Computer Graphics，CG）中，灯光其实就是对真实世界的光和影的模拟。C4D提供了很多用于制作光影的工具，将其组合使用可以制作出各种各样的效果，如图12-2所示。

图12-2

12.2 灯光类型

C4D提供的灯光种类较多，可以分为泛光灯、聚光灯、远光灯和区域光四大类。另外，C4D还提供了默认灯光、日光及PBR灯光等。

执行主菜单中的"创建>灯光"命令，如图12-3所示；或长按工具栏中的  按钮，会弹出的灯光合集面板，均可创建各种类型的灯光，如图12-4所示。

图12-3

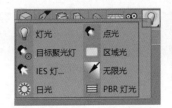

图12-4

12.2.1 默认灯光

新建一个C4D文件时，系统会有一束默认的灯光来帮助照亮整个场景，以便在建模和进行其他操作时看清对象。一旦新建了一个灯光对象，这束默认灯光的作用就消失了，场景将采用新建的灯光作为光源。默认灯光是和默认摄像机绑定在一起的，当渲染视图改变视角时，默认灯光的照射角度也会随之改变。新建一个球体，为了方便观察，可为球体赋予有颜色且高光较强的材质，改变摄像机的视角就可以发现高光位置会跟着发生变化，如图12-5所示。

图12-5

默认灯光的照射角度可以在"默认灯光"窗口中单独改变，执行视图菜单中的"选项>默认灯光"命令，打开"默认灯光"对话框，如图12-6所示。按住鼠标左键在"默认灯光"窗口中拖曳，可改变灯光的照射角度，如图12-7所示。

图12-6

图12-7

建这两种灯光后,可以看到灯光对象呈圆锥形显示,如图12-10所示。

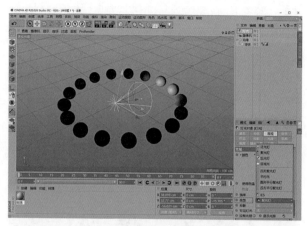

图12-9

12.2.2　灯光

灯光 ![灯光] 是最常见的灯光类型,其光线从单一的点向四周发射,类似于现实中的灯泡,如图12-8所示。

图12-8

注意

移动灯光的位置可以发现,灯光离对象越远,所照亮的范围就越大。

12.2.3　点光灯

点光灯 ![点光] 包含"聚光灯""目标聚光灯""IES灯""四方聚光灯""圆形平行聚光灯""四方平行聚光灯"6种。其中,"聚光灯""目标聚光灯""IES灯"可以通过菜单或者工具栏来创建;"四方聚光灯""圆形平行聚光灯""四方平行聚光灯"需要在灯光属性面板的"常规"选项卡的"类型"下拉列表框中选择,如图12-9所示。

1.聚光灯/目标聚光灯

这两种灯光的光线都是向一个方向呈锥形传播。创

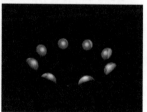

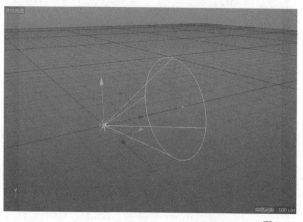

图12-10

选择聚光灯,可以看到在圆锥的底面上有5个黄点,其中位于圆心的黄点用于调节聚光灯的光束长度,位于圆周上的黄点则用来调整整个聚光灯的光照范围,如图12-11所示。

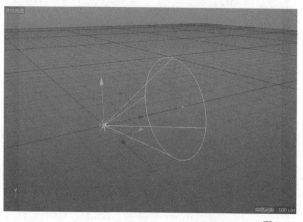

图12-11

默认创建的聚光灯位于世界坐标轴的原点,并且光线由原点向z轴的正方向发射,如图12-10所示。如果想要灯光照射在对象上,则需要配合各个视图对聚光灯进行移动、旋转等操作,将其放置在理想的位置上。默认创建的目标聚光灯自动照射在世界坐标轴的原点,也就是说,目标聚光灯的目标为世界坐标轴的原点。这样默认创建的对象刚好被目标聚光灯照射,如图12-12所示。

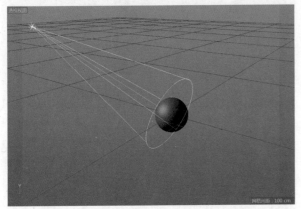

图12-12

聚光灯类似于现实中的手电筒和舞台上的追光灯,常用来突出显示某些重要的对象。目标聚光灯创建后,对象窗口除了有灯光对象外,还有一个"灯光.目标.1"对象,如图12-13所示。

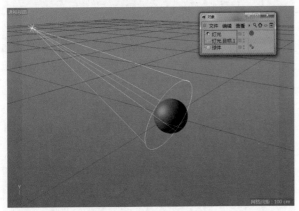

图12-13

目标聚光灯与聚光灯最大的区别在于它多出来的"目标"标签和"灯光.目标.1"对象。调整"目标"标签和"灯光.目标.1"对象,可以随意更改目标聚光灯照射的目标对象,更加方便快捷。移动目标点可以更改聚光灯的照射目标,如图12-14所示。

选择灯光右侧的"目标"标签,将目标对象拖曳到目标属性面板中"目标对象"右侧的文本框里,聚光灯的照射目标改为该目标对象,如图12-15所示。

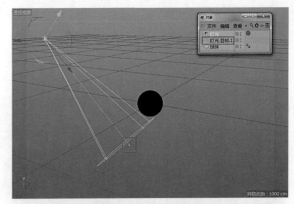

图12-14

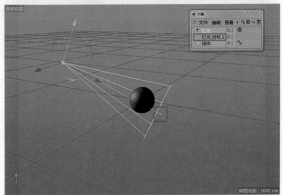

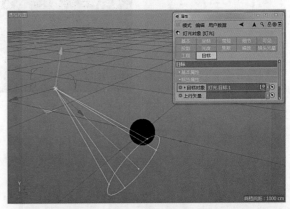

图12-15

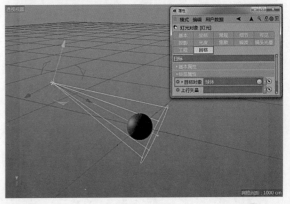

默认的目标对象为"灯光.目标.1"。

2. IES灯

光域网是一种关于光源亮度分布的三维表现形式，存储于IES文件中。光域网是灯光的一种物理性质，用于确定光在空气中的发散方式，不同的灯在空气中的发散方式是不同的。如手电筒会发出一种光束，但还有一些壁灯、台灯，它们发出的光又是另外一种光束，不同形状的光束就是由光域网决定的。之所以会有不同的光束，是因为每个灯在出厂时，厂家都会对其指定不同的光域网。在三维软件中，如果给灯光指定一个特殊的文件，就可以产生与现实灯光相同的发散效果，这个特殊文件的标准格式是IES。

在C4D中创建IES灯时，会弹出一个对话框，提示选择一个IES文件。这种文件可以在网上下载。

C4D还提供了很多IES文件，这些文件可以在"窗口>内容浏览器"命令找到，如图12-16所示。

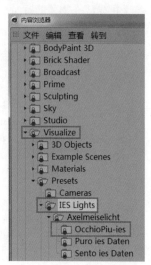

图12-16

注意

如果使用从网上下载的光域网文件，那么在创建IES灯时直接加载即可使用；如果使用C4D提供的光域网文件，那么还需要进行如下操作。

创建一盏聚光灯，然后在其属性面板中将"常规"选项组中的"类型"设置为IES，如图12-17所示。

图12-17

切换到"光度"选项卡，"光度数据"和"文件名"选项被激活，如图12-18所示。

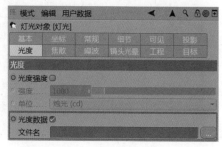

图12-18

在内容浏览器中选择一个IES光域网文件，然后拖曳至"文件名"右侧的文本框中，此时会应用选择的光域网文件并且显示该文件的路径、预览图及其他信息，如图12-19所示。

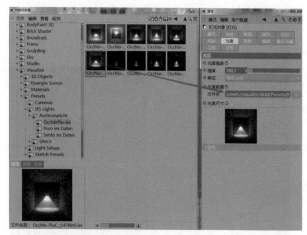

图12-19

不同IES灯的效果如图12-20所示。

图12-20

3. 四方聚光灯/圆形平行聚光灯/四方平行聚光灯

这3种聚光灯的区别在于灯光的传播形状。根据外形的不同，这3种聚光灯常用于制作幻灯机的投影灯、车灯等，如图12-21所示。

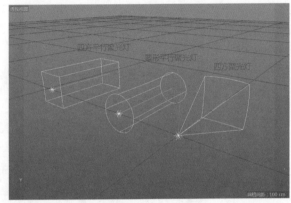

图12-21

12.2.4　无限光灯

无限光灯 ▮无限光 发射的光线会沿着某个特定的方向平行传播，它没有距离的限制，除非为其定义了衰减，否则没有终点。

无限光灯常用来模拟太阳，无论对象是位于无限光灯的正面还是背面，只要是位于光线的传播方向上，对象的表面就会被照亮，如图12-22所示。

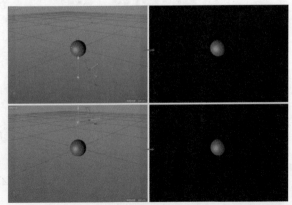

图12-22

无限光灯还包括"平行光"，可以在灯光属性面板中"常规"选项组的"类型"下拉列表框里选择，如图12-23所示。

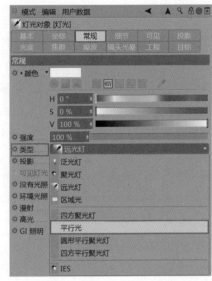

图12-23

平行光与远光灯的区别在于，平行光有起点。例如，将平行光放在物体的背面，对象的表面就不会被照亮，如图12-24所示。

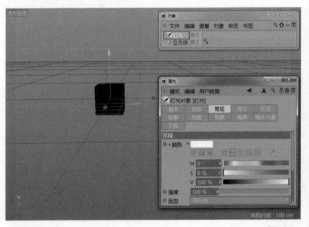

图12-24

12.2.5　区域光

区域光是指沿着一个区域向周围各个方向发射光线，形成一个有规则的照射平面。它属于高级的光源类型，常用来模拟室内来自窗户的天空光。面光源十分柔和、均匀，常用的例子就是产品摄影中的反光板。默认创建的区域光是一个矩形区域，如图12-25所示。

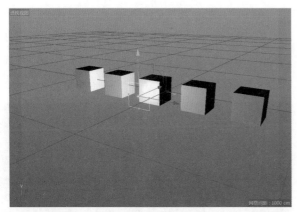

图12-25

可以调节矩形框上的黄点来改变区域光的大小,如图12-26所示。

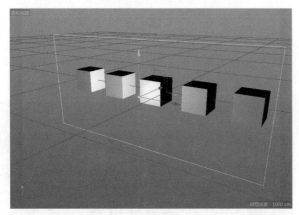

图12-26

区域光的形状也可以通过属性面板"细节"选项卡中的"形状"选项来改变。

12.3 灯光常用参数

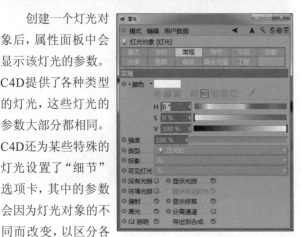

创建一个灯光对象后,属性面板中会显示该灯光的参数。C4D提供了各种类型的灯光,这些灯光的参数大部分都相同。C4D还为某些特殊的灯光设置了"细节"选项卡,其中的参数会因为灯光对象的不同而改变,以区分各

图12-27

种灯光的细节效果。以泛光灯为例,灯光的属性面板如图12-27所示。

12.3.1 常规

在灯光的属性面板中选择"常规"选项卡,如图12-28所示,该选项卡主要用于设置灯光的基本属性,包括颜色、灯光类型和投影等。

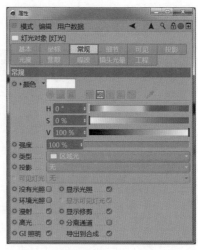

图12-28

1. 颜色

"颜色"用于设置灯光的颜色。

2. 强度

"强度"用于设置灯光的照射强度,也就是灯光的亮度。其取值可以超过100%,没有上限,还可以拖动滑块来调节强度。0%的灯光强度代表灯光没有光线。图12-29所示强度为30%、100%和300%的效果。

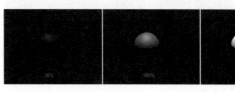

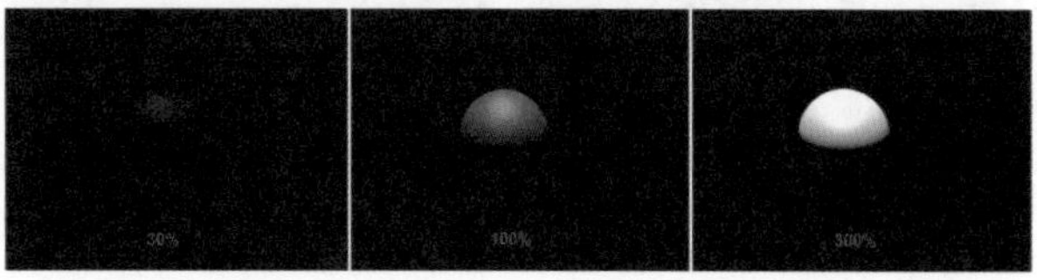

图12-29

3. 类型

"类型"用于更改灯光的类型。

4. 投影

"投影"中包含4个选项,分别是"无""阴影贴图(软阴影)""光线跟踪(强烈)""区域",如图12-30所示。

- **无**：选择该选项后，灯光照射在对象上不会产生阴影，如图12-31所示。
- **阴影贴图（软阴影）**：选择该选项后，灯光照射在对象上会产生柔和的阴影，阴影的边缘会出现模糊效果，如图12-32所示。

图12-31   图12-32

- **光线跟踪（强烈）**：选择该选项后，灯光照射在对象上会产生形状清晰且较为强烈的阴影，阴影的边缘不会产生任何模糊效果，如图12-33所示。
- **区域**：选择该选项后，灯光照射在对象上会根据距离的远近产生不同变化的阴影，距离越近，阴影越清晰，距离越远，阴影越模糊；它产生的是较为真实的阴影效果，如图12-34所示。

图12-33   图12-34

5. 可见灯光

"可见灯光"用于设置场景中的灯光是否可见及可见的类型。该参数包含"无""可见""正向测定体积""反向测定体积"4个选项，如图12-35所示。

图12-35

- **无**：表示灯光在场景中不可见。

- **可见**：表示灯光在场景中可见，且形状由灯光的类型决定；选择该选项后，泛光灯在视图中显示为球形，且渲染时同样可见，拖曳球形上的黄点可以调节光源的大小，如图12-36所示。

图12-36

- **正向测定体积**：选择该选项后，灯光照射在对象上会产生体积光，同时阴影的衰减效果将减弱。

为了方便观察，这里使用聚光灯来测试，将灯光的亮度设置为200%。图12-37所示左边图片的可见灯光设置为"可见"，右边图片的可见灯光设置为"正向测定体积"。

图12-37

注意

需要注意聚光灯的亮度和线框尺寸，否则可能无法看清效果，如图12-38所示。

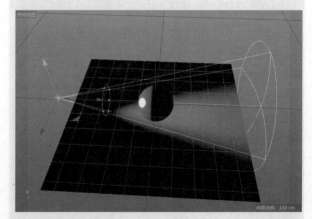

图12-38

- **反向测定体积**：选择该选项后，会在普通光线产生阴影的地方发射光线,常用于制作发散特效,如图12-39所示。

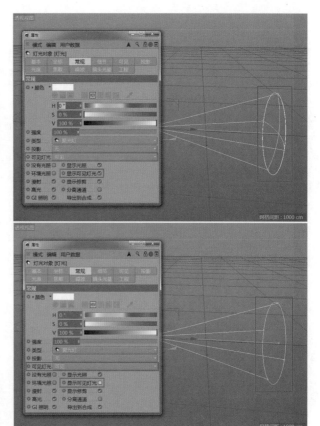

图12-42

6.没有光照

勾选"没有光照"选项后,场景中将不显示灯光的光照效果。如果设置可见灯光为"可见""正向测定体积""反向测定体积",那么光源仍可见。

7. 显示光照

勾选"显示光照"选项后,在视图中会显示灯光的控制器线框,如图12-40所示(左图为勾选状态,右图为取消勾选状态)。系统默认勾选该选项。

图12-39

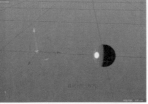

图12-40

8.环境光照

通常光线的照射角度决定了对象表面被照亮的程度,但勾选"环境光照"选项后,对象上的所有表面都将具有相同的亮度。这个亮度可以通过"细节"选项卡中的"衰减"参数进行调节。图12-41所示为衰减类型为"平方倒数"的效果。

图12-41

9. 显示可见灯光

勾选"显示可见灯光"选项后,视图中将显示可见灯光的线框,拖曳线框上的黄点可以缩放线框,如图12-42所示。

10. 漫射

取消勾选"漫射"选项后,灯光照射在某个对象上时,该对象的颜色将被忽略,但高光部分会被照亮,如图12-43所示。

图12-43

11. 显示修剪

在"细节"选项卡中勾选"近处修剪"和"远处修剪"选项,可以对灯光进行修剪。勾选"显示修剪"选项后,会以线框的形式显示灯光的修剪范围,即可调整修剪范围,如图12-44所示。默认情况下,"近处修剪"和"远处修剪"选项会默认勾选。

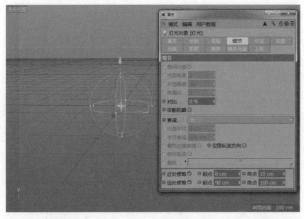

图12-44

12. 高光

默认勾选"高光"选项，如果取消勾选，那么灯光投射到场景中的对象上将不会产生高光效果，如图12-45所示。

图12-45

13. 分离通道

勾选"分离通道"选项后，在渲染场景时，漫射、高光和阴影将被分离出来并创建为单独的图层。前提是需要在"渲染设置"窗口中设置相应的多通道参数，如图12-46所示。

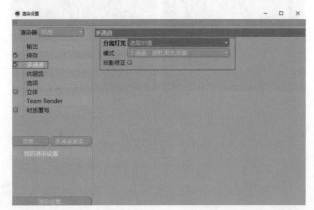

图12-46

渲染设置完毕后，勾选了"分离通道"选项的灯光对象被分层渲染，分离的图层如图12-47所示。

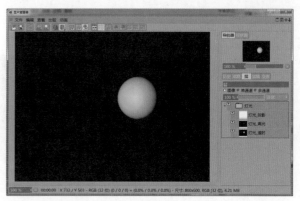

图12-47

14. GI照明

GI照明也就是全局光照照明，如果取消勾选该选项，那么场景中的对象将不会在其他对象上产生反射光线，如图12-48所示。

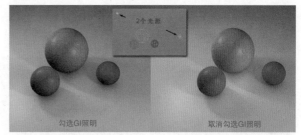

图12-48

12.3.2　细节

"细节"选项卡中的参数会因为灯光对象的不同而有所改变。除了区域光之外，其他几类灯光的"细节"选项卡中包含的参数大致相同，只是被激活的参数有些区别，如图12-49～图12-51所示。

图12-49

图12-50　　　　　　　　　图12-51

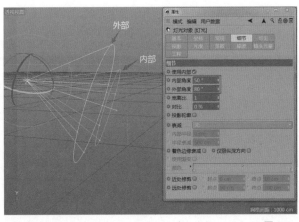

图12-53

1. 使用内部/内部角度

勾选"使用内部"选项后，才能激活"内部角度"选项。调整该参数，可以设置光线边缘的衰减程度，低数值可以使光线的边缘较柔和，高数值可以使光线的边缘较硬，如图12-52所示。

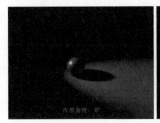

图12-52

> **注意**
>
> 　　"使用内部"选项只能用于聚光灯，根据聚光灯类型的不同，"内部角度"会显示为"内部半径"，如圆形平行聚光灯。
>
> 　　"外部角度"的取值范围是0°～175°，如果是"外部半径"，则没有上限，但不能是负值。"内部角度"和"内部半径"也是一样的。另外，"外部角度（外部半径）"的数值决定了"内部角度（内部半径）"的最大值，也就是说内部的取值不可超过外部。

2. 外部角度

用于调整聚光灯的照射范围，移动灯光对象线框上的黄点也可以调整，如图12-53所示。

3. 宽高比

标准的聚光灯是一个锥形，该参数可以设置锥体底部圆的横向宽度和纵向高度的比值，取值范围为0.01～100。

4. 对比

当光线照射到对象上时，对象上会产生明暗过渡，该参数用于控制明暗过渡的对比度，如图12-54所示。

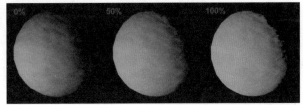

图12-54

5. 投影轮廓

如果在"常规"选项卡中设置灯光强度为负值，那么在渲染时可以看到投影的轮廓，如图12-55所示。

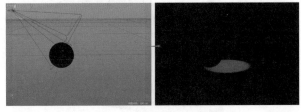

图12-55

在实际运用中通常不会设置光照强度为负值。图12-56所示左边是3个光源都启用了投影的效果，可以看出3个投影比较破坏画面整体的和谐效果，右边是禁用了3个光源的投影，同时在球体的正上方添加了一个光源（启用了投影），并勾选了"投影轮廓"选项的效果，可以看出右边的图比左边的图更和谐、美观。

图12-56

6. 衰减

在现实中，一个正常的光源可以照亮周围的环境，同时周围的环境也会吸收这个光源发出的光线，从而使光线越来越弱，这就是光线随着传播的距离变长而产生了衰减。在C4D中，虚拟的光源也可以实现这种衰减现象。"衰减"包含5种衰减类型，分别是"无""平方倒数（物理精度）""线性""步幅""倒数立方限制"，如图12-57所示。

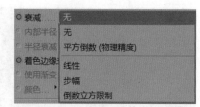

图12-57

每种衰减类型的效果如图12-58所示。

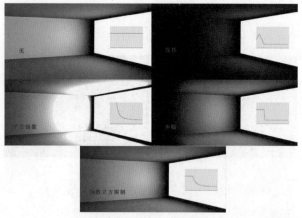

图12-58

7. 内部半径/半径衰减

"内部半径"用于定义一个不发生衰减的区域，衰减将从内部半径的边缘开始，如图12-59所示。"半径衰减"用于定义衰减的半径，位于数值区域内的光亮度会产生

0%～100%的过渡。

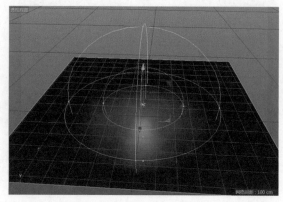

图12-59

注意

只有选择"线性"衰减方式，"内部半径"才会被激活。

8. 着色边缘衰减

只对聚光灯有效。勾选"使用渐变"选项，并且调整渐变颜色后，就可以观察启用和禁用"着色边缘衰减"选项的区别，如图12-60所示。

9. 仅限纵深方向

勾选"仅限纵深方向"选项后，光线将只沿着z轴的正方向发射，如图12-61所示。

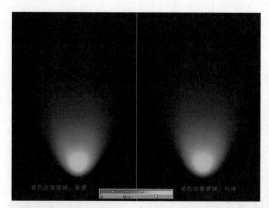

图12-60

图12-61

10. 使用渐变/颜色

"使用渐变"和"颜色"用于设置衰减过程中的渐变颜色，如图12-62所示。

图12-62

11. 近处修剪/起点/终点

勾选"近处修剪"选项后，灯光对象上会出现两个蓝色线框显示的球体（以泛光灯为例），"起点"和"终点"参数越大，这两个线框越明显。"起点"表示内部球体的半径，"终点"表示外部球体的半径，如图12-63所示。

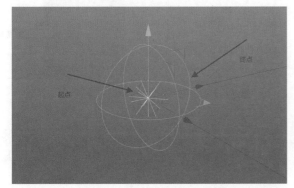

图12-63

如果设置的"起点"和"终点"值都没有超过灯光与对象之间的距离，那么经过渲染可以发现没有任何光线被修剪，如图12-64所示。

图12-64

如果只有"终点"值超过了灯光与对象之间的距离，那么随着"起点"数值的逐渐增大，会有越来越多的光线被修剪掉，如图12-65所示。

图12-65

如果"起点"和"终点"值都超过了灯光与对象之间的距离，那么超过距离的光线将被完全修剪，如图12-66所示。

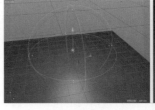

图12-66

12. 远处修剪/起点/终点

勾选"远处修剪"选项后，在灯光对象上会出现两个绿色线框显示的球体。"起点"参数用于控制投射在对象上的光线过渡的范围，位于范围内的光线不产生任何过渡；"终点"参数用于控制投射在对象上的光线范围，位于范围外的光线将被修剪，如图12-67和图12-68所示。

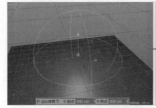

图12-67

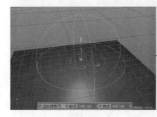

图12-68

12.3.3 细节（区域光）

区域光属性面板中的"细节"选项卡如图12-69所示。

1. 形状

用于调节区域光的形状，包含"圆盘""矩形""直线""球体""圆柱""圆柱（垂直的）""立方体""半球体""对象/样条"9种类型，如图12-70所示。

图12-69   图12-70

每种类型的效果如图12-71所示。

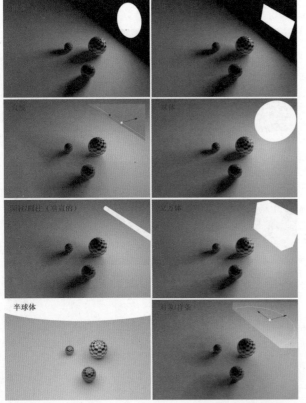

图12-71

2. 对象

只有设置"形状"为"对象/样条"时，"对象"参数才可使用。这时，可以从对象窗口中拖曳任意多边形或样条线到该参数右侧的文本框里，以作为区域光的形状。

3. 水平尺寸/垂直尺寸/纵深尺寸

水平尺寸、垂直尺寸、纵深尺寸分别用于设置区域光在x轴、y轴、z轴方向上的尺寸。

4. 衰减角度

用于设置光线衰减的角度，取值范围为0°～180°，如图12-72所示。

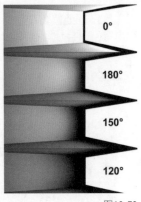

图12-72

5. 采样

如果想要对象的表面看上去好像被几个光源照射，就需要提高该参数的数值，如图12-73所示。其取值范围为16～1000。

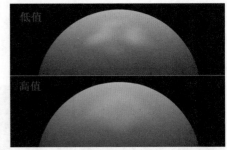

图12-73

6. 增加颗粒（慢）

"增加颗粒（慢）"与"采样"参数相关，勾选此选项会提高对象精度，类似于提高了采样的数值，如图12-74所示。

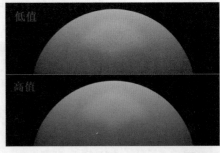

图12-74

7. 渲染可见/反射可见

"渲染可见"和"反射可见"选项用于设置区域光在渲染时和反射时是否可见,如图12-75所示。

图12-75

8. 在高光中显示

"在高光中显示"用于设置在高光中是否显示细节。

9. 可见度增加

"可见度增加"可以提高或者降低光线在反射中的显示强度。

12.3.4 可见

"可见"选项卡如图12-76所示。

图12-76

1. 使用衰减和衰减

只有勾选"使用衰减"选项后,"衰减"选项才会被激活。衰减是指按百分比减少灯光的密度,默认值为100%,也就是说从光源的起点到外部边缘,灯光的密度从100%到0%逐渐减少,如图12-77所示。

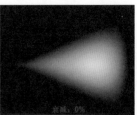

图12-77

2. 使用边缘衰减和散开边缘

"使用边缘衰减"和"散开边缘"只与聚光灯有关,"散开边缘"控制可见光的散开程度,如图12-78所示。

图12-78

3. 着色边缘衰减

"着色边缘衰减"只对聚光灯有效,只有勾选"使用边缘衰减"选项后才会被激活。勾选该选项后,内部的颜色将会向外部呈放射状传播,如图12-79所示。

图12-79

4. 内部距离和外部距离

"内部距离"控制内部颜色的传播距离,"外部距离"控制可见光的可见范围。

5. 相对比例

控制泛光灯在x轴、y轴、z轴方向上的可见范围,如图12-80所示。

图12-80

6. 采样属性

"采样属性"参数与可见体积光有关（灯光的可见方式为"正向测定体积"或"反向测定体积"），用于设置渲染精细度。数值高代表粗略计算，渲染质量差，但渲染速度较快；数值低代表精细计算，渲染质量好，但渲染速度较慢，如图12-81所示。

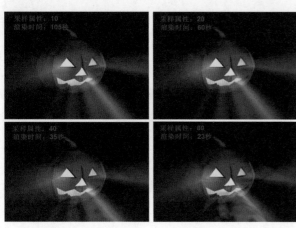

图12-81

7. 亮度

"亮度"用于调整可见光源的亮度。

8. 尘埃

"尘埃"用于使可见光的亮度变得模糊。

9. 使用渐变/颜色

"使用渐变"和"颜色"用于为可见光添加渐变颜色，如图12-82所示。

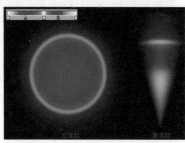

图12-82

10. 附加

勾选"附加"选项后，场景中如果存在多个可见光源，那么这些光源将叠加到一起，如图12-83所示。

11. 适合亮度

"适合亮度"用于防止可见光曝光过度，勾选该选项后，可见光的亮度会被削减为曝光效果至消失，如图12-84所示。

图12-83

图12-84

12.3.5　投影

每种灯光都有4种投影方式，分别是"无""阴影贴图（软阴影）""光线跟踪（强烈）""区域"。不同投影方式的"投影"选项卡的属性面板也不同。

1. 无

选择"无"代表没有投影。

2. 阴影贴图（软阴影）

选择该投影方式后，"投影"选项卡的属性面板如图12-85所示。

图12-85

• 密度：用于改变阴影的强度，如图12-86所示。

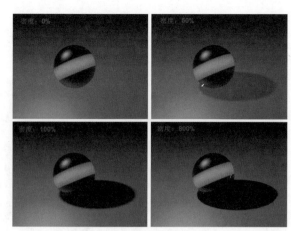

图12-86

- 颜色:用于设置阴影的颜色,如图12-87所示。

图12-87

- 透明:如果赋予对象的材质设置了透明或Alpha通道,就需要勾选该选项,如图12-88所示。

图12-88

- 修剪改变:勾选该选项后,在"细节"选项卡中设置的修剪参数将会应用到阴影投射和照明中。
- 投影贴图/水平精度/垂直精度:用于设置"投影贴图"投影的分辨率,C4D预置了几种分辨率,如图12-89所示;还可以通过"水平精度"和"垂直精度"参数来自定义分辨率。

投影贴图	250 x 250 ▾
○ 水平精度	250 x 250
○ 垂直精度	500 x 500
内存需求:	750 x 750
○ 采样半径	1000 x 1000
○ 绝对偏移	1250 x 1250
偏移(相对)	1500 x 1500
○ 偏移(绝对)	1750 x 1750
平行光宽度	2000 x 2000
○ 轮廓投影	自定义

图12-89

- 内存需求:设置一个投影分辨率后,C4D将自动计算显示该分辨率需要消耗的内存大小。
- 采样半径:用于设置投影的精度,数值越高越精细,但渲染时间也会越长。
- 绝对偏移:默认勾选,取消勾选后,"偏移(相对)"选项将被激活,此时阴影到对象的距离将由光源到对象的距离确定(相对偏移),光源离对象越远,阴影离对象也越远。
- 偏移(相对)/偏移(绝对):通常情况下,这两项默认设置的数值适用于大部分场景;如果对象很小,那么默认的偏移数值会导致对象与阴影间的距离变得很远,此时就需要降低偏移数值来使阴影显示在正确位置;如果对象很大,那么默认的偏移数值会导致阴影直接投射到对象上,此时需要增大偏移数值来使阴影显示在正确的位置。
- 平行光宽度:控制平行光的投影距离长短。
- 轮廓投影:勾选该选项后,对象的投影将显示为轮廓线,如图12-90所示。

图12-90

- 投影锥体:勾选该选项后,投影将成为一个锥形。
- 角度:用于控制锥体的角度,如图12-91所示。

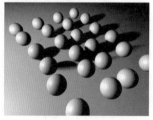

图12-91

- 柔和锥体:勾选该选项后,锥体的投影边缘会变得柔和。

3. 光线跟踪(强烈)

设置投影方式为"光线跟踪(强烈)"后,"投影"选项卡的属性面板如图12-92所示。

图12-92

具体的参数在前面已经介绍过，这里不再赘述。

4. 区域

设置投影方式为"区域"后，"投影"选项卡的属性面板如图12-93所示。

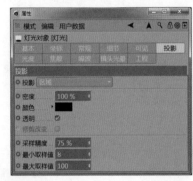

图12-93

- 采样精度/最小取样值/最大取样值：这3个参数用于控制区域投影的精度；高数值会产生精细的阴影，同时也会增加渲染时间；低数值会导致投影出现颗粒状的杂点，但渲染速度很快，如图12-94所示。

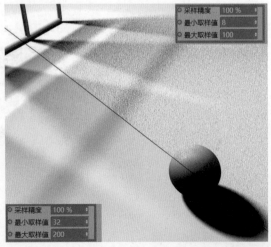

图12-94

12.3.6　光度

"光度"选项卡的属性面板如图12-95所示。

图12-95

1. 光度强度/强度

创建一个IES灯后，"光照强度"选项会自动激活，调整"强度"参数可以设置IES灯光的强度。当然，这两个参数也可以应用于其他类型的灯光。

2. 单位

除了"强度"参数外，该参数也可以影响光照的强度，同样也可应用于其他类型的灯光。该参数包含

图12-96

"烛光（cd）"和"流明（lm）"两个选项，如图12-96所示。

- 烛光（cd）：表示光照强度是通过"强度"参数定义的。
- 流明（lm）：表示光照强度是通过灯光的形状定义的；如果增加聚光灯的照射范围，那么光照强度也会相应增加；反之亦然，如图12-97所示。

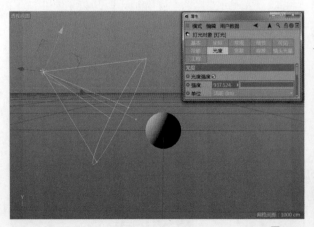

图12-97

应当先增加或减少灯光的照射范围,然后再勾选"光照强度"选项,并设置"单位"为"流明（lm）",此时光照强度才会根据灯光的强度来确定。如果先设置了"单位"为"流明（lm）",那么无论怎样调整灯光形状,光照强度都不会再发生变化,此时要想调整光照强度,还是需要设置"强度"参数。

- 光度数据:IES灯光数据开关,勾选才可以用IES贴图。
- 文件名:指定IES贴图的,可以打开贴图,也可以从内容浏览器里打开。
- 光度尺寸:控制灯光尺寸。

12.3.7　焦散

焦散是指当光线穿过一个透明物体时,由于物体表面不平整,因此光线折射没有平行发生,从而产生了漫折射,投影表面出现光子分散现象。使用焦散可以制作很多精致的效果。在C4D中,如果想要渲染灯光的焦散效果,就需要先在"渲染设置"窗口中单击"效果"按钮后,选择"焦散",如图12-98所示。

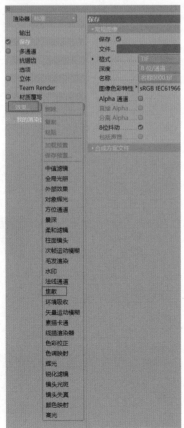

图12-98

"焦散"选项卡的属性面板如图12-99所示。

图12-99

1. 表面焦散

"表面焦散"用于激活光源的表面焦散效果。

2. 能量

"能量"用于设置表面焦散光子的初始总能量,主要控制焦散效果的亮度,也影响每一个光子反射和折射的最大值,如图12-100所示。

图12-100

3. 光子

"光子"影响焦散效果的精确度,数值越高,效果越精确,同样渲染时间也会增加,一般最佳取值范围为10 000～1 000 000。数值过低,光子看起来就像一个白点。

4. 体积焦散/能量/光子

"体积焦散""能量""光子"用于设置体积光的焦散效果,如图12-101所示。

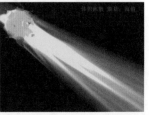

图12-101

12.3.8　噪波

"噪波"选项卡用于设置一些特殊的光照效果,其属性面板如图12-102所示。

图12-102

1. 噪波

用于选择噪波的方式,包括"无""光照""可见""两者"4种,如图12-103所示。

图12-103

- 光照:选择该选项后,光源的周围会出现一些不规则的噪波,并且这些噪波会随着光线的传播而照射在对象上,如图12-104所示。
- 可见:选择该选项后,噪波不会照射到对象上,但会影响可见光源;选择该选项还可以让可见光源模拟烟雾效果,如图12-105所示。

图12-104　　　　　　　　图12-105

- 两者:表示"光照"和"可见"选项的效果同时出现,如图12-106所示。

图12-106

2. 类型

用于设置噪波的类型,包含"噪波""柔性湍流""刚性湍流""波状湍流"4种,如图12-107所示。

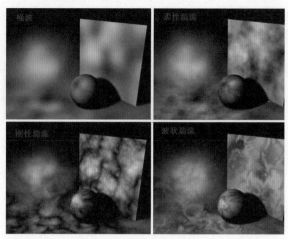

图12-107

注意

噪波会随着光源的移动而移动。

"噪波"和"镜头光晕"不是常用工具,本书仅讲解了它们的重要参数,其他参数读者可以自行尝试调整。

12.3.9　镜头光晕

"镜头光晕"选项卡用于模拟现实世界中摄像机镜头产生的光晕效果。镜头光晕可以增强画面的气氛,尤其在深色的背景中。其属性面板如图12-108所示。

图12-108

1. 辉光

"辉光"用于为灯光设置一个镜头光晕的类型，如图
12-109所示。

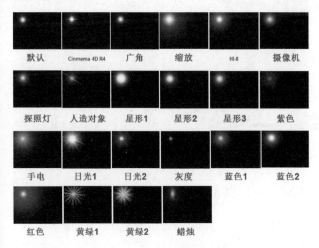

图12-109

2. 亮度

"亮度"用于设置选择的辉光的亮度。

3. 宽高比

"宽高比"用于设置选择的辉光的宽度和高度的比例。

4. "编辑" 按钮

单击"编辑" 编辑... 按钮，打开"辉光编辑器"对话
框，在其中可以设置辉光的相应属性，如图12-110所示。

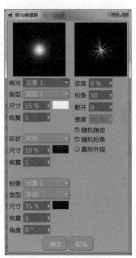

图12-110

5. 反射

"反射"用于为镜头光晕设置一个镜头光斑（设置一
个反射的辉光），如图12-111所示。反射也有很多选项，结
合辉光类型可以搭配出多种不同的效果。

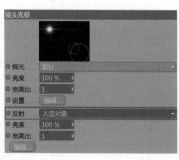

图12-111

6. 亮度

"亮度"用于设置反射辉光的亮度。

7. 宽高比

"宽高比"用于设置反射辉光的宽度和高度的比例。

8. "编辑" 按钮

单击"编辑"按钮，打开"镜头光斑编辑器"对话框，
在其中可以对反射辉光的属性进行设置，如图12-112所示。

图12-112

9. 缩放

"缩放"可以同时调节镜头光晕和镜头光斑的尺寸。

10. 旋转

"旋转"只能用于调节镜头光晕的角度。

12.3.10 工程

"工程"选项卡控制灯光的排除和包含，可以使灯光
单独照明某个对象，或者排除对某个对象的照明。使用
方法很简单，只需要把需要照明或者排除的对象拖入"对
象"右侧区域即可，如图12-113所示。

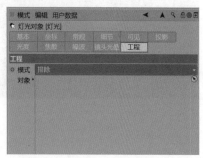

图12-113

12.4 灯光应用技巧

在现实中，摄影师和画家都需要充分了解光，因为好的光是艺术表现的关键。在摄影中，好的布光能使摄影师拍出更好的作品，CG也和摄影一样，是追求光和影的艺术。在进行CG表现时，场景中光源的布置是必须考虑到位的，否则很难渲染出高品质的作品，如图12-114所示。

图12-114

站在空旷的草地上，周围没有任何遮挡物时，太阳就是一个直射光源，直接照亮草地，草地接收到太阳的光照后，吸收一些光线并漫反射出绿色的光线，这部分光线间接增强了太阳光的强度，如图12-115所示。如果进入伞下，则对物体而言，太阳光就不再是直射光源，照亮物体的都是来自天空和地面的漫反射光线，如图12-116所示。这里的太阳光为直射光照，天空和地面的反射光为间接光照，是两种不同的光照形式。

图12-115

图12-116

12.4.1 三点布光

CG布光在渲染器发展的早期无法计算间接光照，因为背光的地方没有反射光线，所以会得到一个全黑的背面。模拟物体真实的光照，需要多束辅助灯光照射暗部区域，这就形成了众所周知的"三点布光"，也叫"三点照明"。如果场景很大，则可以把它拆分成若干个较小的区域进行布光。一般有3束光即可，分别为主体光、辅助光与背景光。

布光顺序：先定主体光的位置与强度，再决定辅助光的强度与角度，最后分配背景光。布光应当主次分明，互相补充。在CG中，这种布光手法比较传统，且更接近于绘画的手法，利用不同的灯光对物体的亮部和暗部进行色彩和明度的处理。

三点布光的好处是容易学习和理解。它由在一侧的一个明亮主灯，在对侧的一个弱补充辅助灯和在物体后面用来突出物体、加亮边缘的背景灯组成，如图12-117所示。

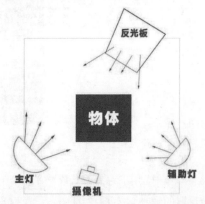

图12-117

在CG中，三点布光是人为根据照明需求设置的，这种光照类型在自然界中并不存在，因为它的效果非常艺术化，看起来也就比较刻意、不真实。渲染器发展到现在，已经具备了计算间接光照的能力，全局光照（Global Illumination）技术已经解决了暗部处理的问题。有的渲染器更是提供了进行全局光照的天空对象，这样不用灯光也可以模拟出真实的光照，但是布光仍然至关重要。这里主要讲解三维软件中的布光技巧和方法。

12.4.2 布光方法

100名灯光师给同一个复杂的场景布光会有100种不同的方案与效果，但都会遵守布光的原则，如考虑灯光的类型、灯光的位置、照射的角度、灯光的强度、灯光的衰减等。如果想要照明一个环境或物体，那么可以在布光时尝试加入一些创造性的想法，并研究在自然界中发生了什么，然后得出自己的解决方案。

1. 灯光类型

布光前，首先要确定主光源。如果将室外光作为主要光照，那么太阳就是主光源。如果将室内灯光作为主光源，那么灯光的位置就很重要。由于光源照射角度不同，阴影产生的面积也不同，当主光源产生的阴影面积过大时，需要增加辅助光源对暗部进行适当的照明。在演播室拍摄节目时，照射主持人的光一般从其前上方偏左或偏右的位置进行照射，这样会在主持人鼻子下方和颈部留下明显的阴影，为了处理这些阴影，就要使用一个辅助光照射一个反光板辅助照射。在拍摄户外电影电视剧的片场，经常可以看到有工作人员手持白色板子跟着演员一起移动，这实际上就是为了弥补演员面部的曝光不足。

2. 前光/侧光/顶光/背景光/底光

前光/侧光/顶光/背景光/底光这些光不是相对物体位置而言的，而是参考摄像机的朝向得出的。图12-118所示为前光（面光）、四分之一光、侧光和背景光（轮廓光）的位置。

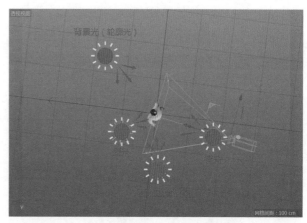

图12-118

首先需要确定光线从哪个角度照射到对象上，也就是光线的方向。选择主光源从哪个方向照射是非常重要的，因为这会对场景呈现的氛围、图像要传达的情绪产生巨大的影响。主光源基本可以控制照明的整个基调。

在调整灯光的照射角度时，需要仔细观察对象上明暗面积的比例关系，这样可以使调节灯光的照射角度有章可循。

前光可以很快地照亮整个场景中的可视部分，在照射范围内，会产生非常均匀的光照效果，对象的色调过渡也很柔和。但它的缺陷是缺乏立体感。如果光线很硬，则效果会较差。前光对显现形态或肌理的帮助很小，它会使对象看起来较为平面化，而且容易在对象的后面形成"包裹"对象外轮廓的阴影，如图12-119所示。

图12-119

也正因为这样，柔和弥散的前置光照在一些主题表现时非常有效，如图12-120所示。侧光在对象上产生明暗各占一半的效果，会让对象产生"阴阳脸"，如图12-121所示。

图12-120

图12-121

这种表现手法在表现CG人物时也会用到，如图12-122所示。

图12-122

侧光可以很好地展现对象的形态和纹理，使其具有三维效果。侧光可以用来给类似墙的表面投上艺术性的阴

影，营造艺术气氛，如图12-123所示。侧光的缺点是图片阴影中的区域有时会丢失，而且会出现如皱纹一类的瑕疵，使对象皮肤看起来比较粗糙。

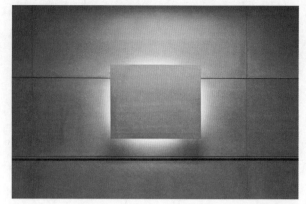

图12-123

顶光会使对象显得渺小，并会在被照射对象的下方产生大面积的暗部和阴影，如图12-124所示。

图12-124

底光并不常见，在强光下它因隐蔽了对象下方大部分形态的艺术性投影而营造一种神秘的气氛。例如，人位于强光的正下方时，眼睛的位置会产生黑洞，因为他们的眼窝在阴影中。底光从正下方照明也很少见，因为这样会在对象和环境的上方产生大面积的暗部和阴影，如图12-125所示。黑暗笼罩在头顶，会让人感到恐怖。底光甚至能给最熟悉的东西带来奇怪的外表，因为平常所看到的明暗会被颠倒，如一个人用手电筒从下巴下方照他的脸。因此底光能用来制造不寻常的图像。可以发现，同一张脸，如果灯光放置的位置不同，看起来的效果就会完全不同。

背光是高亮度的光源从对象的背后照射产生的，由于这种照射角度会在对象上产生明亮的外轮廓线，因此也叫轮廓光。背光越强，轮廓的光边就越明显。它通常用来把对象从背景中分离出来，也能加强对象和背景间的空间感，如图12-126所示。

图12-125

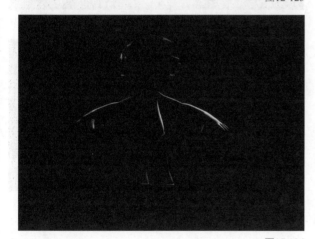

图12-126

看电视时，可以发现主持人的头发和肩部会有亮光，这就是为了将人物和背景分离开来的背光的效果，如图12-127所示。

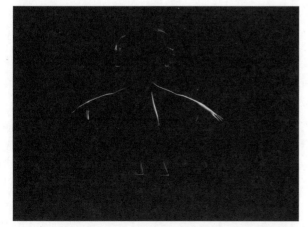

图12-127

背光（轮廓光）在CG中的应用如图12-128所示。

图12-128

（1）直射光与反射光

直射光的类型很多，如步入点光源、线光源、面光源等。而反射光通常以面的形式发射光线。这里指的是漫反射，而且专指利用反光板把直射光线反射到对象上的照明形式，如图12-129所示。再如摄像师照相时，并不会用闪光灯直接照射对象，而是把闪光灯向上旋转，朝着天花板照射，利用天花板反射的光线来拍摄。这是一个非常典型的例子，能得到非常柔和、均匀的光照效果。在三维渲染中要注意这种光线的使用，避免渲染输出的图像显得生硬、毫无情感。

图12-129

（2）特殊光效

特殊光效一般不以照明为主要目的，而是为了突出某些特殊的效果而采用的局部照明。例如，大型标志建筑周围的投影灯，可烘托出夜晚的建筑的壮观气势。节日挂起的彩灯同样是为了烘托气氛，如图12-130所示。

图12-130

想要突出画面中在不起眼位置的对象时，可以使用一个单独光源对该对象进行照明，以吸引目光。在三维渲染中，可以更加自由地使用这种效果光，如设置哪些物体被照射，哪些物体被排除。这样就可以根据需要随意添加效果灯，而不影响其他物体。

3. 布光步骤

在为场景布光之前，应该明确布置的光源是为了满足什么需要，换句话说，场景的基调和气氛是什么？在灯光中表达出一种基调，对整个图像的效果表现是至关重要的。在某些情况下，唯一的目的是清晰地看到一个或几个对象，而更多情况的目的是更加复杂的。

灯光有助于表达情感，或引导观者目光聚焦到一个特定的位置。这样可以使场景看起来更有深度和层次。因此，表达对象和应用领域不同，灯光照明的原则也不同，在布光之前清楚照明的目的，然后根据其特点分配灯光才是正确的方法和步骤。

（1）参考来源

在创作真实的场景时，应该养成从实际照片和优秀电影中取材的习惯。参考资料可以提供一些线索和灵感。分析一张照片中高光和阴影的位置，通常可以重新确定对图像起作用的光线的基本位置和强度。根据现有的原始资料来布光，可以学到很多知识。

（2）光的方向

在CG中模拟真实的环境和空间时，一定要形成统一的光线方向，这也是布光主次原则的体现。

（3）光的颜色

场景中的灯光颜色极为重要，能够反映画面的气氛和表现意图。从美术角度分析，颜色有冷暖之分，不同色调给人的心理感受不同，如图12-131和图12-132所示。

图12-131

图12-132

冷色为后退色，给人镇静、冷酷、强硬、收缩、遥远等感觉。暖色为前进色，给人亲近、活泼、愉快、温暖、激情和膨胀等感觉。每个画面都要有一个主色调。同时冷暖色可以是相互联系、相互依存的，它们是靠对比产生的。如黄色和蓝色放在一起，黄色就是一种暖色，但黄色和红色放在一起，黄色就具有了冷色的特征。因此在确定画面统一的色调后，就可以为大面积的主色调分配小面积的对比色调。如物体的亮部如果是冷色调，则暗部为暖色调，反之亦然。可以发现图12-133所示的人物的主色调为偏红的暖色，但人物的暗部或者背景为紫色和青色，这样的色调对比使人物形象更加突出，视觉冲击力更加明显。

图12-133

4. 在C4D中布光

在C4D中布光前，需要对最终的照明效果有一定了解，包括色彩、基调、画面构成、主次关系等。也就是说，需要在脑海中有个基本框架。

（1）主光源

在大多数情况下，主光源会放在对象斜上方45°的位置，也就是四分之一光，但这也绝不是固定不变的。主光源可以根据场景需要来放置。主光源通常是首先放置的光源，以便用它在场景中创建初步的灯光效果。因为主光源的作用是在场景内生成阴影、高光和确定主色调，所以这里需要决定主光源的颜色、强度和阴影类型。

（2）辅助光源

辅助光源用来填充场景的黑暗和阴影区域。主光源在场景中是最引人注意的光源，但辅助光源的光线可以营造景深和逼真的感觉。一般辅助光源不会生成阴影，否则场景中会有多个阴影，使场景看起来不自然。辅助光源可以放在与主光源相对的位置，颜色可以设置成与主光源成对比的颜色。也就是说，主光源和辅助光源有着冷暖对比的关系。当然，辅助光源的亮度需要比主光源弱，以免破坏光源的主次关系。辅助光源可以不止一个，但是太多的光源不容易管理。在使用辅助光源时，必须遵循"少就是多"的原则，不可机械地布光，要在一定的范围内充分发挥个人的创造性。

（3）背景光

布置好主光源和辅助光源后，需要强调对象的轮廓，可以加入背景光来将对象和背景分开。背景光经常放置在四分之三关键光的正对面，使对象产生很小的反射高光区

（边缘光）。如果场景中有圆角边缘的对象，则这种效果能增加场景的真实性。

（4）调整光源

确定所有灯光后，可以进行细微的调整，这时就考验个人对整体布光的把握能力了。具备这种能力需要平常多积累对色彩、光、空间和构图的感觉。调整弱光时，也要注意它的整体效果，把握好度，这和绘画有相似之处。

（5）添加特殊光效

需要表达特殊的效果或需要对某个对象进行艺术修饰时，可以添加特殊光效。

5. 灯光应用

（1）室内布光

室内设计的照明力求真实可信，不论是光源的亮度、色调，还是照射范围，都要体现出真实光源的物理属性，因为这种设计最终要应用到真实的工程中。在表现家居、咖啡厅、办公区等不同空间时，需要用不同的灯光照明。根据不同空间传达的理念和具有的特质进行布光，如图12-134所示。

图12-134

室内的布光经常会将区域光作为辅助光源，因此，可以在门窗等主要位置放置等面积的面积光来制作出细腻的光照和阴影。为了呈现出柔和的光线，场景中的灯光都需要设置合适的衰减范围，以贴近真实光线。在C4D中，可以利用渲染的颜色映射表现，达到柔和的光照效果。

（2）对象布光

为特写的对象布光时，布置的光源应该主要围绕这个对象进行，利用合适的灯光来表现对象的造型和质感。为了模拟真实的空间和光照情况，一般采用HDRI贴图来处理背景，让有反射能力的对象能够反射出真实的环境，增强真实感。因此，HDRI贴图的选择至关重要。另外，为了呈现均匀的光线和细致的光线变化，还需要用到反光板进

行补光，效果如图12-135所示。

图12-135

（3）场景布光

场景的布光涉及更多的对象，需要我们有把握全局的能力，明确要表现的主体是哪些、衬景是哪些，然后再对主要对象进行细致的表现。大的场景需要确定主光源和主色调，首先将正确的基调和气氛营造出来，然后再增加细节。特效光及环境大气的塑造对场景气氛的营造有着很重要的作用。在表现大场景时，可以适当使用雾气、太阳光晕及镜头景深的效果，如图12-136所示。

图12-136

三维软件中灯光设置得越复杂，渲染花费的时间越久，灯光管理也会越复杂。布光应当考虑清楚该光源在场景中是否十分必要。可以尝试独立查看每一个光源，以衡量它对场景的相对价值。如果它的作用不明确，就删除。在有些情况下，如建筑物光源、照亮的显示器和其他独立的小组合光源，可以使用贴图来模拟，而不使用实际灯光，以节约渲染时间。

第13章

动画与摄像机

13

关键帧与动画

摄像机

13.1 关键帧与动画

13.1.1 关键帧

在影视动画制作中，帧是最小单位的单幅影像画面，相当于电影胶片上的一格镜头。在动画软件的时间轴上，帧表现为一格或一个标记。关键帧相当于二维动画中的原画，是指角色或对象运动或变化过程中的关键动作所处的那一帧。

关键帧与关键帧之间的帧可以由软件来创建，叫作过渡帧或者中间帧。多个帧按照自定义的速率播放，即动画。播放速率即帧速率，常见的帧速率：电影为每秒24帧，PAL制式为每秒25帧，NTSC制式为每秒30帧。

13.1.2 "Animate"界面

从C4D操作界面右上角的"界面"下拉列表中可以切换到"Animate"界面，以便制作动画，如图13-1所示。图13-2所示中间为时间轴，靠下的窗口为"时间线窗口"。

图13-1

图13-2

13.1.3 时间轴工具设定

时间轴由时间线和工具按钮组成，如图13-3所示。时间线上显示的最小单位为帧，即"F"。■方块为时间指针，可在时间线上任意滑动，也可在其右侧输入数值，使时间指针直接跳到那一帧。时间轴左下方的长条及两端数值可控制时间线的长度，在两端输入以"F"为单位的数值，即可得出时间线总长度，拖动长条滑块以控制在时间线上的显示长度。

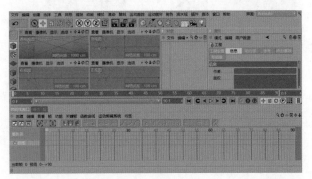

图13-3

🅺：指针转到动画起点。

🅲：指针转到上一关键帧。

◀：指针转到上一帧。

▷：向前播放动画。

▶：指针转到下一帧。

🅱：指针转到下一关键帧。

🅼：指针转到动画终点。

◎：记录位移、缩放、旋转及活动对象点级别动画。

◎：自动记录关键帧。

⑦：设置关键帧选集对象。

⊕⊞◎：开/关记录位移、旋转、缩放。

Ⓟ：开/关记录参数级别动画。

⊞⊞⊞：开/关记录点级别动画。

▤：设置播放速率。

13.1.4 时间线窗口与动画

1. 记录关键帧

创建一个立方体，从对象窗口中选择该立方体，打开其属性面板，在属性面板的坐标参数中，P、S、R分别代表立方体的移动、旋转、缩放，X、Y、Z分别代表它的x轴、y轴、z轴。在P、S、R前面都有一个黑色◎标记，单击◎标记，即为当前动画记录了关键帧，同时黑色◎标记会变成红色◎标记，如图13-4所示。

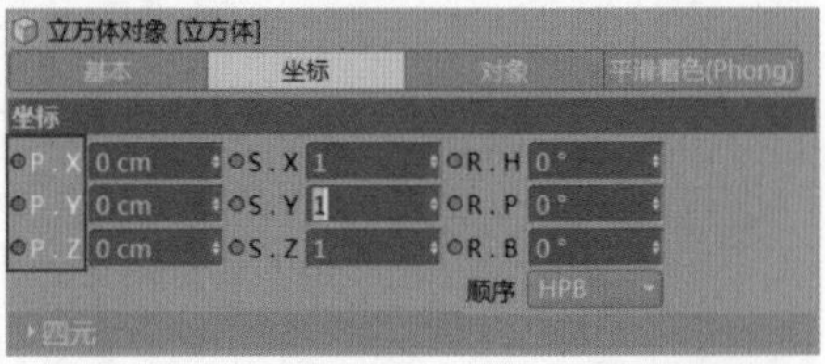

图13-4

当在透视视图中沿x轴方向移动立方体后，对象坐标参数中的◎标记会变成◎标记，表示已有关键帧记录的属性被改变了，如图13-5所示，再次单击◎标记，即记录至少两个表现立方体运动变化的关键帧。

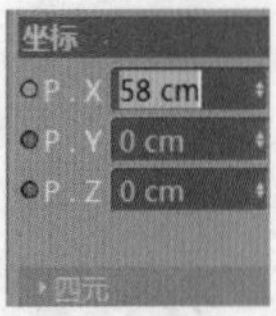

图13-5

2. 摄影表（关键帧）模式

记录完关键帧后，时间线窗口会以关键帧模式显示记录的关键帧，如图13-6所示。在时间线窗口中，有记录关键帧的小方块标记，同样有指针标记。

在时间线窗口中按H键（或单击窗口工具栏中的█按钮），最大化显示对象的所有关键帧，单击█按钮可为当前时间做标记，按住Alt键+鼠标中键可平移关键帧视图；按住Alt键滚动鼠标中键可缩放视图；按住鼠标左键可点选或框选关键帧，还可左右移动更改关键帧所在的时间；按住Ctrl键并单击可为对应属性添加关键帧。

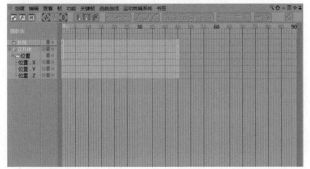

图13-6

3. 函数曲线类型

单击██按钮来切换摄影表与函数曲线的界面。选择立方体，时间线窗口中会显示立方体的动画曲线，如图13-7所示。曲线模式的界面操作和摄影表（关键帧）模式的相同。

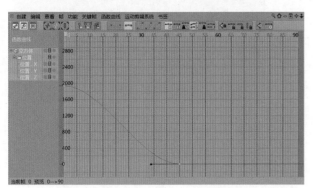

图13-7

先制作两个小球在任一轴向上的位移动画，如图13-8所示。

图13-8

它们的函数曲线如图13-9所示。默认的函数曲线是缓入缓出的，即先加速运动，再减速至停止。

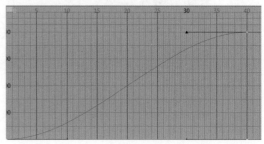

图13-9

- 线性：先在时间线窗口选择第二个球，再任意选择一个关键帧，按Ctrl+A组合键全选，单击鼠标右键，在弹出的快捷菜单中执行"线性"命令，曲线变成直线，如图13-10和图13-11所示。快捷工具是窗口工具栏中的█按钮。小球从开始到结束的运动都是匀速的。

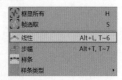

图13-10

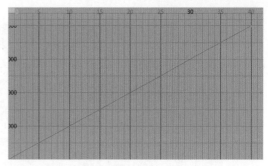

图13-11

- 缓入：全选关键帧，单击鼠标右键，在弹出的快捷菜单中执行"样条类型>缓入"命令，如图13-12所示。曲线将在运动停止前变得缓和，如图13-13所示。快捷工具是窗口工具栏中的█按钮。小球将在开始阶段匀速运动，在静止前减速运动。

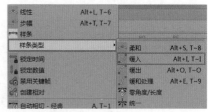

图13-12

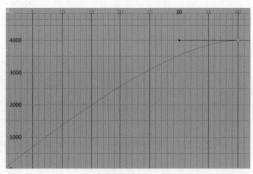

图13-13

- 缓出：全选关键帧，单击鼠标右键，在弹出的快捷菜单中执行"样条类型>缓出"命令，如图13-14所示。曲线将在开始阶段变得缓和，如图13-15所示。快捷工具是窗口工具栏中的█按钮。小球将在开始阶段加速运动，在静止前匀速运动。

图13-14

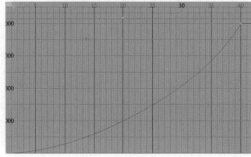

图13-15

- 缓和处理：全选关键帧，单击鼠标右键，在弹出的快捷菜单中执行"样条类型>缓和处理"命令，如图13-16所示。曲线在开始和结束时都变得缓和，如图13-17所示。快捷工具是窗口工具栏中的█按钮。小球先加速后减速。

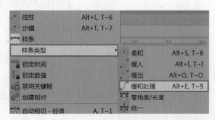

图13-16

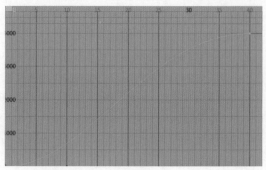

图13-17

- 步幅：全选关键帧，单击鼠标右键，在弹出的快捷菜单中执行"步幅"命令，如图13-18所示。曲线变成水平直线和位于结束帧的垂直线，如图13-19所示。快捷工具是窗口工具栏中的█按钮。小球从开始到下一个关键帧之前都静止，到下一个关键帧时直接移动到目标位置，形成跳跃的运动。

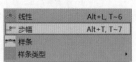

图13-18

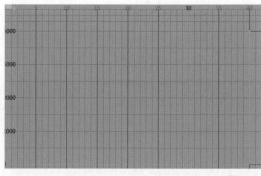

图13-19

- 限制：在制作好的小球运动轨迹中间添加关键帧，再按住Ctrl键复制关键帧并往后偏移，默认曲线如图13-20所示。小球在运动过程中并不是静止后再继续前行的，而是在中途来回晃动后再继续前行。

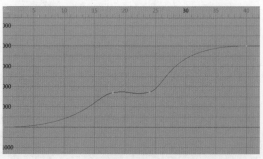

图13-20

全选关键帧，单击鼠标右键，在弹出的快捷菜单中执行"限制"命令，如图13-21所示。曲线轨迹如图13-22所示，小球将在中途静止一段时间再继续前行。

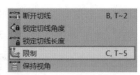

图13-21

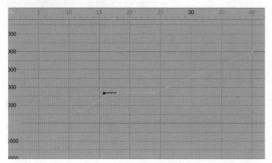

图13-22

除执行"限制"命令外，还可修改相切数值来使小球静止。框选曲线上新加的两个关键帧，在关键帧属性面板中将"居左数值"修改成"0cm"，如图13-23所示，使两个关键帧水平相连，对应的按钮为工具栏中的 按钮。小球同样将在中途静止后再继续前行。

图13-23

- 自定义：制作小球跳落台阶的动画，来熟悉用关键帧手柄控制对象的运动轨迹。先制作一个台阶及一个球的简单场景，如图13-24所示。

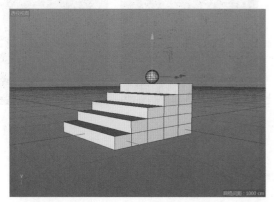

图13-24

在侧视图中，每隔10帧记录下小球与每级台阶接触的位置，如图13-25所示。小球的运动曲线如图13-26所示。

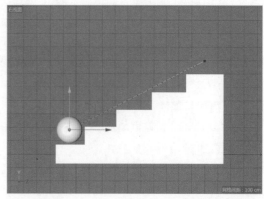

图13-25

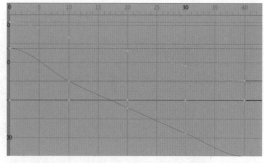

图13-26

分析小球运动曲线可得出，若小球在台阶上跳起则是小球沿y轴方向的位移运动，则可在时间线窗口中单独选择小球的y轴位移曲线，再选择关键帧，按住Shift键分别拖曳手柄，调整曲线形态如图13-27所示，这样小球将会逐级跳落台阶。

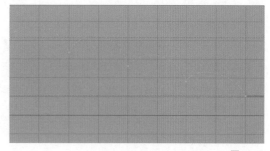

图13-27

13.2 摄像机

在C4D中，视图窗口是一个默认的"编辑器摄像机"，它是软件建立的一个虚拟摄像机，可以观察场景中的变化，但在实际的动画制作中，"编辑器摄像机"添加关键帧后不便于视图的操控,这时需要创建一个真正的摄像机来制作动画。

在C4D的工具栏中单击🎥按钮,会弹出可供选择的6种摄像机,如图13-28所示。这6种摄像机的基本功能相同,但也有各自的特点。

图13-28

1. 摄像机属性

摄像机即自由摄像机,它可直接在视图中自由控制自身的摇移、推拉、平移。

单击列表中的"摄像机"即可创建自由摄像机,如图13-29所示。单击对象窗口中的🎥图标,进入摄像机视图,如图13-30所示。

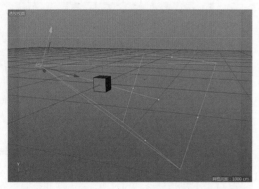

图13-29

图13-30

进入摄像机视图后,可像在透视视图中一样对摄像机进行摇移、推拉、平移,也可分别按住键盘的1、2、3键+鼠标左键来操作,对应摄像机的平移、推拉和摇移。

在对象窗口中单击"摄像机",即可进入其属性面板,如图13-31所示。

图13-31

（1）基本

在"基本"选项卡中可以更改摄像机的名称,可对摄像机所处的图层进行更改或编辑;还可设置摄像机在编辑器和渲染器中是否可见;在"使用颜色"下拉列表框中选择"开启"可修改摄像机的显示颜色。

（2）坐标

摄像机的"坐标"选项卡和其他对象的相同,可设定P、S、R在x轴、y轴、z轴3个轴向上的值（HPB可切换成XYZ,使控制更直观）,如图13-32所示。

图13-32

（3）对象

"对象"选项卡如图13-33所示,框选的都是常用参数。

- 投射方式:单击 透视视图 ,会弹出图13-34所示的下拉列表,有平行、右视图、正视图等多种投射方式,用户可根据需要选择。

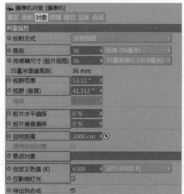 

图13-33　　　　　　图13-34

- 焦距:焦距越长,可拍摄的距离越远,视野也越小,即长焦镜头;焦距越短,可拍摄的距离越近,视野也越广,即广角镜头。默认的36mm为较为接近人眼视觉感受的焦距。图13-35所示为36mm焦距的摄像机所拍摄的物体;机位保持不变,同一摄像机15mm焦距拍摄的画面如图13-36所示。

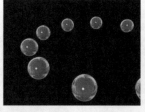 

图13-35　　　　　　图13-36

- 传感器尺寸（胶片规格）:修改传感器尺寸,焦距不变,视野范围将会变化。在真实摄像机上,传感器尺寸越大,感光面积越大,成像效果越好。
- 35毫米等值焦距:显示焦距。

- 视野范围/视野（垂直）：即摄像机上、下、左、右的视野范围，修改焦距或传感器尺寸，均可影响视野范围。
- 缩放：在使用平行视图的时候，可以调节该值以控制远近。
- 胶片水平偏移/胶片垂直偏移：可以在不改变视角的情况下，改变对象在摄像机视图中的位置。
- 目标距离：即目标点与摄像机的距离，目标点是摄像机景深映射距离的计算起点。
- 使用目标对象：在摄像机为目标摄像机的时候，勾选该选项可以把目标对象作为焦点。
- 焦点对象：可从对象窗口中拖曳一个对象到"焦点对象"右侧文本框里，将其当作摄像机焦点。
- 自定义色温：调节色温，影响画面色调，图13-37和图13-38所示为不同色温下的图像。
- 仅影响灯光：勾选该选项后，色温值仅影响灯光。
- 导出到合成：可以将当前摄像机导出到后期合成软件中使用。

图13-39

图13-40

在动画制作过程中主要影响画面的有以下参数。

- 光圈（f/#）：用来控制光线透过镜头，进入机身内感光面的光量的装置，光圈值越小，景深越大。
- 快门速度：拍摄高速运动的对象时，快门速度越快，呈现出的图像越清晰。
- 暗角强度/暗角偏移：可在画面四角压暗色块，使画面中心更突出，如图13-41所示。

图13-37

图13-38

（4）物理

在渲染设置中将渲染器切换成物理渲染器，可激活"物理"选项卡，如图13-39和图13-40所示。

图13-41

- 光圈形状：控制画面光斑的形状，可为圆形、多边形等，如图13-42和图13-43所示。

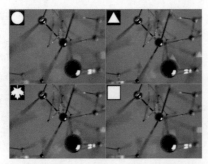

图13-42

图13-47

图13-43

（5）细节

切换到"细节"选项卡，在动画制作过程中主要影响画面的有以下参数。

- 近端剪辑/远端修剪：可对摄像机中显示的对象的近端和远端进行修剪，如图13-44和图13-45所示。

图13-44

图13-45

- 景深映射-前景模糊/背景模糊：在标准渲染器中添加景深效果，如图13-46所示，激活这两项可给摄像机添加景深。景深映射是以摄像机目标点为计算起点来设置景深大小，如图13-47所示。

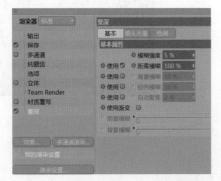

图13-46

（6）目标

当创建的是目标摄像机时，"目标"选项卡会被激活。在"基本属性"组中可更改目标点名称、所处图层等；在"标签属性"组中可将其他对象拖曳到"目标对象"右侧文本框中，当作摄像机的目标点，如图13-48所示。

图13-48

单击对象窗口中的"摄像机.目标.1"，属性面板中会显示"摄像机.目标.1"的属性，可设置目标点在视图中的显示方式，选择圆点、多边形均可，如图13-49所示。

图13-49

（7）立体

当创建的是立体摄像机时，"立体"选项卡会被激活。3D摄像机是两个摄像机在不同机位同时拍摄画面。

在透视视图菜单中执行"选项>立体"命令，如图13-50所示。透视视图中即显示双机拍摄的重影画面，如图13-51所示。

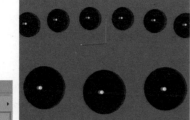

图13-50　　　　　　　　图13-51

在属性面板中可调节摄像机模式、置换参数，以模拟3D影像效果，如图13-52所示。

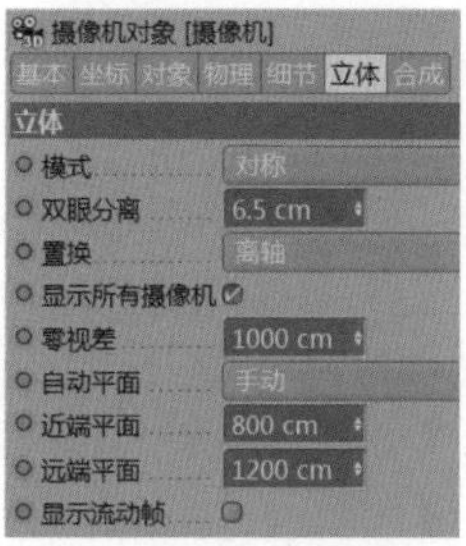

图13-52

（8）球面

运动摄像机球面功能被启用后，渲染时可以把图像渲染成360°全景图，如图13-53所示。此类图片可以通过VR设备制作成VR图像，还可以作为环境HDR贴图使用，其属性面板如图13-54所示。

图13-53

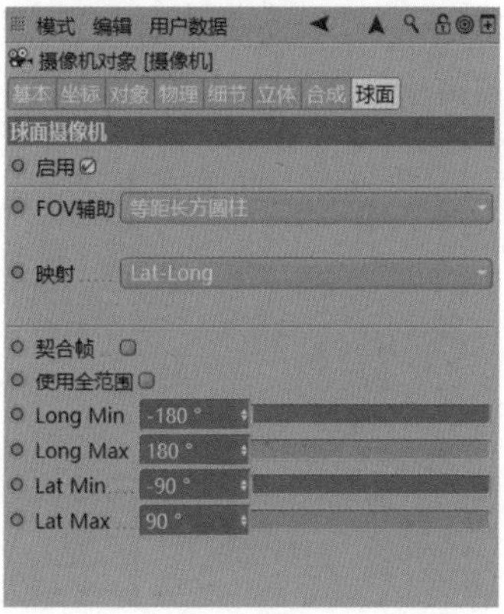

图13-54

- FOV辅助：用于设置渲染时摄像机观察场景的形态，包括"等距长方圆柱""穹顶"两个选项。选择

"等距长方圆柱"选项，渲染时，会将周围场景渲染到整个球面上；选择"穹顶"选项，渲染时，会将周围场景渲染到顶部半球上，球体下半部分将会变成黑色。

- 映射：对渲染图片进行重新投射，如图13-55所示。

其他选项都是对摄像机使用范围进行控制，有需要时，调节相对应的选项即可。

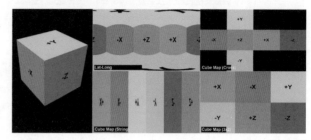

图13-55

（9）合成

这里保持默认设置即可，可以将当前摄像机导出给后期软件使用。

2. 摇臂摄像机

"摇臂摄像机"主要用来模拟真实世界的摇臂式摄影机的平移运动，可以在拍摄时从场景的上方进行垂直和水平的控制。C4D的"摇臂摄像机"可以控制的属性如图13-56所示。

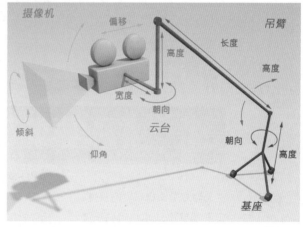

图13-56

摇臂摄像机的底座可以选择场景中的已有对象或空白对象，按住Alt键进行创建及定位摄像机所在的位置，摄像机的位置会被这个所选对象控制。另外，也可以在"基座"选项组的"链接"文本框中指定任意对象来控制摇臂摄像机。

（1）基座

"基座"选项组如图13-57所示。

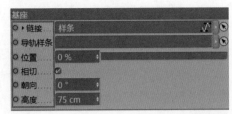

图13-57

- 链接：可以拖曳一个对象到右侧文本框中，摇臂摄像机的位置会定义在链接对象所在的位置；值得注意的是，使用样条线时，摇臂摄像机的y轴方向及曲线的y轴方向应当向上，否则摇臂摄像机的方向会出现错误。

- 导轨样条：可以将一条样条曲线拖入右侧文本框中来控制摇臂摄像机的矢量方向，即摇臂摄像机y轴的方向将指向导轨曲线。

- 位置：如果在"链接"中指定了一条样条曲线，则可以使用这个参数来定义摇臂摄像机在样条上的位置，取值范围为0%～100%。

- 相切：如果希望摇臂摄像机的底座方向沿着样条曲线的切线方向移动，可以勾选此选项，否则摇臂摄像机的方向将保持不变。

- 朝向：控制摇臂摄像机沿底座垂直轴向的旋转角度。

- 高度：定义摇臂摄像机基座的高度。

（2）吊臂

"吊臂"选项组如图13-58所示。

图13-58

- 长度：定义摇臂摄像机吊臂的长度。

- 高度：定义摇臂摄像机吊臂向上或者向下的平移距离；如果勾选"保持吊臂垂直"，摇臂摄像机默认的水平方向在调节此参数时将保持不变。

- 目标：可以拖曳一个对象到右侧文本框中来控制吊臂的指向。

（3）云台

"云台"选项组如图13-59所示。

图13-59

- 高度：定义摇臂摄像机的摇臂末端到摄像机的垂直距离。

- 朝向：定义摄像机头部的水平旋转角度；设置为0°时，摄像机始终指向摇臂的方向。

- 宽度：定义摇臂摄像机末端的横向宽度。

- 目标：可以在右侧文本框中拖入一个对象，用来控制摄像机云台的指向。

（4）摄像机

"摄像机"选项组如图13-60所示。

图13-60

- 仰角：垂直向上或者向下旋转摄像机。

- 倾斜：沿着摄像机的拍摄方向倾斜摄像机。

- 偏移：沿着摄影机的拍摄方向移动摄影机。

- 保持吊臂垂直：当摇臂摄像机吊臂的高度发生变化时，摄像机的拍摄角度也会发生相应的变化；如果不希望出现这样的变化，可以勾选此选项，在吊臂的高度发生变化时，摄像机的拍摄角度将保持不变。

- 保持镜头朝向：当勾选此选项，调整摄像机基座的朝向时，摄像机方向保持不变。

第14章

渲染输出

14

渲染当前活动视图、渲染工具组、编辑渲染设置

全局光照、环境吸收、景深、焦散

对象辉光、素描卡通

图片查看器、PBR材质和PBR灯光

ProRender渲染器、生长草坪、场景

14.1 渲染当前活动视图

本章主要讲解渲染输出，我们制作的场景、调节的漂亮材质和顺畅动画，最终都要渲染输出后才能使用。

（1）单击工具栏中的█按钮（或按Ctrl+R组合键），预览渲染当前选择的视图窗口，注意不能导出由该工具渲染出的图像。

（2）正在进行渲染或渲染完成后，单击视图窗口外的任意位置或对任意参数进行调整，将取消渲染。

14.2 渲染工具组

单击工具栏中的█按钮，在弹出的菜单中有13个选项，如图14-1所示。

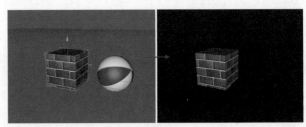

图14-1

14.2.1 区域渲染

选择"区域渲染"█区域渲染 后，按住鼠标左键拖曳，框选视图窗口中需要渲染的区域，即可查看其预览渲染效果，如图14-2所示。

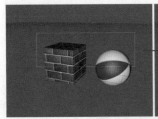

图14-2

14.2.2 渲染激活对象

"渲染激活对象"█渲染激活对象 用于渲染选择的对象，未选择的对象不会被渲染，如图14-3所示。

图14-3

14.2.3 渲染到图片查看器

"渲染到图片查看器"█渲染到图片查看器 用于将当前场景渲染到图片查看器中（或按Shift+R组合键），可以导出图片查看器中的图片，如图14-4所示。

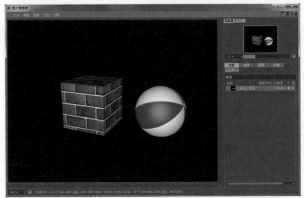

图14-4

14.2.4 Team Render到图像查看器

C4D R15及其之后的版本中新增了"Team Render到图像查看器"█Team Render到图像查看器... 选项，可以将当前场景用局域网渲染到图像查看器中。

14.2.5 渲染所有场次到PV

"渲染所有场次到PV"█渲染所有场次到PV 用于将所有场次渲染到图片查看器中，如图14-5所示。

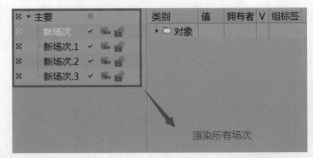

图14-5

14.2.6 渲染已标记场次到PV

"渲染已标记场次到PV" 用于将已标记的场次渲染到图片查看器中，如图14-6所示。

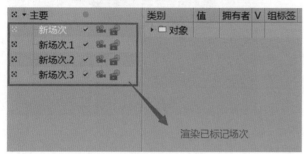

图14-6

14.2.7 Team Render所有场次到PV

选择"Team Render所有场次到PV" ，可以用Team Render将所有场次渲染到图片查看器中。

14.2.8 Team Render已标记场次到PV

选择"Team Render已标记场次到PV" ，可以用Team Render将已标记的场次渲染到图片查看器中。

14.2.9 创建动画预览

选择"创建动画预览" 可以快速生成当前场景的动画预览，常用于场景较为复杂、不能即时播放动画的情况。选择该工具会弹出一个对话框（或按Alt+B组合键），如图14-7所示，可以在其中设置预览动画的参数，单击 按钮开始创建预览动画。

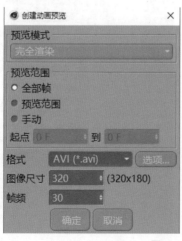

图14-7

14.2.10 添加到渲染队列

"添加到渲染队列" 用于将当前的场景文件添加到渲染队列中。

14.2.11 渲染队列

"渲染队列" 用于批量渲染多个场景文件，包含任务管理及日志记录功能。选择该工具会弹出一个窗口，在该窗口中执行"文件>打开"命令，可导入场景文件，如图14-8所示。

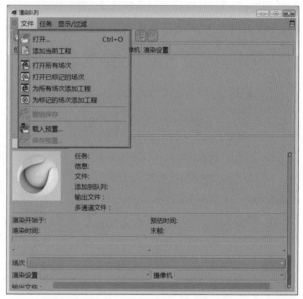

图14-8

场景文件导入后，该窗口内会显示渲染文件的信息，如图14-9所示。

图14-9

（1）文件：导入场景文件。任务：开始/停止渲染，或进行渲染设置等。显示/过滤：查看日志记录。

（2）渲染文件列表，导入的文件均显示在该列表中，如果文件名前有✓标记，表示渲染该文件，默认为勾选状态。

（3）这里显示选中场景文件的信息。

（4）渲染进度条，下方左右两侧的数字表示（选中的场景文件）渲染的起始帧及结束帧。

（5）场次：对工程文件中的场次和摄像机进行设置。

（6）渲染设置：在右侧下拉列表框中可选择（选中的场景文件）使用的渲染设置，一般为默认设置。摄像机：在右侧下拉列表框中可选择（选中的场景文件）渲染使用的摄像机，当场景中有多个摄像机时，可以自行选择，否则使用默认摄像机。

（7）输出文件：选中的场景文件渲染输出的存放路径，单击■按钮可指定存放路径；如果原始文件已经存在，则新渲染的文件会覆盖原始文件。

（8）多通道文件：选中的场景文件多通道渲染输出的存放路径，单击■按钮可指定存放路径。

（9）日志：选中的场景文件渲染日志的存放路径，单击■按钮可指定存放路径。

> **注意**
>
> 一个完整的项目或动画常常需要几个场景文件，场景文件全部保存好之后，即可使用渲染队列批量渲染这些场景文件。这是C4D中非常便捷、体贴的功能，实际工作中经常会用到。

14.2.12　交互式区域渲染（IRR）

选择"交互式区域渲染（IRR）" ■ 交互式区域渲染(IRR) 选项会在视图中出现一个交互区域，可对当前场景进行实时更新渲染，位于交互区域中的场景会被渲染，如图14-10所示。可以调节交互区域的大小。渲染效果的清晰度可拖动渲染区域右侧的白色小三角▶上下调节。■越往上，效果越清晰，但渲染速度也越慢，反之亦然。如果想关闭交互区域，则再次选择"交互式区域渲染（IRR）"即可。

> **注意**
>
> 当场景参数发生变化时，交互区域内会实时更新渲染效果。在工作中调节参数，尤其是调节材质参数时经常用到此选项。其快捷键为Alt+R，关闭时再次按Alt+R组合键即可。

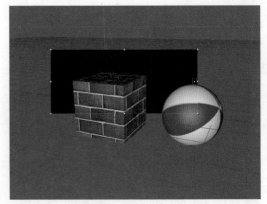

图14-10

14.2.13　在标记处开始ProRender

"在标记处开始ProRender" ■ 在标记处开始ProRender 的功能讲解，详见"14.12　ProRender渲染器"。

14.3　编辑渲染设置

单击工具栏中的■按钮（或按Ctrl+B组合键），会弹出"渲染设置"窗口，可在其中设置渲染参数。当创建场景动画、材质等所有工作完成后，在渲染输出前，需要对渲染器进行相应的设置。

> **注意**
>
> 在C4D中，可以添加并保存多个渲染设置，以后可以直接调用。渲染设置较多时，为了辅助记忆，可以选中"输出"，在右侧"注释"文本框内输入相应备注信息，如图14-11所示。按Delete键可删除渲染设置。

图14-11

14.3.1 渲染器

"渲染器"用于设置C4D渲染输出时使用的渲染器。单击"渲染器"后面的 标准 按钮,可在弹出的下拉列表中选择。

1. 标准

使用C4D"标准" 标准 渲染引擎进行渲染,是最常用的也是C4D默认的渲染方式。

2. 物理

选择"物理" 物理 选项,将使用基于物理学模拟的渲染方式,可模拟真实的物理环境,但渲染速度比较慢。

3. 软件OpenGL

选择"软件OpenGL" 软件OpenGL 选项,使用软件进行渲染,但一般不选择此选项。

4. 硬件OpenGL

选择"硬件OpenGL" 硬件OpenGL 选项,使用硬件渲染,窗口右侧会出现"硬件OpenGL"参数设置面板,可在其中进行相应的设置,如图14-12所示。

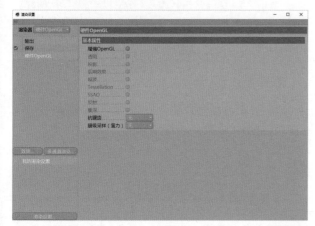

图14-12

14.3.2 输出

"输出"用于对渲染文件的导出进行设置,仅对"图片查看器"中的文件有效,如图14-13所示。

1. 预置

单击 按钮将弹出一个菜单,用于预设渲染图像的尺寸,该菜单中包含多种预设好的图像尺寸及参数,如图14-14所示。"胶片/视频"用于设置电视播放的尺寸,包括国内常用的PAL D1/DV,如图14-15所示。

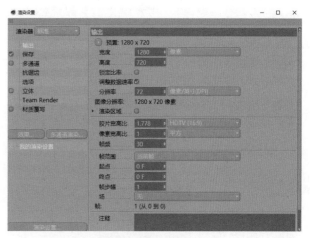

图14-13

图14-14

图14-15

2. 宽度/高度

宽度/高度用于自定义渲染图像的尺寸,并且可以调整尺寸的单位,如图14-16所示。

图14-16

3. 锁定比率

勾选"锁定比率"后,图像宽度和高度的比例将被锁定,改变宽或高的其中一个数值后,另一个数值会根据比例计算来自动更改。

4. 调整数据数率

"调整数据数率"选项要保持默认勾选。

5. 分辨率

"分辨率"用于定义渲染图像导出时的分辨率,在右侧进行调整。修改该参数会改变图像的尺寸,一般使用默认值72。

注意

分辨率是指位图图像的细节精细度，测量单位是像素/英寸。每英寸（1英寸约为2.54厘米）像素越多，分辨率越高。一般来说，图像的分辨率越高，得到的印刷图像质量就越好。杂志和宣传物等印刷品通常采用的分辨率为300像素/英寸。

6. 渲染区域

勾选"渲染区域"后，将显示其下拉面板，用于自定义渲染范围，如图14-17所示。也可复制交互区域的范围参数，如图14-18所示。

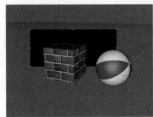

图14-17

图14-18

7. 胶片宽高比

"胶片宽高比"用于设置渲染图像的宽度与高度的比例，可以自定义设置，也可以选择定义好的比例，如图14-19所示。

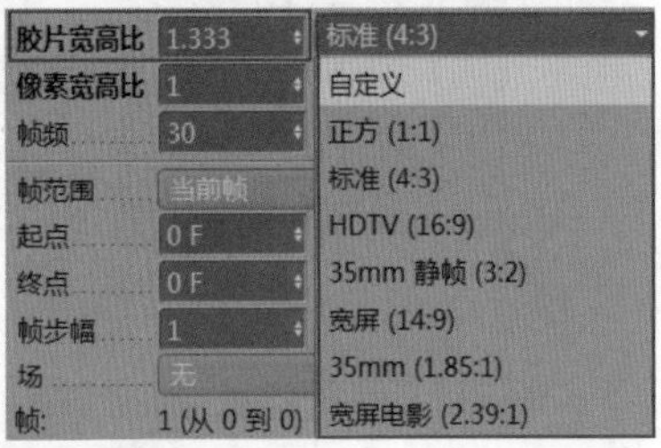

图14-19

8. 像素宽高比

"像素宽高比"用于设置像素的宽度与高度的比例，可以自定义设置，也可以选择定义好的比例，如图14-20所示。

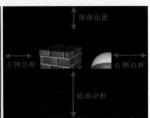

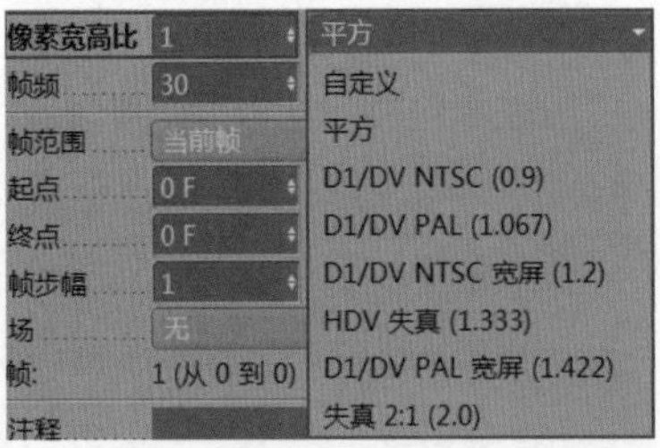

图14-20

9. 帧频

用于设置渲染的帧速率，通常设置为25（亚洲常用帧速率）。

10. 帧范围/起点/终点/帧步幅

这4个参数用于设置动画的渲染范围，在"帧范围"的右侧单击▼按钮，弹出下拉列表，包含"手动""当前帧""全部帧""预览范围"4个选项，如图14-21所示。

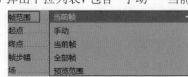

图14-21

- 手动：手动输入渲染帧的起点和终点。
- 当前帧：仅渲染当前帧。
- 全部帧：所有帧按顺序渲染。
- 预览范围：仅渲染预览范围。

11. 场

大部分的广播视频采用两个交换显示的垂直扫描场来构成每一帧画面，这叫作交错扫描场。交错视频的帧由两个场构成，其中一个扫描帧的所有奇数场，称为奇场或上场；另一个扫描帧的所有偶数场，称为偶场或下场。现在，随着器件的发展，逐行系统应运而生，因为它的一幅画面不需要第二次扫描，所以场的概念便可以忽略了。

"场"参数包含3个选项，分别是"无""偶数优先""奇数优先"，如图14-22所示。

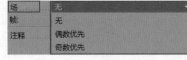

图14-22

- 无：渲染完整的帧。
- 偶数优先/奇数优先：先渲染偶数场奇数场。

14.3.3　保存

"保存"参数设置面板如图14-23所示。

图14-23

1. 保存

勾选"保存"后,渲染到图片查看器中的文件将自动保存。

2. 文件

单击▇▇按钮可以指定渲染文件、保存的路径和名称。

3. 格式

设置保存文件的格式,具体格式如图14-24所示。

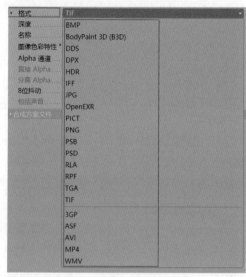

图14-24

4. 选项

只有设置"格式"为"AVI"等之后,该按钮才会被激活。单击▇选项▇按钮,在弹出的对话框中可以选择不同的编码解码器。图14-25所示为选择"AVI"后弹出的对话框。

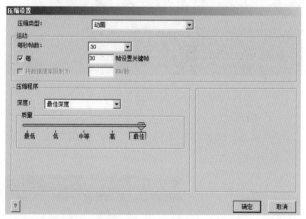

图14-25

5. 深度

"深度"用于定义每个颜色通道的色彩深度,BMP、IFF、JPEG、PICT、TARGA、AVI影片格式支持

8位通道,PNG、RLA、RPF格式支持8位通道和16位通道,OpenEXR、Radiance(HDR)格式支持32位通道,BodyPaint 3D(B3D)、DPX、Photoshop(PSD)、TIFF(B3D图层)、TIFF(PSD图层)格式支持8位通道、16位通道和32位通道。

6. 名称

渲染动画时,每一帧被渲染为图像后,会自动按顺序以序列格式命名,命名格式为"名称(图像文件名)+序列号+TIF(扩展名)",C4D提供的序列名称格式如图14-26所示。

名称	名称0000.tif ▼
	名称0000.tif
	名称0000
	名称.0000
	名称000.tif
	名称000
	名称.000
	名称.0000.tif

图14-26

7. 图像色彩特性

该选项保持默认设置即可,也可以从外部导入。

8. Alpha通道

勾选"Alpha通道"后,将渲染出带Alpha通道的文件。Alpha通道是与渲染图像有着相同分辨率的灰度图像,在Alpha通道中,像素显示为黑白灰色。

9. 直接Alpha

勾选"直接Alpha"后,可以在后期合成的时候去掉黑边,以避免出现黑色接缝。

10. 分离Alpha

勾选"分离Alpha"后,可将Alpha通道与渲染图像分开保存。一般情况下,Alpha通道会被整合在TARGA、TIFF等图像格式中,成为图像文件的一部分。

11. 8位抖动

勾选"8位抖动"后,可提高图像品质,同时也会增加文件的占用空间。

12. 包括声音

勾选"包括声音"后,视频中的声音将被整合为一个单独的文件。

13. 合成方案文件

"合成方案文件"用于和After Effects等后期软件联合使用。

14.3.4 多通道

"多通道"参数设置面板如图14-27所示。勾选"多通道"后，在渲染时，单击 <多通道渲染...> 按钮可将加入的属性分离为单独的图层，方便在后期软件中处理。这也就是工作中常说的"分层渲染"，如图14-28所示。

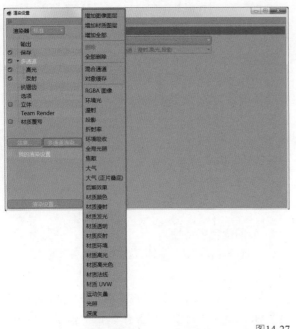

图14-27

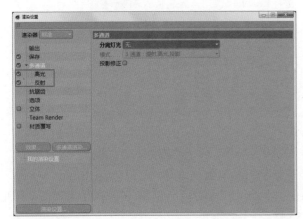

图14-28

1. 分离灯光

"分离灯光"用于设置将被分离为单独图层的光源，包含"无""全部""选取对象"3个选项，如图14-29所示。

图14-29

- 无：光源不会被分离为单独的图层。
- 全部：场景中的所有光源都将被分离为单独的图层。

- 选取对象：将选取的通道分离为单独的图层，如图14-30所示。

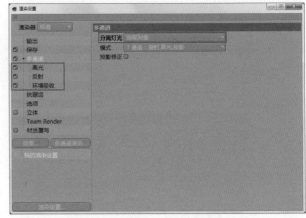

图14-30

单击 <多通道渲染...> 按钮，选择需要分层渲染的属性，呈 ✓ 状态说明该属性需要被渲染分离为单独的图层。

注意

单击 <效果...> 按钮加入环境吸收等效果时，如需对该效果进行分层渲染，同样需要单击 <多通道渲染...> 按钮，添加该效果选项。分层渲染效果如图14-31所示。

图14-31

2. 模式

"模式"用于设置光源漫射、高光和投影的分层模式，如图14-32所示。

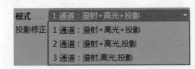

图14-32

- 1 通道：漫射+高光+投影：为每个光源的漫射、高光和投影添加一个混合图层，如图14-33所示。

图14-33

- 2 通道: 漫射+高光, 投影: 为每个光源的漫射和高光添加一个混合图层, 同时为投影添加一个图层, 这些图层位于该光源的文件夹下, 单击文件夹前方的■按钮, 可展开文件夹, 如图14-34所示。
- 3 通道: 漫射, 高光, 投影: 为每个光源的漫射、高光和投影各添加一个图层, 如图14-35所示。

图14-34　　　　　　　　　　图14-35

3. 投影修正

当开启投影并在渲染的时候开启多通道时, 因为抗锯齿可能会出现轻微的痕迹, 如在对象边缘出现一条明亮的线, 如图14-36所示。勾选"投影修正"可以修复这种现象。

图14-36

14.3.5　多通道渲染

单击"渲染设置"窗口中的 多通道渲染... 按钮, 会弹出一个菜单, 如图14-37所示。在该菜单中, 可以选择将被渲染为单独图层的通道, 也可以将选取的通道删除, 还可以将几个通道合并为一个混合通道。

图14-37

14.3.6　抗锯齿

"抗锯齿"参数设置面板如图14-38所示, 由于选项和参数较多, 这里只讲主要的参数设置。

图14-38

1. 抗锯齿

"抗锯齿"用来消除渲染出的图像的锯齿边缘, 包含

"无""几何体""最佳"3个选项，如图14-39所示。

抗锯齿 最佳
最小级别 无
最大级别 几何体
阈值 最佳

图14-39

- 无：关闭抗锯齿功能，进行快速渲染，但对象边缘有锯齿，如图14-40所示。
- 几何体：默认选项，渲染时对象边缘较为光滑，如图14-41所示

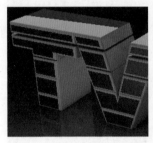

图14-40　　　　　　　　图14-41

- 最佳：开启颜色抗锯齿功能，柔化阴影的边缘，同样也会使对象边缘较为平滑，如图14-42所示。

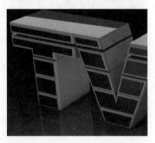

图14-42

注意

渲染输出时，通常将"抗锯齿"设置为"最佳"。

2. 过滤

"过滤"用于设置抗锯齿模糊或锐化的模式，包含"立方（静帧）""高斯（动画）""Mitchell""Sinc""方形""三角""Catmull""PAL/NTSC"8个选项，如图14-43所示。

过滤 立方（静帧）
自定义尺寸 立方（静帧）
滤镜宽度 高斯（动画）
滤镜高度 Mitchell
剪辑负成分 Sinc
MIP 缩放 方形
微片段 三角
Catmull
PAL/NTSC

图14-43

- 立方（静帧）：默认选项，用于锐化图像，适用于

静帧图片，如图14-44所示。

- 高斯（动画）：用于模糊锯齿边缘，以产生平滑的效果，可防止输出的图像闪烁，如图14-45所示。

图14-44　　　　　　　　图14-45

- Mitchell：选择该选项后，剪辑负成分 ⬤ 按钮被激活。
- Sinc：抗锯齿效果比"立方（静帧）"模式要好，但渲染时间较长。
- 方形：计算像素周围区域的抗锯齿程度。
- 三角：使用较少，因为以上选项产生的抗锯齿效果都比"三角"模式产生的效果要好。
- Catmull：产生比"立方（静帧）""高斯（动画）""Mitchell""Sinc"要差的抗锯齿效果，如图14-46所示。
- PAL/NTSC：产生的抗锯齿效果非常柔和，如图14-47所示。

图14-46　　　　　　　　图14-47

注意

过滤器的8种抗锯齿效果对比如图14-48所示。

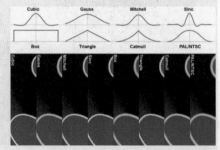

图14-48

3. 自定义尺寸

勾选"自定义尺寸"后,可以自定义滤镜的宽度和高度,如图14-49所示。

图14-49

4. MIP缩放

"MIP缩放"用于缩放MIP/SAT的全局强度,设置为200%时,每种材质中的MIP/SAT的强度将加强至两倍。

14.3.7 选项

"选项"参数设置面板如图14-50所示。

图14-50

1. 透明/折射率/反射/投影

这4个参数分别用于控制渲染图像中材质的透明、折射、反射及投影是否显示,如图14-51所示。

图14-51

取消勾选"透明""折射率""反射""投影"选项的渲染效果,分别如图14-52所示。

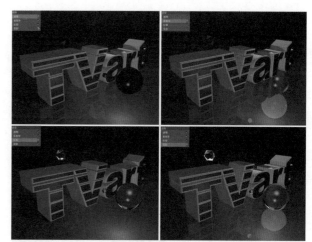

图14-52

> **注意**
>
> "反射"选项控制激活"限制反射仅为地板/天空"限制反射仅为地板/天空 ⃞ 和 " 反 射 深 度 " 反射深度 5 ;"投影"控制激活"限制投影为柔和"限制投影为柔和 ⃞ 、"缓 存 投 影 贴 图 " 缓存投影贴图 ⃞ 和 " 投 影 深度" 投影深度 15 。

2. 光线阈值

"光线阈值"用于优化渲染时间。如果光线阈值设置为15%,则一旦低于该数值,光线将在摄影机中停止运动。

3. 跟踪深度

"跟踪深度"用于设置透明物体渲染时可以被穿透的程度,不能被穿透的区域将显示为黑色,如图14-53所示。过高的数值将导致计算时间过长,过低的数值则不能计算出真实的透明效果,最高值为500。

图14-53

4. 反射深度

一束光线投射到场景中,光线能够被具有反射特性的表面反射,如果有两个反射特性很强的对象面面相对(如镜面),那么可能导致光线被无穷地反射,此时光线跟踪器会一直跟踪反射光线,从而无法完成渲染。为了防止这种情况发生,必须限制反射的深度,如图14-54所示。低数值将减少渲染时间,高数值将增加渲染时间。

图14-54

5. 投影深度

"投影深度"类似于"反射深度",用于设置投影在反射的对象表面经过多次反射后是否出现,如图14-55所示。

图14-55

6. 限制反射仅为地板/天空

勾选"限制反射仅为地板/天空"后,光线跟踪器将只计算反射对象表面上地板和天空的反射。

7. 细节级别

"细节级别"用于设置场景中所有对象显示的细节程度,默认的100%将显示所有细节,50%将只显示一半的细节。如果对象已经定义好细节级别,那么将使用已定义的细节级别。

8. 模糊

勾选"模糊"后,"反射"和"透明"的材质通道将应用模糊效果,默认为勾选状态。

9. 全局亮度

"全局亮度"用于控制场景中所有光源的全局亮度,设置为50%时,每个灯光的强度都会在原来的基础上减半;设置为200%时,每个灯光的强度都在原来的基础上增加2倍。

10. 限制投影为柔和

勾选"限制投影为柔和"后,只有柔和的投影才会被渲染,即灯光的"投影"设置为"阴影贴图(软阴影)"的。

11. 运动比例

在渲染多通道矢量运动时,"运动比例"用于设置矢量运动的长度。数值过高会导致渲染效果不准确,数值过低会导致纹理被剪切。

12. 缓存投影贴图

勾选"缓存投影贴图"可以加快渲染速度,保持默认的勾选状态即可。

13. 仅激活对象

勾选"仅激活对象"后,只有选中的对象才会被渲染。

14. 默认灯光

如果场景当中没有任何光源,勾选"默认灯光"后,将使用默认的光源渲染场景。

15. 纹理

"纹理"用于设置纹理在渲染时是否出现,勾选该选项后,纹理在渲染时出现。

16. 显示纹理错误

渲染场景时,如果某些纹理因丢失而无法找到,则会弹出"资源错误"提示对话框,如图14-56所示。勾选"显示纹理错误"后,在弹出的对话框中单击"确定"按钮,将中断渲染;取消勾选该选项后,单击"确定"按钮将放弃丢失的纹理,继续渲染。

图14-56

17. 测定体积光照

如果需要体积光能够投射阴影,就勾选"测定体积光照",但是在进行测试渲染时,最好取消勾选该选项,否则会降低渲染速度。

18. 使用显示标签细节级别

勾选"使用显示标签细节级别"后,渲染时将使用"显示"标签中的细节级别。

19. 渲染HUD

勾选"渲染HUD"后，渲染时将同时渲染HUD信息。

选中对象，用鼠标右键单击对象的某个属性，在弹出的快捷菜单中执行"添加到HUD"命令，可添加该参数信息到HUD中，如图14-57所示。拖动属性名称到视图窗口中，也可添加参数信息到HUD中。添加完毕后，如需渲染出HUD信息，除了需要勾选"渲染HUD"选项外，还需要在该HUD标签上单击鼠标右键，在弹出的快捷菜单中执行"显示>渲染"命令，如图14-58所示。

按Shift+V组合键可调出HUD的属性面板。

图14-57

图14-58

注意

按住Ctrl键拖动标签名，可以移动该标签的位置。

渲染HUD效果如图14-59所示。

图14-59

20. 渲染草绘

勾选"渲染草绘"后，涂鸦效果将显示在渲染输出的图像中。

21. 次多边形置换

"次多边形置换"用于设置次多边形置换效果是否显示。

22. 后期效果

"后期效果"用于设置全局后期效果是否显示。

23. 区块顺序/自动尺寸

"区块顺序"和"自动尺寸"用于设置渲染区块（黄色高亮边框）的渲染顺序和尺寸，如图14-60所示。

图14-60

区块顺序默认选择的"居中"及选择"从下到上"的效果，如图14-61所示。

图14-61

14.3.8 立体

"立体"是渲染3D效果的设置，有需要的读者可以自行尝试。

14.3.9 Team Render

"Team Render"选项不用手动设置，需要的时候都会自动计算。

14.3.10 材质覆写

"材质覆写"可以使用一种材质将场景中所有材质覆盖，经常用来制作白模渲染。

14.3.11 效果

在"渲染设置"窗口中单击 效果... 按钮，会弹出一个菜单，如图14-62所示。

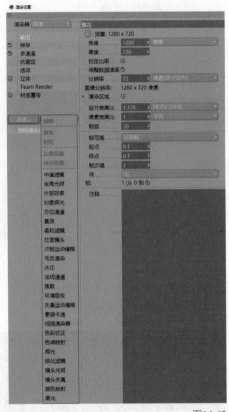

图14-62

选择该菜单中的选项，可以添加一些特殊效果。添加某种效果后，在"渲染设置"窗口中会显示该效果的参数设置面板，可以在其中设置所需参数。例如添加"全局光照""环境吸收"效果，如图14-63所示。

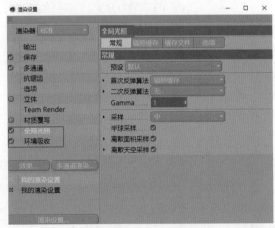

图14-63

如果想删除添加的效果，则在该效果上单击鼠标右键，在弹出的快捷菜单中执行"删除"命令即可。在该效果菜单中还可以选择添加其他效果，如图14-64所示。当然，按Delete键也可以删除选中效果。

注意

常用的效果会在后面单独举例进行讲解。

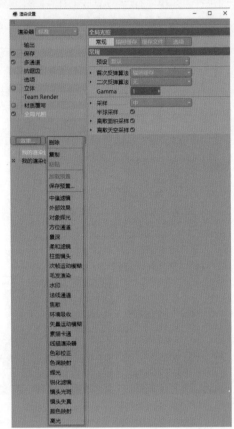

图14-64

14.3.12　渲染设置

在"渲染设置"窗口中单击 渲染设置... 按钮，会弹出图14-65所示的菜单。

图14-65

1. 新建

新建一个"我的渲染设置.1"，如图14-66所示。

图14-66

2. 新建子级

同样新建一个"我的渲染设置.2"，且新建的"我的渲染设置.2"会自动成为之前创建的"我的渲染设置.1"的子级，如图14-67所示。

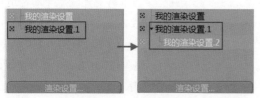

图14-67

3. 删除

用于删除当前选择的"我的渲染设置"。

4. 复制/粘贴

用于复制/粘贴"我的渲染设置"。

5. 设置激活

将当前选择的"我的渲染设置"设置为激活状态，也可以单击"渲染设置"前面的■按钮，显示为■即为激活。

6. 继承父级行为

"继承父级行为"默认为勾选状态，如果取消勾选，那么"渲染设置"的名称将变为粗体，如图14-68所示。

图14-68

7. 应用差异预置/保存差异预置/加载预置/保存预置

当新建一个"我的渲染设置"并调整参数后，如果没有保存，那么下次打开C4D时，新建的该渲染设置将不存在。

"保存差异预置"和"保存预置"用于保存自定义的"我的渲染设置"（保存在"内容浏览器"下的"预置>User>渲染设置"文件夹中），如图14-69所示。"应用差异预置"和"加载预置"用于调用之前保存的"我的渲染设置"。

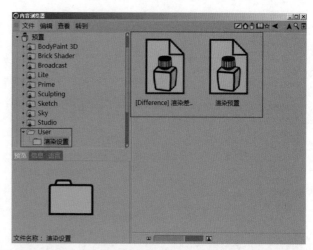

图14-69

14.4　全局光照

光具有反射和折射的性质，在现实世界中，光从太阳照射到地面要经过无数次的反射和折射。而在三维软件中，光虽然也具有现实世界中的所有性质，但是其光能传递效果并不明显（间接照明）。为了实现真实的场景效果，我们需要在渲染过程中介入全局光照。

一般情况下实现全局光照效果有以下两种方式。

第一种。有经验的设计师可以在场景中设置精确的灯光位置与灯光参数来模拟真实的光能传递效果。这种方法的好处是可以拥有较快的渲染速度，但是需要设计师有较多的经验。

第二种。直接在渲染设置中勾选"全局光照"，只需进行简单的灯光设置，即可通过软件内部的计算来产生真实的全局光照效果。这种方式的渲染速度相对较慢，但是设计师无须具备很多的经验。

全局光照是一种高级照明技术。它能模拟真实世界的光线反弹照射现象。实际上，它是一束光线投射到对象表面后，被打散成n条不同方向且带有不同信息的光线，再产生反弹照射其他；当这条光线能够在此照射到对象之后，每一条光线又再次被打散成n条光线，继续传递光能信息，照射其他物体……如此循环，直至达到用户设定的要求，光线才终止传递，这种传递过程就是全局光照。

在C4D中设置全局光照后，会因计算占用大量内存而导致渲染速度减慢。

单击工具栏中的"渲染设置"按钮 ■（或按Ctrl+B组合键），打开"渲染设置"窗口，单击"效果"按钮 ■ 效果... ，在弹出的菜单中选择"全局光照"，如图14-70所示。

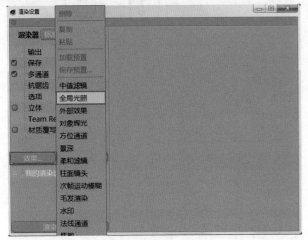

图14-70

14.4.1 常规

选择"全局光照"选项后，在"渲染设置"窗口右侧会显示其参数设置面板，"常规"选项卡如图14-71所示。

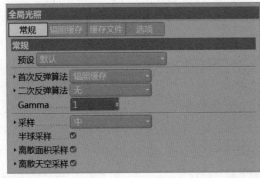

图14-71

1. 预设

根据环境的不同，全局光照在"预设"下拉列表框中有很多针对不同场景的参数组合，可以选择一组预先保存好的设置数据来指定给不同的场景，以加快工作流程。

在此过程中，重要的是要知道当前工程应该如何设置。

- 室内：大多数是通过较少和较小规模的光源，在一

个有限的范围内产生照明，内部空间难以进行全局光照的计算。

- 室外：室外空间基本上是建立在一个开放的天空环境下，从一个较大的对象表面发射出均匀的光线，外部空间容易进行全局光照的计算。

- 自定义：如果修改过"常规"选项卡下的任意参数，那么"预设"将自动切换到"自定义"方式。

- 默认：选择该选项，会设置"首次反弹算法"为"辐照缓存"，它是计算速度最快的全局光照方式。

- 对象可视化：一般针对光线聚集的构造，这意味着它们一般需要多束光线来反射。

- 进程式渲染：专门用于设置物理渲染器的进程式采样器，可以快速呈现出粗糙的图像质量，然后再逐步提高图像质量。

2. 首次反弹算法

"首次反弹算法"用来计算摄像机视野范围内所看到直射光（发光多边形、天空、真实光源、几何体外形等）照明物体表面的亮度。

3. 二次反弹算法

"二次反弹算法"用来计算摄像机视野范围外的区域和漫射深度所带来的对周围对象的照明效果。

4. 漫射深度（在二次反弹算法为准蒙特卡洛或者辐照缓存的时候）

"漫射深度"用于设置一个场景内光线所能反射的次数。最低值为1，只用来计算直接照明和多边形发光；将值设置为2，可以用来计算间接照明效果；一般值不会大于3。较大的漫射深度会带来精确、细腻的渲染效果，但会大大降低渲染的速度。

5. Gamma

"Gamma"用来调整渲染过程中的画面亮度。

6. 采样

"采样"用于控制渲染的采样精度，值越高渲染质量越好。

7. 半球采样/离散面积采样/离散天空采样

这3个选项保持默认勾选即可。这里是设置自动采样的，当我们创建天空时，这3个选项保持勾选场景自动产生照明。

14.4.2 辐照缓存

辐照缓存是一种很不错的反弹算法, 如图14-72所示。

图14-72

这种新的辐照缓存在全局光照下有以下3个优点。

（1）大幅度地提高细节处的渲染品质, 如模型角落、阴影处, 如图14-73所示。

图14-73

（2）在相同渲染品质下, 渲染的时间更短。

（3）新的辐照缓存计算方式有利于队列渲染, 这也提高了动画的质量, 如减少全局光照渲染时的闪烁。

- 记录密度: 在大多数情况下, 只需要设置"记录密度"为低、中、高即可; "记录密度"下的参数更多的是用来微调。
- 平滑: 主要是对渲染的效果进行平滑处理。

其他选项保持默认设置即可。

14.4.3 缓存文件

"缓存文件"选项卡如图14-74所示。

图14-74

在该选项卡中可以保存上一次进行全局光照计算的大量数据。在下一次重新渲染时, 可以直接调用这些已经计算好的缓存数据, 而不进行新的计算, 这样可以节省大量渲染时间。

- 清空缓存: 单击该按钮, 可以删除之前保存的所有缓存数据。
- 仅进行预解算: 勾选该选项后, 渲染只显示预解算的结果, 不会显示最后的全局光照效果。
- 跳过预解算（如果已有）: 在渲染时可以跳过预渲染的计算步骤, 直接输出全局光照效果, 前提是已经对当前场景进行过一次全局光照的渲染。
- 自动载入: 如果缓存文件已经使用自动保存功能进行保存, 那么勾选此选项将加载该文件（摄像机角度发生变化时, 缓存将进行相应的补充计算）; 如果没有缓存文件, 那么将会计算一个新的缓存文件。
- 自动保存: 勾选该选项, 渲染完成时, 全局光照计算数据将自动保存; 如果没有指定保存路径, 该文件将被保存到在工程项目内的默认路径illum文件夹内。
- 全动画模式: 如果场景中包含灯光、对象、材质的动画, 则必须勾选此选项, 否则画面将会闪烁。
- 自定义区域位置: 如果想将全局光照渲染的缓存文件保存到一个特定的位置, 则可以启用该选项, 并在"位置"文本框中设置要保存的文件夹路径。

14.4.4 选项

"选项"选项卡中的设置不要自行调节, 保持默认即可。

14.5 环境吸收

在"效果"中可以添加"环境吸收", 环境吸收（Ambient Occlusion, AO）有以下两种计算方式。

1. 强制方式

检查每个单独像素在环境中的可见性。

2. 更快的计算方法

可以通过缓存来只检查某些点的可见性, 并在检测点之间进行插值计算。这一方式类似于全局光照中的辐照缓存模式, 并且可以使用类似的参数设置进行控制。这种方式的优点在于可以使AO计算得非常快, 如图14-75和图14-76所示。

图14-75

图14-76

和图14-78所示。

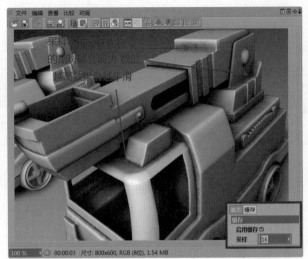

图14-77

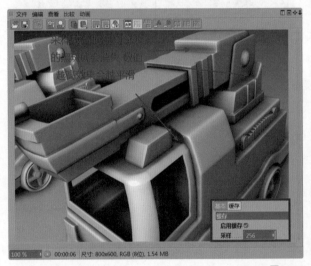

图14-78

对于场景案例为C4D的预置文件，可以在"内容浏览器＞预置＞Prime＞Example Scenes＞Ambient Occlusion"中将其保存为缓存数据（AO Trucks.c4d）以便再次使用。如果想对一个给定的场景使用AO来渲染不同的角度，则之前检查过的区域可以直接加载上次计算时得到的缓存数据，这次计算只需计算新出现的区域内点的可见性即可。然而值得注意的是，这只能在场景中对象间的距离、位置或其他可以影响AO的属性没有发生变化的前提下工作。

- 启用缓存：在"缓存"选项卡中取消勾选该选项，将沿用旧版本的计算方式，强制计算每一像素在环境中的可见性。

- 采样：控制着色点的采样数量，如果AO效果看上去呈现半点状，则应适当增加这个数值，如图14-77

- 记录密度：在"缓存"选项卡中AO缓存与辐照缓存（全局光照）的工作原理非常类似，大部分设置都是相同的，在绝大多数情况下，只需调整"记录密度"下的预设值即可；预设时会根据不同的精度要求，定义"记录密度"下的参数（如果单独修改这些参数往往得不到精确效果，经常会出现一些错误），如图14-79所示。

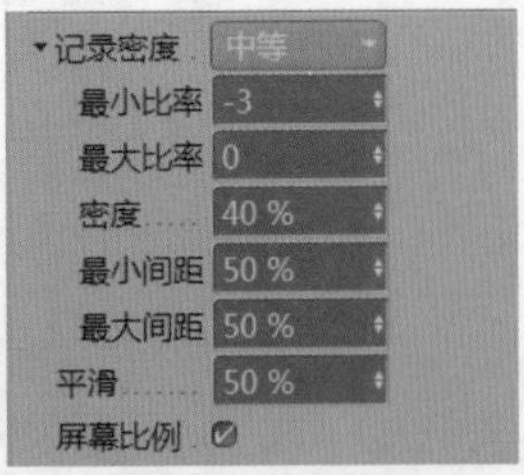

AO缓存的工作方式在渲染过程中会进行预先计算，如图14-80所示。

图14-79

在此期间会对摄像机中最重要的区域（拐角处及凹陷区域的着色点）进行项目分析，计算这些区域内的着色点在环境中的可见性，并计算AO的数值。

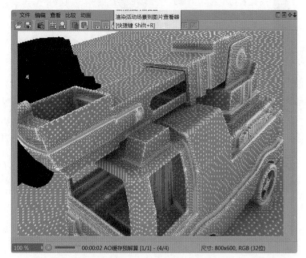

图14-80

所有的AO数值将被缓存，并可以保存为一个文件，以供以后使用。接下来的步骤将有选择地对AO数值进行插值和平滑计算。

- 最小比率/最大比率：这两个数值的设置，在大多数情况下可以忽略不计，它们的影响我们几乎看不到。

我们分别将低质量设置为"最小比率"-8、"最大比率"-4；较高质量设置为"最小比率"-4，"最大比率"-3。这两个参数的主要作用是通过"最小比率"与"最大比率"之间的差异来定义预计算过程中的数量，数量越多，计算越慢，如图14-81和图14-82所示。

图14-81

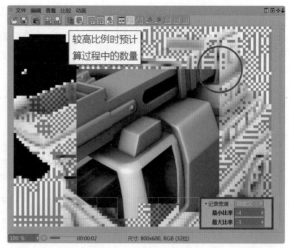

图14-82

- 密度：设置总体着色点的密度（调节时会考虑最小间距与最大间距等因素），如图14-83所示。

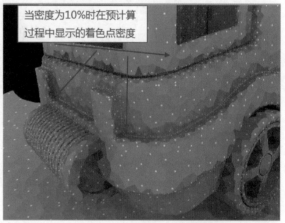

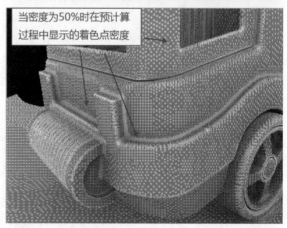

图14-83

- 最小间距：设置关键区域的着色点密度（拐角处及凹陷区域的着色点），间距越大，着色点密度越小，反之亦然，如图14-84和图14-85所示。

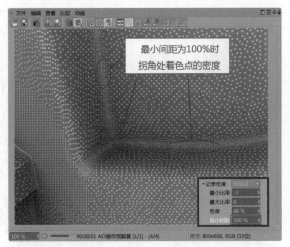

图14-84

图14-87

通常情况下，这3个属性会一起工作，数值越高，AO的效果越细腻，但是渲染时间会延长，如果数值过低，则对象表面容易出现黑色的阴影区域。

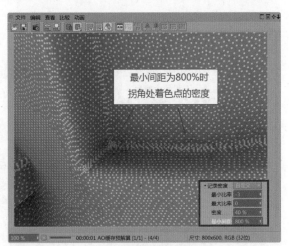

图14-85

- 最大间距：设置非关键区域的着色点密度（平坦的表面，未被遮挡的区域），间距越大，着色点密度越小，反之亦然，如图14-86和图14-87所示。

- 平滑：平滑的算法如下，AO对被渲染对象表面上的每一个像素数值和与它临近的像素数值进行差补计算。数值太低会导致对象表面出现不均匀的斑点；较高的数值可以使效果更加均匀，且在计算的过程中会考虑更多的着色。但值得注意的是，数值过高也会使对象表面出现斑点，效果如图14-88和图14-89所示。

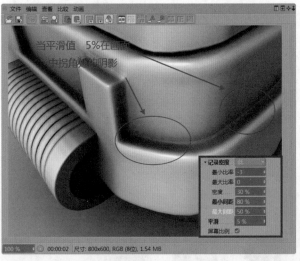

图14-88

图14-86

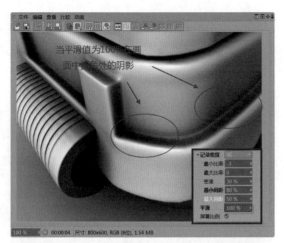

图14-89

- 屏幕比例: 取消勾选该选项, 渲染大小对着色点的密度没有影响。如果勾选该选项, 就会与着色点的密度相关联, 着色点的密度会根据渲染尺寸的大小自行调节。

14.5.1 缓存文件

"缓存文件"选项组如图14-90所示。

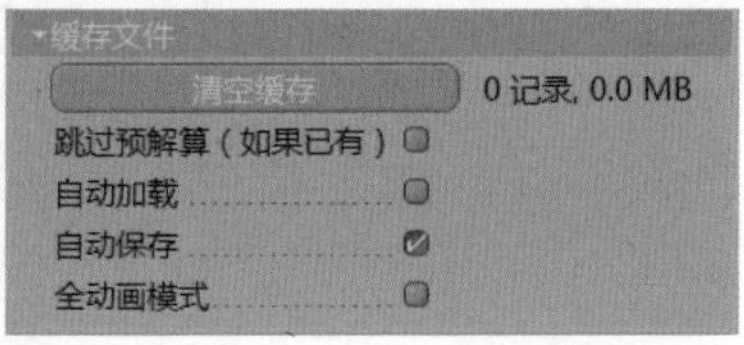

- 清空缓存:
  单击该按
  钮可以将当
  前项目工程
  的 A O 缓存

图14-90

文件从缓存位置删除。在修改工程项目后, 这样做是非常有必要的, 以免产生不正确的AO输出结果。如果未勾选"自动加载"选项, 则不用删除缓存, 此时的缓存文件会被忽略。按钮右侧数值显示了记录的数量和缓存存储的大小。

- 跳过预解算(如果已有): 如果没有保存上次的AO缓存, 则在当前渲染过程中就没有可用的AO缓存文件了, 这时必须在预解算过程中重新计算缓存文件, 即便已经有一个可用的缓存文件, 在渲染的过程中仍然要检查大量信息, 但如果勾选了此选项, 则会跳过预解算渲染过程, 有助于提高渲染速度。在没有缓存文件可用的情况下, 无论是否勾选该选项, 预解算都会进行。

注意

如果缓存文件已经存在, 但是在接下来的渲染过程中, 摄像机改变了观察角度, 那么建议不要勾选该选项, 否则计算结果可能会不正确。

- 自动加载: 如果"自动保存"选项保存了一个缓存文件, 那么可以勾选"自动加载"选项来加载这个缓存文件; 如果没有可供使用的缓存文件, 那么将会计算一个新的缓存文件。

- 自动保存: 如果勾选该选项, 则缓存文件将被自动保存。如果没有重新定义过缓存文件的保存路径, 则它将被保存在工程目录下的illum文件夹内, 该文件的名称会有一个".ao"的扩展名。如果勾选了"全动画模式", 则会对动画的每一帧进行缓存, 缓存文件被命名为"filename0000x.ao"。

- 全动画模式: 勾选该选项, 将为每一帧动画重新计算缓存。每一帧的缓存将按照动画序列顺序命名。如果取消勾选该选项, 则整个动画都会应用同一个缓存。取消勾选该选项, 适用于摄影机动画, 但如果场景当中的对象有相互运动, 建议勾选该选项, 否则计算结果可能会不正确。如果在队列渲染方式下勾选该选项, 则服务器不会分发缓存文件, 每个客户端单独计算自己所选动画范围内的缓存文件。

值得注意的是, 保存缓存时, 全动画模式保存了大量的文件, 从而需要更多的内存来实现保存。

14.5.2 缓存文件位置

- 自定义文件位置: 勾选此选项, 为将要保存的缓存文件指定一个自定义的路径。

14.6 景深

摄像机聚焦完成后, 在焦点前后的范围内都能形成清晰的图像, 这一前一后的距离范围便叫作景深。在镜头前方(焦点的前后)有一段一定长度的空间, 当被摄对象位于这段空间内时, 其在底片上的成像恰位于焦点前后这两个弥散圆之间。被摄对象所在的这段空间的长度就叫景深。换言之, 在这段空间内的被摄对象呈现在底片面的影像模糊度, 都在容许弥散圆的限定范围内, 这段空间的长度就是景深。

设置好景深效果、摄像机的目标点, 即焦点区域, 将显示清晰, 前景模糊及背景模糊为前景及背景的模糊范围, 如图14-91所示。

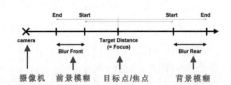

图14-91

"景深"的渲染效果如图14-92所示。

图14-92

设置景深的方式：单击工具栏中的"渲染设置"按钮（或按Ctrl+B组合键），打开"渲染设置"窗口，单击 效果 按钮，在弹出的菜单中选择"景深"选项，如图14-93所示。

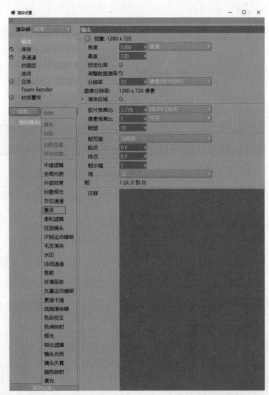

图14-93

想要产生景深效果，除了勾选"景深"之外，如图14-94所示，场景中还必须存在一个摄像机且摄像机也勾选了"前景模糊"或"背景模糊"，如图14-95所示。

图14-94

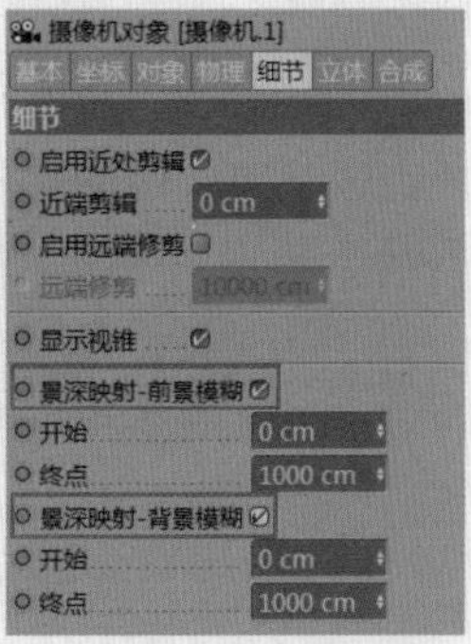

图14-95

"基本"选项卡如图14-96所示。"镜头光晕"和"色调"选项卡中保持默认设置即可，在工作中很少用到。

图14-96

1. 模糊强度

"模糊强度"用于设置景深的模糊强度，数值越大，模糊程度越高。

2. 距离模糊

勾选"使用 距离模糊"，系统将计算摄影机的前景模糊和背景模糊的距离范围产生景深的效果。

3. 背景模糊

勾选"使用 背景模糊"，将对C4D的背景对象（对象/场景/背景）进行模糊，如图14-97所示。

图14-97

4. 径向模糊

勾选"使用 径向模糊"，将从画面中心向画面四周产生径向模糊的效果，可以设置模糊的强度。

5. 自动聚焦

勾选"使用 自动聚焦"，将模拟真实的摄像机计算行自动聚焦。

6. 使用渐变

勾选"使用渐变"后，下面的两个选项会被激活，这里不建议手动控制，所以尽量不要勾选该选项。

7. 前景模糊/背景模糊

调节这里的渐变强度，对景深产生影响。

14.7 焦散

焦散是指当光线穿过一个透明对象时，由于对象表面不平整，因此光线折射没有平行发生，出现了漫射，投影表面出现光子分散现象。

例如，一束光照射一个透明的玻璃球，由于球体的表面是弧形的，因此在球体的投影表面上会出现光线明暗偏

移，这就是焦散。焦散的强度与对象的透明度、对象与投影表面的距离及光线本身的强度有关。用户使用焦散特效主要是为了使场景更加真实，如果使用得当则可使画面更加漂亮，如图14-98所示。

图14-98

单击工具栏中的"渲染设置"按钮（或按Ctrl+B组合键）打开"渲染设置"窗口，单击 效果 按钮，在弹出的菜单中选择"焦散"选项，如图14-99所示。

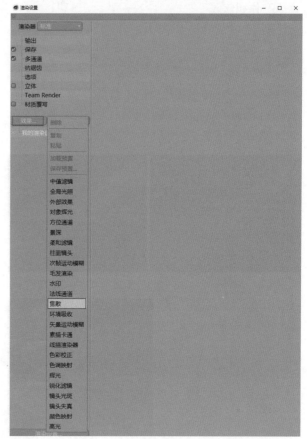

图14-99

"焦散"效果的属性面板如图14-100所示。

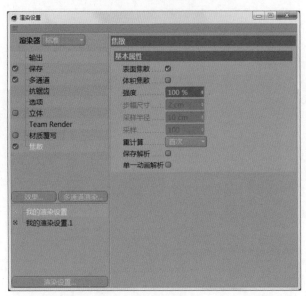

图14-100

1. 表面焦散

勾选"表面焦散",取消勾选将不显示表面焦散效果。

2. 体积焦散

勾选"体积焦散",取消勾选将不显示表面体积效果。

3. 强度

设置焦散效果的强度,默认为100%,该数值可以继续增大,数值越大,焦散强度越大,如图14-101和图14-102所示。

图14-101所示左边的图片为默认数值的体积焦散效果,右边为增大数值后的体积焦散效果。

图14-101

图14-102所示由上至下分别为数值低、中、高的表面焦散效果。

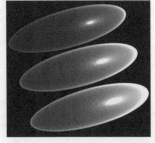

图14-102

4. 步幅尺寸/采样半径/采样

这3个选项需要勾选"体积焦散"后才会被激活。如果有需要,可以微调这3个参数。

5. 重计算

如果场景没有新的模型加入,这里保持默认设置即可,如果有新模型加入,则需要选择为"总是"。

6. 保存解析

"保存解析"这里保持默认设置即可,不要勾选,否则场景一旦有变化就会出错。

7. 单一动画解析

建议不要勾选该选项。

14.8 对象辉光

单击工具栏中的"渲染设置"按钮 (或按Ctrl+B组合键)打开"渲染设置"窗口,单击 效果... 按钮,在弹出的菜单中选择"对象辉光"选项,如图14-103所示。

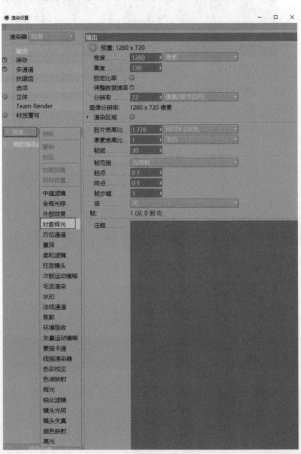

图14-103

添加"对象辉光"效果后,不能在"渲染设置"窗口中设置其参数,具体的参数需要在"材质编辑器"中设置,如图14-104所示。同样,在材质编辑器中勾选"辉光"后,"渲染设置"窗口中也会自动添加"对象辉光"。

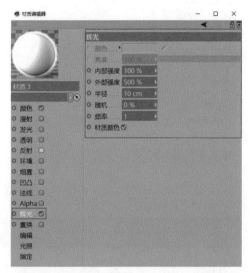

图14-104

14.9　素描卡通

将当前场景渲染为素描卡通的效果,如图14-105所示。

图14-105

单击工具栏中的"渲染设置"按钮 打开"渲染设置"窗口,单击 效果 按钮,在弹出的菜单中选择"素描卡通"选项,如图14-106所示。

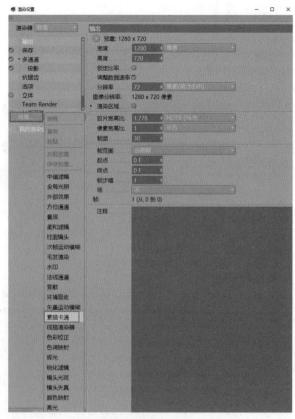

图14-106

选择"素描卡通"选项后,在"渲染设置"窗口右侧可以设置其参数,同时,"材质编辑器"中会自动添加一个素描卡通的材质球,如图14-107所示。

图14-107

14.9.1 线条

线条类型共有15种，它们可以单独产生效果，也可以同时产生效果。每种线条类型的渲染效果如图14-108所示。

图14-108

勾选线条类型后，下方将显示相应的参数，如图14-109所示。

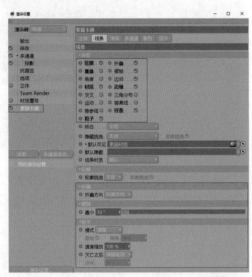

图14-109

14.9.2 渲染

"渲染"选项卡如图14-110所示。

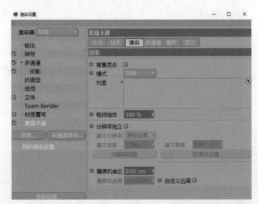

图14-110

1. 模式

"模式"包括"排除"和"包括"两种。在对象窗口将要排除或包括的对象拖入下方的对象空白区域即可。选择"排除"模式，对象下的对象不被渲染为素描卡通效果。选择"包括"模式，只有对象下的对象才会被渲染为素描卡通效果。

2. 多通道

"多通道"用于控制是否需要单独渲染Alpha通道和线条。

14.9.3 着色

"着色"用于设置素描卡通效果的着色方式。

14.9.4 显示

"显示"用于设置场景中视图的显示效果。

14.10 图片查看器

C4D的"图片查看器"是渲染图像文件的输出窗口，选择 染当前图片查看器 选项（或按Shift＋R组合键），场景被渲染到"图片查看器"中，只有在"图片查看器"中渲染的图像文件，才能直接保存为外部文件，如图14-111所示。

图14-111

下面将分别讲解其菜单栏、选项卡、"信息"面板、基本信息和快捷按钮的功能与用法。

14.10.1 菜单栏

"图片查看器"窗口中包括"文件""编辑""查看""比较""动画"5个菜单。

1. 文件

"文件"菜单可以对当前渲染图像文件进行打开和保

存等操作，如图14-112所示。

图14-112

- 打开：执行该命令后，将弹出一个对话框，用于在 "图片查看器"中打开一个图像文件，C4D支持 的所有二维图像格式都可以打开。在"打开文件" 对话框中选择要打开的文件，单击 打开(O) 按钮即 可，如图14-113所示。

图14-113

- 另存为：将渲染到 "图片查看器"中 的图片导出。执行该 命令后，会弹出"保 存"对话框，在其中 设置导出的图像文 件格式，如图14-114 所示。

- 停止渲染：执行该命 令后，停止当前的渲染 进程，停止渲染并不是 暂停渲染，而是完全停 止，如果停止后需要再 次渲染，就要从头开始 重新渲染。

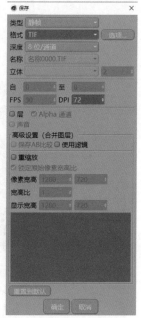

图14-114

2. 编辑

"编辑"菜单可以对当前"图片查看器"中渲染的图 像文件进行编辑操作，如图14-115所示。

图14-115

- 复制/粘贴：用于将 "图片查看器"中的图像文件 复制到剪贴板中，然后可以粘贴到另外一个软件， 如Word文档中。

- 全部选择/取消选择：如果在"图片查看器"中进 行过多次渲染，那么"历史"面板中会显示每一次 渲染的图像，如图14-116所示。执行这两个命令可 以将这些图像全部选中或取消选择。

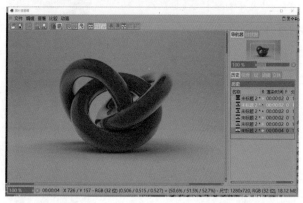

图14-116

- 移除图像/移除所有图像："移除图像"用于将选中 的图像删除，"移除所有图像"用于删除"图片查 看器"中的所有图像文件。

- 清除硬盘缓存/清除缓存：将场景渲染到"图片查 看器"中后，如果没有保存图像文件，那么渲染的 图像文件将缓存在系统硬盘中，缓存的图片过多 会导致系统运行缓慢。这两个命令用于清除缓存， 也就是用于将未保存的图片删除。

- 缓存尺寸：用于设置缓存图像的尺寸即图像的分 辨率，包括"全尺寸""二分之一尺寸""三分之一 尺寸""四分之一尺寸"4个子命令。

- 设置：执行该命令，可以打开"设置"窗口的"内存"参数设置面板，如图14-117所示。

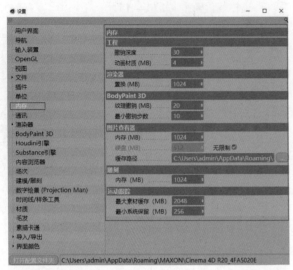

图14-117

3. 查看

"查看"菜单如图14-118所示。

图14-118

- 图标尺寸：用于修改"历史"面板中图标的大小，如图14-119所示。

图14-119

- 变焦值：用于在"图片查看器"中选择定义好的比例来缩放查看图片，包含7种具体比例和"适合屏幕"，如图14-120所示。

图14-120

- 过滤器：用于在"历史"面板中过滤相应类型的图片，可选择的过滤器类型包含"静帧""动画""已渲染元素""已载入元素""已存元素"5种，如图14-121所示。

图14-121

- 自动缩放模式：该命令前的小图标由 ▦ 显示为 ▦ 时，说明开启了自动缩放模式，当渲染的图像文件在"图片查看器"中显示过大或者过小时，图像将自动匹配窗口的尺寸（图像的宽高比保持恒定，只是为了方便观察）。
- 放大/缩小：用于放大或缩小显示的图像。
- 全屏模式：选择该项后，图像全屏显示，如图14-122所示。

图14-122

- 显示导航器/柱状图：是否显示导航器和柱状图，如图14-123所示。

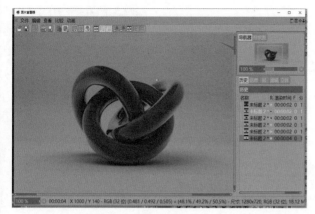

图14-123

注意

在导航器中显示的图像缩略图，缩略图上有一个白色方框，方框内的图像就是"图片查看器"中正在显示的图像。在方框内单击，鼠标指针会变为小手 形状，拖曳鼠标指针可改变图像显示的范围。拖曳缩略图下方的滑块也可以直接放大或缩小渲染图像显示的范围，如图14-124所示。

图14-124

- 折叠全部/展开全部：用于折叠或展开"历史"面板中的对象层级。
- 允许单通道图层：如果设置了多通道渲染，执行该命令后，在"图片查看器"中可以显示单独的通道，与"图层"面板中的"单通道"选项的功能相同，如图14-125所示。
- 使用多通道层：执行该命令后，将转为多通道模式，例如，混合模式和混合强度将在通道中显示；在多通道模式下，各个图层的效果可以通过图层左侧的小图标显示 或隐藏 （单击眼睛图标

即可），该选项与"图层"面板中的"多通道"选项的功能相同，如图14-126所示。

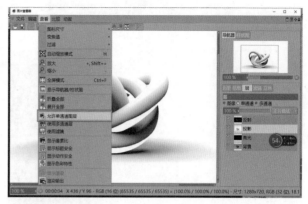

图14-125

图14-126

- 使用滤镜：用于打开滤镜功能（在右下方"滤镜"选项卡中也可以打开该功能），如图14-127所示。

图14-127

4. 比较

"比较"菜单可以对渲染输出的两张图像（A和B）进行对比观察，如图14-128所示。具体使用方法：选择一张图像，执行"比较>设置为A"命令，将其设置为A，然后选择

需要比较的图片，执行"比较>设置为B"命令，将其设置为B，最后执行"比较>AB比较"命令进行比较，效果如图14-129所示，下面的一些命令可以保持默认设置，用于控制显示隐藏文字和比较的切割线。

图14-128

图14-129

对两张图像同样也可以执行其他命令进行比较，但是执行其他命令的前提都是设置了A和B，如"互换A/B""差别"等。

5. 动画

"动画"菜单可以对渲染的动画文件进行观察。

14.10.2 选项卡

"图片查看器"窗口中包括历史、信息、层、滤镜和立体5个选项卡。

1. 历史

切换到"历史"选项卡，选项卡的下方即"历史"面板，其中会显示相关的信息。"历史"面板中的信息为"图片查看器"中渲染过的图像文件历史信息，可以在这里对这些图像文件进行选择和查看。

2. 信息

切换到"信息"选项卡，将显示选中图像文件的信息，如图14-130所示。

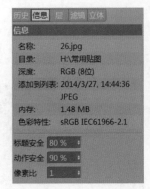

图14-130

3. 层

切换到"层"选项卡，将显示图像文件的分层及通道信息，如果在渲染设置中进行了多通道渲染，则这里会显示相应的图层信息，如图14-131所示。

图14-131

4. 滤镜

切换到"滤镜"选项卡，勾选"激活滤镜"后，可对当前图像进行一些简单的校色处理，如图14-132所示。

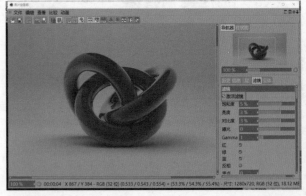

图14-132

5. 立体

切换到"立体"选项卡，如果渲染的场景中存在声音，则在这里会显示这些声音的信息。

14.10.3 "信息"面板

"信息"面板用于显示相应选项卡的信息参数等。

14.10.4　基本信息

"图片查看器"最下方会显示当前图像文件的基本信息，包括渲染所用时间、图像文件尺寸、图像文件大小等。前方的"100%"为当前图像文件的显示大小，单击 ▶ 按钮可选择其他显示尺寸，即变焦值。一般情况下，选择"100%"或"适合屏幕"，如图14-133所示。

图14-133

14.10.5　快捷按钮

"图片查看器"右上角 ▤▥▣✥ 按钮的作用如下。

- ▤/▥：分别单击这两个按钮可以显示或隐藏"图片查看器"的右侧栏。
- ▣：新建一个"图片查看器"窗口。
- ✥：拖曳显示区域的范围（类似缩略图中的小手图标）。
- ⬍：按住鼠标左键左右拖曳该按钮，可以放大或者缩小变焦值，即图像的显示大小。

14.11　PBR材质和PBR灯光

C4D R19及之后的版本增加了PBR材质和PBR灯光，这是为了和ProRender渲染器协同使用。这样可以使渲染的结果更加真实，可以更加快得到渲染结果。但是，使用ProRender后，PBR材质和PBR灯光的一些和物理无关的属性将被禁用。如果你的计算机上有一款不错的显卡，配合ProRender的CPU和GPU并行运算的特性，会加快渲染速度，渲染效果如图14-134所示。

图14-134

14.11.1　PBR材质

PBR材质是C4D R19中增加的材质系统。和默认材质相比，PBR材质配合ProRender渲染器，渲染出的效果更加真实。PBR材质的创建方法如图14-135所示。双击PBR材质球进入"材质编辑器"。PBR材质的颜色和反射由反射通道中的默认漫射层控制。

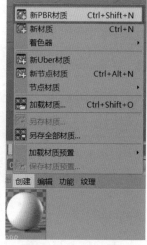

图14-135

PBR材质通道中的参数和普通材质通道中的参数是一致的，如图14-136所示。详情请见"11.3 材质编辑器"中的内容。

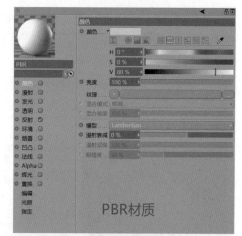

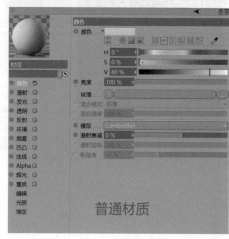

图14-136

14.11.2　PBR灯光

在使用标准渲染器时，PBR灯光的用法和区域光的用法一致。当使用ProRender渲染器时，不是基于物理学的参数都会被禁用，如图14-137所示。PBR灯光的创建方法如图14-138所示。

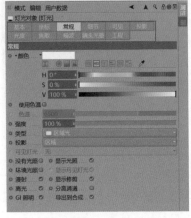

图14-137　　　　　　　图14-138

PBR灯光使用ProRender渲染器，与使用标准渲染器比较，前者的属性特点如下。

- 强度：PBR灯光的强度不仅与强度参数有关，还与自身的面积大小及与照明对象的距离有关；图14-139～图14-141所示为灯光距离远近和灯光强弱对照明效果的影响。

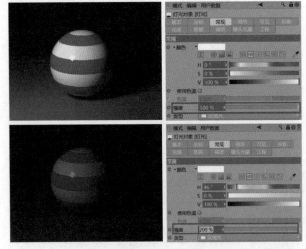

图14-139

图14-140

图14-141

- 投影：PBR灯光自带投影，面积越大，投影越模糊，面积越小，投影越清晰，如图14-142所示。

图14-142

- 焦散：当PBR灯光照射到玻璃材质上的时候，会自动产生焦散效果，灯光强度越强，焦散效果越强，反之越弱，如图14-143所示。

灯光强度=500

图14-143

14.12 ProRender渲染器

ProRender是AMD公司研发的一款基于物理渲染的强大渲染器,这款渲染器有GPU和CPU并行计算的特性,从而能让渲染更高效和准确。用户的计算机只要有独立显卡,其在使用该功能时都能有不错的性能。基于OpenCL的开发,ProRender渲染器得以兼容Windows,Mac OS,以及Linux的操作系统。

ProRender在其他三维软件中都是以插件的形式使用的,只有C4D将ProRender整合在了R19之后版本的软件中,如图14-144所示。

图14-144

单击 按钮,打开"渲染设置"窗口,单击展开"渲染器"下拉列表,将渲染器切换到"ProRender"。ProRender渲染器的选项卡有离线、预览、常规和多通道,如图14-145所示。

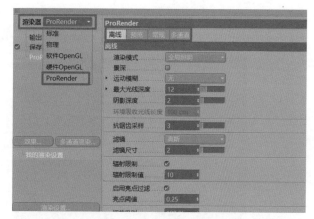

图14-145

14.12.1 预览

ProRender的预览可以在调整灯光和材质之后,迅速在视图窗口中显示预览效果。

开启ProRender的预览功能,首先需要把渲染器调为ProRender,如图14-146所示。然后执行编辑视图窗口中的"ProRender>开始ProRender"命令。第一次用ProRender预览场景时,需要有一段编译场景的时间,之后就可在视图窗口中显示预览结果。如果要停止预览,则再执行一次"开始ProRender"命令即可,如图14-147所示。

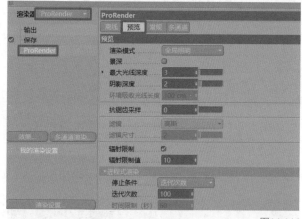

图14-146

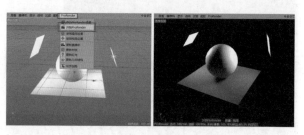

图14-147

- 渲染模式：用于切换ProRender中不同的渲染模式，如图14-148所示。

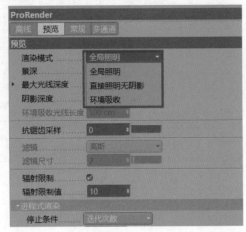

图14-148

◇ 全局照明：勾选该选项后，渲染效果中会自带全局光，光线会经过多次反弹，让场景中的光分布得更加均匀，让预览结果中不会出现过暗的区域，显得更加真实，如图14-149所示。

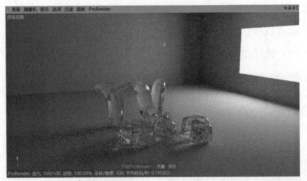

图14-149

◇ 直接照明无阴影：勾选该选项后，预览效果中没有全局光照的效果。灯光只会产生照明作用，预览效果中没有投影、反射和折射等效果，如图14-150所示。

图14-150

◇ 环境吸收：勾选该选项后，预览效果中只会显示环境吸收效果，如图14-151所示。

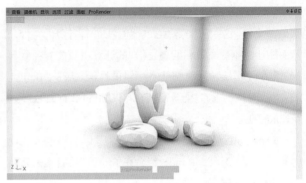

图14-151

- 景深：勾选该选项后，视图窗口中的预览效果会显示景深效果。首先创建摄像机，需要把焦点对象拖曳到摄像机对象属性面板中的"焦点对象"文本框中，从而设置摄像机的焦点。然后，调节摄像机物理属性面板中的"光圈(f/#)"参数，以控制景深的大小，如图14-152所示。该数值越小，景深越模糊。

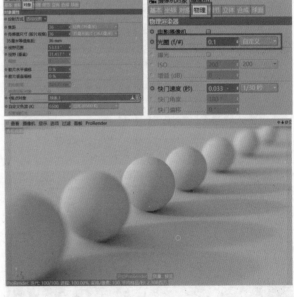

图14-152

- 最大光线深度：该参数控制光线在场景中的反弹次数。数值越大，预览画面越亮。
- 阴影深度：当场景中有透明对象时，该参数控制预览时阴影的细节。数值越大，阴影的细节越多，如图14-153所示。

阴影深度=1　　　　阴影深度=2　　　　阴影深度=3

图14-153

- 环境吸收光线长度：该参数控制预览效果中环境吸收的效果，如图14-154所示。

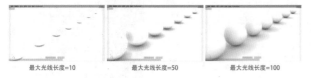

最大光线长度=10　　最大光线长度=50　　最大光线长度=100

图14-154

- 抗锯齿采样：该参数控制预览效果中抗锯齿的精度。数值越大，精度越高，抗锯齿采样数值为0时，抗锯齿效果关闭，"滤镜"和"滤镜尺寸"被禁用。
- 滤镜：C4D处理锯齿的方式是将锯齿以不同的形状进行模糊。该参数控制模糊的形状。
- 滤镜尺寸：该参数控制处理锯齿的模糊程度。

注意

当预览效果中有锯齿时，需要调节"抗锯齿采样""滤镜""滤镜尺寸"这3个参数来消除锯齿。

- 辐射限制/辐射限制值：在场景中有折射对象时，这两个参数控制了焦散的强弱。在预览时，"辐照限制"是焦散的开关，"辐射限制值"控制焦散的强度，数值越大，焦散越强。
- 停止条件：ProRender是渐进式的预览，假如不设置停止预览条件，渲染器会无休止地预览，如图14-155所示。

图14-155

　◇ 迭代次数：切换到此模式，下面的"迭代次数"选项被激活。"迭代次数"值越大，预览时间越长，预览效果的质量越高。

　◇ 时间限制（秒）：切换到此模式，下面的"时间限制（秒）"选项被激活。"时间限制"值越大，预览效果的质量越高。

　◇ 从不：切换到此模式，预览永远不会停止。

- 纹理尺寸X/纹理尺寸Y/纹理深度：当场景中的材质使用了贴图时，这几个参数控制贴图的质量。数值越大，贴图质量越高，如图14-156所示。

纹理尺寸 X=1280　　　　　　纹理尺寸 X=128
纹理尺寸 Y=1280　　　　　　纹理尺寸 Y=128

图14-156

14.12.2　离线

我们对ProRender预览效果满意时，需要单击"图片查看器"按钮，以得到最终的渲染效果。离线控制了图片查看器中的渲染结果，如图14-157所示。"离线"选项卡中大部分的参数和预览中的参数一致，重复的部分这里就不再赘述。

图14-157

- 运动模糊：当有动画时，勾选该选项，可以在渲染时得到运动模糊的效果。运动模糊的程度由摄像机的快门速度决定，如图14-158～图14-160所示。

图14-158

图14-159

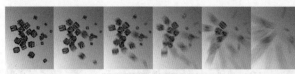

快门速度数值越小，运动模糊程度越强

图14-160

- 启动亮点过滤/亮点阈值：这两个参数控制渲染时焦散的精度。阈值越小，焦散的精度越高。
- 细节级别：该参数控制了场景中细分曲面的渲染细分级别。
- 使用显示便签LOD：勾选该选项，当对象添加显示标签后，显示标签的渲染级别控制了渲染时的结果。
- 渲染HUD：勾选该选项，渲染时会显示HUD的信息。
- 渲染草绘：勾选该选项，渲染时会显示草绘的信息。
- 每帧重新载入场景：默认情况下该选项是未勾选的状态。当场景有动画时，若未勾选该选项，则渲染结果只需要对场景编译一次。
- 区块渲染：默认情况下，在渲染时是整体渲染一整张图。勾选该选项后，渲染时会将图片分成区块，一块接着一块渲染。区块顺序控制了渲染区块的先后顺序。区块的宽度和高度决定了渲染区块的大小。

14.12.3　常规

当使用ProRender渲染或预览时，"常规"选项卡里的参数控制了计算机硬件的资源分配，其属性面板如图14-161所示。

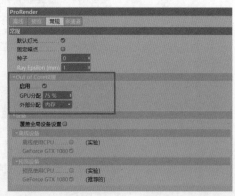

图14-161

- Out of Core 纹理：勾选该选项，使用ProRender渲染时，可以调节GPU分配和外部分配。

14.12.4　多通道

C4D R20中为ProRender新添加了多通道渲染的功能，渲染出的多通道可以导入后期软件中，以便合成。

- 渲染多通道：勾选该选项后，可以选择各类多通道，如图14-162所示。

图14-162

- 多通道：勾选相应的通道，可以渲染出相应的多通道的效果，如图14-163所示。

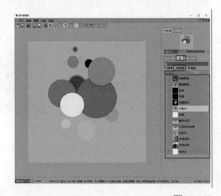

图14-163

- 抗锯齿：当勾选多通道时，默认情况下，多通道的渲染质量较低。勾选相应的"抗锯齿"选项，可以提高相应的多通道的渲染质量，如图14-164所示。

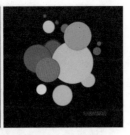

图14-164

14.13 生长草坪

生长草坪的效果如图14-165所示。

图14-165

生长草坪是一种特殊的材质，可以轻松、快速地在对象表面创建逼真的草坪效果。使用该材质时只需要选择需要生长草坪的对象，执行主菜单中的"创建>场景>生长草坪"命令即可，如图14-166所示。

图14-166

渲染设置中的"抗锯齿"选项，可以在渲染时控制草坪的抗锯齿质量，但是在一般情况下，并不需要刻意提高草地的抗锯齿质量。

另外值得注意的是，在动画制作过程中不要对已有生长草坪的对象做细分修改，这样会导致草坪重叠和消失。

"生长草坪"的参数设置面板如图14-167所示。

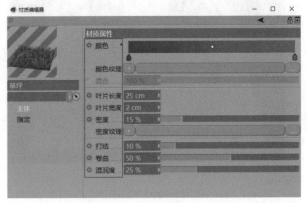

图14-167

• 颜色：控制草坪从根部（左端）到尖部（右端）的颜色分布，如图14-168和图14-169所示。

图14-168

图14-169

• 颜色纹理：可以为整体的草坪指定一个纹理，默认纹理会使用UVW方式分布到对象表面，如图14-170和图14-171所示。

图14-170

图14-171

图14-174

- 混合：可以将颜色纹理和原始的草坪颜色无缝地混合到一起，当混合强度为100%时，颜色纹理将完全覆盖原始的草坪颜色；图14-172～图14-174所示分别是混合强度为100%、50%和0%的效果。
- 叶片长度：用来定义草坪叶片的长度。

- 叶片宽度：用来定义草坪叶片的宽度，使用默认值会产生一个相对较短的叶片宽度。
- 密度：定义分在对象表面的叶片的数量，最大值可以超过100%，但是较大的数值会延长渲染时间。
- 密度纹理：可以加载一个纹理，通过纹理的灰度信息来影响草坪的密度；白色区域密度最大，黑色区域密度为0%，如图14-175和图14-176所示

图14-172

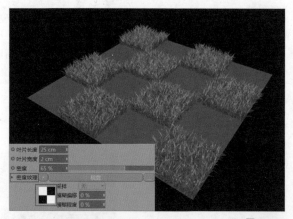

图14-175

图14-173

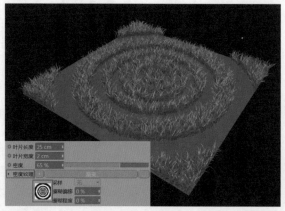

图14-176

- 打结: 这个参数与下面的"卷曲"参数非常类似, 只是产生的形态有所差别; 这个参数可以使叶片向各个方向产生弯曲, 使草地的效果看起来更加逼真, 数值越大, 打结程度越高, 如图14-177和图14-178所示。

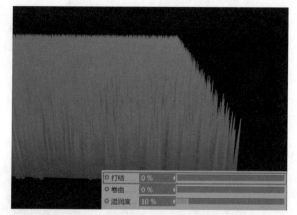

图14-177

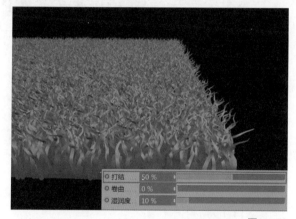

图14-178

- 卷曲: 可以使叶片在一个方向上产生随机的弯曲, 数值越大, 卷曲程度越高, 如图14-179和图14-180所示。

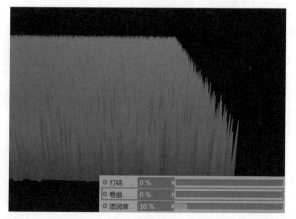

图14-179

图14-180

- 湿润度: 定义叶片上的镜面反射的强度, 强烈的光照经常用来表现湿润的草地。

14.14　场景

如果要渲染一张真实的场景图片, 除了需要建筑、路面等主要元素外, 还需要地面、天空、云朵、草地这些自然场景。C4D中提供了很多创建场景的工具, 如图14-181所示。

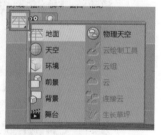

图14-181

14.14.1　地面

在渲染时, "地面" 对象可以创建一个没有边界的地面区域, 如图14-182所示。

图14-182

14.14.2　天空

"天空" 对象是一个无限大的球体, 渲染场景时,常用它来模拟四周的环境，如图14-183所示。

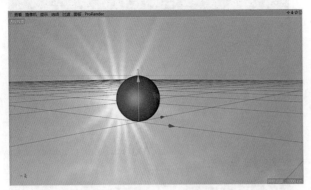

图14-183

14.14.3 环境

"环境" 对象可以作为"环境光"来照亮场景中的其他对象。

- 环境强度：调节该选项可以控制场景灯光的强度，如图14-184所示。

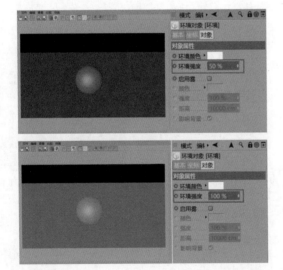

图14-184

- 启动雾：勾选该选项可以为场景添加环境雾，如图14-185所示。

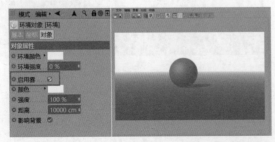

图14-185

- 颜色：调节该选项可以控制雾的颜色，如图14-186所示。

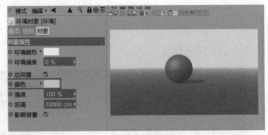

图14-186

- 强度：调节该选项可以控制雾的浓度，如图14-187所示。

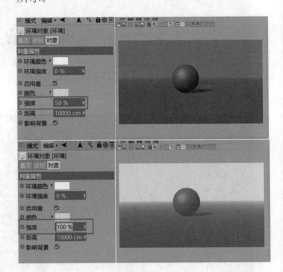

图14-187

- 距离：调节该选项可以控制雾的可见度，如图14-188所示。

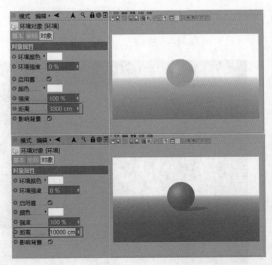

图14-188

14.14.4 前景

如果想要在渲染效果中加上水印，则需要在场景中添加"前景"对象，并且为其添加相应材质，如图14-189和图14-190所示。

图14-189

图14-190

14.14.5 背景

"背景"对象用于添加参考图或在渲染时添加背景图，如图14-191和图14-192所示。

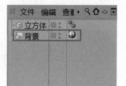

图14-191

图14-192

14.14.6 舞台

"舞台"对象通过为不同对象属性添加关键帧来设置什么时候切换摄像机的机位，切换到哪个环境、哪个背景。

14.14.7 物理天空

"物理天空"对象可以根据不同的地理位置，不同的时间，让环境显示出不同的效果。该对象的属性面板中包括"时间与区域""天空""太阳""细节"等选项卡，如图14-193所示。

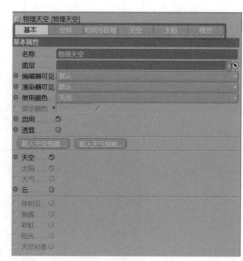

图14-193

1. 时间与区域

"时间与区域"可以根据时间、城市等因素来决定"物理天空"对象的环境，如图14-194和图14-195所示。

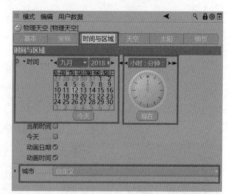

图14-194

图14-195

2. 天空

"天空"选项卡控制的是"物理天空"对象的细节，其属性面板如图14-196所示。

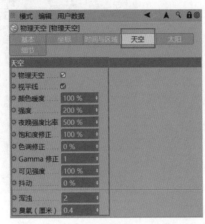

图14-196

- 物理天空：勾选该选项，控制天空细节的参数才能被激活。
- 视平线：勾选该选项，场景中会出现天空和地面的交界线，如图14-197所示。

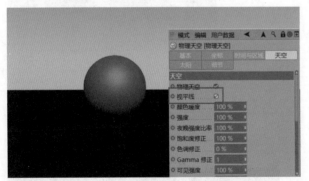

图14-197

- 颜色暖度：该选项控制天空色调偏移的程度。
- 强度：该选项控制天空的亮度。
- 夜晚强度比率：该选项控制夜晚和白天照明的差异程度；数值越大，夜晚天空越明亮；数值越小，夜晚天空越黑暗。
- 饱和度矫正：该选项控制天空的饱和度，如图14-198所示。
- 色调修正：该选项控制天空的色调变化。
- Gamma修正：该选项控制天空颜色的明暗对比度，如图14-199所示。

图14-198

图14-199

- 可见强度：该选项控制天空的透明度。
- 抖动：该选项用来增加天空中的颗粒数量。
- 浑浊：该选项控制空气的清澈程度，如图14-200所示。

图14-200

- 臭氧（厘米）：该选项控制"物理天空"对象的光线照射地面时是偏暖还是偏蓝，如图14-201所示。

图14-201

3. 太阳

"太阳"选项卡控制的是"物理天空"对象中的太阳，其属性面板如图14-202所示。

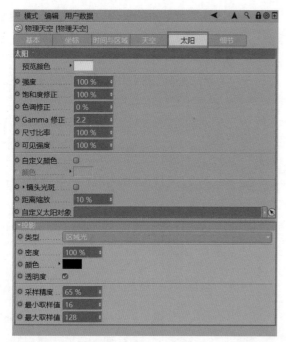

图14-202

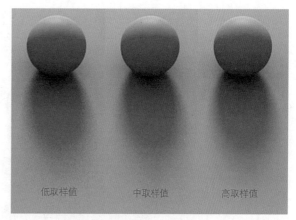

图14-203

- 预览颜色：此选项控制太阳的颜色。
- 强度：此选项控制太阳的照明强度。
- 饱和度修正：此选项控制太阳颜色的饱和度。
- 色调修正：此选项控制太阳颜色的色相。
- Gamma修正：此选项控制太阳的Gamma值。
- 尺寸比率：此选项控制太阳的大小。
- 可见强度：此选项控制太阳的可见程度，但是不会影响太阳的亮度。
- 自定义颜色：此选项用于自定义修改太阳的颜色。
- 镜头光斑：此选项控制是否产生光斑效果。
- 距离缩放：此选项控制距离的百分比。
- 自定义太阳对象：用户可以自己创建一个太阳对象，并拖曳到右侧文本框里。
- 类型：此选项控制太阳光产生投影的类型。
- 密度：此选项控制投影的透明程度。
- 颜色：此选项控制投影的颜色。
- 透明度：此选项控制透明对象是否会影响阴影的计算。
- 采样精度：此选项控制阴影的细节程度。
- 最小取样值/最大取样值：这两个选项控制投影的精度，数值越大，投影的噪点越少，如图14-203所示。

4. 细节

"细节"选项卡控制的是"物理天空"对象中的星星、月亮、云等元素的细节，其属性面板如图14-204所示。

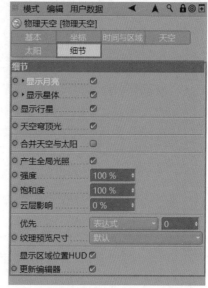

图14-204

- 显示月亮：此选项控制在夜晚时是否会出现月亮。
  ◇ 缩放：此选项控制月亮的大小。
  ◇ 亮部强度/暗部强度：这两个选项控制月亮的形状是月牙还是满月。
  ◇ 距离缩放：此选项控制场景的大小，可改变场景元素和天空元素之间的大小比例。
- 显示星体：勾选该选项时，星体的相应选项将被激活，如图14-205所示。

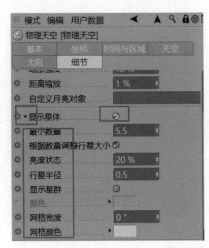

图14-205

◇ 最小数量：此选项控制星星亮度的对比度。

◇ 根据数量调整行星大小：勾选该选项时，越孤立的行星会越亮；取消勾选该选项时，所有的星星都同样亮。

◇ 亮度状态：该选项控制星星的亮度，值越大，星星的亮度越高。

◇ 行星半径：该选项控制星星的大小。

◇ 显示星群：勾选该选项时，星座间的连线会显示出来。

◇ 颜色：该选项控制星座星星的颜色。

◇ 网格宽度：该选项控制星座网格线的宽度。

◇ 网格颜色：该选项控制星座网格线的颜色。

• 显示行星：勾选该选项时，水星、火星等行星将会显示。

• 天空穹顶光：这里要保持勾选，否则光线会有误差。

• 合并天空与太阳：该选项控制太阳生成的高光的形态，如图14-206所示。

• 产生全局光照：勾选该选项时，"物理天空"对象会产生全局光照。

• 强度：该选项控制全局光照的强度。

• 饱和度：该选项控制渲染场景时的图像饱和度。

• 云层影响：该选项控制云层对全局光照的影响程度。

• 优先：这里是软件内部计算模式，建议保持默认设置。

• 纹理预览尺寸：该选项控制视图窗口中天空显示的精细程度。

• 显示区域位置HUD：该选项控制是否在视图窗口中显示图标。

• 更新编辑器：勾选该选项时，视图窗口中立刻反映出参数与相应的变化。

14.14.8 云绘制工具

"云绘制工具" 用于在物理天空中创建"云"对象，并可对"云"对象进行修改，如图14-207所示。当场景中存在物理天空时，云绘制工具才能够被激活。用云绘制工具在物理天空上拖曳，可绘制出云，效果如图14-208所示。

图14-207

图14-206

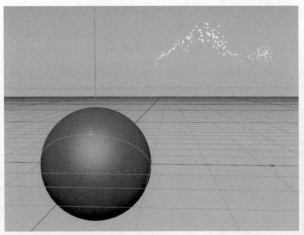

图14-208

1. 工具

云绘制工具的"工具"选项卡如图14-209所示。

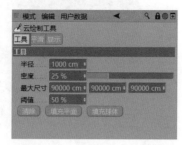

图14-209

- 半径：此选项控制画笔的尺寸。设置好画笔尺寸后，选中物理天空，按住鼠标左键，在物理天空上拖曳，就可以绘制出云，如图14-210所示。

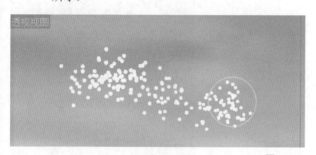

图14-210

- 密度：此选项控制了云的疏密程度，密度越大，云层越厚重，密度越小，云层越稀薄。按住shift和鼠标中键，可以快速调节云的密度，如图14-211所示。

图14-211

- 最大尺寸：此选项控制绘制云的最大尺寸。
- 阈值：此选项控制是否超出云的范围框进行绘制，可根据实际需要调节此选项，得到想要的效果，如图14-212所示。

图14-212

2. 平滑

"平滑"选项卡用于控制云的形态，如图14-213所示。

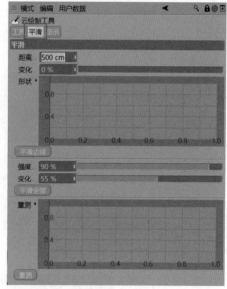

图14-213

- 距离：此选项控制云平滑边缘的范围。
- 变化：此选项控制云平滑边缘的随机强度。
- 形状：调整图中曲线来控制云平滑边缘的透明度。
- 平滑边缘：当将上面3个参数修改完毕后，需要单击"平滑边缘"按钮才会产生相应的效果，如图14-214所示。

图14-214

- 强度：此选项控制云的平滑强度。
- 变化：此选项控制云的随机程度。
- 平滑全部：当将上面两个参数修改完毕后，需要单击"平滑全部"按钮才会产生相应的效果，如图14-215所示。

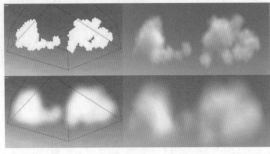

图14-215

- 重测：此图用来控制云的密度，单击"重测"按钮，会按图中的曲线形态来改变云的密度，如图14-216所示。

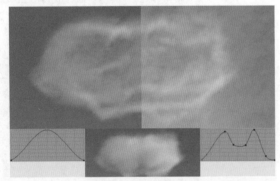

图14-216

3. 显示

"显示"选项卡用于控制云在视图窗口中显示的精细程度，如图14-217所示。

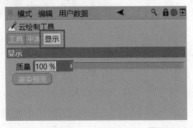

图14-217

- 质量：此选项控制云在视窗中的显示质量，数值越大，云的显示质量就越高。
- 渲染预览：单击此按钮，可在视图窗口里预览选中的云对象。

14.14.9　云

"云" ☁ 对象可以用模型控制云的形态，如图14-218

所示。

图14-218

要让"云"对象可用，需要勾选物理天空属性面板中的"体积云"选项，如图14-219所示。

图14-219

创建"云"对象时，需要把"云"对象作为"物理天空"对象的子级，把模型作为"云"对象的子级。模型要在云的范围框内，默认情况下，范围框在场景的上方，如图14-220~图14-222所示。

图14-220

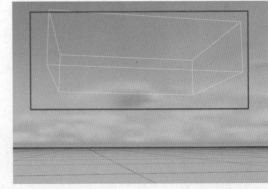

图14-221

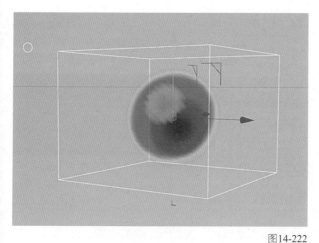

图14-222

"对象"选项卡如图14-223所示。

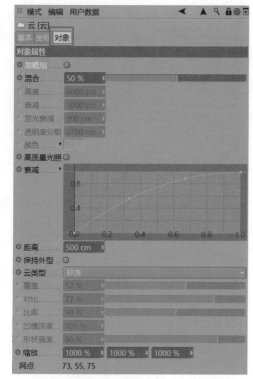

图14-223

- 忽略组：勾选该选项时，云组将不起作用，"云"对象可以单独地调节自己的属性。
- 混合：该选项控制偏向云组对象属性最大值、最小值的百分比。
- 高度：该选项控制"云"对象范围框的高度。
- 衰减：该选项控制云的厚度，数值越小，云越厚；数值越大，云越薄，如图14-224所示。

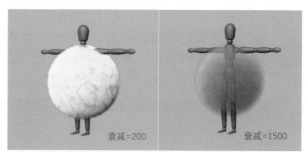

图14-224

- 发光衰减：该选项控制云的亮度，数值越大，云越亮，如图14-225所示。

图14-225

- 透明度分散：该选项控制云的透明程度，数值越大，云越透明，阴影越浅。
- 颜色：该选项控制云的颜色。
- 高质量光照：勾选该选项，云的内部结构也会参与灯光照明的计算，但会大幅度降低渲染速度。
- 衰减：该选项用曲线决定云从内到外的密度变化。
- 距离：该选项控制衰减曲线的影响范围。
- 保持外型：如果删除了模型，勾选该选项，云依然能够保持模型的形态。
- 云类型：该选项控制云的不同形态，如图14-226所示。

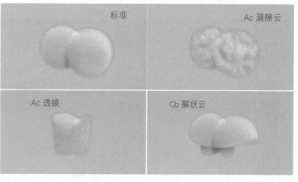

图14-226

- 覆盖/对比：这两个参数控制云的分布密集程度。当云的类型为"Ac漏隙云"时，这两个选项将被激活。"覆盖"数值越大，漏隙云的孔洞越小。"对比"数值越小，碎块的云越少，如图14-227所示。

图14-227

- 比率/凹槽深度/形状强度：当云的类型为"Cb鬃状云"时，这3个选项会被激活，它们都可调节云的形态属性，如图14-228所示。

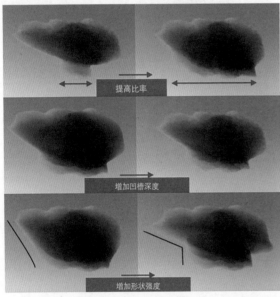

图14-228

- 缩放：该选项控制云层噪波贴图的缩放大小，从而控制云层的大小，如图14-229所示。

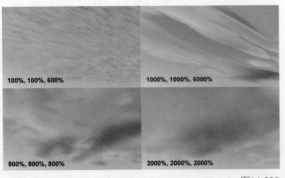

图14-229

14.14.10　云组

"云组"对象可以统一控制其子级下的云对象的相关参数，如图14-230所示，如果想要让云组对子级云对象产生作用，需要取消勾选云对象的"忽略组"选项。

图14-230

14.14.11　连接云

选中两个或两个以上的云对象，"连接云"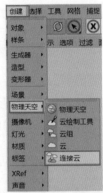命令将会被激活，如图14-231所示。

图14-231

执行"连接云"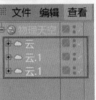命令，原来被选中的云对象将会失效，对象窗口中会新增连接的"云"对象，如图14-232所示。

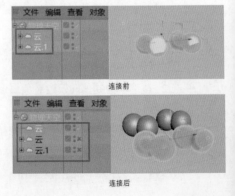

图14-232

第15章

标签

15

合成、对齐曲线等27种标签及相应属性

在对象窗口中用鼠标右键单击对象,可以在弹出的快捷菜单中选择相应的标签。

15.1 SDS权重标签

添加SDS权重标签后,当细分曲面下有多个子对象时,如图15-1所示,可以让在细分曲面标签下的子对象分别设置自己的细分级别,如图15-2所示。

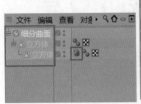

图15-1

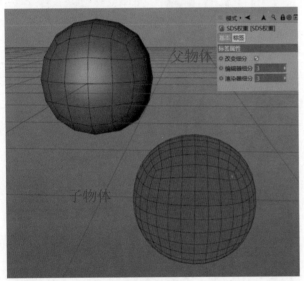

图15-2

15.2 XPresso标签

XPresso标签是C4D的高级工具,很多用户使用C4D一段时间之后,都会逐渐开始学习使用XPresso。在XPresso中,用户可以实现很多在软件界面和菜单中无法达到的效果。其他三维软件中都有表达式输入窗口,很多命令也需要编写编程语言来完成。在C4D中,XPresso把后台执行的表达式用图表的形式呈现出来,使用起来更加直观和方便,如图15-3所示。

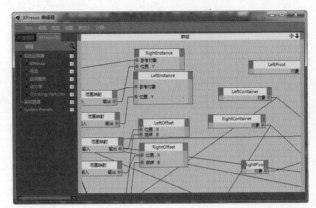

图15-3

15.3 保护标签

为某一对象添加保护标签后,该对象的坐标将被锁定,如图15-4所示。

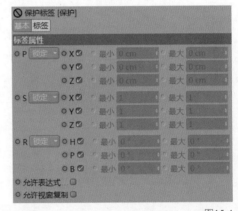

图15-4

15.4 停止标签

在场景中创建立方体和扭曲工具,将它们放在同一组下,为立方体添加停止标签,如图15-5所示

图15-5

调整扭曲角度,勾选"停止变形器"选项之后,扭曲工具对立方体的变形功能失效,如图15-6所示。

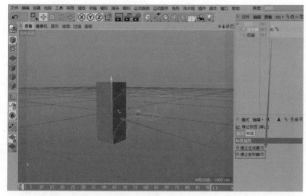

图15-6

15.5 合成标签

合成标签▣是C4D中常用的综合标签之一，在工作中很多时候都必须使用合成标签来解决问题。

合成标签的属性面板共分为5个选项卡，除"基本"选项卡外，其他选项卡中都是合成标签的特别参数设置，"标签"选项卡如图15-7所示。

图15-7

15.5.1 "标签"选项卡

- 投射投影：控制当前对象是否产生投影，此选项默认为勾选状态，取消勾选后，当前对象不会产生投影。
- 接收投影：控制当前对象是否接收其他对象产生的投影。
- 本体投影：控制当前对象受到灯光照射时，该对象的投影是否会被自身接收，如图15-8所示。
- 合成背景：主要用来将实拍素材与C4D制作的虚拟元素相结合。
- 为HDR贴图合成背景：此功能与合成背景功能类似，当纹理标签投射方式为摄像机的时候，需要勾

选此选项，这样才能做到贴图与背景的完美结合。

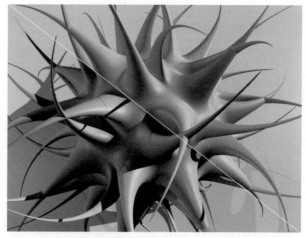

图15-8

- 摄像机可见：控制对象在渲染时是否可见。
- 透明度可见：控制透明对象的背面是否在渲染时可见。
- 光线可见：该选项是"折射可见""反射可见""环境吸收可见"的总开关，取消勾选"光线可见"选项之后，这3项会同时失效，如图15-9所示。

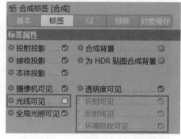

图15-9

◇ 折射可见：控制对象是否参与折射计算，取消勾选之后，当前对象将不参与折射计算。

◇ 反射可见：控制对象是否参与反射计算，取消勾选之后，当前对象将不参与反射计算。

◇ 环境吸收可见：控制当前对象是否参与环境吸收计算，需要和渲染设置联合使用。

- 全局光照可见：控制当前对象是否参与全局光照计算，需要和渲染设置联合使用。
- 强烈抗锯齿：勾选后可以强制提高当前对象的光滑度，可以使用最小值和最大值及阈值来控制渲染品质。
- 麦特（Matte）对象：如果勾选此项，那么对象将不会被渲染，但是可以得到一个和对象形状一样的通道。

- 颜色：渲染出来的对象颜色，这个颜色对Alpha通道没有影响。

为球体添加合成标签的效果如图15-10所示。

图15-10

15.5.2　GI选项卡

切换到"GI"选项卡后，可以单独控制当前对象的GI强度，且需要在渲染设置中添加全局光照，不同GI参数渲染的效果如图15-11所示。

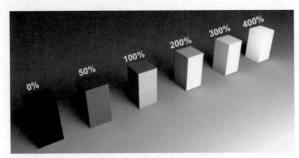

图15-11

分别设置不同的随机采样比例和记录密度比例，按顺时针方向，依次得到不同的渲染效果如图15-12所示。

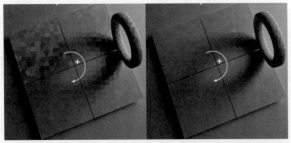

图15-12

15.5.3　"排除"选项卡

在场景中创建4个球体，分别为它们指定不同的材质，所有材质都开启反射，渲染效果如图15-13所示，所有球体之间会互相反射。

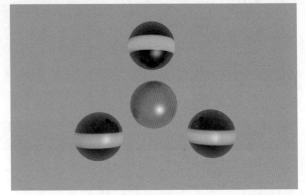

图15-13

为中间的球体添加合成标签，切换到"排除"选项卡，将左下方的球体拖入，如图15-14所示。此操作的结果是中间的球体不会出现在左下方球体的反射中，如图15-15所示。

图15-14

图15-15

15.5.4　"对象缓存"选项卡

在渲染输出时，如果需要提取出某个对象的单独通道，则可以切换到"对象缓存"选项卡，其需要和渲染设置联合使用，如图15-16和图15-17所示。

图15-16

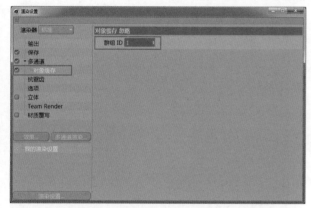

图15-17

15.6 外部合成标签

外部合成标签主要用来输出C4D的信息，以便在后期合成软件中再次加工合成，如图15-18所示。

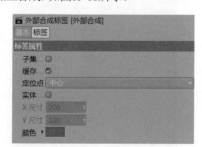

图15-18

15.7 太阳标签

给对象添加太阳标签后，可以控制对象的经度和纬度，如图15-19所示。

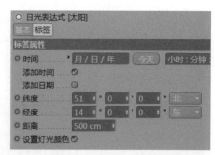

图15-19

15.8 对齐曲线标签

如果想设置对象沿着固定的路线行走，则可以创建样条曲线作为路径。可以使用对齐曲线标签来实现对象沿着路径移动的效果，如图15-20所示。而使用关键帧来实现同样的效果非常困难。将创建好的圆环拖入"曲线路径"右侧文本框内，再在不同时间点处设定"位置"为0%和100%的关键帧，如图15-20所示，立方体将沿圆环路径移动，如图15-21所示。

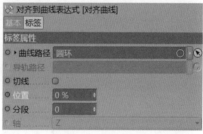

图15-20

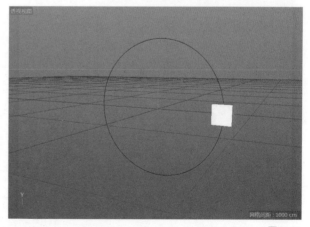

图15-21

勾选"切线"，小球的z轴方向将始终与圆环切线方向保持一致，如图15-22所示。创建一个圆环，将圆环拖入"导轨路径"右侧文本框内，小球的x轴方向将始终指向圆环，如图15-23所示。

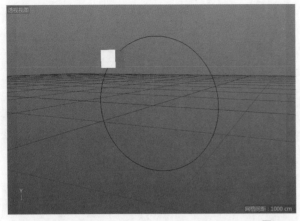

图15-22

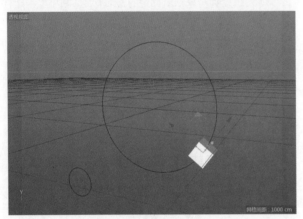

图15-23

当单个样条曲线有两段或两段以上的分段时，可设定第几段路径为对象要沿着移动的路径，如图15-24所示。

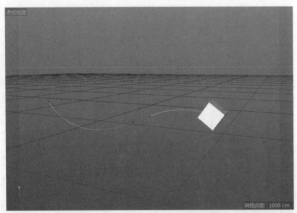

图15-24

15.9　对齐路径标签

对齐路径标签 用于设定对齐方向的帧数，如图15-25所示。

图15-25

15.10　平滑着色（Phong）标签

平滑着色标签 用于设定多边形对象在编辑器中的显示效果。其"标签"选项卡如图15-26所示，勾选"角度限制"后才能激活其他选项，"平滑着色（Phong）角度"用于设定平滑显示的临界度数。图15-27和图15-28所示为平滑角度分别为0°和30°的显示效果。

图15-26

图15-27

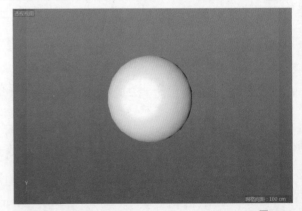

图15-28

15.11　建筑草坪标签

选择多边形对象，执行"创建>环境>生长草坪"命令，注意要在对象塌陷的状态下才可以执行该命令，如图15-29所示。

对象标签栏里会自动添加生长草坪标签，如图15-30所示。

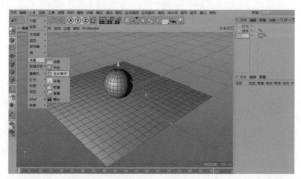

图15-29

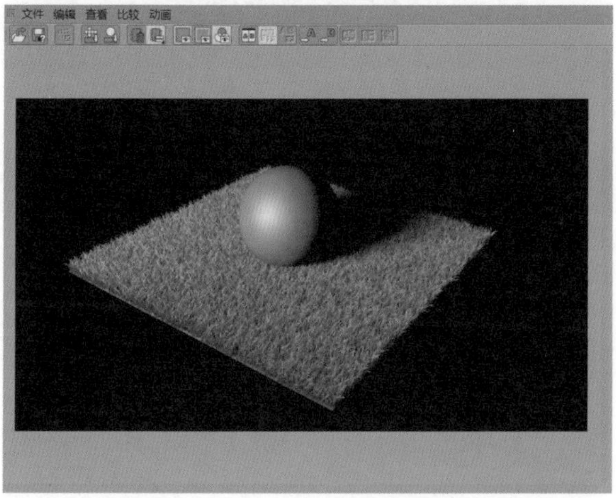

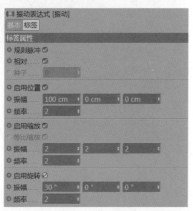

图15-30

15.12 振动标签

将振动标签添加在对象上，可设定对象的位置、缩放、旋转，如图15-31所示。

图15-31

15.13 摄像机矫正标签

摄像机矫正标签可以根据图像对摄像机进行矫正。可以为摄像机添加一张背景图片，作为参考图使用，

如图15-32所示。

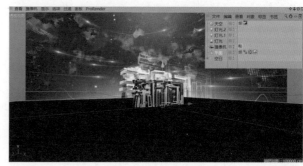

图15-32

15.14 显示标签

显示标签可以单独控制对象的显示方式。

• 标签：设定对象在编辑器中的着色模式、显示样式、可见性等，与"视图"菜单的"显示"命令中的某些子命令用法相同，如图15-33所示。

图15-33

• 残影：设定对象在编辑器中运动时拖曳残影的模式、步幅等，图15-34和图15-35所示为"拖拽模式"分别为"对象"和"多重轨迹"的残影效果。

图15-34

图15-35

15.15 朝向摄像机标签

添加"朝向摄像机"标签■，对象的z轴将始终指向摄像机。图15-36所示为只给绿色角锥添加此标签，绿色角锥z轴始终指向摄像机的效果。

图15-36

15.16 注释标签

注释标签■可以为场景中的对象添加注释，也可以为对象添加网站链接信息，如图15-37所示。

图15-37

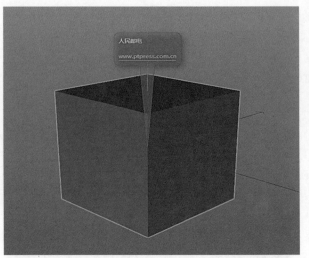

图15-37（续）

15.17 烘焙纹理标签

烘焙纹理标签■可以对纹理进行单独烘焙输出。

对象的材质通道效果均可烘焙出一张纹理，将烘焙好的纹理载入材质通道中，即可还原通道效果，在大场景制作中可加快渲染速度。

- 标签：设定烘焙纹理的文件名、格式、尺寸、采样值等，如图15-38所示。

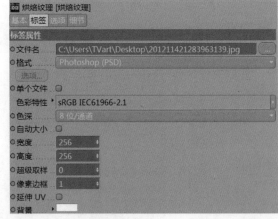

图15-38

- 选项：勾选烘焙的材质通道，单击■烘焙■按钮即可烘焙纹理。

创建一个球体和天空，新建一种材质，将其赋予球体，将材质的反射通道打开。创建一种材质，在材质颜色通道中添加"表面>星系"纹理，并将该材质赋予天空，如图15-39所示。

这时，球体将反射天空的星空纹理，如图15-40所示。

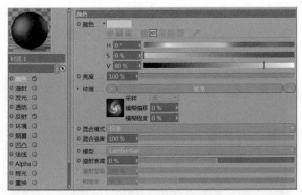

图15-39

图15-40

给球体添加烘焙纹理标签,在"选项"选项卡下勾选"反射",再单击 烘焙 按钮,球体上的反射纹理即可烘焙出来,如图15-41所示。

图15-41

切换到"细节"选项卡,如图15-42所示。

细节:设定烘焙纹理序列的初始时间、结束时间、名称格式等,如图15-42所示。

图15-42

15.18　目标标签

给对象添加目标标签 ,将另外两个对象分别拖入"目标对象"和"上行矢量"右侧文本框内,对象的z轴(蓝色)和y轴(绿色)将分别指向两个目标,并始终保持该朝向,如图15-43和图15-44所示。

图15-43

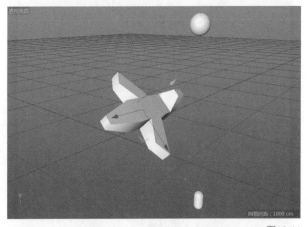

图15-44

15.19　碰撞检测标签

碰撞检测标签 用来打开或关闭对象的碰撞检测,可选择不同的碰撞检测类型,如图15-45所示。

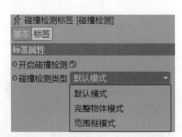

图15-45

15.20　粘滞纹理标签

粘滞纹理标签可将纹理粘滞在对象上，当对象纹理采用平直投射方式，对象局部形态发生变化时，纹理也随之变化。

图15-46所示为制作的一个平面，平面的4个面互不相连。将一个带有纹理的材质赋予平面，纹理投射方式设为平直，再将纹理标签y轴旋转90°，在标签栏中用鼠标右键单击纹理标签，执行"适合对象"命令，纹理将平铺在整个平面上，如图15-47所示。

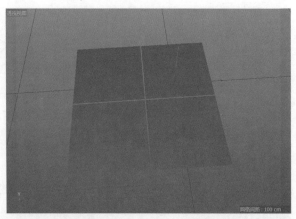

图15-46

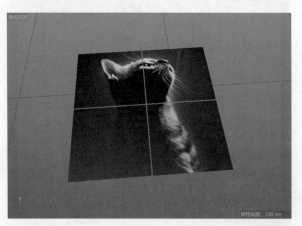

图15-47

移动其中一个面时，纹理将不随面移动，如图15-48所示。给平面添加粘滞纹理标签，记录纹理后，纹理将随面移动，如图15-49所示。

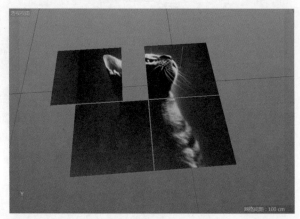

图15-48

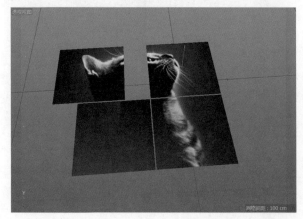

图15-49

15.21　纹理标签

给对象赋予材质时，纹理标签可调节纹理的各种属性，详见"第11章 材质详解"。对象的材质被删除时，显示为图标的纹理标签属性设置无效。

15.22　融球标签

在已添加融球的对象上再添加融球标签，增大标签属性面板中的强度值或半径值，融球将变大，如图15-50所示。

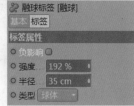

图15-50

创建一个融球和立方体，将立方体拖曳给融球，效果如图15-51所示。给立方体添加融球标签，增大标签属性面板中的强度值或半径值，融球将变大。

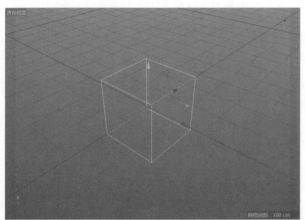

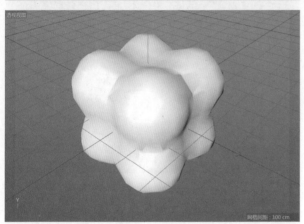

图15-51

15.23 改变优先级标签

改变优先级标签用于改变对象的优先级，包括表达式、标签和多边形对象等，如图15-52所示。

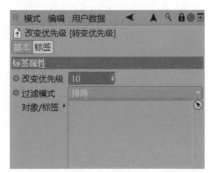

图15-52

15.24 运动剪辑系统标签

给运动对象添加运动剪辑系统标签，可层编辑运动剪辑。其与时间线窗口的运动剪辑同步，可在动画片段之间进行融合、变速等编辑，如图15-53所示。

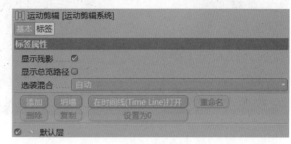

图15-53

15.25 运动模糊标签

创建一个球体并移动一段距离，制作关键帧，给球体添加运动模糊标签，在渲染设置中添加适当的运动模糊效果，如图15-54所示。渲染输出的球体将带有运动模糊效果，如图15-55所示。

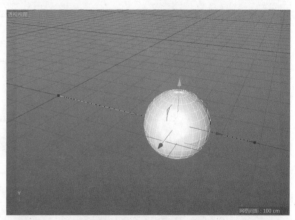

图15-54

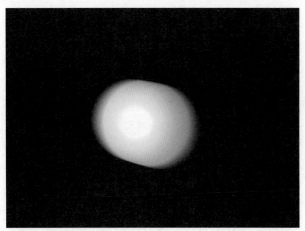

图15-55

15.26 限制标签

给一个立方体添加变形器，设置立方体的点元素选集，如图15-56和图15-57所示。

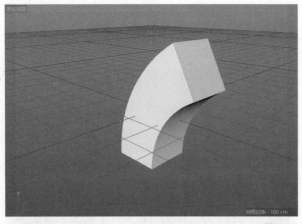

图15-56

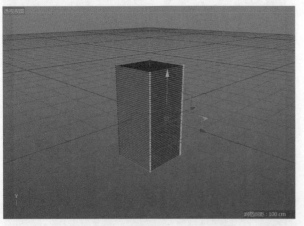

图15-57

给变形器添加限制标签，并将选集拖曳入标签属性面板中"名称"的右侧文本框内，变形器将只对选集起作用，如图15-58和图15-59所示。

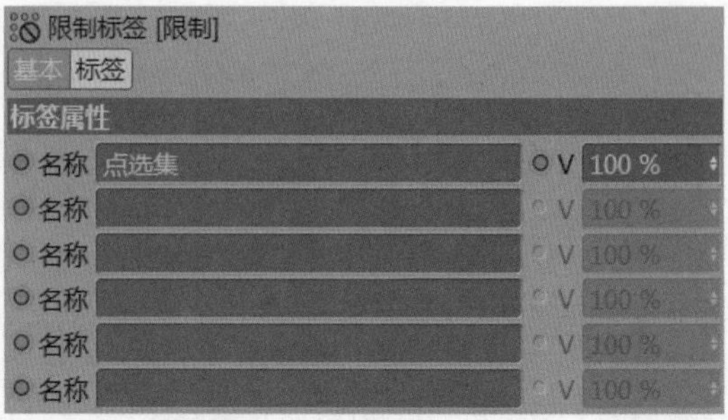

图15-58

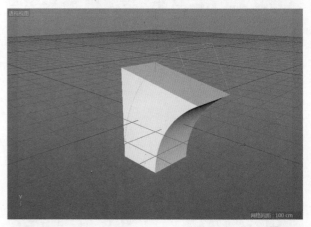

图15-59

15.27 顶点颜色标签

顶点颜色标签可以使用颜色来标记对象上的点，以起到注释的作用。

第16章

动力学——刚体与柔体

16

动力学

刚体

柔体

缓存

16.1　动力学

C4D的动力学可以模拟真实的物体碰撞，使其具有真实的运动效果，并且能够节省大量时间，这是手动设置关键帧动画很难实现的。但使用动力学同样需要进行多次测试和调试，才能得到正确、理想的模拟结果。单击主菜单中的"模拟"，会弹出图16-1所示的菜单，这些都是与动力学相关的命令。

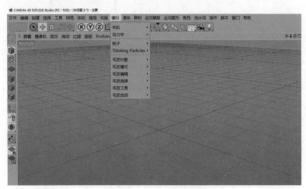

图16-1

在对象窗口中选中对象，单击鼠标右键，在弹出的快捷菜单中执行"模拟标签"命令，可以看到与动力学相关的标签，如图16-2所示。

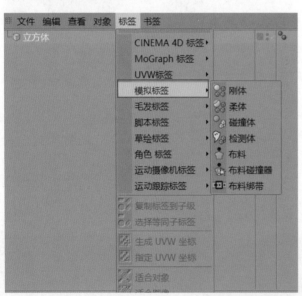

图16-2

"模拟标签"下包含"刚体""柔体""碰撞体""检测体""布料""布料碰撞器""布料绑带"7种模拟标签。刚体是指不能变形的物体，即在任何力的作用下，体积和形状都不发生改变的物体，如大理石。

长按工具栏中的 按钮，在弹出的工具面板中选择 球体，创建一个球体，将球体沿y轴方向上移。在对象窗口中的球体上单击鼠标右键，在弹出的快捷菜单中执行"模拟标签＞刚体"命令，可以发现球体的标签区中新增了一个动力学标签。选择该标签，属性面板中会显示该标签的相关参数设置，如图16-3所示。播放动画，球体向下坠落。这时新建一个其他对象，长按工具栏中的 按钮，在弹出的工具面板中选择 平面，创建一个平面。

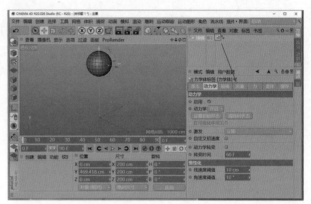

图16-3

将时间指针移至第0帧，播放动画。球体下落且直接穿过了平面，如图16-4所示。这是因为平面还没有被动力学引擎识别，接下来将讲解如何解决这个问题。

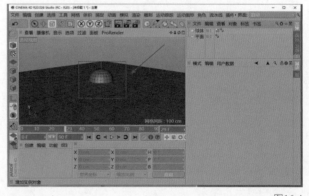

图16-4

16.2　刚体

刚体是C4D内部自带的动力学计算方式，可以让对象和对象之间自动产生碰撞、弹跳和摩擦等效果。

注意

（1）在动力学场景中，添加新对象或调试参数后，都需要将时间指针移至第0帧，再播放动画。因为每次发生改动后，系统都会重新计算场景中的动力学对象。

（2）为球体添加刚体后，球体会下落是因为在工程属性面板（按Ctrl+D组合键，调出工程属性面板）中，"动力学"选项卡下的"重力"默认为1000cm，这与现实中的重力相似。可以根据需要增大或减小该数值，或者设置为0来模拟太空中的失重状态。工作中大部分情况下是在模拟现实，因此保持不变即可，如图16-5所示。

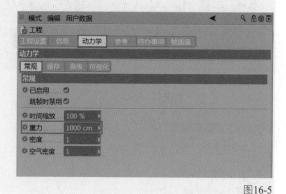

图16-5

为了让动力学引擎能够识别平面，而平面不受到重力的影响，需要将它转化为"碰撞体"。在对象窗口中的平面上单击鼠标右键，在弹出的快捷菜单中执行"模拟标签>碰撞体"命令，可以发现平面的标签区中新增了一个动力学标签。注意该标签和球体的标签略有不同，如图16-6所示。

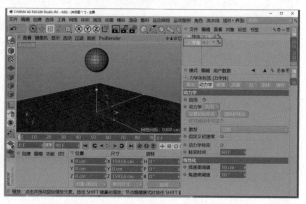

图16-6

将时间指针移至第0帧播放动画，可以观察到球体和平面发生了碰撞，如图16-7所示。

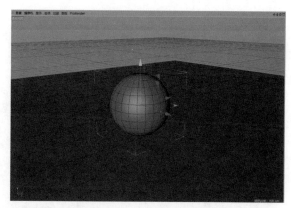

图16-7

16.2.1 "动力学"选项卡

下面讲解"动力学"选项卡中的参数设置。"动力学"选项卡的属性面板如图16-8所示。

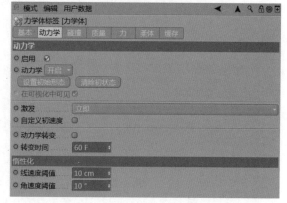

图16-8

1. 启用

勾选"启用"（默认勾选）后，动力学标签被激活，如果取消勾选该选项，则动力学标签显示为灰色，说明此时动力学标签不产生任何作用，相当于没有为对象添加动力学标签，如图16-9所示。

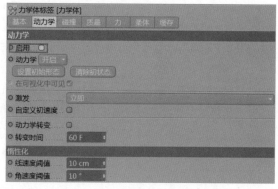

图16-9

2. 动力学

"动力学"参数包含3个选项，分别是"关闭""开启""检测"，如图16-10所示。

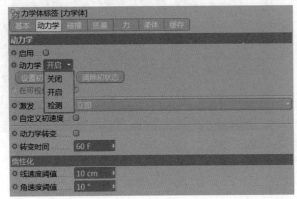

图16-10

- 关闭：选择该选项后，动力学标签显示为 ，说明当前对象被转换为碰撞体，与平面对象的动力学标签相同，如图16-11所示。这时球体和平面都作为碰撞体存在。

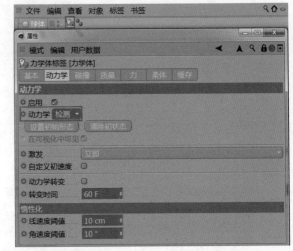

图16-11

- 开启：为对象赋予刚体标签后，默认选择该选项，说明当前物体作为刚体存在，参与动力学的计算。
- 检测：选择该选项后，动力学标签显示为 ，说明当前对象被转换为检测体（与对对象执行"模拟标签>检测体"命令相同），如图16-12所示；新建一个"球体.1"，并对球体.1执行"模拟标签>检测

体"命令，方便对比观察。

当对象为检测体时，不会发生碰撞或反弹，动力学对象只是简单地运用这些对象进行检测。

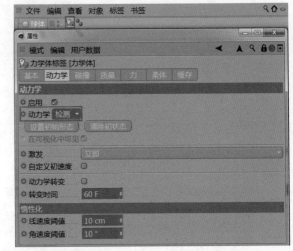

图16-12

3. 设置初始形态

单击 设置初始形态 按钮，动力学计算完毕后，会将该对象当前帧的动力学状态设置为动作的初始状态。

4. 清除初状态

单击 清除初状态 按钮，可重置初始状态。

5. 激发

"激发"参数包含4个选项，分别是"立即""在峰速""开启碰撞""由Xpresso"，如图16-13所示。Xpresso要用到节点编程计算，用得不多，这里不做展开讲解。

图16-13

- 立即：选择该选项后，对象的动力学计算立即生效。
- 在峰速：选择该选项后，如果对象本身具有动画，如位移动画，那么对象将在位移动画速度最快时开始进行动力学计算，即动力学计算将在对象动画运动的峰速开始，并且会计算物体的惯性，如图16-14所示。

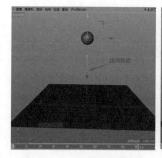
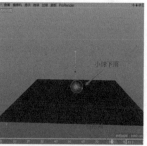

图16-14

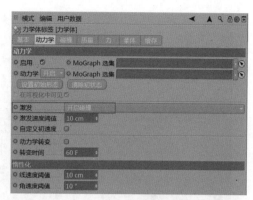

图16-16

图16-14所示的小球在第1～10帧做由下至上的关键帧动画。将"激发"设置为"在峰速"，并将时间指针移动到第0帧。播放动画后可以发现，小球在第1～5帧产生向上位移的动画，小球在第5帧（动画的峰速）受到动力学的影响，带着惯性向上冲出，随后自然下落。

- 开启碰撞：只有对象与另一个对象发生碰撞后，才会进行动力学计算，未发生碰撞的对象不进行动力学计算。

下面举例解释"开启碰撞"的效果。

创建克隆对象，克隆球体，将克隆对象属性面板中的模式设置为 ::: 网格排列。选择克隆对象，制作沿x轴向的平移动画，让克隆对象移向"平面.1"，如图16-15所示。

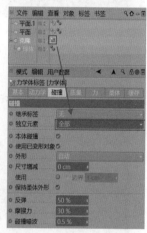

图16-17

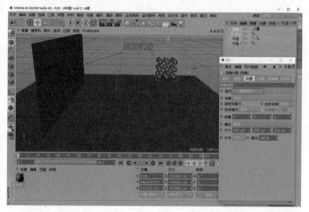

图16-15

对平面.1对象执行"模拟标签>碰撞体"命令；对克隆对象执行"模拟标签>刚体"命令。将克隆对象的动力学标签属性面板中的"激发"设置为"开启碰撞"，如图16-16所示。

切换到"碰撞"选项卡，将"独立元素"设置为"全部"，如图16-17所示。

将时间指针移至第0帧，播放动画，克隆对象撞到平面.1对象后进行动力学计算，反弹并向下坠落，如图16-18所示。

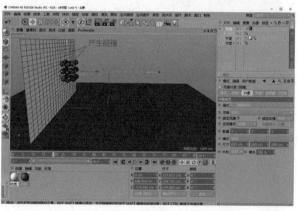

图16-18

由于第一列小球反弹后撞到了第二列小球，因此第二列小球也会进行动力学计算，随即撞向第三列小球的下方两行，而第一行小球未被碰撞，也就没有产生任何动力学计算，如图16-19所示。最后产生碰撞的小球均进行动力学计算产生动画，散落在平面上，只有右上角的一行小球无动力学动画效果，如图16-20所示。

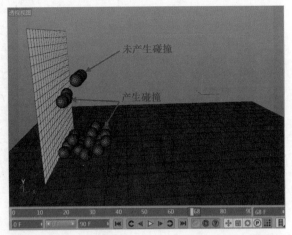

图16-19

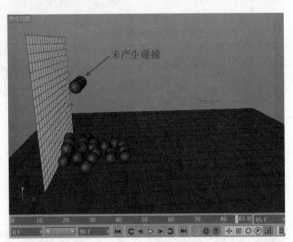

图16-20

6. 激发速度阈值

"激发速度阈值"选项用于设置动力学对象与另一对象发生碰撞时影响的范围。数值越大，动力学计算范围越大，如图16-21所示。设置较大值后，整块玻璃都会产生碰撞破碎效果。

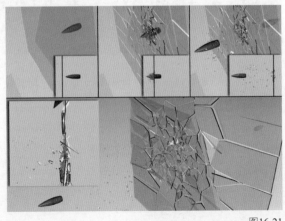

图16-21

7. 自定义初速度

勾选"自定义初速度"，可以激活"初始线速度""初始角速度""对象坐标"，可自定义前两个参数的值，如图16-22所示。

图16-22

勾选"自定义初速度"后，自定义一定的线速度或角速度。下面的例子是一个有趣的连锁反应。每一个克隆对象都被分配到一个沿y轴（向上）的初始速度。如果产生动力学碰撞，那么另一个克隆对象向下坠落后将引起连锁反应，如图16-23所示。

图16-23

> **注意**
>
> 该例设置了"初始线速度"。

- 初始线速度：用于定义动力学生效时，对象在x轴、y轴、z轴上的线速度。
- 初始角速度：用于定义动力学生效时，对象在H轴、P轴、B轴上的角速度。
- 对象坐标：勾选后，使用对象自身坐标系统，取消勾选后，使用世界坐标系统。

8. 动力学转变/转变时间

可以在任意时间停止动力学计算，勾选"动力学转变"后，动力学将不再影响动力学对象，即对象将返回其初始状态。"动力学转换"定义是否强制动力学对象返回其初始状态；"转换时间"定义返回到初始状态的时间，如图16-24所示。

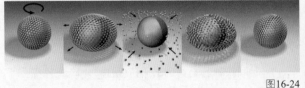

图16-24

9. 线速度阈值/角速度阈值

"线速度阈值""角速度阈值"用于优化计算速度，一旦一个动力学对象的速度低于所设置的阈值，那么将省略进一步的动力学计算，并保持当前状态直到它碰撞另一个对象，该对象将再次列入动力学计算，以此往复。

16.2.2 "碰撞"选项卡

"碰撞"选项卡的属性面板如图16-25所示。

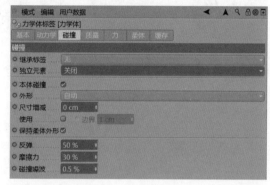

图16-25

> **注意**
>
> 这里主要讲解一些和碰撞相关的参数设置。

1. 继承标签

"继承标签"用于设置标签的应用等级，设置层级对象（父子对象）下的子对象是否作为独立的碰撞对象参与动力学计算。"继承标签"包含3个选项，分别是"无""应用标签到子级""复合碰撞外形"，如图16-26所示。

图16-26

- 无：不参与继承标签。
- 应用标签到子级：选择该选项后，动力学标签将被分配给所有子级对象，即所有子级对象都进行单独的动力学计算。
- 复合碰撞外形：为整个层级的对象分配一个动力学标签进行计算，即动力学只计算整个层级对象，层级对象作为一个整体存在。

"继承标签"的应用举例如图16-27所示。

图16-27

2. 独立元素

"独立元素"参数包含4个选项，分别是"关闭""顶层""第二阶段""全部"，如图16-28所示。

图16-28

设置动力学碰撞对象后，元素的独立方式如图16-29所示。

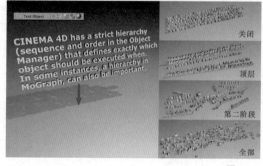

图16-29

- 关闭：整个文本对象作为一个碰撞对象。
- 顶层：每行文本对象作为一个碰撞对象。
- 第二阶段：每个单词作为一个碰撞对象。
- 全部：每个元素（字幕）作为一个碰撞对象。

3. 本体碰撞

如果动力学对象是刚体，且动力学标签赋予一个克隆对象，那么该选项可以设置克隆的单个对象之间是否进行碰撞计算。

4. 使用已变形对象

当对象使用了变形器时，勾选该选项，碰撞时会识别该对象的形变。

5. 外形

"外形"选项如图16-30所示。

图16-30

众所周知，动力学碰撞计算是一个耗时的过程。对象发生碰撞、反弹、摩擦等都会消耗计算时间。而这就是设置"外形"的原因，该选项提供了多个用于替代碰撞对象的形状，这些形状替代碰撞对象身去参与计算，可节省大量的渲染时间，不同外形产生的效果有所差别，如图16-31所示。

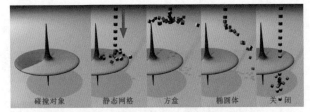

图16-31

图16-31所示的圆盘作为一个碰撞对象，另一个克隆对象也作为碰撞对象。克隆对象向下坠落，与圆盘发生了碰撞，碰撞效果取决于克隆对象的外形。

6. 尺寸增减

"尺寸增减"用于设置对象的碰撞范围，数值越大，范围越大。

7. 使用/边界

通常情况下，不需要设置这两个参数。只有勾选"使用"后，"边界"才会被激活。"边界"设置为0，将减少渲染时间，但是也会降低碰撞的稳定性，过小的数值可能会导致碰撞时发生对象穿插的错误。

8. 保持柔体外形

默认勾选"保持柔体外形"，动力学对象发生碰撞且变形后，会像柔体一样反弹恢复原形，取消勾选该选项，对象表面的凹陷不会恢复原形，相当于刚性对象的变形，如图16-32所示。

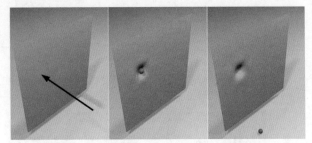

图16-32

9. 反弹

"反弹"用于设置反弹的大小。值为0%时，为非弹性碰撞反弹，如橡皮泥；值为100%时，会有非常明显的反弹效果，如台球的碰撞。在自然界中，真实的反弹范围为0%～100%。

注意

实际上每一个动力学对象都有一个反弹值，即使是地板也有一定的弹性。碰撞发生的反弹效果同时取决于碰撞的两个对象的反弹值。例如一个小球下落到地面，如果地面的反弹值为0%，那么即使小球的反弹值为1000%，也不会产生反弹。

10. 摩擦力

"摩擦力"用来设置对象的摩擦力。当对象与另一对象沿接触面的切线方向运动或有相对运动的趋势时，在两个对象的接触面之间有阻碍它们相对运动的作用力，这种力就叫摩擦力。接触面之间的这种现象或特性叫摩擦。现实中有3种类型的摩擦，分别是静态摩擦、动态摩擦和滚动摩擦。

11. 碰撞噪波

"碰撞噪波"用于设置碰撞的行为变化，数值越大，碰撞对象产生动作越多样化。例如，一组小球撞向地面，碰撞噪波的数值越大，每个小球的动作形态越丰富，如图16-33所示。

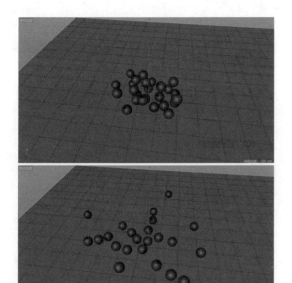

图16-33

16.2.3 "质量"选项卡

"质量"选项卡的属性面板如图16-34所示。

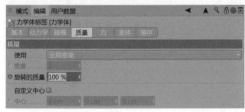

图16-34

1. 使用/密度

当前动力学对象质量的"使用"方式有3种,分别是"全局密度""自定义密度""自定义质量",如图16-35所示。

图16-35

- 全局密度:默认选项,选择该选项后,使用的密度数值为工程设置中"动力学"选项卡下的密度值;默认为1,如图16-36所示。
- 自定义密度:选择该选项后,下方的"密度"选项被激活,可自定义密度的数值,如图16-37所示。

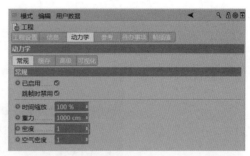

图16-36

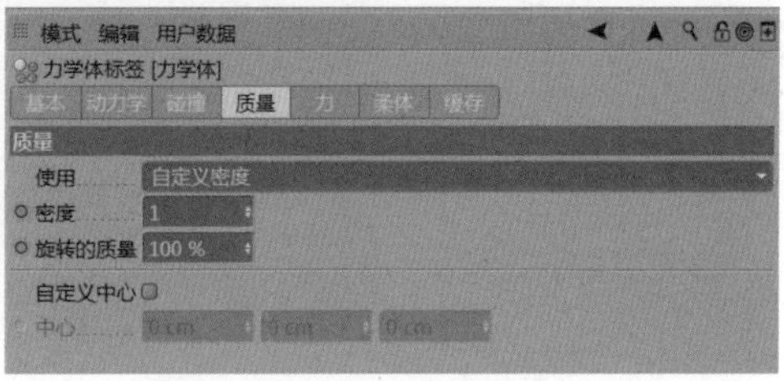

图16-37

- 自定义质量:选择该选项后,下方的"质量"选项被并激活,可自定义质量的数值,如图16-38所示。

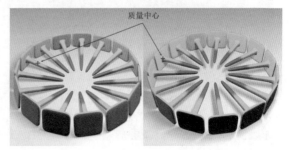

图16-38

2. 旋转的质量

"旋转的质量"用于设置旋转的质量大小。

3. 自定义中心/中心

"自定义中心"默认为取消勾选状态,质量中心将被自动计算出来,以表现真实的动力学对象。如果需要手动设置质量中心,则勾选该选项,然后在中心处输入坐标(对象坐标系统)数值,如图16-39所示(左图所示为默认的质量中心,右图所示为自定义的质量中心)。

质量中心

图16-39

16.2.4 "力"选项卡

"力"选项卡的属性面板如图16-40所示。

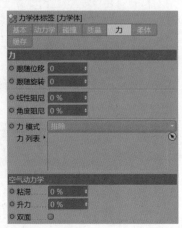

图16-40

1. 跟随位移/跟随旋转

这两个参数可以跟随位移和旋转设置关键帧，在一段时间内，数值越大，动力学对象恢复原始状态的速度越快，包括在位移和旋转上的恢复，如图16-41所示。其取值范围为0~100。

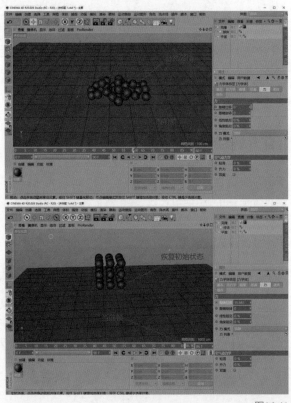

图16-41

图16-41所示为跟随位移设置关键帧动画，在第60帧时，跟随位移数值为0；在第86帧时，跟随位移数值为35.847。

2. 线性阻尼/角度阻尼

阻尼是指动力学对象在运动的过程中，由于外界作用或本身固有原因引起的振动幅度逐渐下降的特性。"线性阻尼"和"角度阻尼"用来设置对象在动力学运动过程中，位移和角度上的阻尼大小。

3. 力模式/力列表

当场景中有其他力场存在时，如风力 风力 ，如果不想让对象受到风力的影响，则将对象窗口中的该力场 风力 ，拖入"力 列表"右侧的空白区域即可，如图16-42所示。

图16-42

"力模式"可选择"排除"或"包括"。选择"排除"时，列表中的力场将不对该对象产生效果；选择"包括"时，只有列表中的力场会对该对象产生效果。

4. 空气动力学

"空气动力学"可以提供给动力学对象一个法线正方向的浮力。

- 粘滞：增加空气中的阻力
- 升力：数值越大，浮力越大
- 双面：在不勾选的状态下，只有法线正方向上的对象受到浮力的影响；勾选后，法线正反方向上的对象都会受到浮力的影响。

16.3 柔体

柔体与刚体相对，是指需要产生变形的物体，即在力的作用下，体积和形状发生改变的物体，如气球。长按工具栏中的 按钮，在弹出的工具面板中选择 球体 ，创建一个球体，将球体沿y轴方向上移。在对象窗口中的球体上单击鼠标右键在弹出的快捷菜单中执行"模拟标签>柔体"命令，可以发现球体的标签区中新增了一个动力学标签 。选择该标签，属性面板中将显示该标签的相关参数设置，如图16-43所示。

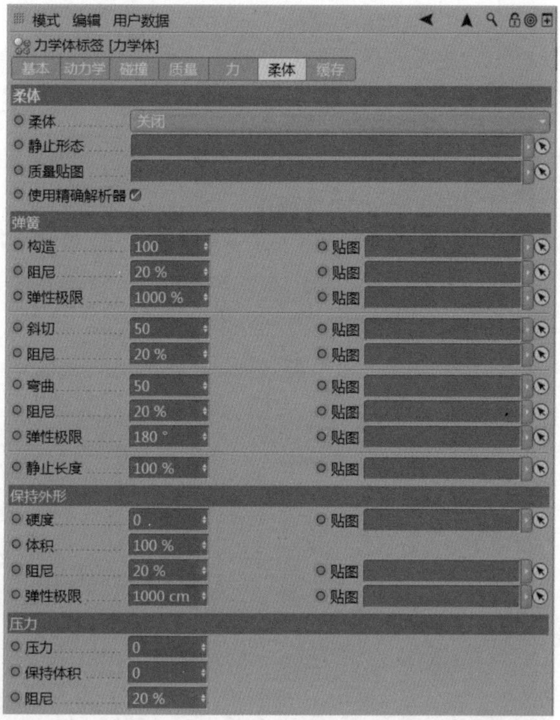

图16-43

播放动画，观察柔体动画（需要创建一个平面，并对平面执行"模拟标签>碰撞体"命令），发现球体撞向平面后，体积和形状发生了改变。这是因为柔体标签在对象不同的多边形之间创建了看不见的连接，而这些连接是可动的，用来模拟柔体的状态。

"柔体"选项卡分为4个部分，分别是"柔体""弹簧""保持外形""压力"。可以发现，为对象创建刚体后，其动力学标签属性面板"柔体"选项卡下的"柔体"选项为"关闭"；选择柔体为"由多边形/线构成"时，动力学标签发生了变化，也就是说刚体被转化为"柔体"了，如图16-44所示。

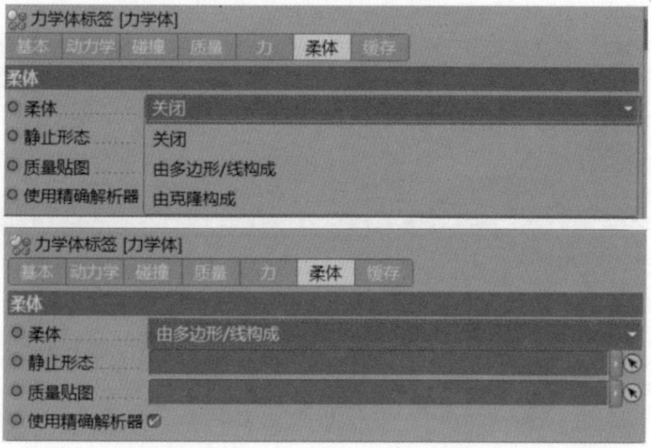

图16-44

因此，直接为对象赋予柔体的动力学标签和为对象赋予刚体的动力学标签后，再在属性面板中将柔体设置为"由多边形/线构成"，这两种方法的结果相同，对象都是作为柔体而存在。

16.3.1 "柔体"选项组

1. 柔体

"柔体"包含3个选项，分别是"关闭""由多边形/线构成""由克隆构成"，如图16-45所示。

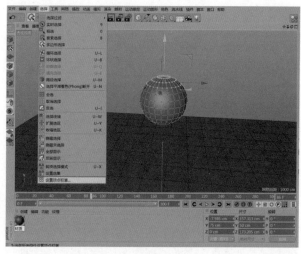

图16-45

- 关闭：动力学对象作为刚体存在。
- 由多边形/线构成：动力学对象作为普通柔体存在。
- 克隆构成：克隆对象作为一个整体，可以像弹簧一样产生动力学动画。

2. 静止形态/质量贴图

这里需要创建一个球体，按C键将球体转化为多边形对象，切换到点模式 ⬡，选择一些点，执行主菜单中的"选择>设置顶点权重"命令，如图16-46所示，在弹出的对话框中直接单击"确定"按钮即可。

图16-46

设置完毕后，球体增加了顶点贴图标签，如图16-47所示。

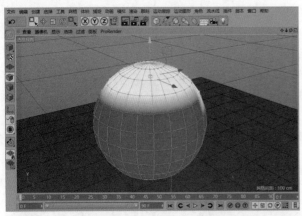

图16-47

添加完毕后，对球体执行"模拟标签>柔体"命令，选中球体，拖曳到属性面板中"静止形态"右侧的文本框里；再将顶点贴图标签拖曳到"质量贴图"右侧的空白区域，如图16-48所示。

图16-48

将时间指针移动到第0帧，播放动画，可以观察到只有被约束的点发生了动力学变化，球体的静止形态依然是球体，如图16-49所示。

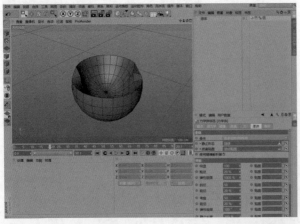

图16-49

3.使用精确解析器

这个选项要保持默认勾选。

16.3.2 "弹簧"选项组

1.构造/阻尼/弹性极限

- 构造：用于设置柔体对象的弹性构造，数值越大，对象构造越完整，如图16-50所示。
- 阻尼：设置影响构造的阻尼大小。
- 弹性极限：读者可以根据测试结果来调试极限值。

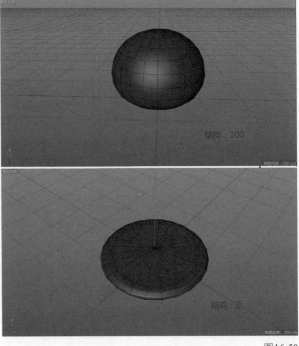

图16-50

2.斜切/阻尼

- 斜切：用于设置柔体的斜切程度，如图16-51所示。
- 阻尼：设置影响斜切的阻尼大小。

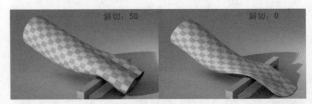

图16-51

3.弯曲/阻尼

- 弯曲：用于设置柔体的弯曲程度，如图16-52所示。
- 阻尼：设置影响弯曲的阻尼大小。

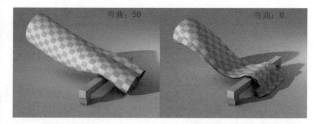

图16-52

4. 静止长度

动力学对象在静止状态时，柔体保持其原有形状，其产生柔体变形的点也处于静止状态，说明其当前未被施加力，一旦动力学计算开始，重力和碰撞就会对这些点产生影响，如图16-53所示。

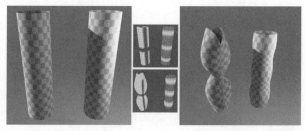

图16-53

当静止长度小于100%时，柔体对象发生形变后会产生收缩反弹。

16.3.3 "保持外形"选项组

1. 硬度

"硬度"是柔体标签最重要的参数，数值越大，柔体的形变越小，如图16-54所示，可以明显看到硬度值低与高的差别。

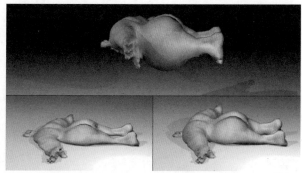

图16-54

2. 体积

"体积"用于设置对象体积的大小，默认值为100%。

3. 阻尼

"阻尼"用于设置影响保持外形的阻尼大小。

16.3.4 "压力"选项组

1. 压力

"压力"用于模拟现实中施加压力使对象表面产生膨胀的现象。

2. 保持体积

"保持体积"用于设置保持体积的参数大小，如图16-55所示。

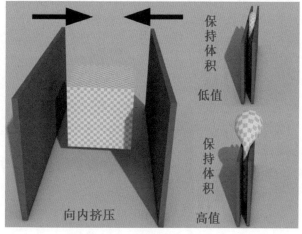

图16-55

3. 阻尼

"阻尼"用于设置影响压力的阻尼大小。

16.4 缓存

"缓存"选项卡的属性面板如图16-56所示。

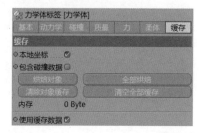

图16-56

1. 本地坐标

勾选"本地坐标"后，烘焙将使用对象自身坐标系统；取消勾选，烘焙将使用全局坐标系统。

2. 包含碰撞数据

如果需要缓存数据, 可以勾选"包含碰撞数据", 否则保持默认设置。

3. 烘焙对象

学会使用烘焙非常重要, 在进行动力学测试时, 为了方便观察, 可以对调试好的动画进行烘焙, 单击"烘焙对象"按钮, 系统将自动计算当前动力学对象的动画效果(动画预览), 并保存到内部缓存中。烘焙完成后, 播放动画即可观察动画效果, 移动时间指针可以观察当前动力学对象每一帧的动画, 尤其在动画较为复杂时, 直接播放动画会造成动画播放速度非常缓慢, 不便于观察。烘焙则能够帮助计算出真实的运动效果, 以便预览。

4. 全部烘焙

"全部烘焙"用于对场景中所有对象进行烘焙操作。

5. 清除对象缓存

"清除对象缓存"相当于清除烘焙完成的动画预览缓存, 单击该按钮后, 当前动力学对象的动画预览将被清除。

6. 清除全部缓存

"清除全部缓存"用于清除所有烘焙的缓存。

7. 内存

烘焙完成后, 内存右侧将显示烘焙结果所占的内存大小。如果单击了"清除对象缓存"按钮, 则内存也被清除为0。

8. 使用缓存数据

勾选"使用缓存数据"后, 使用当前缓存文件; 取消勾选, 不使用当前缓存文件。

第17章

动力学——辅助器

17

连结器
弹簧
力
驱动器

执行主菜单中的"模拟>动力学"命令,弹出的子菜单中包含4个选项,分别是"连结器""弹簧""力""驱动器",如图17-1所示。

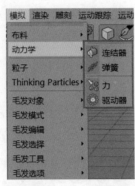

图17-1

17.1 连结器

执行主菜单中的"模拟>动力学"命令,在其子菜单中选择"连结器" 连结器 ,会在对象窗口中新增一个连结器对象。连结器的作用是在动力学系统中,建立两个对象或多个对象之间的联系,连结原本没有关联的两个对象,以便模拟出真实的效果。连结器的属性面板如图17-2所示。

图17-2

> **注意**
>
> 选择不同的类型,以下的选项会有相应的变化。

17.1.1 类型

在动力学引擎中,连结器有几种不同的方式,如铰链、球窝关节等。单击连结器属性面板中的"类型"下拉按钮,在弹出的下拉列表中共有10种类型可选,如图17-3所示。

这10种连结类型的连结运动方式虽各不相同,但都是为了模拟现实中的不同情况,如图17-4所示。

图17-3

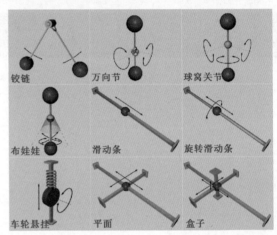

铰链　万向节　球窝关节
布娃娃　滑动条　旋转滑动条
车轮悬挂　平面　盒子

图17-4

固定:把动力学对象固定到一个点上,保持动力学属性的同时,位置保持不变。

> **注意**
>
> 连结器一般作用于动力学对象。

17.1.2 对象A和对象B

"对象A""对象B"右侧的文本框用来放置需要产生连结的A、B两个对象。注意这两个对象必须是动力学对象,如刚体、弹簧、驱动、力等。在对象窗口中,将需要进行连结的对象A/对象B拖曳至相应的对象A/对象B右侧文本框里即可。下面使用铰链类型来做一个基础演示。执行主菜单中的"模拟>动力学>连结器"命令,创建连结器对象,并创建两个球体对象,将两个球体分别重命名为"A"和"B"。为方便区分,赋予对象A蓝色材质,赋予对象B红色材质,如图17-5所示。

图17-5

设置对象A的x轴、y轴、z轴坐标位置为(-400, 0, 0)；设置对象B的x轴、y轴、z轴坐标位置为(400, 0, 0)。连结器的位置保持默认即可（位于世界坐标系中心），如图17-6所示。

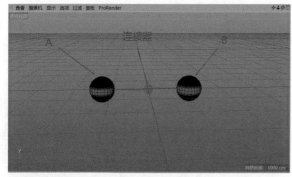

图17-6

在对象窗口中选择连结器，将对象A拖曳到连结器属性面板的"对象"选项卡中"对象A"右侧的文本框里；同样拖曳对象B到连结器属性面板的"对象"选项卡中"对象B"右侧的文本框里，如图17-7所示。

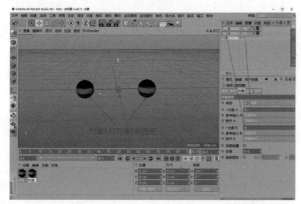

图17-7

连结器在场景中发生了变化，对象A和对象B被连结器连接了起来。将时间指针移至第0帧，播放动画，没有发生任何变化，这是因为对象A和对象B还不是动力学对象。对对象A执行"模拟标签>碰撞体"命令，将对象A设置为碰撞体（为了不让它发生移动变化）；对对象B执行"模拟标签>刚体"命令，将对象B设置为刚体，如图17-8所示。

图17-8

将时间指针移至第0帧，播放动画，可以发现连结器产生了作用。但是当红球撞到蓝球时，产生了穿插的错误，如图17-9所示。

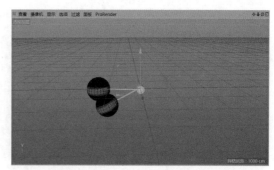

图17-9

17.1.3 忽略碰撞

要纠正产生的穿插错误，需要进入连结器对象的属性面板，取消勾选"忽略碰撞"，让对象A和对象B发生正确的碰撞，如图17-10所示。

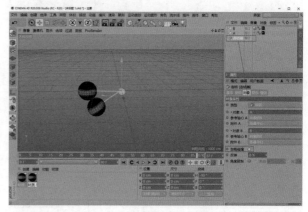

图17-10

在视图窗口中可以观察到，对象A和对象B产生了正确的碰撞效果，没有产生穿插错误。

17.1.4 角度限制

"角度限制"用于控制最大和最小的角度范围。勾选"角度限制"后，视图窗口中的连结器将显示角度限制的范围，如图17-11所示。

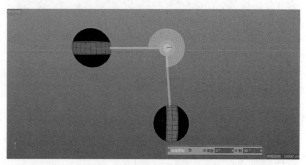

图17-11

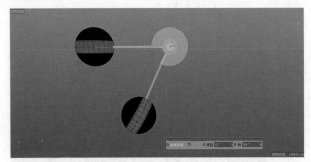

图17-11（续）

17.1.5 参考轴心A和参考轴心B

"参考轴心A""参考轴心B"用于设置对象A/对象B的连结器参考轴心，如图17-12所示，设置对象B的不同参考轴心。

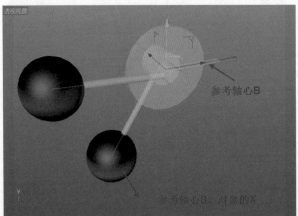

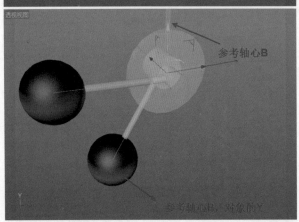

图17-12

17.1.6 反弹

"反弹"用于设置连结对象碰撞后的反弹大小，数值越大，反弹越强（配合"角度限制"，可以方便观察该变化）。反弹的最低数值为0，没有上限。

17.2 弹簧

"弹簧" 弹簧 可以产生拉力或推力来拉长或压短两个动力学对象。它可以在两个刚体之间创建类似弹簧的效果。执行主菜单中的"模拟>动力学>弹簧"命令，在对象窗口中新增一个弹簧对象。弹簧的属性面板如图17-13所示。

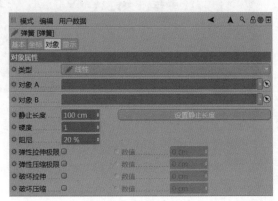

图17-13

17.2.1 类型

"类型"用于设置弹簧的类型，共有3种类型可选，分别是"线性""角度""线性和角度"，如图17-14所示。

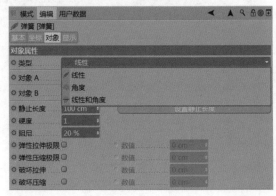

图17-14

17.2.2 对象A和对象B

"对象A"和"对象B"右侧的文本框用来放置需要产生作用的A、B两个对象。注意这两个对象必须是动力学对象。在对象窗口中，将对象A/对象B拖曳至相应对象A/对象B右侧的文本框内即可。下面使用线性类型来做一个基础演示。执行主菜单中的"模拟>动力学>弹簧"命令，创建一个弹簧对象，并创建两个立方体对象，将两个立方体对象分别重命名为"A"和"B"。为方便区分，赋予对象A蓝色材质，赋予对象B红色材质，再调整A、B对象的形状和位置，如图17-15所示。

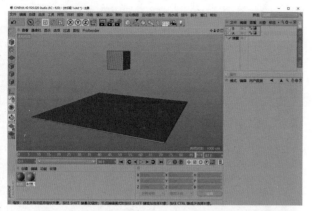

图17-15

注意

弹簧作用于动力学对象。在对象窗口中选择弹簧，然后拖曳对象A到弹簧属性面板的"对象"选项卡中"对象A"右侧的文本框内；同样拖曳对象B到弹簧属性面板的"对象"选项卡中"对象B"右侧的文本框内，如图17-16所示。

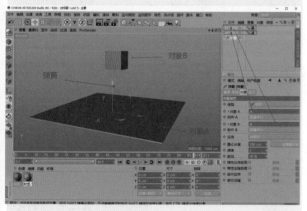

图17-16

设置完毕后，用户在场景中可以观察到一段弹簧。弹簧为对象A和对象B建立了动力学关系。将时间指针移至第0帧，播放动画，没有发生任何变化，这是因为对象A和对象B还不是动力学对象。对对象A执行"模拟标签>碰撞体"命令，将对象A设置为碰撞体；对对象B执行"模拟标签>刚体"命令，将对象B设置为刚体，如图17-17所示。

图17-17

将时间指针移至第0帧，播放动画，可以发现弹簧产生了作用，如图17-18所示。

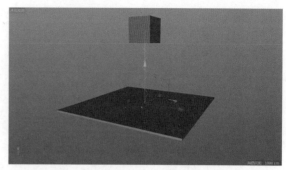

图17-18

17.2.3　附件A和附件B

"附件A"和"附件B"用于设置弹簧对对象A和对象B的作用点位置，如图17-19所示。

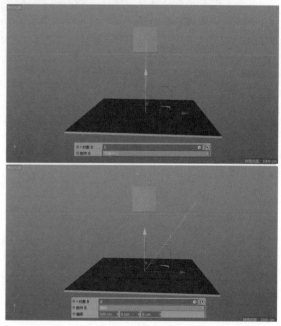

图17-19

17.2.4　应用

"应用"参数包含3个选项，分别是"仅对A""仅对B""对双方"。在真实的情况下，弹簧的对象A和对象B同时具有作用力和反作用力，一般选择默认选项"对双方"即可。

17.2.5　静止长度

"静止长度"用于设置弹簧产生动力学效果后的静止

长度,数值越大,弹簧静止长度越长,如图17-20所示。单击"设置静止长度"按钮,可将弹簧当前的长度设置为静止长度。

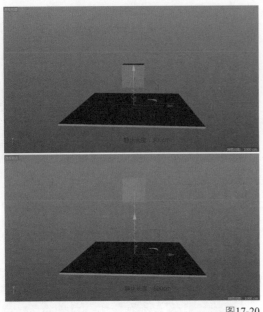

图17-20

17.2.6 硬度

"硬度"用于设置弹簧的硬度大小。

17.2.7 阻尼

"阻尼"用于设置影响弹簧的阻尼大小。

17.2.8 其他参数

设置"弹性拉伸极限"和"弹性压缩极限"的数值,可以对弹簧的极限拉伸进行控制,"破坏拉伸"和"破坏压缩"也可以控制拉伸和压缩的破坏数值。用户可以调整这些数值来控制弹簧的作用效果。

17.3 力

"力" 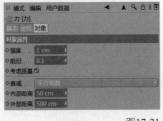 类似于现实中的万有引力,它可以在刚体之间产生引力或斥力。执行主菜单中的"模拟>动力学>力",在对象窗口中新增一个力对象。力的属性面板如图17-21所示。

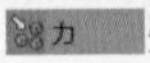

图17-21

注意

力仅作用于动力学对象。

创建一个球体对象,再创建一个克隆对象,将球体对象作为克隆对象的子对象。在对象属性面板中,将"模式"设置为"放射","数量"设置为18,增加"半径数"值,再创建一个平面,如图17-22所示。一个简单的场景搭建完毕。

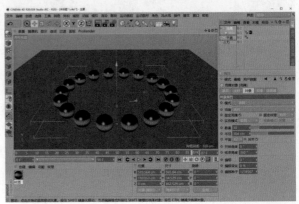

图17-22

因为力作用于动力学对象,所以这里需要对克隆对象执行"模拟标签>刚体"命令;对平面执行"模拟标签>碰撞体"命令,如图17-23所示。

图17-23

将时间指针移至第0帧,播放动画,可以发现没有明显效果。这时需要使用动力学标签将克隆对象作为单独的对象来进行动力学计算。选择克隆的动力学标签,在属性面板的"碰撞"选项卡中,将"独立元素"设置为"全部",如图17-24所示。

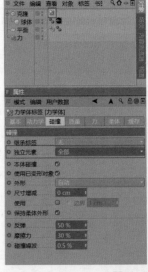

图17-24

将时间指针移至第0帧，播放动画，可以发现小球在力的作用下向中心靠近，如图17-25所示。

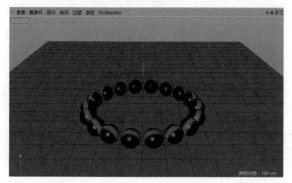

图17-25

17.3.1　强度

"强度"用于设置力的强度，强度越大，力产生的作用越强，如图17-26所示。将时间指针移至第0帧，播放动画可以发现，同样是在第54帧，强度设置为10cm时，力的作用小；强度设置为100cm时，力的作用明显变大。

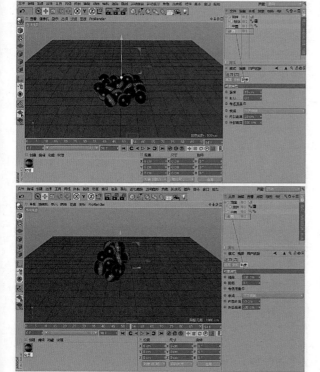

图17-26

17.3.2　阻尼

"阻尼"用于设置影响力的阻尼大小。

17.3.3　考虑质量

默认勾选"考虑质量"，当场景中存在不同的对象时，对象的质量不同，其产生的作用力也不同。轻的对象产生较大的作用力，重的对象则产生较小的作用力。

17.3.4　内部距离和外部距离

"内部距离"和"外部距离"用于设置产生作用力的范围。从内部距离至外部距离，作用力将持续降低为0，如图17-27所示。

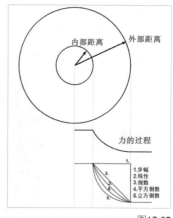

图17-27

17.3.5　衰减

"衰减"用于设置力从内部距离到外部距离的衰减方式，共有5种衰减方式，如图17-28所示。推荐使用"线性"和"平方倒数"，具体的衰减计算方式类似于灯光的衰减。

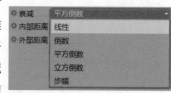

图17-28

17.4　驱动器

驱动器 驱动器 可以对刚体沿着特定角度施加线性力，其类似于作用到对象上的一个恒力，使对象持续地旋转或移动，直到对象碰到其他刚体或碰撞体为止。执行主菜单中的"模拟>动力学>驱动器"命令，在对象窗口中新增一个驱动器对象。驱动器的属性面板如图17-29所示。

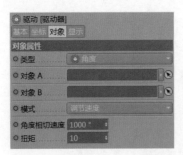

图17-29

17.4.1 类型

驱动器包含3种类型，分别是"线性""角度""线性和角度"，如图17-30所示。

图17-30

> **注意**
>
> 驱动器一般作用于动力学对象。在大部分情况下，驱动器需要配合连结器使用。3种类型的驱动器如图17-31所示。

图17-31

这里使用线性类型来做一个基础演示。创建一个平面对象、一个管道对象和一个圆环对象。为方便观察，赋予管道对象红色材质，赋予圆环对象蓝色材质，并且调整这3个对象的大小和位置，让圆环围绕管道，平面作为地面，如图17-32所示。

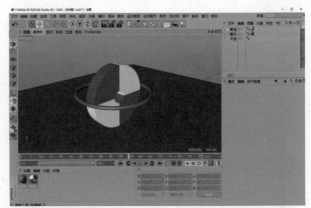

图17-32

> **注意**
>
> 圆环和管道的位置坐标均为（0，200，0）。因为驱动器作用于动力学对象，所以这里需要对圆环对象和管道对象执行"模拟标签>刚体"命令，对平面对象执行"模拟标签>碰撞体"命令，如图17-33所示。

图17-33

将时间指针移至第0帧，播放动画，发现圆环和管道相互排斥而弹开，如图17-34所示。这是由圆环和管道的位置关系导致的，默认情况下，动力学计算时没有考虑两个对象之间的空间，只考虑了对象的外围轮廓，两个对象交叉时会相互排斥。因此需要让动力学引擎识别两个对象之间的空间。选择圆环的动力学标签，在属性面板的"碰撞"选项卡中，将"外形"设置为"动态网格"，如图17-35所示。

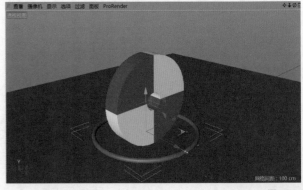

图17-34

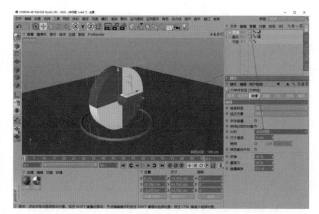

图17-35

建立圆环和管道之间的关系，将两者连结在一起。执行主菜单中的"模拟>动力学>连结器"命令，创建一个连结器对象，设置连结器对象的位置为(0, 200, 0)，也就是让它位于管道对象的中心，如图17-36所示。

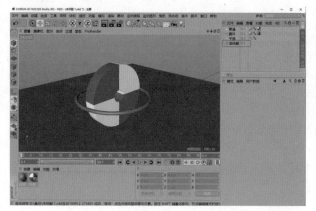

图17-36

同时选择圆环对象和管道对象，按Alt+G组合键，将它们打组。将连结器对象作为管道对象的子对象，如图17-37所示。

图17-37

将圆环对象作为一个支架，在连结器中建立关系。选择连结器对象，在属性面板的"对象"选项卡中，将管道对象拖曳至"对象A"右侧的文本框内，作为"轮子"；将圆环对象拖曳至"对象B"右侧的文本框内，如图17-38所示。

图17-38

管道对象和圆环对象已经联结在一起，接下来使用驱动器来驱使它们在地面上滚动。执行主菜单中的"模拟>动力学>驱动器"命令，创建驱动器对象。在驱动器对象的属性面板中，设置"类型"为"角度"。由于力是基于对象的位置的，因此需要将驱动器的位置设置为(0, 200, 0)，放置到管道中心，如图17-39所示。这样才能产生正常的旋转。

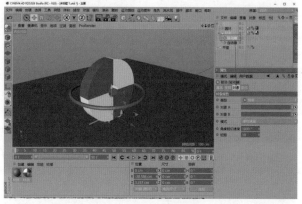

图17-39

设置驱动器对象为管道对象的子对象，如图17-40所示。

图17-40

17.4.2　对象A和对象B

在驱动器对象的属性面板中，"对象A"和"对象B"右侧的文本框用来放置需要产生作用的A、B两个对象。注意这两个对象必须是动力学对象。对象A是将要旋转的对象，对象B是阻止旋转的对象。这样才能让对象在地面上滚动。在对象窗口中，拖曳管道对象至"对象A"右侧的文本框内；拖曳圆环对象至"对象B"右侧的文本框内，如图17-41所示。

B""对双方"，用于设置驱动器的作用对象。

图17-41

将时间指针移至第0帧，播放动画，可以发现对象在驱动器的作用下发生了较为真实的滚动运动，如图17-42所示。

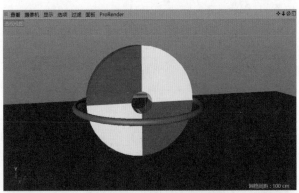

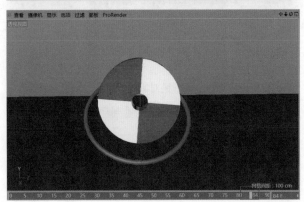

图17-42

17.4.3　附件A和附件B

"附件A"和"附件B"用于设置驱动器对对象A和对象B的作用点的位置。

17.4.4　应用

"应用"包含3个选项，分别是"仅对A""仅对

17.4.5　模式

"模式"包含"调节速度"和"应用 力"两个选项，如图17-43所示。

图17-43

1. 调节速度

选择"调节速度"后，当力或扭矩达到目标速度时，将降低其线目标速度和角目标速度，不再产生更多的力或扭矩。

2. 应用 力

选择"应用 力"后，力或扭矩的应用将不考虑速度，会无限制地加快速度。

17.4.6　角度相切速度

如果"模式"设置为"调节速度"，那么"角度相切速度"用于设置最大的角速度，当到达最大角速度时，扭矩将是有限的。

17.4.7　扭矩

"扭矩"用于设置施加扭矩围绕驱动器z轴的力。对象的质量越大，"扭矩"需要设置的数值越大。

17.4.8　线性相切速度

"类型"设置为"线性"，"模式"设置为"调节速度"时，"线性相切速度"用于设置最高速度。当速度达到最高时，力将被限制在一定数值之内。

17.4.9　力

"力"用于设置沿驱动器z轴施加的线性力，这取决于对象的质量和摩擦，对象的质量和摩擦越大，"力"需要设置的数值越大。

第18章

动力学——粒子与力场

18

18.1 创建粒子

执行主菜单中的"模拟>粒子>发射器"命令,即可创建粒子发射器,如图18-1所示。单击时间轴中的"播放"按钮,发射器即可发射粒子,如图18-2所示。

图18-1

图18-2

18.2 粒子属性

单击对象窗口中的发射器,属性面板中可显示发射器的属性,如图18-3所示。

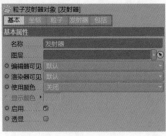

图18-3

1. 基本

在"基本"选项卡中可更改发射器的名称,设置编辑器和渲染器的显示状态等。勾选"透显",对象将在编辑器中半透明显示,如图18-4所示。

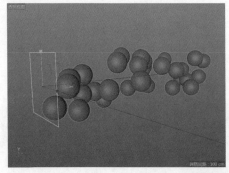

图18-4

2. 坐标

"坐标"选项卡用于设置粒子发射器的P/S/R在x轴、y轴和z轴上的数值,如图18-5所示。

图18-5

3. 粒子

"粒子"选项卡如图18-6所示。

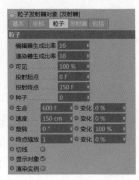

图18-6

- **编辑器生成比率**:设置粒子在编辑器中发射的数量。
- **渲染器生成比率**:设置粒子实际渲染生成的数量;场景需要大量粒子时,为使编辑器中的操作顺畅,可将编辑器中的发射数量设置为适量,再将"渲染器生成比率"设定成实际需要数量。
- **可见**:设置粒子在编辑器中显示的总生成量的百分比。
- **投射起点/投射终点**:设置发射器开始发射粒子的时间和停止发射粒子的时间。
- **种子**:设置发射出的粒子的随机状态。
- **生命**:设置粒子生成后的死亡时间,可随机变化。
- **速度**:设置粒子生成后的运动速度,可随机变化。
- **旋转**:设定粒子运动时的旋转角度,可随机变化。

创建一个立方体,在对象窗口中将立方体拖曳为发射器的子对象。勾选"粒子"选项卡中的"显示对象",粒子即被立方体替代。设置粒子随机旋转,即可得图18-7所示的效果。

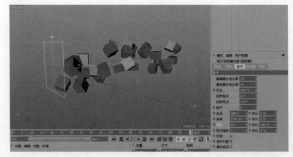

图18-7

- **终点缩放**: 设置粒子生成后的大小, 可随机变化, 如图18-8所示。

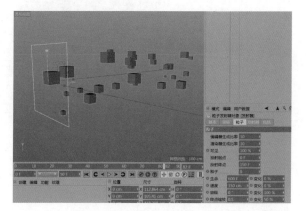

图18-8

- **切线**: 勾选此选项, 单个粒子的z轴将始终与发射器的z轴对齐, 如图18-9所示。

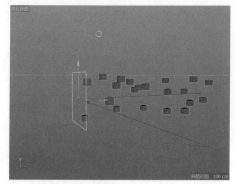

图18-9

- **显示对象**: 勾选此选项, 可显示场景中的粒子替换对象。
- **渲染实例**: 勾选此选项, 可以渲染场景中的实例对象。

4. 发射器

发射器的类型包括角锥和圆锥, 圆锥发射器的"垂直角度"选项不可用, 如图18-10和图18-11所示。

图18-10   图18-11

设定发射器的尺寸、角度, 会产生特殊的发射效果。图18-12和图18-13所示为线性发射的参数设置和效果。

图18-12

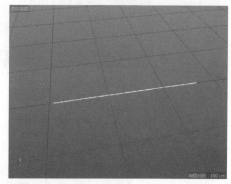

图18-13

图18-14和图18-15所示为平面扩散发射的参数设置和效果。

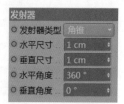

图18-14

图18-15

图18-16和图18-17所示为球形发射的参数设置和效果。

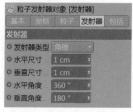

图18-16

图18-17

5. 包括

"包括"选项卡用于设置力场是否参与影响粒子，将力场拖入"修改"右侧空白区域内即可，如图18-18所示。

图18-18

18.3 力场

执行主菜单中的"模拟>粒子>引力"命令，即可为场景中的粒子添加引力场；执行"反弹""破坏"等命令可为粒子添加其他力场，如图18-19所示。

图18-19

1. 引力

引力场对粒子起吸引或排斥作用，"引力"属性面板如图18-20所示。

图18-20

（1）基本/坐标

"基本"和"坐标"选项卡用于修改对象名称、设置对象在场景中的坐标等，下文不再赘述这两个选项卡。

（2）对象

• 强度：引力强度为正值时，对粒子起吸附作用；引力强度为负值时，对粒子起排斥作用。

• 速度限制：限制粒子过快的运动速度。

（3）衰减

衰减中的操作方法要使用"域"来控制，如图18-21所示。这里建议读者简单测试即可，第22章中会详细讲解"域"的使用方法。

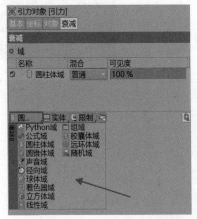

图18-21

2. 反弹

反弹场能反弹粒子，"反弹"属性面板如图18-22所示。

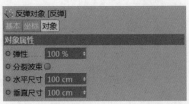

图18-22

对象

- 弹性：设置反弹的弹力，效果如图18-23所示。

图18-23

- 分裂波束：勾选此选项，可将粒子分束反弹，如图18-24所示。

图18-24

- 水平尺寸/垂直尺寸：设置反弹面的尺寸。

3. 破坏

破坏场能"杀死"粒子，"破坏"属性面板如图18-25所示。

图18-25

对象

- 随机特性：设置"杀死"进入破坏场的粒子的比例。
- 尺寸：设置破坏场的尺寸，如图18-26所示。

图18-26

4. 摩擦

摩擦场对粒子的运动起阻滞或驱散作用，"摩擦"属性面板如图18-27所示。

图18-27

（1）对象

- 强度：设置对粒子运动的阻滞力，为负值时，起驱散粒子的作用。
- 模式：可以控制是采用加速度的模式还是采用力的模式。

（2）衰减

可以创建多种"域"来控制摩擦力对粒子的影响，下面使用立方体域，来演示立方体内部的粒子受到摩擦力的影响，如图18-28所示。

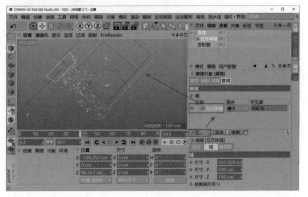

图18-28

5. 重力

重力场使粒子具有下落的重力特性，"重力"属性面板如图18-29所示。

图18-29

（1）对象

- 加速度：设置粒子下落的加速度，为负值时，粒子向上运动。
- 力：可以将重力作为力来进行计算。

（2）衰减

下面使用立方体域，来演示立方体内部的粒子受到重力的影响，如图18-30所示。

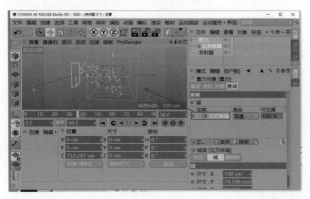

图18-30

6. 旋转

旋转场使粒子流旋转起来，"旋转"属性面板如图18-31所示。

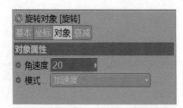

图18-31

（1）对象

- 角速度：设置粒子流旋转的速度。

（2）衰减

和之前的衰减控制一样，旋转对粒子产生力影响，如果使用域，则会在固定的区域产生影响，如图18-32所示。

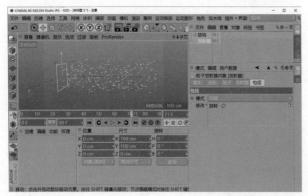

图18-32

7. 湍流

湍流场使粒子无规则流动，"湍流"属性面板如图18-33所示。

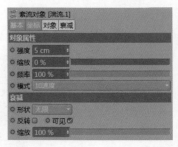

图18-33

（1）对象

- 强度：设定湍流的力度。
- 缩放：设定粒子流无规则运动的散开与聚集强度。

图18-34所示为缩放值较大的效果，粒子偏向于整体变化，如果此值很小，就会对单个粒子产生影响。

图18-34

- 频率：设定粒子流的抖动幅度和次数。

图18-35所示为频率值较大的效果，如果此值很小，粒子就会单独运动。

图18-35

（2）衰减

- 形状：有多种形状可供选择，并可设定形状的尺寸、缩放等。

图18-36所示为圆柱形状的湍流衰减，黄色线框内为湍流的作用区域，黄色线框到红色线框之间为湍流衰减区

域，红色框内为无衰减湍流区域。

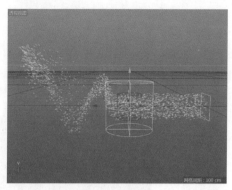

图18-36

8. 风力

风力场驱使粒子按照设定方向运动，"风力"属性面板如图18-37所示。

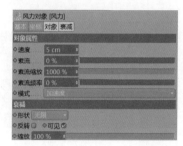

图18-37

（1）对象

- 速度：设定风力驱使粒子运动的速度。
- 紊流：设定粒子流被驱使时的湍流强度。
- 紊流缩放：设置粒子流受湍流影响时的散开与聚集强度，图18-38所示为缩放值较大的效果。

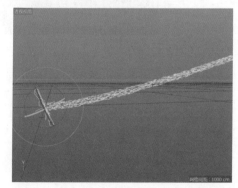

图18-38

- 紊流频率：设置粒子流的抖动幅度和次数，图18-39所示为频率值较大的效果。
- 模式：控制风力是通过加速度来影响粒子还是通过力来影响粒子。

图18-39

（2）衰减

- 形状：有多种形状可供选择，并可设定形状的尺寸、缩放等。

图18-40为圆柱形状的风力衰减，黄色线框内为风力的作用区域，黄色线框到红色线框之间为风力衰减区域，红色框内为无衰减风力区域。

图18-40

18.4 烘焙粒子

粒子发射出去一段时间后，若将时间指针反向移动，则会发现粒子的运动状态将不可逆。但在烘焙粒子之后，粒子的运动状态将可逆。执行主菜单中的"模拟>粒子>烘焙粒子"命令，弹出烘焙粒子属性面板，需烘焙的粒子动画的起点、终点均可设定，"每帧采样"决定烘焙精度，"烘焙全部"设定每次烘焙的帧数，如图18-41和图18-42所示。

图18-41

图18-42

18.5 功能实操：水滴下落并溅起水珠的效果

利用粒子发射后受力场的作用来模拟水滴下落并溅起水珠的效果。

01 创建一个发射器，发射器的属性设置及粒子的发射状态如图18-43～图18-46所示。

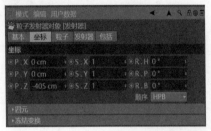

图18-43　　　　　图18-44

图18-45

图18-46

02 创建一个平面和球体，用球体替换粒子。为粒子添加重力场，添加一个反弹力场并水平放置与平面重合，如图18-47所示。设置反弹参数如图18-48所示。粒子受重力后下落再反弹，直至最后消失。添加一个融球，将发射器拖曳给融球，设定融球对象属性如图18-49所示，最终效果如图18-50所示。

图18-47

图18-48　　　　　　　　图18-49

图18-50

03 创建一个水滴模型并为其设置关键帧，模拟水滴从平面上方掉入平面上的过程，整个动画完成，即水滴掉下并在平面上溅起水珠。

第19章

动力学——毛发

19

19.1 毛发对象

19.1.1 添加毛发

在编辑器中创建一个球体,选择球体,执行主菜单中的"模拟>毛发对象>添加毛发"命令,即可为球体整体添加毛发,如图19-1和图19-2所示。

图19-1

图19-2

将球体转化成多边形对象,选择部分点、边、面,执行"模拟>毛发对象>添加毛发"命令,即可为球体局部添加毛发,效果如图19-3所示。

添加好毛发,单击时间线中的"播放"按钮,毛发进行动力学计算后趋向静止,如图19-4所示。

图19-3

图19-4

19.1.2 毛发属性

1. 基本

在"基本"选项卡中可以更改毛发名称,编辑或更改毛发所处的图层,并设置毛发在编辑器或渲染器中的可见性等,如图19-5所示。

图19-5

2. 坐标

毛发对象的"坐标"选项卡和其他对象的一样,可设置对象的位移、旋转、缩放在x轴、y轴和z轴上的数值,如图19-6所示。

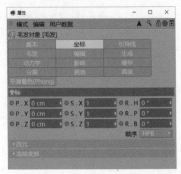
图19-6

3. 引导线

引导线是场景中替代毛发显示的线,起引导毛发生长的作用,真正的毛发需渲染才可见,如图19-7和图19-8所示。

图19-7

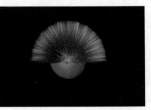
图19-8

- 链接:将点、边、面制作成选集拖曳入"链接"文本框内,即可设置毛发的生长区域,如图19-9所示。

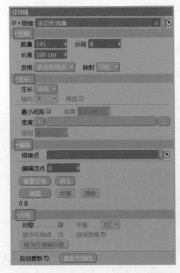
图19-9

- 发根：可控制发根的数量、细分段数、长度及位置，如图19-10所示。

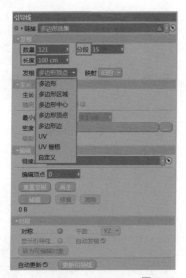

图19-10

- 生长：生长的方向可随意设置，如设置成"任意"方式，效果如图19-11所示。
- 密度：单击"密度"右侧■按钮可加入纹理来影响生长点的密度，给毛发添加噪波纹理的密度效果如图19-12所示。

图19-11

图19-12

- 编辑：执行主菜单中的"创建＞样条＞空白样条"命令，在对象窗口中将空白样条拖曳入"链接点"文本框内，再选择空白样条，即可在点模式下选择点来编辑毛发的形状，如图19-13和图19-14所示。

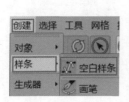

图19-13

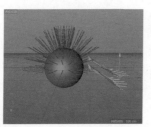

图19-14

- 对称：勾选"对称"和"显示引导线"，选择一个平面，即可将毛发对称镜像，单击 转为可编辑对象 按钮，可将镜像的毛发转成可编辑对象；以*XZ*平面镜像后的毛发如图19-15所示。

图19-15

4. 毛发

此处设置的"毛发"为真正的渲染输出毛发，毛发的数量为最终渲染数量，增加分段数可使毛发弯曲更平滑。

- 发根：发根的位置可以自由设置，还可偏移或延伸，如图19-16所示。

图19-16

- 生长：设置毛发生长的间隔，单击"密度"按钮可加入纹理来影响生长点的密度；勾选"约束到引导线"，可控制毛发与引导线之间的距离。
- 克隆：定义每根毛发的克隆次数，克隆后的毛发与原毛发的发根、发梢之间的位置偏移可直接用数值设定；克隆产生的毛发整体比例和毛发长度变化由百分比控制，如图19-17和图19-18所示。

图19-17

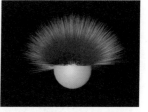

图19-18

毛发的区段偏移状态还可由偏移曲线控制，将毛发数量设为100，将克隆次数设为40，偏移曲线如图19-19所示，毛发的输出效果如图19-20所示。

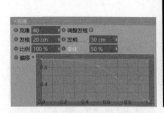

图19-19　　　　　　　　　　图19-20

- 插值：引导线控制毛发渲染有不同的类型，图19-21所示为线性类型，图19-22所示为三次方类型。

图19-21　　　　　　　　　　图19-22

引导线插值越大，毛发间的过渡越自然顺畅，如图19-23和图19-24所示。

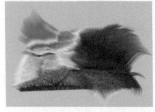

图19-23　　　　　　　　　　图19-24

勾选"集束"，引导线即可控制毛发的团块形状，使用引力曲线可控制团块细节。图19-25和图19-26所示为不同引力曲线对毛发细节的控制效果。

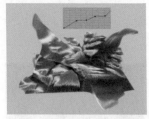

图19-25　　　　　　　　　　图19-26

5. 编辑

"编辑"属性面板如图19-27所示。

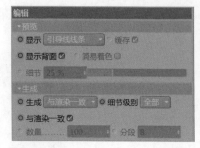

图19-27

"显示"选项用于设置是否显示引导线、毛发线条等。图19-28所示为显示毛发多边形，与真正毛发数量一致，但会占用更多资源。

在场景中还可把克隆生成的毛发直接显示成多边形，其显示数量、细节可任意设定，如图19-29所示。

图19-28　　　　　　　　　　图19-29

6. 生成

"生成"属性面板如图19-30所示。渲染生成的毛发实体有多种类型，如"实例"。创建一个角锥并将其转化成多边形，将角锥拖曳入"对象"文本框内，即可将毛发实体替换成串联的角锥，如图19-31所示。

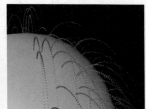

图19-30　　　　　　　　　　图19-31

不同类型的毛发实体均可设定不同的排列朝向，如图19-32所示。

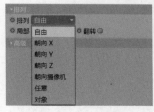

图19-32

7. 动力学

"动力学"属性面板如图19-33所示。

图19-33

勾选"启用"激活毛发动力学属性，勾选"碰撞"激活"表面半径"选项，勾选"刚性"将毛发转化成刚性对象。

- 属性：播放动画，毛发之间即会产生碰撞，表面半径即毛发碰撞时的识别半径，可设置发梢往下掉时的粘滞减速、硬度、弹性等。
- 动画：勾选"自动计时"，可设置毛发动力学的计算时间段。
- 贴图：将毛发的顶点标签拖曳入贴图文本框内，即可由顶点标签影响毛发的粘滞、硬度、静止等特性。
- 修改：调节曲线，控制毛发从发根到发梢的粘滞、硬度、静止的权重。
- 高级：设置动力学影响引导线或毛发。

8. 影响

勾选"毛发与毛发间"选项，可设置毛发与毛发间的影响半径、强度及衰减方式。将对象拖曳入"影响"文本框内，可设定包含或排除对象的影响，如图19-34所示。

图19-34

9. 缓存

动力学计算都需要先计算缓存再渲染场景，以提高制作效率及避免计算结果的随机性，如图19-35所示。

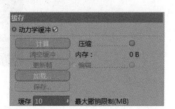

图19-35

10. 分离

勾选"自动分离"，创建两个毛发点选集，将两个选集拖曳入群组框内，选集之间的毛发即可分离生长，如图19-36和图19-37所示。

图19-36　　　　　　　　　　图19-37

11. 挑选

将看不到的且不影响渲染结果的毛发剔除，如背面的、画面外的毛发。还可自定义剔除区域，以节省计算机资源，提高制作效率，如图19-38所示。

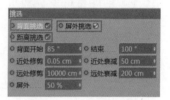

图19-38

12. 高级

"种子"的值为随机值，控制毛发的随机分布，如图19-39所示。

图19-39

还可添加变形器来改变毛发整体的形态，将变形器拖曳为毛发的子对象，可控制变形器参数来改变毛发形态。图19-40所示为毛发添加了螺旋变形器的形态。

图19-40

19.1.3 羽毛对象

创建一段圆弧,执行主菜单中的"模拟>毛发对象>羽毛对象"命令,在对象窗口中将圆弧样条拖曳为羽毛的子对象,即可创建羽毛基本形状,如图19-41和图19-42所示。

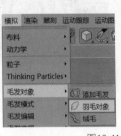

图19-41　　　　　　　　　图19-42

19.1.4 羽毛对象属性

1. 基本和坐标

羽毛的"基本"选项卡和"坐标"选项卡用于设置羽毛的名称、坐标等。

2. 对象

"对象"选项卡如图19-43所示。勾选"编辑器显示",将"编辑器细节"设置为100%,便于在场景中实时观察对象。

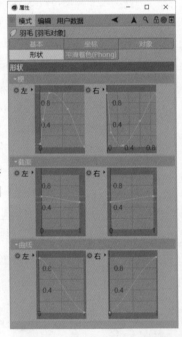

图19-43

- **生成**: 设定生成样条或羽毛,可翻转生成方向,设定羽毛的细分段数。
- **间距**: 设置羽轴半径、羽支间距、羽支长度等。
- **置换**: 该选项组结合形状曲线来设定。
- **旋转**: 设置羽毛枯萎的细节,如图19-44所示。
- **间隙**: 设置羽支间的随机间隙,如图19-45所示。

图19-44　　　　　　　　图19-45

3. 形状

"形状"选项卡用曲线控制羽毛的外轮廓形状。"形状"控制羽毛正面的外轮廓形状,"截面"控制羽毛横截面的形状,"曲线"控制羽支的扭曲形状。图19-46所示为用曲线设置的羽毛形状,设置后的效果如图19-47所示。

图19-46

图19-47

19.1.5 绒毛

选择已创建的球体，执行主菜单中的"模拟>毛发对象>绒毛"命令，可为整个球体添加绒毛。将球体转化成多边形对象，选择一部分面执行"模拟>毛发对象>绒毛"命令，可为球体局部添加绒毛，如图19-48和图19-49所示。

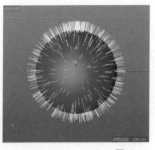

图19-48　　　　　　　　　　图19-49

19.1.6 绒毛属性

1.基本和坐标

绒毛的"基本"和"坐标"选项卡用于设置绒毛的名称、坐标等。

2.对象

"对象"选项卡用于设置绒毛的数量、长度、随机分布等，如图19-50所示。

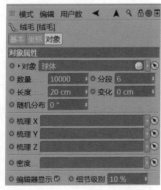

图19-50

选择球体后，进入点模式，单击"实时选择"工具，切换成顶点绘制模式来绘制顶点贴图，将绘制的顶点贴图拖入"梳理X"文本框内，即可按照顶点贴图的权重对绒毛进行x轴方向的梳理，如图19-51所示。将顶点贴图拖入"密度"文本框内，绒毛密度即可按照顶点贴图分布，如图19-52所示。

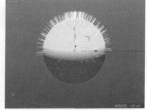

图19-51　　　　　　　　　　图19-52

勾选"缓存所有毛发"和"编辑器显示"，毛发在编辑器中的显示速度将加快。

19.2 毛发模式

在主菜单中的"模拟>毛发模式"菜单中可选择多种毛发模式，如图19-53所示。选择"点"模式，如图19-54所示。

图19-53　　　　　　　　　　图19-54

19.3 毛发编辑

主菜单中的"模拟>毛发编辑"菜单如图19-55所示。使用这些工具可对毛发引导线进行剪切、复制等操作，毛发与样条间可互相转化。图19-56所示为引导线转化成的样条。

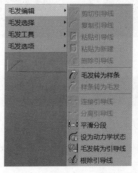

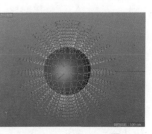

图19-55　　　　　　　　　　图19-56

19.4　毛发选择

主菜单中的"模拟>毛发选择"菜单中包含对毛发的点或样条进行选择的工具，并可设置选择的元素的选集，如图19-57所示。

图19-57

19.5　毛发工具

使用毛发工具可直接在编辑器中对毛发进行移动、梳理、修剪等，如图19-58所示。例如选择"毛刷"工具，可直接刷动毛发以修改毛发整体造型。图19-59所示为对毛发使用毛刷后的形态。

图19-58

图19-59

19.6　毛发选项

使用毛发工具对毛发进行编辑时，可使用"对称"或"软选择"方式，并可对这两种方式进行设置，如图19-60所示。

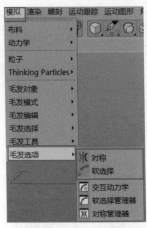

图19-60

19.7　毛发材质

给对象添加毛发后，双击材质编辑器中的毛发材质，会弹出毛发的"材质编辑器"窗口，如图19-61所示。

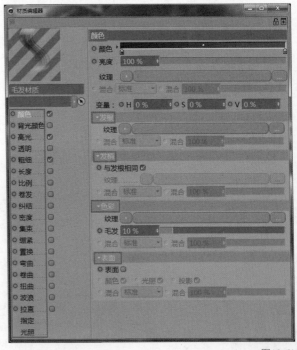

图19-61

1. 颜色

"颜色"选项可设置毛发的颜色，发根、发梢、色彩、表面中均可加入纹理或设置不同的混合方式，如图19-62和图19-63所示。

图19-62   图19-63

2. 背光颜色

"背光颜色"选项设置毛发在背光环境下的颜色,如图19-64所示。

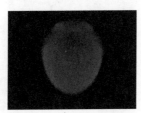

图19-64

3. 高光

"高光"选项分主要和次要高光,可设定颜色、强度,添加纹理等,如图19-65所示。

图19-65

4. 透明

"透明"选项设定从发根到发梢的透明度变化,如图19-66和图19-67所示。

图19-66   图19-67

5. 粗细

"粗细"选项设定发根和发梢的粗细,用曲线控制发根到发梢的粗细渐变,如图19-68和图19-69所示。

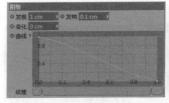

图19-68   图19-69

6. 长度

"长度"选项设定毛发长度及随机长短,如图19-70和图19-71所示。

图19-70   图19-71

7. 比例

"比例"选项设定毛发整体的比例及随机值,如图19-72和图19-73所示。

图19-72   图19-73

8. 卷发

"卷发"选项可设置毛发的卷曲状态,如图19-74和图19-75所示。

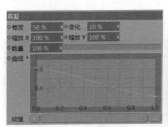

图19-74   图19-75

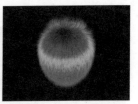

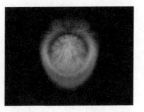

9. 纠结

"纠结"选项控制毛发的弯曲程度, 其中选项的调节方法都大同小异, 建议读者多动手测试, 如图19-76和图19-77所示。

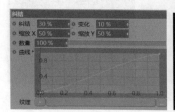

图19-76

图19-77

10. 密度

"密度"选项用于设定毛发的密度, 如图19-78和图19-79所示。

图19-78

图19-79

11. 集束

"集束"选项用于设定毛发的集束状态, 如图19-80和图19-81所示。

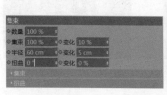

图19-80

图19-81

12. 绷紧

"绷紧"选项用于设置毛发收缩绷紧的状态, 如图19-82和图19-83所示。

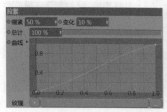

图19-82

图19-83

13. 置换

"置换"选项可分别设置毛发在 x 轴、y 轴、z 轴上的偏移, 如图19-84和图19-85所示。

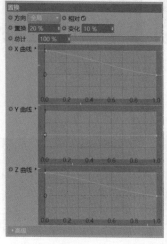

图19-84

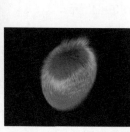

图19-85

14. 弯曲

"弯曲"选项用于引导弯曲方向, 可设定一个对象, 将其当作毛发的方向引导, 如图19-86和图19-87所示。

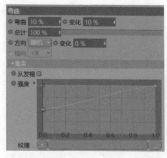

图19-86

图19-87

15. 卷曲

"卷曲"选项用于设定毛发的整体卷曲度, 如图19-88和图19-89所示。

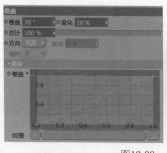

图19-88

图19-89

16. 扭曲

"扭曲"选项可以结合其他卷曲、弯曲或置换来设定，可选择相应的"轴向"并设置"扭曲"角度，如图19-90和图19-91所示。

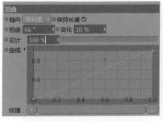

图19-90　　　　　　　　　　图19-91

17. 波浪

"波浪"选项可以使毛发弯曲成波浪形态，如图19-92和图19-93所示。

图19-92　　　　　　　　　　图19-93

18. 拉直

毛发被弯曲后，可用"拉直"选项再将毛发拉直，图19-94和图19-95所示为添加波浪属性后再拉直的毛发。

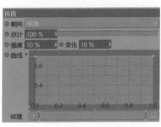
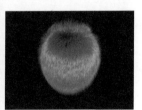

图19-94　　　　　　　　　　图19-95

19. 指定

"指定"选项用于观察当前毛发材质指定给哪一组毛发。

20. 光照

"光照"选项用于设置光照对毛发的影响。

19.8　毛发标签

在对象窗口菜单中，单击展开"标签>毛发标签"菜单，在弹出的子菜单中可为对象添加毛发标签，如图19-96所示。

图19-96

- 样条动力学：给样条添加此标签，样条将具有毛发的动力学属性。
- 毛发材质：创建一个蔓叶类曲线，为其添加毛发材质，能把该曲线当作毛发渲染出来，渲染输出效果如图19-97所示。

图19-97

- 毛发碰撞：创建一个球体，给球体添加此标签，播放动画，已添加了样条动力学标签的蔓叶曲线将与球体发生碰撞，如图19-98所示。

图19-98

- 毛发选择：当毛发为点模式时，选择毛发点后添加此标签，可以对所选点统一进行锁定、隐藏等，如图19-99所示。
- 毛发顶点：当毛发为顶点模式时，选择顶点后添加此标签，所选顶点可当作顶点贴图使用。

- 渲染:给样条添加渲染标签,样条将渲染可见。
- 灯光:当给场景中的灯光添加此标签后,灯光将对毛发产生影响,如图19-100所示。

图19-99   图19-100

- 约束:用于多边形或样条对毛发点的约束。

先创建好毛发并为其添加此标签,再创建一个平面,将平面转化成多边形对象,并将平面拖曳入标签属性面板中的"对象"文本框内,选择一部分毛发点,单击标签属性面板中的"设置"按钮,可用多边形点约束毛发点。将所绘制的顶点贴图拖入"影响映射"文本框内,贴图的权重将影响多边形点的约束强度,如图19-101和图19-102所示。

图19-101   图19-102

第20章

动力学——布料

20

创建布料碰撞

布料属性

20.1 创建布料碰撞

创建一个平面,单击工具栏中的"插入"按钮,将平面转化为多边形对象。选择平面,执行对象窗口菜单中的"标签>模拟标签>布料"命令,如图20-1所示,平面即转化为布料。

图20-1

创建一个球体,对其执行"模拟标签>布料碰撞器"命令,球体即转化为布料碰撞的对象,如图20-2所示。

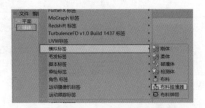

图20-2

执行主菜单中的"模拟>布料>布料曲面"命令,如图20-3所示,在对象窗口中将"平面"拖曳到"布料曲面"下作为其子级,如图20-4所示。选择布料曲面,将属性面板中的"细分数"设置为2,"厚度"设置为1cm,如图20-5所示,即可创建有厚度的模拟布料。

图20-3　　　　　图20-4

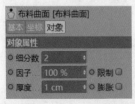

图20-5

简单赋予对象材质,如图20-6所示,在时间轴上单击

"播放"按钮,布料会垂直下落并与球体发生碰撞。

图20-6

20.2 布料属性

单击属性面板中的■按钮,显示出布料的多种属性。

1. 基本

在"基本"选项卡中可更改对象的名称,编辑或更改对象所处的图层,如图20-7所示。

图20-7

2. 标签

布料的"标签"选项卡如图20-8所示。

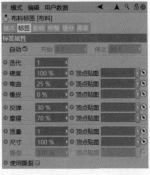

图20-8

- 自动:默认勾选,取消勾选时,可在"开始"和"停止"参数中设置帧值范围,即对象在此时间段模拟布料属性。
- 迭代:控制布料内部的整体弹性,当布料落下与球体碰撞后,迭代值的大小影响布料内部的舒展程度;图20-9所示为迭代值为1时,布料与球体碰撞后的状态;图20-10所示为迭代值为10时,布料与球体碰撞后的状态。

图20-9　　　　　　　　　　　　图20-10

- 硬度：在迭代值不变的情况下，硬度值可小范围控制布料的硬度。迭代值为10，硬度值变小后，布料碰撞球体后的效果如图20-11所示。对布料绘制顶点贴图，并拖曳入顶点贴图文本框内，贴图的权重分布将决定布料硬度值的影响范围及大小。

图20-11

- 弯曲：当弯曲值较小时，布料碰撞后呈现图20-12所示的蜷缩状；当弯曲值较大时，布料碰撞后呈现图20-13所示的舒展状。还可用顶点贴图来控制弯曲值的影响范围及大小。

图20-12　　　　　　　　　　　　图20-13

- 橡皮：当布料下落与球体碰撞时，增大橡皮值，布料会产生类似橡皮弹性的拉伸，如图20-14所示。还可用顶点贴图来控制橡皮值的影响范围及大小。

图20-14

- 反弹：增大反弹值会使布料与球体碰撞时反弹，如图20-15所示。还可用顶点贴图来控制反弹值的影响范围及大小。

- 摩擦：减小摩擦值会使布料与球体碰撞后很容易滑出球体表面，如图20-16所示。还可用顶点贴图来控制摩擦值的影响范围及大小。

图20-15　　　　　　　　　　　　图20-16

- 质量：增加布料质量。还可用顶点贴图来控制质量值的影响范围及大小。

- 尺寸：布料的尺寸小于100%时，碰撞前的起始尺寸将变小，如图20-17所示。还可用顶点贴图来控制尺寸值的影响范围及大小。

- 撕裂：控制撕裂的百分比，经过测试这个数值尽量控制在100%～120%，读者也可以自行尝试调整。

- 使用撕裂：勾选"使用撕裂"，布料与球体碰撞时会出现撕裂效果，撕裂程度可由参数控制，如图20-18所示。还可用顶点贴图来控制撕裂值的影响范围及大小。

图20-17　　　　　　　　　　　　图20-18

3. 影响

"影响"选项卡的属性面板如图20-19所示。

图20-19

- 重力：默认重力值为"-9.81"。当重力值为负值时，布料会向下落；当重力值为正值时，布料会向上升起。
- 黏滞：减缓布料的全局碰撞状态，包括下落速度、碰撞停止速度等。
- 风力：给布料添加风力场，X、Y、Z可设置风场的任意方向，并可设置风场的强度、湍流强度、黏滞、扬力等参数。
- 空气阻力：可以模拟风力减缓的效果。
- 本体排斥：勾选该选项，可控制布料自身碰撞的状态。
- 距离/影响/阻尼：这3个选项分别控制"本体排斥"的距离、影响程度和阻尼效果。

4. 修整

勾选"修整模式"，可设置布料松弛或收缩的步数，还可设置布料的初始状态，选择布料上的点后可将其设置为固定点，如图20-20所示。图20-21所示为布料四周的点设置为固定点后的运算效果。

图20-20　　　　图20-21

5. 缓存

布料碰撞计算完成，缓存后再播放动画，场景不需再次计算碰撞，即可顺畅地预览动画。渲染前先缓存动力学计算，这样可避免计算结果的随机性。勾选"缓存模式"，单击"计算缓存"按钮后，再单击"保存"按钮，将缓存文件保存如需再次调整，可单击"清空缓存"按钮。缓存后，"开始"选项可用于设定缓存时的偏移播放时间，如图20-22所示。

图20-22

6. 高级

"子采样"设定布料引擎在每帧模拟计算的次数，次数越高，模拟计算结果越准确。勾选"本体碰撞"和"全局交叉分析"，将有助于避免布料交叉，极端情况出现时也可避免布料引擎在布料碰撞出现交叉时停止计算，如图20-23所示。

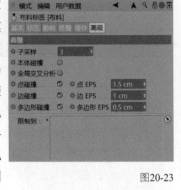

图20-23

搭建图20-24所示的场景，布料四周的点都被固定，球体穿过布料。

勾选布料"标签"选项卡下的"使用撕裂"，播放动画，当球体快速穿过布料时，布料的碰撞接触位置

图20-24

会被球体冲破裂开。"高级"选项卡中的点、边、多边形的EPS值，用于设置离碰撞位置远的点、边、面的受力程度，可以改变布料被冲破后的裂开大小和形态等。图20-25所示为EPS值偏小时的碰撞结果；图20-26所示为EPS值偏大时的碰撞结果。"高级"选项卡参数如图20-27所示。

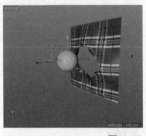

图20-25　　　　图20-26

图20-27

第21章

运动图形

21

克隆、矩阵、分裂、破碎（Voronoi）、实例、文本
追踪对象、运动样条、运动挤压
多边形FX、运动图形选集、线形克隆工具
放射克隆工具、网格克隆工具

MoGraph（运动图形）在Cinema 4D 9.6中首次出现，是C4D的一个"绝对利器"。它提供了一个全新的维度和方法，使类似矩阵的制图模式变得简单、有效和方便。单一的对象，经过奇妙的排列组合，并配合各种效应器，可以达到不可思议的效果。

21.1　克隆

执行主菜单中的"运动图形>克隆"命令，如图21-1所示，在属性面板中会显示克隆对象的基本属性。克隆具有生成器特性，因此至少需要一个对象作为克隆的子对象才能实现克隆。

克隆属性有5个选项卡，分别是基本、坐标、对象、变换和效果器。

图21-1

21.1.1　基本

"基本"选项卡如图21-2所示。

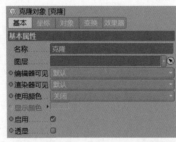

图21-2

- 名称：可在右侧文本框内重命名当前克隆对象。
- 图层：如果对当前克隆对象指定过图层设置，这里将显示当前克隆对象属于哪一个图层。
- 编辑器可见：默认在视图编辑窗口中可见；选择"关闭"，克隆在视图编辑器中不可见；选择"开启"，将和选择"默认"的效果一致。
- 渲染器可见：控制当前克隆对象在渲染时是否可

见，默认为可见状态，关闭时，当前克隆对象将不被渲染。

- 使用颜色：默认关闭，如果开启，将激活"显示颜色"，可从"显示颜色"中拾取任意颜色作为当前克隆对象在场景中的显示颜色。
- 启用：决定是否开启当前的克隆功能，默认勾选，若取消勾选，则当前克隆失效。
- 透显：勾选该选项后，当前克隆对象将以半透明形式显示，如图21-3所示。

图21-3

21.1.2　坐标

"坐标"选项卡如图21-4所示。

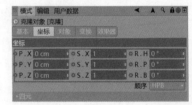

图21-4

- 坐标：用于设置当前克隆对象所处位置（P）、比例（S）、角度（R）的参数。
- 顺序：默认克隆的旋转轴向为HPB，也可更改为XYZ方式，如图21-5所示。

图21-5

- 冻结变换：单击"冻结全部"按钮可将克隆对象的位移、比例、旋转参数全部归零，也可分别选择"冻结P""冻结S""冻结R"将某一属性单独冻

结；单击"解冻全部"按钮可以恢复冻结之前的参
数，如图21-6所示。

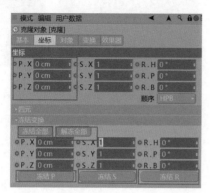

图21-6

21.1.3 对象

"对象"选项卡如图21-7所示。

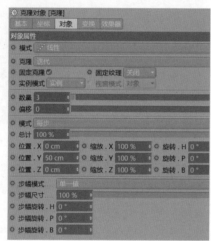

图21-7

模式：用于设置克隆方式，包括线性、对象、放射、网格排列、蜂窝阵列5种，如图21-8所示。

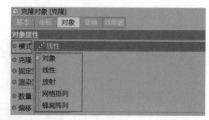

图21-8

1. 线性

- 克隆：当有多个克隆对象时，用于设置当前每个克隆对象的排列方式。图21-9所示分别为迭代、随机、混合和类别的效果。

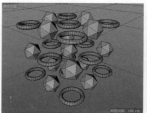
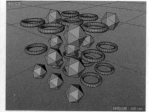

（a）迭代　　　　　　（b）随机

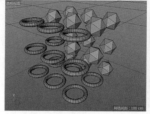
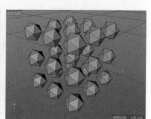

（c）混合　　　　　　（d）类别

图21-9

- 固定克隆：如果同一个克隆下有多个被克隆对象，并且这些对象的位置不同，勾选该选项后，每个对象的克隆结果将以自身所在位置为准，否则将统一以克隆位置为准，如图21-10和图21-11所示。

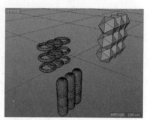

图21-10　　　　　　　图21-11

- 实例模式：如果克隆物体为粒子发射器，那么除原始发射器外，其余的克隆发射器均在视图编辑窗口及渲染窗口中不可见；将实例模式修改为渲染实例后，可在视图窗口和渲染窗口中看到克隆发射器，被克隆的发射器也可正常发射粒子，如图21-12和图21-13所示。

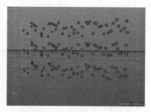

图21-12　　　　　　　图21-13

- 数量（线性模式下）：用于设置当前的克隆数量。
- 偏移（线性模式下）：用于设置克隆对象的位置偏移，如图21-14所示。

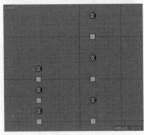

图21-14

- 模式: 分为"终点"和"每步"两个选项。选择终点模式，克隆计算的是从克隆的初始位置到结束位置的属性变化; 选择每步模式, 克隆计算的是相邻两个克隆物体间的属性变化。

- 总计: 用于设置当前克隆对象占原有对象的位置、缩放、旋转的比例; 图21-15所示为两个设置完全一样的克隆效果, 左侧对象的总计为50%, 右侧对象的总计为100%。可以明显看出在相同的设置下, 左侧对象的空间位置只占到右侧对象的一半。

- 位置: 用于设置克隆对象的位置范围, 数值越大, 克隆对象间的间距越大。

- 缩放: 用于设置克隆对象的缩放比例, 该参数会在克隆数量上累计, 即后一对象的缩放在前一对象大小的基础上进行; 在终点模式下修改缩放.X、.Y、.Z参数, 从左到右依次为10%、30%、50%时得到的效果, 如图21-16所示。

图21-15   图21-16

- 旋转: 用于设置当前克隆对象的旋转角度。图21-17～图21-19所示分别为同一克隆对象沿H轴、P轴、B轴旋转的效果。

图21-17

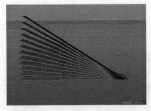 

图21-18   图21-19

- 步幅模式: 分为"单一值"和"累积"两种模式。设置为"单一值"时, 每个克隆对象间的属性变化量一致; 设置为"累积"时, 每相邻两个克隆对象间的属性变化量将累计。

步幅模式通常配合步幅尺寸和步幅缩放一起使用。图21-20所示为参数设置完全相同的两个克隆对象。左侧对象的步幅模式设置为"累积", 右侧对象的步幅模式设置为"单一值"。两个克隆对象的步幅旋转值均为5°。

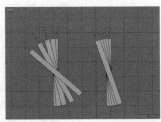

图21-20

> **提示**
>
> 步幅模式设置为"累积"的克隆对象, 立方体的旋转度数在上一对象的基础上加5°、10°、15°、20°。步幅模式设置为单一数值的克隆对象, 立方体的旋转度数统一在上一物体的基础上加5°。

- 步幅尺寸: 降低该参数, 会缩短克隆对象之间的间距, 图21-21所示的对象步幅尺寸分别为100%、95%、90%和85%。

图21-21

2. 对象

当克隆的模式设置为"对象"时, 场景中需要有一个对象作为克隆对象分布的参考对象，这个对象可以是曲线，也可以是几何体。应用时需要将该对象拖到"对象"参数的右侧文本框内，如图21-22所示。

布方式，默认以对象的表面作为克隆的分布方式。图21-26～图21-31所示分别为克隆对象在顶点、边、多边形中心、表面、体积、轴心时的分布效果。

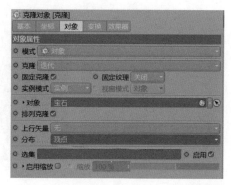

图21-22

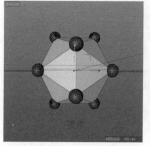

图21-26

图21-27

图21-23和图21-24所示为将球体克隆到一个宝石顶点的效果。

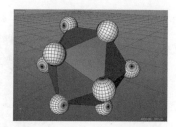

图21-23

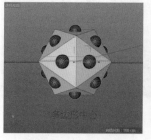

图21-28

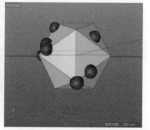

图21-29

图21-24

- 排列克隆：用于设置克隆对象在对象上的排列方式，勾选后将激活"上行矢量"。
- 上行矢量：只有勾选"排列克隆"后，该选项才被激活。将上行矢量设定为某一轴向时，当前被克隆指向被设置的轴向。图21-25所示为将上行矢量设置为+x轴向时的状态。

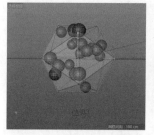

图21-30

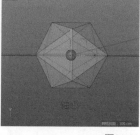

图21-31

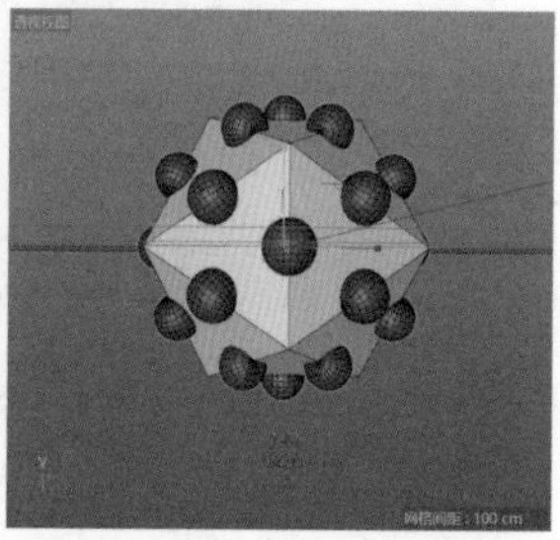

设置为边方式时，克隆对象将出现在对象边上。

- 偏移：当分布设置为边时，该参数用于设置克隆在对象边上的位置偏移。
- 种子：用于随机调节克隆对象在对象表面的分布方式。
- 数量：用于设置克隆对象的数量。
- 选集：如果对对象设置过选集，则可将选集拖曳至该参数的右侧文本框内，针对选集部分进行克隆，如图21-32所示。对宝石对象上半部分设置选集，针对该选集得到克隆效果如图21-33所示。

图21-25

- 分布：用于设置当前克隆对象在对象表面的分

图21-32

图21-33

3. 放射

- 数量：设置克隆的数量。
- 半径：设置放射克隆的范围，数值越大，范围越大。
- 平面：设置克隆的平面方式，如图21-34～图21-36所示。

图21-34

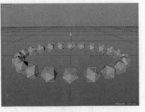

图21-35　　　　　　图21-36

- 对齐：设置克隆对象的方向。勾选该选项后，克隆指向克隆中心。图21-37所示的左侧对象为勾选"对齐"的效果，右侧对象为未勾选"对齐"的效果。该项默认勾选。

- 开始角度：用于设置放射克隆的起始角度。默认值为0°。增加该数值，克隆对象可以顺时针方向打开一个对应角度的缺口。图21-38所示为起始角度为45°、结束角度为360°的克隆效果。

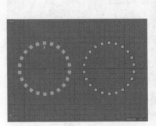

图21-37　　　　　　图21-38

- 结束角度：用于设置放射克隆的结束角度，默认值为360°。减小该数值，克隆对象可以逆时针方向打开一个对应角度的缺口。图21-39所示为起始角度为0°、结束角度为270°的克隆效果。

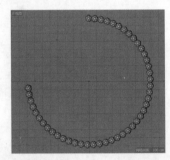

图21-39

- 偏移：设置克隆对象在原有克隆效果上的位置偏移。
- 偏移变化：如果该数值为零，则在偏移的过程中，克隆对象均保持相等的间距。调节该数值后，克隆对象的间距将不再相同。
- 偏移种子：用于设置在偏移过程中，克隆对象间距。

的随机性。只有在偏移变化不为0的情况下，该参数才有效。

4. 网格排列

- **数量**：从左至右，依次用于设置当前克隆对象在x轴、y轴、z轴上的克隆数量。
- **模式**：选择终点模式，克隆计算的是从克隆的初始位置到结束位置的属性变化；选择每步模式，克隆计算的是相邻两个克隆对象间的属性变化。
- **尺寸**：从左至右，依次用于设置当前克隆对象在x轴、y轴、z轴上的范围。
- **外形**：设置当前克隆对象的体积形态，包含立方体、球体、圆柱体3种。
- **填充**：控制克隆对象对体积内部的填充程度，最高为100%。

图21-40所示为一个克隆数量为12×12×12，尺寸为300cm×300cm×300cm，并以网格排列方式克隆的立方体阵列。将填充设置为20%，可以看到立方体阵列的中心被掏空。

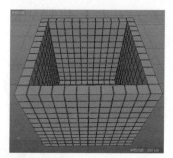

图21-40

5. 蜂窝阵列

- **角度**：设置克隆的平面。
- **偏移方向/偏移**：偏移的百分比是每一行或者每一列对象间相差的距离；如果偏移方向选择为"高"，偏移的是每一列，如果偏移方向选择为"宽"，偏移的是每一行。
- **宽数量/高数量**：设置克隆的数量。
- **模式**：选择终点模式，克隆计算的是从克隆的初始位置到结束位置的属性变化；选择每步模式，克隆计算的是相邻两个克隆物体间的属性变化。
- **形状**：设置当前克隆对象的形态，包含圆环、矩形、样条3种，如图21-41～图21-43所示。

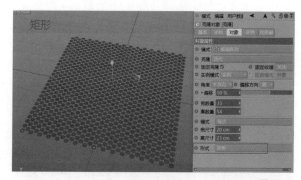

图21-41

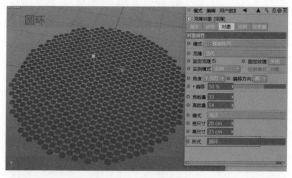

图21-42

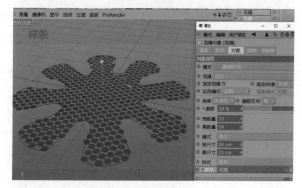

图21-43

21.1.4　变换

"变换"选项卡如图21-44所示。

- **显示**：用于设置当前克隆对象的显示状态。

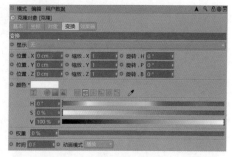

图21-44

- 位置/缩放/旋转：用于设置当前克隆对象沿自身轴向的位移、缩放、旋转。
- 颜色：用于设置克隆对象的颜色。
- 权重：用于设置每个克隆对象的初始权重。每个效果器都可影响每个克隆对象的权重。
- 时间：如果被克隆对象带有动画（除位移、缩放、旋转外），则该参数用于设置动画对象被克隆后的起始帧。
- 动画模式：用于设置被克隆对象动画的播放方式。
  - 播放：根据时间参数，决定动画播放的起始帧。
  - 循环：设置克隆对象动画的循环播放。
  - 固定：根据时间参数，将当前时间的克隆对象的状态作为克隆后的状态。
  - 固定播放：只播放一次被克隆对象的动画，与当前动画的起始帧无关。

21.1.5 效果器

"效果器"选项卡如图21-45所示。

图21-45

在"效果器"面板中，加入相应的效果器，可以使效果器对克隆的结果产生作用。

21.2 矩阵

执行"运动图形>矩阵"命令，在场景中添加一个矩阵工具，如图21-46所示。

矩阵的效果和克隆非常类似，相比之下，矩阵虽然是生成器，但它不需要将一个对象作为它的子对象来实现效果，如图21-47所示。

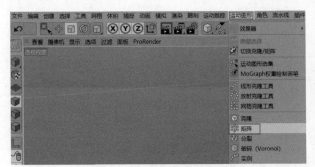

图21-46

图21-47

矩阵的属性面板如图21-48所示。矩阵的绝大多数参数和克隆的一致，这里仅对矩阵特有的参数进行讲解。如需要了解其他参数及属性，可参照克隆的内容。

- 生成：用于设置生成矩阵的元素类型。默认为立方体，也可选择Think Particles作为矩阵元素。选择Think Particles后，原有的立方体并未被替换，只是在原有立方体的基础上加入了Think Particles。

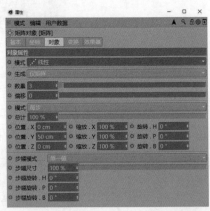

图21-48

21.3 分裂

执行"运动图形>分裂"命令，在场景中添加一个分裂工具，如图21-49所示。

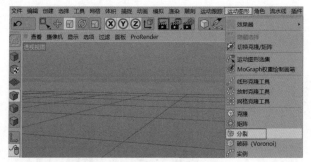

图21-49

分裂用于将原有的对象分成不相连的若干部分,可以配合效果器使用,以实现很多有趣的效果。分裂的基本属性面板和坐标属性面板,与之前的运动图形命令功能一致,这里不再赘述,可以参照前面的内容。接下来通过一个例子来讲解分裂对象属性面板中的相关参数。相关案例文件在本书的学习资源中,其名为"工程文件>第21章>分裂.c4d"。

案例文件是一个预先准备好的场景文件,设置有简单的动画。播放动画时可以看到,在分裂工具的作用下,场景中的文字产生了分裂效果,如图21-50所示。

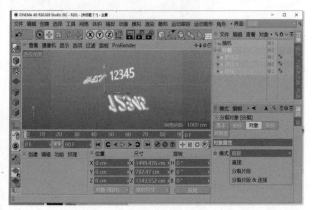

图21-50

"对象"选项卡控制当前分裂的类型,包含直接、分裂片段、分裂片段&连接3种方式,如图21-51所示。

图21-51

- 直接:分裂下面可以有多个对象,将直接把多个对象分裂开。
- 分裂片段:选择该模式时,每一个字母没有连接的部分都会作为分裂的最小单位进行分裂,如图21-52所示。
- 分裂片段&连接:选择该模式时,每一个字母都会作为分裂的最小单位进行分裂,如图21-53所示。

图21-52

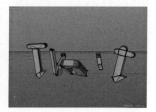

图21-53

变换属性面板和效果器属性面板也与之前的运动图形命令功能一致,这里不再赘述,可参照前面的内容。

21.4 破碎(Voronoi)

执行"运动图形>破碎(Voronoi)"命令,在场景中添加一个破碎工具,如图21-54所示。

图21-54

破碎(Voronoi)用于将对象变成碎片,并且碎片都是运动图形对象,可以配合效果器使用,如图21-55所示。

破碎(Voronoi)属性有11个选项卡,分别是基本、坐标、对象、来源、排序、细节、连接器、几何粘连、变换、效果器、选集。下面将介绍"对象"和"来源"选项卡中的相关参数。

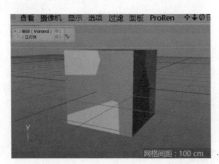

图21-55

21.4.1 对象

- MoGraph选集：如果想在第一次破碎的基础上将碎片再次破碎，那么需要在原来的碎片上做出MoGraph选集，如图21-56所示。

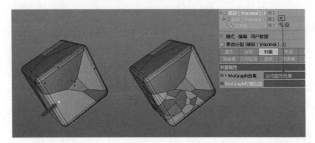

图21-56

- MoGraph权重贴图：创建MoGraph权重贴图后，可以根据权重来指定碎片的数量。
- 着色碎片：勾选该选项后，碎片将被填充为不同的颜色。
- 创建N-Gon面：勾选该选项后，碎片的面将被处理成N-Gon面，如图21-57和图21-58所示。

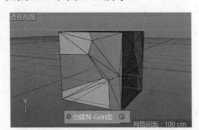

图21-57

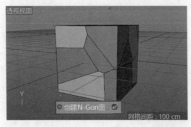

图21-58

- 偏移碎片：当该数值为0时，碎片的边缘之间没有缝隙，当增大该数值后，碎片之间的距离会增大，如图21-59所示。

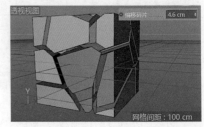

图21-59

- 反转：当该选项被勾选时，将以偏移距离来创建网格，如图21-60所示。

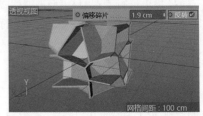

图21-60

- 仅外壳/厚度：默认情况下，使用破碎工具做出来的碎片是有体积的；当"仅外壳"选项被勾选时，碎片会剩下外壳，要使外壳有厚度，可以将厚度参数提高，如图21-61所示。

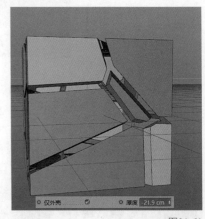

图21-61

- 空心对象：勾选该选项后，可以让非封闭的模型破碎后产生厚度。
- 优化并关闭孔洞：破碎的子级是一个未封闭的模型，未勾选该选项时，破碎出来的碎片是壳；勾选该选项时，破碎出来的碎片是有体积的，如图21-62所示。

图21-62

- 缩放单元：调节该参数可以形成有特定方向的破碎效果，如图21-63所示。

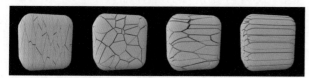

图21-63

21.4.2 来源

- 显示所有使用的点：默认情况下，使用绿色的点来标记分布碎片的状态，以达到破碎效果，取消勾选该选项，绿色的点将不会显示。
- 视图数量：该选项可以按照百分比来调节碎片的数量。
- 来源：默认情况下，使用绿色的点来决定分布碎片的状态，以达到破碎效果，也可以使用别的对象来达到其他特别的效果，如立方体、矩阵、发射器、样条等，如图21-64～图21-67所示。

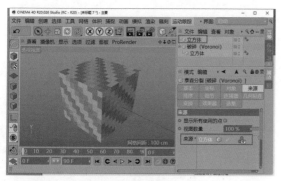

图21-64

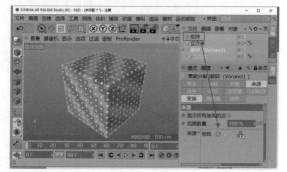

图21-65

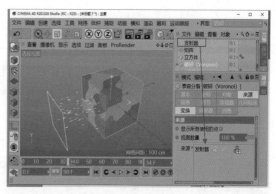

图21-66

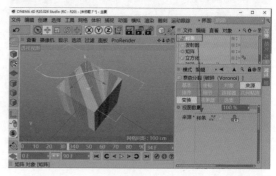

图21-67

- 分布形式：该选项控制绿色点的分布状态，如图21-68所示。

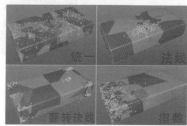

图21-68

- 点数量：调节该参数，可以改变碎片的数量。
- 种子：调节该参数，可以改变碎片的随机形态。
- 内部：勾选该选项后，可以改变内部碎片的随机形态。
- 高品质：勾选该选项后，可以使碎片分布得更均匀。
- 每对象创建点：当破碎对象有子对象，取消勾选该选项后，子级碎片会根据父级碎片位置进行破碎；勾选该选项后，子级碎片会有自身的破碎形态。

- 变化: 使用位移、缩放、旋转的方法来调整绿色点的位置。

21.5 实例

执行"运动图形>实例"命令, 在场景中添加一个实例工具, 如图21-69所示。

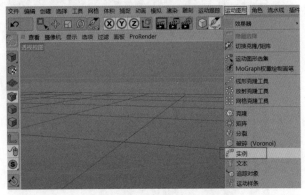

图21-69

实例工具需要一个带有动画属性的对象, 作为实例工具的对象参考。在播放动画的过程中, 实例工具可以将对象在动画过程中的状态分别显示在场景内部。图21-70所示为球体沿花瓣路径做逆时针运动的动画。

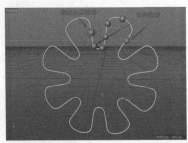

图21-70

相关案例文件在本书的学习资源中, 其名为"工程文件>第21章>实例.c4d"。

实例的"基本"和"坐标"选项卡与之前的运动图形命令功能一致, 不再赘述, 可以参照前面的内容。"对象"选项卡如图21-71所示。

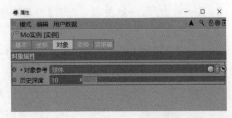

图21-71

- 对象参考: 将带有动画的对象拖曳至"对象参考"的右侧文本框内, 文本框内的对象将模拟实例。
- 历史深度: 该数值越大, 模拟的范围越大; 设置为10, 即代表当前可以模拟动画对象前10帧的运动状态。

"变换"和"效果器"选项卡与之前的运动图形命令功能一致, 不再赘述, 可参照前面的内容。

21.6 文本

执行"运动图形>文本"命令, 在场景中添加一个文本工具, 如图21-72所示。文本工具用于实现文字的立体效果。

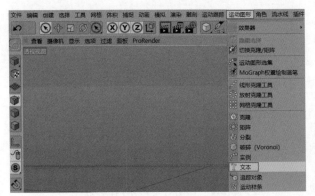

图21-72

21.6.1 对象

"对象"选项卡如图21-73所示。

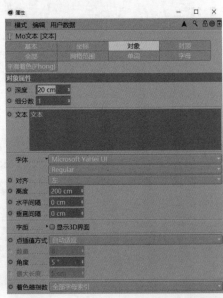

图21-73

- 深度：用于设置文字的挤压厚度；数值越大，厚度越大，如图21-74所示。

图21-74

- 细分数：用于设置文字厚度的分段数量，增大该数值，可以增加文字厚度的细分数量，如图21-75所示。

图21-75

- 文本：在右侧框内输入需要生成的文字信息。
- 字体：用于设置文字的字体。
- 对齐：用于设置文字的对齐方式，默认左对齐，包含左、中对齐和右3个选项，如图21-76所示。

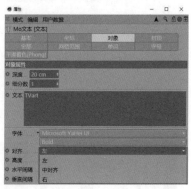

图21-76

- 高度：设置文字在场景中的大小。
- 水平间隔：设置文字的水平间距。
- 垂直间隔：设置文字的行间距。
- 点插值方式：用于进一步细分中间点样条，会影响文字创建时的细分数，如图21-77所示；选择任意一种点插值方式，都可以激活下方的"数量""角度""最大长度"，来一起调节细分方式，不同的点插值方式使用的调节属性不同。

图21-77

- 着色器指数：只有场景中的文本被赋予一种材质，并且该材质使用了颜色着色器时，着色器指数才会被激活，如图21-78所示。

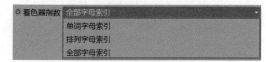

图21-78

◇ 单词字母索引：以每一个单词为单位来分布颜色，如图21-79所示，可以看到每一个单词从左至右都是由白到黑的渐变。

图21-79

◇ 排列字母索引：以整个文本为单位，按单词的排列方向，整个文本从左至右都是由白到黑渐变，如图21-80所示。

图21-80

◇ 全部字母索引：整个文本从上至下都是由白到黑的渐变，如图21-81所示。

图21-81

21.6.2 封顶

"封顶"选项卡如图21-82所示。

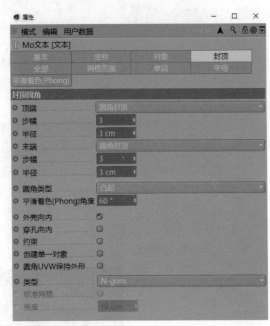

图21-82

• 顶端：用于设置文本顶端的封顶方式，包含4个选项，如图21-83所示。

图21-83

◇ 无：文本顶端没有封顶，如图21-84所示。

◇ 封顶：文本顶端被平面封住，如图21-85所示。

图21-84　　　　　　　　图21-85

◇ 圆角：文本顶端形成圆角，但顶端未封闭，如图21-86所示，图中红色区域为文本顶端形成的圆角，调整步幅值可以得到一个光滑的圆角。

◇ 圆角封顶：文本顶端既有圆角，又有封顶，如图21-87所示。

图21-86　　　　　　　　图21-87

• 步幅：用于设置圆角的分段数，值越高，圆角越光滑，如图21-88和图21-89所示。

图21-88　　　　　　　　图21-89

• 半径：用于设置圆角的大小，值越大，圆角越大。

• 末端：用于设置文本末端的封顶方式。

• 圆角类型：用于设置圆角的类型，如图21-90所示。

图21-90

图21-91～图21-97所示分别为对文字应用不同圆角类型的效果。

图21-91

图21-92　　　　　　　　图21-93

图21-94　　　　　　　　图21-95

图21-96　　　　　　　　　　图21-97

- 平滑着色（Phong）角度：当圆角相邻面之间的法线夹角小于当前设定值时，这两个面的公共边会呈现锐利的过渡效果；想要避免这一现象可以适当提高平滑着色的参数。
- 穿孔向内：当文本中含有嵌套式结构（如字母a、o、p）时，该选项被激活；勾选该选项后，可将内测轮廓的圆角方向反转，如图21-98所示。

图21-98

- 约束：勾选该选项后，文本封顶时原有的大小不会改变。
- 创建单一对象：勾选该选项，当前对象转为可编辑对象后，是一个整体。
- 圆角UVW保持外形：控制圆角的区域贴图和正面一致。
- 类型：用于设置文本表面的多边形分割方式。
- 标准网格：用于设置文本表面三角形面或四边形

面的分布方式。
- 宽度：在标准网格被激活的情况下可用，用于设置文本表面三角形面与四边形面的分布数量，数值越小，分布数量越多。

21.6.3　全部

可在"全部"选项卡下"效果"右侧框内连入效果器，效果器将作用于整个文本场景，如图21-99所示。连入一个"公式"效果器，播放动画，可以看到文字做左右的往复运动，如图21-100所示。

图21-99

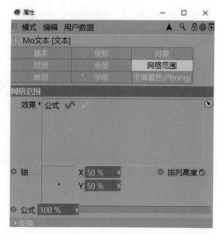

图21-100

21.6.4　网格范围

当前文本为两行以上时"网格范围"有效。可在"网格范围"选项卡下"效果"右侧框内连入效果器，效果器将作用于每一行文本，如图21-101所示。

图21-101

例如，将"公式"效果器连入"效果"右侧框内。播放动画，可以看到场景内的两行文字分别向不同的方向做往复运动，如图21-102和图21-103所示。

图21-102   图21-103

21.6.5　单词

如果当前文本的单词间有空格，可在"单词"选项卡下"效果"右侧框内连入效果器，效果器将作用于空格左右的文本，如图21-104所示。

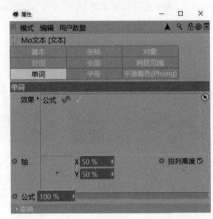

图21-104

例如，将"公式"效果器连入"效果"右侧框内，并将该效果器参数属性面板下的"位置"参数设置为0cm、150cm、0cm，如图21-105所示。

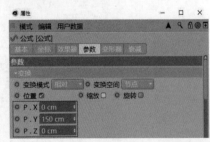

图21-105

播放动画，可以看到场景内的同一行文字空格两端的单词分别做上下往复的运动，如图21-106和图21-107所示。

图21-106   图21-107

21.6.6　字母

可以在"字母"选项卡下"效果"右侧框内连入效果器，效果器将作用于每一个字符，如图21-108所示。

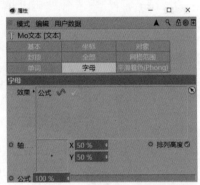

图21-108

例如，将"公式"效果器连入"效果"右侧框内。并将该效果器参数属性面板下的"位置"参数设置为0cm、150cm、0cm。播放动画，可以看到文本中的每个字母都在做上下往复的运动，如图21-109所示。

图21-109

21.7　追踪对象

追踪对象可以追踪运动对象顶点位置的变化，并生成曲线（路径）。将运动对象拖曳至追踪对象属性面板下的"追踪链接"右侧框内即可，如图21-110所示。追踪对象可以配合其他工具，如生成器，结合生成的曲线，创建出有趣的效果，如绳子的编织动画等。

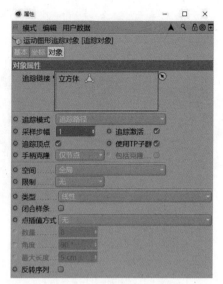

图21-110

在"对象"选项卡中，可直接将带有动画的对象拖曳至"追踪链接"右侧框内，重新播放动画即可，会以动画的路径生成样条。

注意

要想得到正确的追踪效果，就不能拖曳时间指针来生成动画。

- 追踪模式：设置当前追踪路径生成的方式，包含追踪路径、连接所有对象和连接元素3个选项，如图21-111所示。

图21-111

◇ 追踪路径：以运动对象顶点位置的变化作为追踪目标，在追踪的过程中生成的曲线如图21-112所示。

图21-112

◇ 连接所有对象：追踪对象的每个顶点，并在顶点间产生路径连线；图21-113所示为两个沿规定路径运动的对象，将它们都拖曳至"追踪链接"右侧框内，得到的路径为经过两个对象间各顶点的连线。

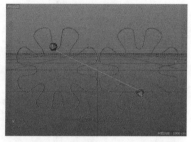

图21-113

◇ 连接元素：追踪以元素层级为单位进行追踪链接；在图21-112所示的场景中可以看到，追踪路径都是在每个运动对象的顶点之间连接的，而对象其他部分之间并没有连接，如图21-114所示。

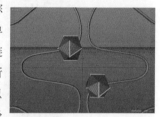

图21-114

- 采样步幅：当追踪模式为追踪路径时可用，用于设置追踪对象时的采样间隔。数值增大时，在一段动画中的采样次数会减少，形成的曲线的精度也会降低，导致曲线不光滑，如图21-115和图21-116所示。

图21-115

图21-116

- 追踪激活：取消勾选该选项，将不会产生追踪路径。
- 追踪顶点：勾选该选项时，追踪对象会追踪运动对象的每一个顶点，取消勾选时，追踪对象则只会追踪运动对象的中心点，如图21-117和图21-118所示。

图21-117

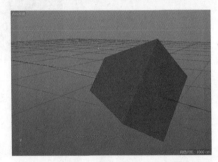

图21-118

- 使用TP子群：可以追踪TP粒子。
- 手柄克隆：被追踪的对象为嵌套式的克隆对象，如图21-119所示。

图21-119

手柄克隆中的选项用于设置被追踪的对象层级，如图21-120所示。

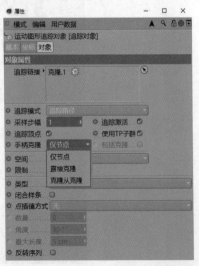

图21-120

◇ 仅节点：追踪对象以整体的克隆为单位进行追踪，此时只会产生一条追踪路径，如图21-121所示。

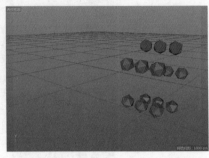

图21-121

◇ 直接克隆：追踪对象以每一个克隆对象为单位进行追踪，此时每一个克隆对象都会产生一条追踪路径，如图21-122所示。

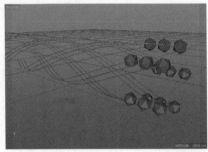

图21-122

◇ 克隆从克隆：追踪对象以每一个克隆对象的每一个顶点为单位进行追踪，此时克隆对象的每一个顶点都会产生一条追踪路径，如图21-123所示。

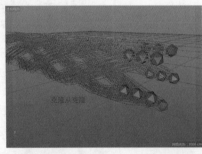

图21-123

- 包括克隆：控制克隆本身是否产生连接线，显示比较直观，读者可自行尝试。
- 空间：追踪对象自身位置参数不为0，如图21-124所示；当空间为全局时，追踪曲线与被追踪对象之间完全重合；当空间为局部时，跟踪路径会和被跟踪对象之间产生间隔，间隔距离为追踪对象自身的位置参数，如图21-125和图21-126所示。

- 限制: 用于设置追踪路径的起始和结束时间, 如图 21-127所示。

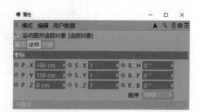

图21-124

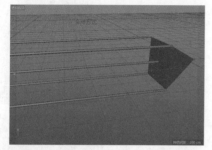

图21-125

图21-126

图21-127

◇ 无: 从被追踪对象运动的开始到结束, 追踪曲线始终存在。

◇ 从开始: 选择该选项后, 右侧的"总计"将被激活, 如图21-128所示, 追踪路径将从动画的起始开始, 直到"总计"设定的时刻结束。

图21-128

◇ 从结束: 选择该选项后, 右侧的"总计"将被激活, 追踪路径的范围为动画的当前帧减去"总计"的数值。

- 类型: 设置追踪过程中生成曲线的类型。
- 闭合样条: 勾选该选项后, 追踪对象生成的曲线为闭合曲线, 如图21-129所示。

图21-129

- 点插值方式: 用于设置生成曲线的点划分方式。
- 数量/角度/最大长度: 用来控制线条的过渡形式。
- 反转序列: 反转生成曲线的方向, 如图21-130和图 21-131所示。

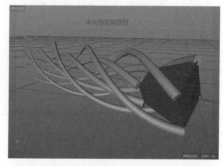

图21-130

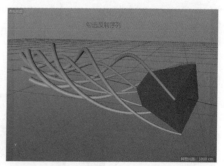

图21-131

21.8 运动样条

使用运动样条工具可以创建出特殊形状的样条曲线。

21.8.1 对象

"对象"选项卡如图21-132所示。

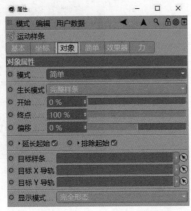

图21-132

- 模式：包含简单、样条和Turtle 3个选项，选择不同的模式时，对象后的标签项也会随之变化，每一种模式都有独立的参数设置，如图21-133所示。

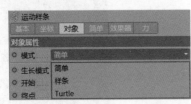

图21-133

- 生长模式：包含完整样条和独立的分段两个选项，选择任意一种模式都需要配合下方"开始"和"终点"使用。

生长模式设置为完整样条时，调节开始参数，运动样条生成的样条曲线逐条产生生长变化，如图21-134和图21-135所示。

图21-134

图21-134（续）

设置为独立的分段时，调节开始参数，运动样条生成的样条曲线同时产生生长变化，如图21-136所示。

图21-136

- 开始：用于设置样条曲线起始处的生长值。
- 终点：用于设置样条曲线结束处的生长值，如图21-137所示。

图21-137

- 偏移：设置从起点到终点，样条曲线的位置变化，如图21-138和图21-139所示。

图21-138

图21-139

- 延长起始：勾选该选项如果偏移值小于0%，那么运动样条会在起点处继续延伸，如图21-140所示；

取消勾选该选项，如果偏移值小于0%，那么运动样条会在起点处终止，如图21-141所示。

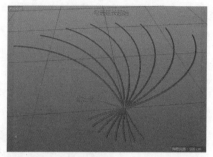

图21-140

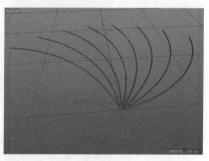

图21-141

- 排除起始：勾选该选项，如果偏移值大于0%，那么运动样条曲线会在结束处继续延伸，如图21-142所示；取消勾选，如果偏移值大于0%，那么运动样条曲线会在结束处终止，如图21-143所示。

图21-142

图21-143

- 目标样条：当有样条放入右侧文本框后，运动样条会变成目标样条。
- 目标X导轨：当使用双重线模式时，有样条放入右侧文本框后，运动样条会变成其中一条样条。
- 目标Y导轨：当使用双重线模式时，有样条放入右侧文本框后，运动样条会变成另一条样条。
- 显示模式：包含线、双重线和完全3种显示模式，如图21-144～图21-146所示。

图21-144

图21-145

图21-146

21.8.2 简单

只有将运动样条"对象"选项卡中的模式设置为"简单"时，才会出现"简单"选项卡。

- 长度：设置运动样条产生曲线的长度，也可以单击长度左侧的 ■ 按钮，显示出"样条"选项，通过样

条曲线来控制运动样条产生曲线的长度，如图21-147和图21-148所示。

图21-147

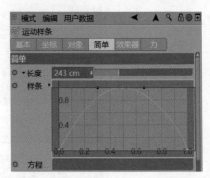

图21-148

- 步幅：控制运动样条产生曲线的分段数，值越大，曲线越光滑，如图21-149和图21-150所示。

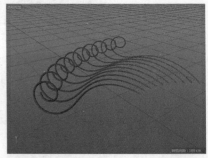

图21-149

图21-150

- 分段：用于设置运动样条产生曲线的数量。

- 角度H/角度P/角度B：分别用于设置运动样条在 *H*、*P*、*B* 3个方向上的旋转角度，也可单击角度左侧的 按钮，显示出"样条"选项，通过样条曲线来控制产生曲线的角度。
- 曲线/弯曲/扭曲：分别用于设置运动样条在3个方向上的扭曲程度，也可单击角度左侧的 按钮，显示出"样条"选项，通过样条曲线来控制产生曲线的扭曲程度。
- 宽度：用于设置运动样条产生曲线的粗细，如果对当前运动图形使用了扫描工具，那么宽度也决定了扫描曲线的粗细。

21.8.3 样条

只有选择运动样条对象属性面板中的模式为"样条"时，才会出现"样条"选项卡。可将自定义的样条曲线拖曳至"源样条"右侧文本框内，此时产生的运动样条就是指定的样条曲线。例如，将一个文字曲线拖曳至"源样条"右侧文本框内，如图21-151所示。

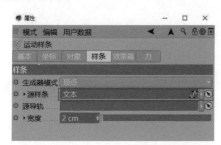

图21-151

可以对该运动样条添加一个扫描工具，选择一个曲线，让它沿着运动样条的路径扫描，如图21-152和图21-153所示。

图21-152　　　　　　　　图21-153

调节运动样条对象属性面板下的开始和终点参数，可以产生沿文字曲线生长的动画，如图21-154和图21-155所示。

图21-154　　　　　　　　图21-155

21.8.4 效果器

在"效果器"选项卡中，可以为运动样条添加一个或多个效果器，效果器作用于当前的运动样条。效果器的使用及参数详见本书的"第22章效果器"。

21.8.5 力

在"力"选项卡中，可以为当前运动样条添加一个或多个力场，力场的效果作用于运动样条。力场的使用及参数详见本书的"第18章　动力学——粒子与力场"。

21.9 运动挤压

运动挤压在使用过程中需要将被变形对象作为运动挤压的父级，或者与被变形对象在同一层级内，如图21-156所示。

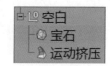

图21-156

21.9.1 对象

- 变形：当效果器属性面板中连入了效果器时，该参数用于设置效果器对变形对象作用的方式。
  ◇ 从根部：选择该选项后，对象在效果器的作用下，整体的变化一致，效果如图21-157所示。

图21-157

◇ 每步：选择该选项后，对象在效果器的作用下，发生递进式的变化，效果如图21-158所示。

图21-158

- 挤出步幅：用于设置变形对象挤出的距离和分段。数值越大，距离越远，分段也越多。
- 多边形选集：用于设置多边形选集，指定只有多边形对象表面的一部分受到挤压变形器的作用。
- 扫描样条：当变形设置为"从根部"时，该参数可用。可指定一条曲线作为变形对象挤出时的形状，调节曲线的形态可以影响最终变形对象挤出的形态，如图21-159和图21-160所示。

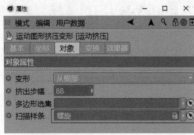

图21-159

图21-160

21.9.2　变换

"变换"选项卡用于设置变形效果的位置、缩放、旋转。

21.9.3　效果器

在效果器属性面板中可以为运动样条添加一个或多个效果器，效果器作用于当前运动样条，如图21-161所示。

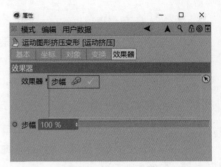

图21-161

21.10　多边形FX

多边形FX可以对多边形不同的面或样条的不同部分产生不同的影响。多边形FX的使用与挤压变形器相同，需要将多边形FX作为多边形或者样条的子级，或者与多边形或样条在同一层级，如图21-162所示。

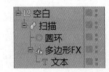

图21-162

21.10.1　对象

"对象"选项卡可以设置分裂的形式，可以保持默认。

- 模式：包含整体面（Poly）分段和部分面（Polys）样条两个选项。
  ◇ 整体面（Poly）分段：选择该选项后，对多边形或样条进行位移、旋转、缩放操作时，以多边形或样条的独立整体为单位，如图21-163所示。

图21-163

  ◇ 部分面（Polys）样条：选择该选项后，对多边形或样条进行位移、旋转、缩放操作时，以多边形的每个面或样条的每个分段为单位，如图21-164所示。

图21-164

21.10.2 变换

"变换"选项卡用于设置多边形FX效果的位置、缩放、旋转。

21.10.3 效果器

"效果器"选项卡用于添加一个或多个效果器,效果器作用于变形对象。将效果器名称拖曳至"效果器"右侧文本框内即可,如图21-165和图21-166所示。

图21-165

图21-166

21.10.4 衰减

"衰减"选项卡用于添加域来影响控制的范围。

21.11 运动图形选集

运动图形选集可以限定某个运动图形下的对象受效果器控制的范围。只有被运动图形选集选中的部分,才会完全受到当前运动图形内效果器的影响。例如,对一个克隆的立方体阵列应用运动图形选集,效果如图21-167所示。

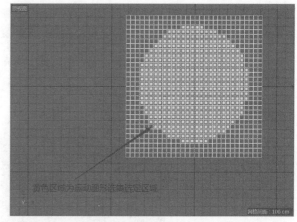

图21-167

对克隆增加运动图形选集后,克隆对象的对象属性面板中会新增一个运动图形选集标签,如图21-168所示。

图21-168

将运动图形选集标签拖曳至"效果器"选项卡的"选择"右侧文本框内,如图21-169所示。

图21-169

此时,克隆对象中只有被运动图形选集选中的部分才会受到随机效果器的影响,效果如图21-170所示。

图21-170

21.12　线形克隆工具

选中对象，再选择线形克隆工具，拖曳场景中的克隆对象，对象将在拖曳方向上进行线性克隆，如图21-171所示。

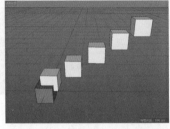

图21-171

执行"线性克隆工具"命令后，对象窗口中会生成一个克隆工具，并将对象作为当前克隆对象的子对象，如图21-172所示。

图21-172

21.13　放射克隆工具

选中对象，再选择放射克隆工具，拖曳场景中的克隆对象，对象将在拖曳方向上进行放射克隆，如图21-173所示。

执行"放射克隆工具"命令后，对象窗口中生成一个克隆工具，效果与线性克隆工具一致，可参照21.12节内容。

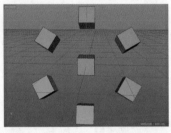

图21-173

21.14　网格克隆工具

选中对象，选择网格克隆工具后，拖曳场景中的克隆对象，对象将在拖曳方向上进行网格克隆，如图21-174所示。

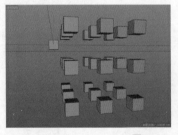

图21-174

执行"网格克隆工具"命令后，对象窗口中会生成一个克隆工具，效果与线性克隆、网格克隆工具一致，可参考21.12节和21.13节的内容。

第22章

效果器

22

群组效果器、简易效果器、

域的使用、域层、延迟效果器、

公式效果器、继承效果器、

推散效果器、随机效果器、

重置效果器、着色效果器、

声音效果器、样条效果器、

步幅效果器、目标效果器、

时间效果器、体积效果器

效果器可以按照自身的操作特性对克隆对象产生不同效果的影响，同时效果器也可以直接使对象变形。效果器在使用时非常灵活，既可单独使用，也可以与多个效果器配合使用来达到所需的效果。如果需要对克隆或者运动图形对象添加效果器，那么只需要将效果器拖曳到运动图形工具的"效果器"右侧文本框内即可，如图22-1所示。

图22-1

22.1 群组效果器

群组效果器自身没有具体的功能，但它可以将多个效果器捆绑在一起，让它们同时起作用。群组效果器可以调节强度属性来控制这些效果器共同作用的强度，省去了单独调节每一个效果器强度的烦琐操作，如图22-2所示。

图22-2

22.2 简易效果器

顾名思义，简易效果器是一个非常简易的效果器。不同于其他的效果器，简易效果器不执行特殊任务，只需调节其参数属性面板下的具体属性即可对对象产生影响，如图22-3所示。

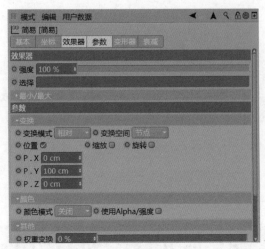

图22-3

1. 基本

"基本"选项卡如图22-4所示。

图22-4

- 名称：可重命名简易效果器。
- 图层：如果对当前简易效果器设置过图层，那么这里将会显示当前简易效果器属于哪一个图层。
- 编辑器可见：默认选项为"默认"（即在视图编辑窗口内可见），也可选择"关闭"，让当前简易效果器在视图窗口内不可见，选择开启将和默认的结果一致。
- 渲染器可见：控制当前简易效果器在渲染时是否可见，默认为可见状态，如果选择"关闭"，那么当前简易效果器将不被渲染（因为效果器本身作为一个虚拟对象存在，所以即使将"渲染器可见"设置为开启，效果器也不能被渲染）。
- 使用颜色：默认为"关闭"，如果选择"开启"，那么下方的"显示颜色"将被激活，可从显示颜色中拾取任意颜色作为当前克隆对象在场景中的显示颜色。
- 启用：是否开启当前的简易效果器功能，默认勾选，如果取消勾选，则当前简易效果器将失效。

2. 坐标

"坐标"选项卡如图22-5所示。

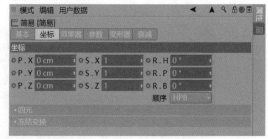

图22-5

坐标属性面板控制当前简易效果器的所处位置（P）、比例（S）、角度（R）的状态。

- 顺序：默认简易效果器的旋转轴向为HPB方式，也可将其更换为XYZ方式，如图22-6所示。

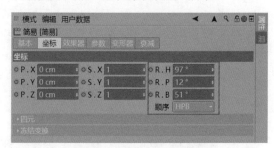

图22-6

- 冻结变换：单击"冻结全部"按钮，可将效果器的位移、比例、旋转参数全部归零，也可以单击"冻结P""冻结S"或"冻结R"，将某一属性单独冻结；单击"解冻全部"按钮，可以恢复冻结前的参数状态，如图22-7所示。

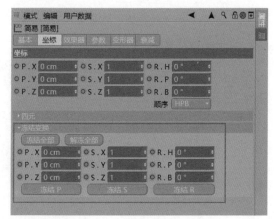

图22-7

3. 效果器

"效果器"选项卡如图22-8所示。

图22-8

- 强度：调节效果器的整体强度。
- 选择：如果对克隆对象执行过运动图形选集的操作，那么可以将运动图形选集的标签拖曳到"选择"右侧文本框内，如图22-9和图22-10所示。

生成的运动图形选集标签

图22-9

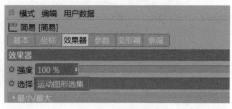

图22-10

此时简易效果器只作用于运动图形选集范围内的部分，如图22-11所示。

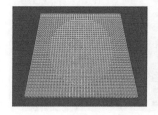

图22-11

- 最大/最小：共同控制当前变换的范围，如图22-12所示。

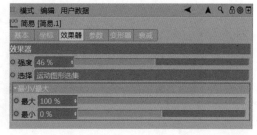

图22-12

例如，对克隆对象添加一个简易效果器，并勾选简易效果器参数属性面板中的"旋转"，设置R.P为90°，如图

22-13和图22-14所示。

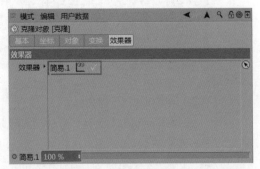

图22-13

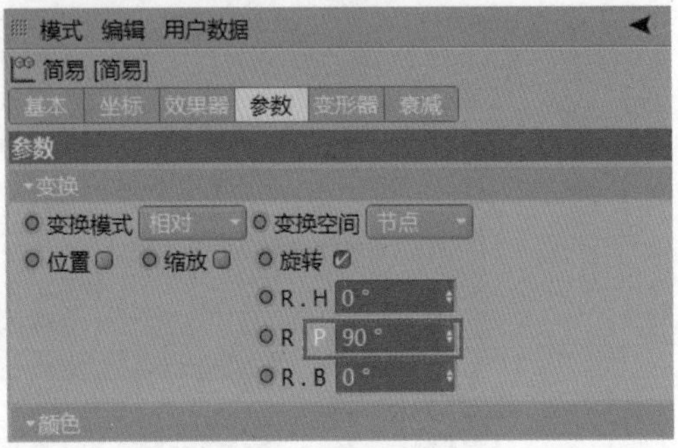

图22-14

此时设置最大值为100%，最小值为0%，克隆对象将沿P方向旋转90°，如图22-15所示。

图22-15

如果将最大值设置为-100%，最小值设置为0%，那么克隆对象会沿P方向反向旋转90°，如图22-16所示。

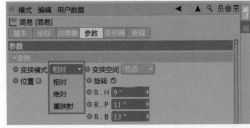

图22-16

4. 参数

"参数"选项卡用来调节当前效果器作用在对象上的

强度和作用方式，不同效果器的作用效果不同，如图22-17所示。

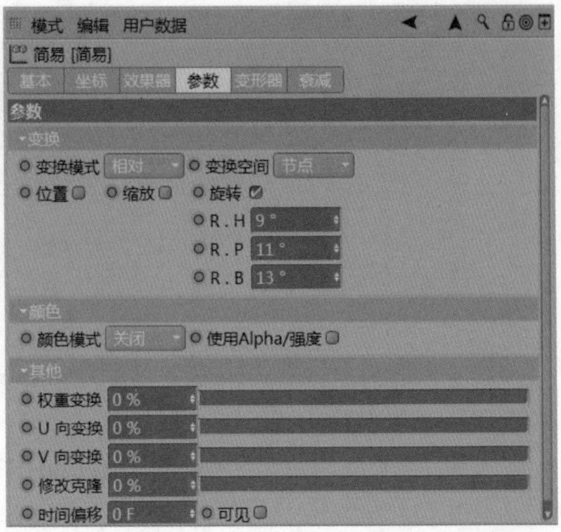

图22-17

在变换组中可以将效果器的效果作用于对象的位置、缩放、旋转属性上。

- 变换模式：包括相对、绝对和重映射3个选项，选择不同的变换模式，会影响位置、缩放、旋转属性作用到克隆对象的方式，如图22-18所示。

图22-18

- 变换空间：包括节点、效果器和对象3个选项，如图22-19所示。

图22-19

◇ 节点：当变换空间设置为节点时，调节简易效果器参数属性面板下的位置、缩放、旋转属性时，克隆对象会以被克隆对象自身的坐标为基准进行变换。

◇ 效果器：当变换空间设置为效果器时，调节简易效果器参数属性面板下的位置、缩放、旋转属性时，克隆对象会以简易效果器的坐标为基准进行变换。

◇ 对象：当变换空间设置为对象方式时，调节简易效果器参数属性面板下的位置、缩放、旋转属性时，克隆对象会以克隆对象的坐标为基准进行变换。

调节同一克隆对象内简易效果器的R.H属性时，不同的变换空间方式有不同的效果，如图22-20～图22-22所示。

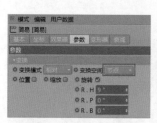

图22-20

图22-21

图22-22

- 颜色模式：用于确定效果器的颜色以何种方式作用于克隆物体，其下拉列表中有3种方式，分别是关闭、开启和自定义，默认为关闭，如图22-23所示。

◇ 关闭：当前效果器不会对克隆对象的颜色产生影响，如图22-24所示。

◇ 开启：根据当前效果器的作用效果，影响克隆对象的颜色（如果为随机效果器，将在克隆对象表面分布随机的颜色）；如果将简易效果器的颜色模式设置为开启，那么被添加了当前简易效果器的对象（当未应用衰减时）会变为白色，如图22-25所示。

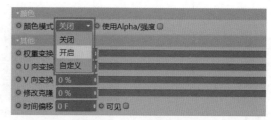

图22-23

图22-24   图22-25

◇ 自定义：当颜色模式设置为自定义时，调节颜色模式属性下方的颜色参数，可以自定义被添加了简易效果器的对象的颜色，如图22-26所示。

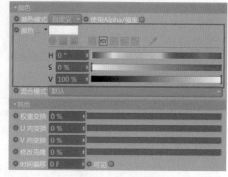

图22-26

- 混合模式：控制当前效果器中的颜色属性与克隆对象颜色属性的混合方式，混合模式与Photoshop中的类似，如图22-27所示。

图22-27

- 权重变换：可以将当前效果器的作用效果施加在克隆对象的每个节点上，以控制每个克隆对象受其他效果器影响的强度，如图22-28所示。

图22-28

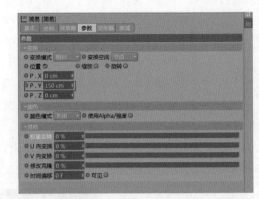

图22-30

注意

黄色代表权重为100%（受效果器影响强烈）；红色代表权重为0%（受效果器影响轻微）。对同一个克隆对象添加多个效果器，选择任意一个效果器，修改其权重变换属性，其余效果器的作用会在此权重变换的基础上进行计算。对克隆对象添加随机效果器，设置随机效果器中的"权重变换"为100%，如图22-29所示。

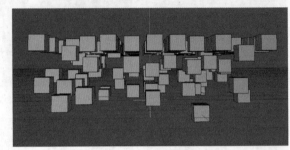

图22-31

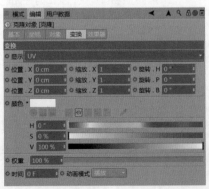

图22-32

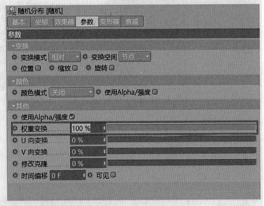

图22-29

对当前克隆对象添加一个简易效果器，设置简易效果器参数属性面板中的"位置"参数P.Y为150cm，如图22-30所示。

在随机效果器对克隆对象权重变换属性的作用下，会对当前简易效果器的作用效果产生影响，如图22-31所示。

在使用权重变换功能时，只有将克隆工具"变换"选项卡下的显示设置为权重，克隆对象中才会显示图22-29所示的权重值的具体分布。在多个效果器联用的过程中，用来控制权重变换的效果器应当放在顶部，如图22-32所示。

- U向变换：克隆对象内部的U方向坐标，用于控制效果器在克隆对象U方向上的影响。
- V向变换：克隆对象内部的V方向坐标，用于控制效果器在克隆对象V方向上的影响。

在使用U向变换、V向变换属性时，可以设置克隆工具"变换"选项卡下的显示为UV方式，如图22-33所示。

图22-33

在简易效果中, U向变换、V向变换为不同数值时, 对克隆对象U、V方向影响的变化如图22-34～图22-37所示。

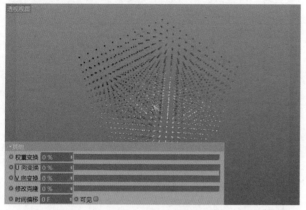

图22-34

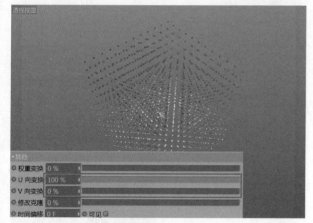

图22-35

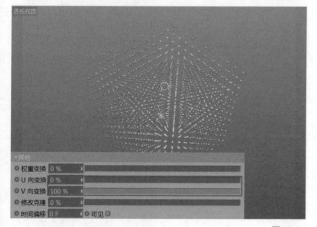

图22-36

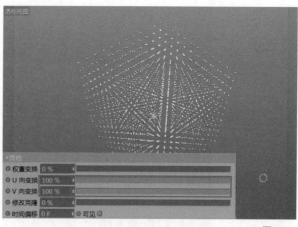

图22-37

- 修改克隆: 对多个对象进行克隆时, 调整修改克隆属性, 可以调整克隆对象的分布状态, 如图22-38～图22-43所示。

图22-38   图22-39

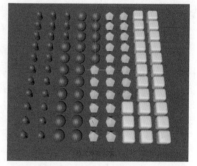

图22-40

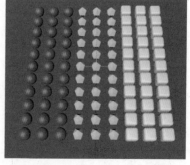

图22-41

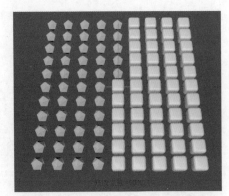

图22-42

图22-43

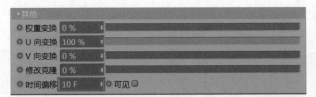

图22-44

- 可见：在当前简易效果器的参数属性面板中，勾选该选项，当效果器的最大值大于等于50%时，克隆对象才可见。

5. 变形器

效果器也可作为变形器使用，使用方法与变形器一样。当效果器作为变形器使用时，用户可以调节变形器属性面板中的变形属性来确定效果器对对象的作用方式，如图22-45和图22-46所示。

图22-45

图22-46

- 变形：可以控制效果器对物体的作用方式，包括关闭、对象、点、多边形等选项，如图22-47所示。

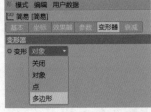

图22-47

◇ 关闭：当选择关闭时，效果器对对象不起控制作用。
◇ 对象：以简易效果器为例，选择为对象时，效果器的效果作用于每一个独立的对象，每个对象以自身坐标的方向产生变化，如图22-48和图22-49所示。

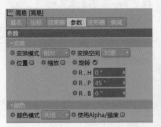

图22-48

调整修改克隆属性时，克隆对象按照被克隆对象在对象面板中的排列顺序进行分布。在对象窗口中分别有胶囊、球体、宝石和立方体4个被克隆对象。修改克隆属性为0时，对象窗口中的胶囊、球体、宝石和立方体在图22-40中都有分布。修改克隆属性为25%时，位于第一的胶囊不会出现在克隆对象中。这时只剩下位于第二的球体、位于第三的宝石和位于第四的立方体出现在克隆对象中。依此类推，根据当前对象面板中被克隆对象的数量可以推断出，修改克隆属性为50%时，位于第二的球体也不会出现，修改克隆属性为75%时，克隆对象中只剩下了位于第四的立方体。

- 时间偏移：当被克隆对象带有动画时，调节简易效果器的参数属性面板中的时间偏移属性，可以移动克隆对象动画的起始和结束位置；如果克隆对象原有动画起始帧为第0帧，结束帧为第20帧，当前设置时间偏移属性为10F，那么最终的动画的起始帧为第10帧，结束帧为第30帧（在原有动画起始帧、结束帧的基础上各加了10帧），如图22-44所示。

图22-49

◇ 点：选择点时，效果器的效果作用于物体的每一个
顶点，对象以自身顶点坐标的方向产生变化，如图
22-50～图22-52所示。

图22-50

图22-51

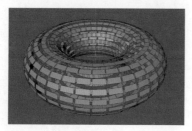

图22-52

◇ 多边形：选择多边形时，效果器的效果用于对象的
每一个多边形平面，对象以自身多边形平面的坐标
的方向产生变化，如图22-53～图22-55所示。

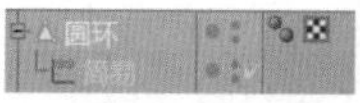

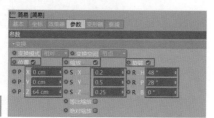

图22-53

图22-54

图22-55

图22-55所示的模型，在多边形状态下整体被执行过
断开连接操作，对象中的每一个多边形平面都是独立的，
没有连接。

6. 衰减

"衰减"选项卡如图22-56所示，域会对效果器的影响
程度产生衰减作用。

图22-56

22.3　域的使用

从C4D R20后，几乎所有的衰减方式都改变了操作
方式，使用一个全新的概念，叫作"域"，读者可以将
其理解为某个区域。域对象可以改变效果器衰减的形
态。长按"线性域"，可以调出域对象面板，如图22-57
所示。

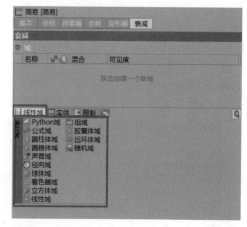

图22-57

22.3.1　线性域

添加线性域可使效果器产生线性的衰减效果，如图
22-58所示。所有域对象的混合、域、重映射和颜色重映射
属性都是一致的。这里以线性域为例。进行讲解，线性域
的属性面板如图22-59所示。

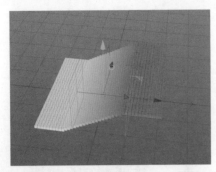

图22-58

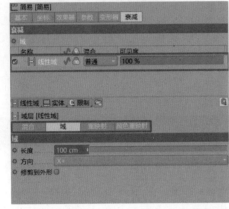

图22-59

1. 混合

"混合"选项卡用于控制域的强度和混合模式，如图22-60所示。

- 层可见度：该选项控制域的作用强度。
- 层混合：该选项控制域与域之间的运算模式。

2. 域

"域"选项卡主要用于调节域的形状，如图22-61所示。

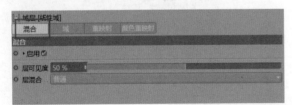

图22-60

图22-61

3. 重映射

"重映射"选项卡主要用于调节域的衰减过程，如图

22-62所示。

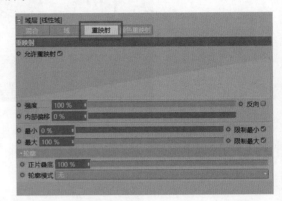

图22-62

- 强度：该选项控制域对运动图形对象的影响强度。
- 反向：勾选该选项可以使运动图形对象的衰减效果反转。
- 内部偏移：该选项控制衰减最强区域的大小。
- 最大/最小：这两个参数共同控制衰减变换的范围。
- 正片叠底：该选项控制域的影响强度。
- 轮廓模式：该选项可以为衰减设置不同的过渡形态，如图22-63所示。

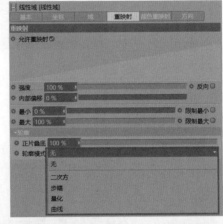

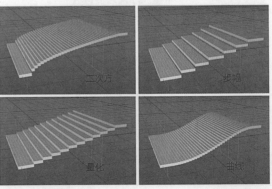

图22-63

4. 颜色重映射

"颜色重映射"选项卡用于调节域的颜色模式和颜色，可影响运动图形对象的颜色，如图22-64所示。

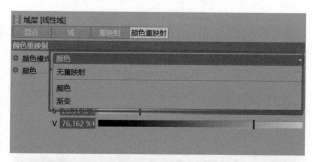

图22-64

22.3.2 Python域

"Python域"可以用Python语言编写不同算法的脚本来控制效果器的衰减。

22.3.3 公式域

"公式域"可以用数学函数公式来控制效果器的衰减，如图22-65所示。

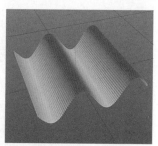

图22-65

22.3.4 圆柱体域

"圆柱体域"可以用圆柱的形状来控制效果器的衰减，如图22-66所示。

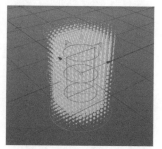

图22-66

22.3.5 圆锥体域

"圆锥体域"可以用圆锥的形状来控制效果器的衰减，如图22-67所示。

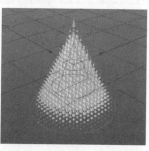

图22-67

22.3.6 声音域

"声音域"可以用音频文件来控制效果器的衰减，如图22-68所示。

图22-68

22.3.7 径向域

"径向域"可以用几个扇形区域来控制效果器的衰减，如图22-69所示。

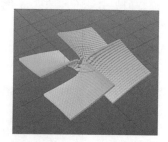

图22-69

22.3.8 球体域

"球体域"可以用球体来控制效果器的衰减，如图22-70所示。

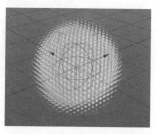

图22-70

22.4　域层

　　"域层"可以用不同的对象来影响衰减的范围。长按"实体"可以调出域层面板，如图22-71所示。

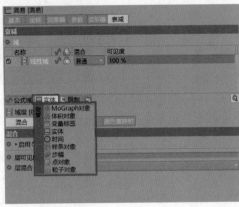

图22-71

22.4.1　样条对象域层

　　"样条对象域层"可以控制样条对象，对效果器的衰减范围产生影响，如图22-72所示。所有域层的混、域、重映射、颜色重映射属性都是一致的，但是每个域

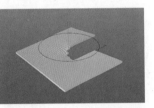

图22-72

层对象、层的属性面板都不同，这里以圆环样条对象层为例进行讲解，如图22-73所示。

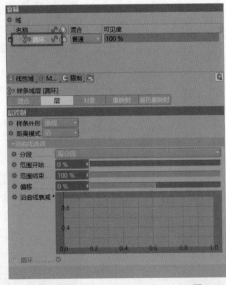

图22-73

1. 层

　　"层"选项卡用于调节对象对效果器衰减的影响方式。

* 样条外形：曲线模式下，样条线的生长方向控制衰减的强弱；遮罩模式下，样条覆盖的区域控制衰减的形态，如图22-74和图22-75所示。

图22-74

图22-75

* 距离模式：在样条外形为曲线时，曲线生长方向可以控制衰减的变化，如图22-76所示。

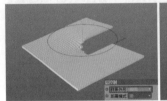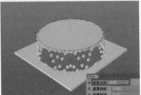

图22-76

　　◇ 沿：选择该选项，曲线生长方向可以控制衰减的强弱，如图22-77所示。

　　◇ 半径：可使衰减在样条半径区域的范围内产生变化，如图22-78所示。

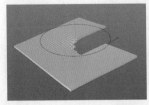　　　　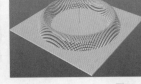

图22-77　　　　　　　图22-78

◇ 沿半径：可使衰减沿着样条的方向有所变化，会把影响范围控制在一定的半径区域内，如图22-79所示。

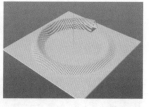

图22-79

2. 对象

"对象"选项卡可以控制对象自身的对象属性，如图22-80所示。

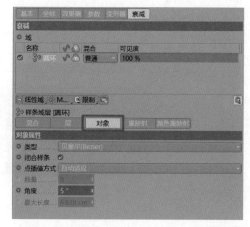

图22-80

22.4.2 修改层

"修改层"可以使域层管理器中的对象产生滤镜的效果，如图22-81所示。长按"反向"，可以调出域层面板，如图22-82所示。

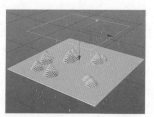

图22-81

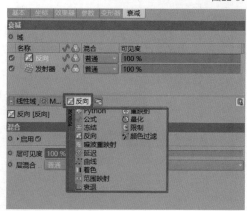

图22-82

22.4.3 域层管理器

域层管理器和Photoshop中的图层工具相似，都使用层级来管理域对象、域层和修改层，如图22-83所示。

图22-83

- PSR开关☑：激活该开关，可以控制效果器衰减的位移、旋转、缩放。
- 着色开关◎：激活该开关，可以控制运动图形对象的颜色。
- 混合：该选项控制域与域之间的混合模式。
- 可见度：该选项可以控制域层强度的百分比。

22.5 延迟效果器

使用延迟效果器可以使克隆对象的动画产生延迟的效果。延迟效果器的"基本"和"坐标"选项卡与22.2节讲解的简易效果器的一致，这里不再赘述，可以参照22.2节的内容。

1. 效果器

"效果器"选项卡如图22-84所示。

图22-84

- 强度：控制当前延迟效果器的作用强度，强度设置为0%时，将终止效果器本身的效果，也可以输入小于0%或者大于100%的数值。
- 选集：可以对克隆对象使用运动图像选集，将运动图形选集标签拖入该选项右侧文本框内，可以使延迟效果器只作用于运动图形选集范围内的对象。
- 模式：提供了3种模式，分别为平均、混合和弹簧，如图22-85所示。

图22-85

◇ 平均：在平均模式下，对象产生延迟效果的过程中，速率保持不变，可以调节强度数值来调整延迟过程中的强度。

◇ 混合：在混合模式下，对象产生延迟效果的过程中，速率由快至慢，可以调节强度数值来调整延迟过程中的强度。

◇ 弹簧：在弹簧模式下，对象的延迟会产生反弹效果，可以调节强度数值来调整延迟过程中的强度，如图22-86所示。

图22-86

2. 参数

"参数"选项卡如图22-87所示。

图22-87

• 变换：可以选择对对象的位置、缩放、旋转等设置延迟。

3. 变形器

"变形器"选项卡如图22-88所示。

图22-88

延迟效果器也可作为变形器使用，使用方法与变形器一样。用户将效果器作为变形器使用时，可以通过变形器属性面板中的变形属性来确定效果器对对象的作用方式。效果器不同，对象产生的作用效果也不同。

4. 衰减

延迟效果器"衰减"选项卡中的参数、功能与22.2节中简易效果器的"衰减"选项卡中的参数、功能一致。

22.6　公式效果器

顾名思义，公式效果器就是利用数学公式对对象产生效果和影响。默认情况下，公式效果器使用的公式为正弦公式，用户也可以根据需要自行编写公式。公式效果器可以使克隆对象产生公式所描述的运动效果，在播放动画时，这些效果自动产生变化。

1. 效果器

"效果器"选项卡如图22-89所示。

图22-89

• 强度：控制当前公式效果器影响力的强度，强度设置为0%时，将终止效果器本身的效果，也可以输入小于0%或者大于100%的数值。

• 选择：可以对克隆对象使用运动图像选集，将运动图形选集拖入该选项右侧文本框内，可以使公式效果器的效果只作用于运动图形选集范围内的对象。

• 最大/最小：这两个参数共同控制当前变换的范围。

• 公式：用户在公式右侧的文本框中，可以自行输入所需的数学公式。默认公式为"$sin(((id/count)+t)*360.0)$"，当前公式会使对象产生正弦波形变化。

• 变量：提供了在编写公式过程中可使用的内置变量。

• t—工程时间：此参数越接近于0，对象运动的速度越慢，如图22-90所示。

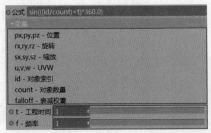

图22-90

- f—频率：默认情况下，该参数不参与公式的计算，如果想要该参数起作用，可以将它作为变量编写入公式内部，如图22-91所示。

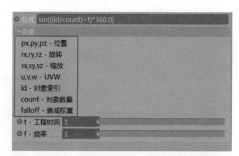

图22-91

此时调节f—频率，可以调整正弦波形的振幅，如图22-92和图22-93所示。

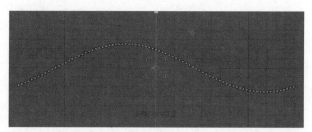

图22-92

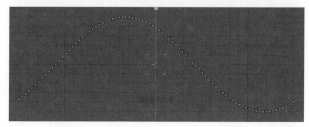

图22-93

2. 参数

"参数"选项卡用来调节当前效果器作用在对象上的强度和作用方式。不同效果器的作用效果不同，但是所有效果器的控制参数基本上是一致的。

3. 变形器

公式效果器也可作为变形器使用，使用方法与变形器一样。当效果器作为变形器使用时，可以通过变形器属性面板中的变形属性来确定效果器对对象的作用方式。效果器不同，对对象产生的作用效果也不同。

4. 衰减

公式效果器"衰减"选项卡的参数、功能与22.2节中简易效果器的"衰减"选项卡的参数、功能一致。

22.7 继承效果器

使用继承效果器，可以将克隆对象的位置和动画从一个对象转移到另一个对象。此外，使用继承效果器还可将一个克隆对象转变为另一个克隆对象。在之前的版本（C4D R13）中，这样的效果器必须通过Thinking Particles才能够实现。

1. 效果器

"效果器"选项卡如图22-94所示。

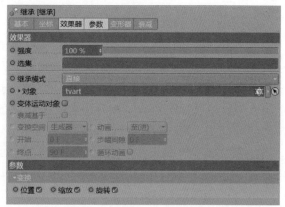

图22-94

- 强度：调节当前属性，控制效果器影响的强度，强度设置为0%时，将终止效果器本身的效果，也可以输入小于0%或者大于100%的数值。
- 选集：可以对克隆对象使用运动图形选集，将运动图形选集拖入该选项右侧文本框内，可以使继承的效果只作用于运动图形选集范围内的对象。
- 继承模式：控制当前对象的继承方式，有直接和动画两种，如图22-95所示。

图22-95

◇ 直接：选择直接模式后，继承对象直接继承对象的状态，没有时间延迟。

◇ 动画：选择动画模式后，继承对象可以继承对象的动画。

- 对象：可以将对象直接拖入该选项右侧文本框内，这样继承对象就可以继承对象的状态或动画，如图22-96所示。

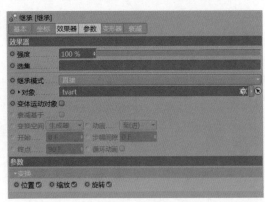

图22-96

- 变体运动对象：当继承模式对象为其他克隆对象或运动图形工具，并且继承模式为直接时，该选项可用。勾选该选项，继承对象状态在向对象状态转化时，会根据对象的形态而变化。取消勾选该选项，继承对象在向对象转化的过程中，仍然会保持自身原有的形态，如图22-97和图22-98所示。
- 衰减基于：勾选该选项，继承对象将会保持为对象动画过程当中某一时刻的状态，不再产生动画。可以调节继承效果器"衰减"选项卡下的权重属性来选择动画当中的任意时刻。

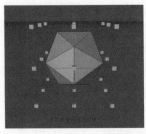 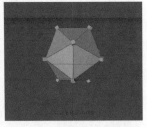

图22-97　　　　　　　　　图22-98

- 变换空间：控制当前继承动画的作用位置，提供了生成器和节点两种方式，如图22-99所示。

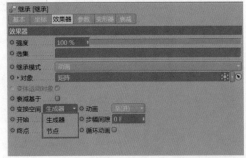

图22-99

◇ 生成器：当变换空间属性设置为生成器时，克隆对象在使用继承效果器继承对象的动画时，产生的

动画效果都会以克隆工具的坐标位置为基准进行变换，如图22-100所示。

◇ 节点：当变换空间属性设置为节点时，克隆对象在使用继承效果器继承对象的动画时，产生的动画效果都会以克隆对象自身的坐标位置为基准进行变换，如图22-101所示。

图22-100　　　　　　　　　图22-101

- 开始：控制继承动画的起始时间。
- 终点：控制继承动画的结束时间。如果开始与终点属性之间的差值大于对象的动画时长，那么继承的动画速率会小于对象的原有动画速率。反之，继承的动画速率大于对象的原有动画速率。如果终点属性值小于开始属性值，那么继承的动画会产生反向的效果。
- 步幅间隙：变换空间属性为节点模式时，设置步幅间隙可以调整克隆对象间的运动时差，如图22-102所示。
- 循环动画：勾选此选项，在每次播放结束后，都会从开始帧重新播放动画，如图22-103所示。

图22-102　　　　　　　　　图22-103

2. 参数

由于继承效果器的效果是让继承对象的属性受到对象运动状态的控制，所以继承效果器的"参数"选项卡中并无具体的调节参数，用户可以根据实际需要调整继承效果器影响的属性，如图22-104所示。

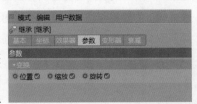

图22-104

3. 变形器

"变形器"选项卡的使用可以参照22.2节,这里不再赘述。

4. 衰减

"衰减"选项卡的使用和之前的衰减操作一致,这里不再赘述。

> **注意**
>
> 下文关于"变形器"和"衰减"选项卡与此处功能一致的将不再赘述。

22.8 推散效果器

使用运动图形,会让对象与对象之间相互穿插,在C4D R18之前的版本,解决穿插问题只能进行动力学的计算,这种方法的计算量非常大。而推散效果器可以很好地解决运动图形穿插问题。下面通过操作演示来介绍其用法。

01 创建克隆和球体,将球体拖曳为克隆的子级。创建随机效果器,将其拖曳到克隆属性面板里的效果器中,这时对象间会相互穿插,如图22-105所示。

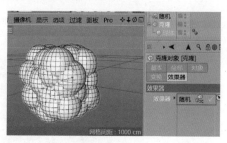

图22-105

02 如果想解决穿插问题,则需要创建推散效果器,将其拖曳到克隆对象效果器中,并且排列在随机效果器下面,对象穿插问题就会解决,如图22-106所示。

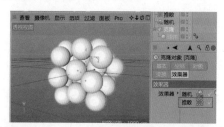

图22-106

"效果器"选项卡如图22-107所示。

图22-107

- **强度**:该选项控制效果器的影响力度,可以输入小于0%或者大于100%的数值。
- **选集**:将运动图形选集拖入该选项右侧框内,可以使该效果只作用于运动图形选集的部分。
- **模式**:该选项决定了处理穿插的方式,如图22-108所示。

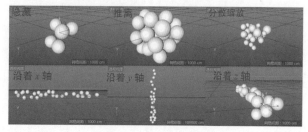

图22-108

- **半径**:该选项控制效果器推散的距离。
- **迭代**:该选项控制推散效果器的细节,克隆数量越多,该选项的值需要设置得越大。

22.9 随机效果器

随机效果器对克隆对象的位置、大小、旋转,以及颜色和权重值强度,都可以产生随机的影响,配合其他效果器可以产生丰富的运动效果。随机效果器在实际工作中也是应用最为频繁的效果器之一,读者在充分掌握随机效果器的参数和使用方式后,可以创建出更加自然和随机的图形效果。

"效果器"选项卡如图22-109所示。

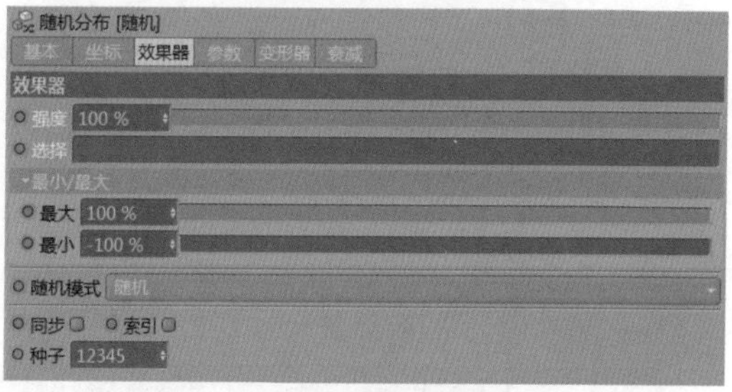

图22-109

- **强度**:调节当前效果器影响力的强度,强度设置为0%时,将终止效果器本身的效果,也可以输入小于0%或者大于100%的数值。
- **选择**:可以对克隆对象使用运动图像选集,将运动图形选集拖入该选项右侧文本框内,可以使随机效果只作用于运动图形选集范围内的对象。
- **最大/最小**:这两个参数共同控制当前变换的范

围；但与之前的效果器不同，随机效果器的最大值为100%，最小值为−100%。

在随机效果器参数属性面板下的变换属性值一定的情况下，对象会沿着正负两个方向运动。例如，设置随机效果器的位置P.Y为200cm，如图22-110所示。

图22-110

可以看到当前参数对克隆对象的影响范围为y轴的−200cm～200cm，如图22-111所示。

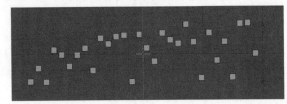

图22-111

如果将随机效果器的最小值设置为0%，那么在相同的变换属性下，克隆对象随机排列的范围为0～200cm，如图22-112和图22-113所示。

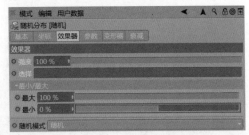

图22-112

图22-113

• 随机模式：提供了5种随机模式，如图22-114所示，不同的随机模式会产生不同种类的随机效果。

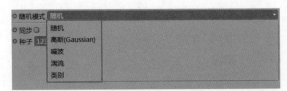

图22-114

◇ 随机/高斯（Gaussian）：这两种模式能够提供真实的随机效果，通常高斯（Gaussian）产生的效果比随机产生的效果略差。

◇ 噪波/湍流：当随机模式选择为噪波或者湍流时，内部程序会自动指定一个3D的随机噪波，湍流和随机可以形成不均匀的随机效果；当随机模式指定为随机或湍流时，播放动画可以自动生成随机的动画效果。

◇ 类别：这种模式确保每个克隆的随机值只会在随机过程中出现相同的次数（首选为一次）。

其中，类别模式在实际中使用非常频繁，通过以下两个例子来说明类别模式在日常工作当中的应用。

22.9.1 功能实操：跳动的数字

01 在场景中分别创建0～9这10个独立的阿拉伯数字，如图22-115所示。

图22-115

02 创建一个克隆工具，将这10个独立的阿拉伯数字按顺序作为克隆工具的子对象，并为克隆工具添加一个随机效果器，如图22-116和图22-117所示。

图22-116　　　　图22-117

03 将克隆工具对象属性面板下的模式设置为线性，再调节其他参数将阿拉伯数字依次排开，如图22-118所示。

图22-118

04 此时要确保所有被克隆的对象的初始位置一致。取消随机效果器"参数"选项卡下的所有变换属性，并将修改克隆设置为100%，如图22-119所示。

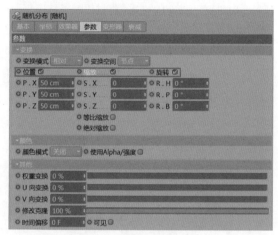

图22-119

05 将随机效果器"效果器"选项卡中的最大值设置为100%，最小值设置为0%，如图22-120所示。此时场景中阿拉伯数字的顺序已经不再是原来的排列顺序了，受随机效果器的影响，此时的数字排列顺序是随机的，如图22-121所示。

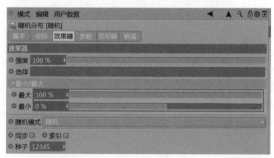

图22-120

图22-121

此时，修改效果器属性面板下方的种子属性可以变换随机的顺序，如图22-122和图22-123所示。

图22-122

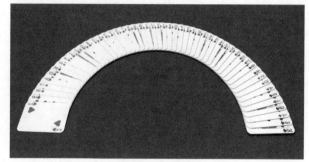

图22-123

22.9.2 功能实操：扑克牌

扑克牌如图22-124所示。

图22-124

01 制作一个扑克牌模型，可以选择矩形曲线，将矩形曲线对象的宽度、高度分别设置为400cm和600cm，勾选"圆角"，将半径设置为50cm、平面设置为XZ，如图22-125所示。

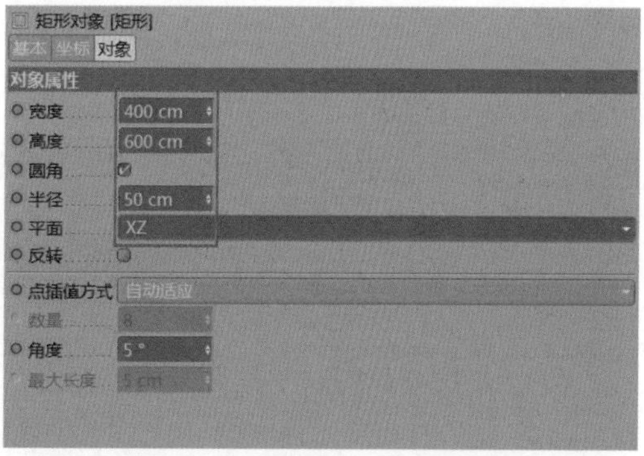

图22-125

02 添加一个挤压生成器，将矩形曲线对象作为挤压生成器的子对象，将挤压生成器"对象"选项卡中的移动全部设置为0，如图22-126所示。

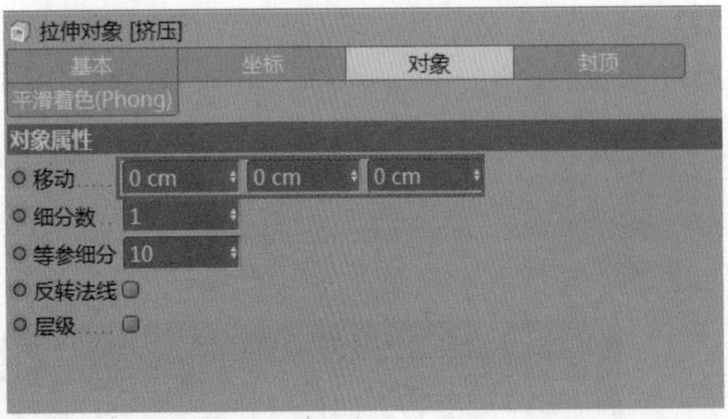

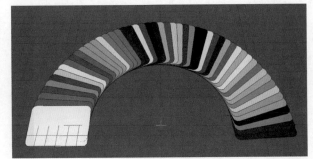

图22-126

03 创建一个克隆工具，将挤压生成器作为克隆工具的子对象。将克隆工具中"对象"选项卡下的模式调节为放射，将数量设置为52、半径设置为1000cm、平面设置为XZ、开始角度与结束角度分别设置为90°和270°，如图22-127所示。

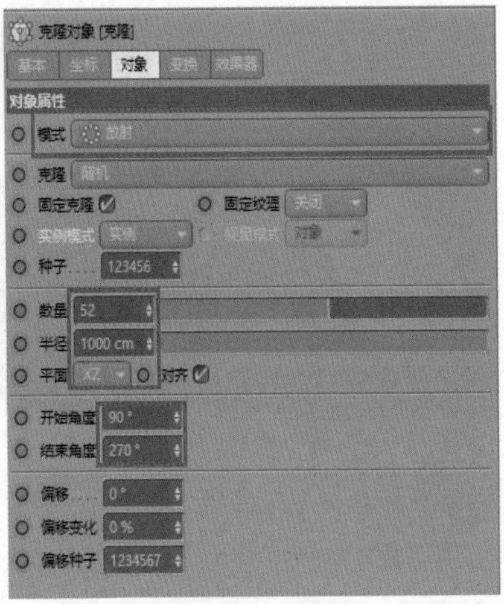

图22-127

04 为克隆工具添加一个随机效果器，取消随机效果器参数面板下的所有变换属性，将颜色模式设置为开启，其余保持默认设置，如图22-128所示。

图22-128

05 效果如图22-129所示。

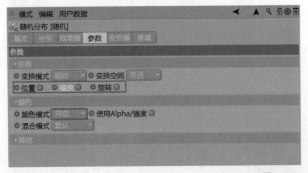

图22-129

06 此时创建一种新的材质，将材质赋予挤压平面，如图22-130所示。

图22-130

07 为当前材质颜色通道的纹理属性指定一个多重着色器，如图22-131所示。

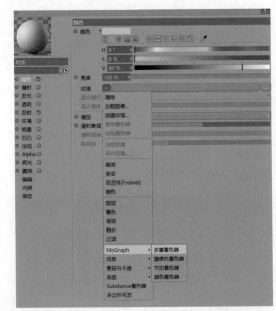

图22-131

08 进入多重着色器属性面板，将模式设置为颜色亮度。单击"从文件夹中添加"按钮，为多重着色器添加一组扑克牌的纹理（这些纹理都是单一的，没有重复的），如图22-132所示。

09 在纹理标签属性面板下将投射方式改为立方体，如图22-133所示。

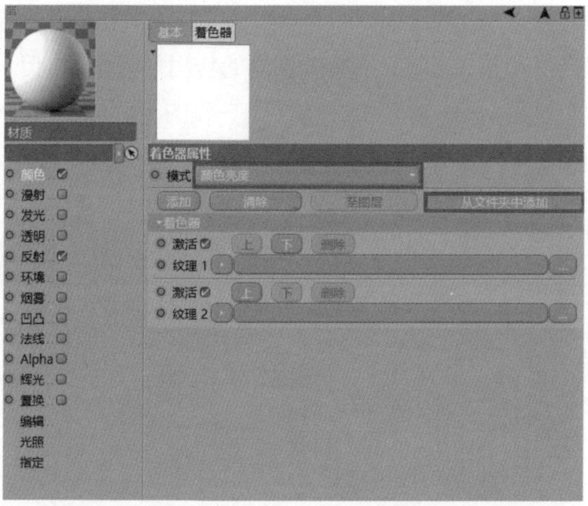

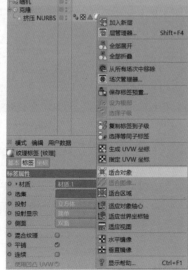

图22-132

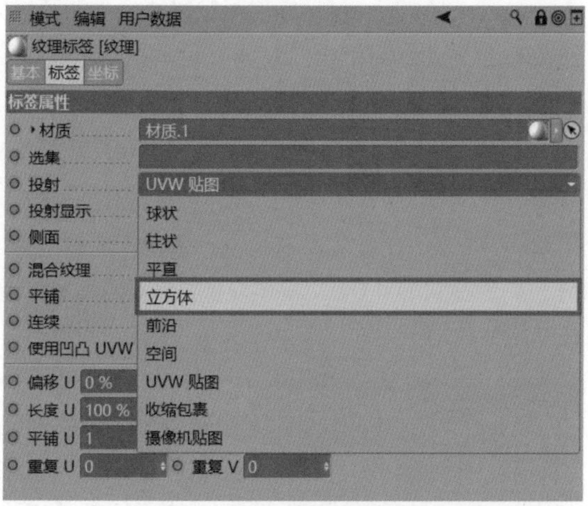

图22-133

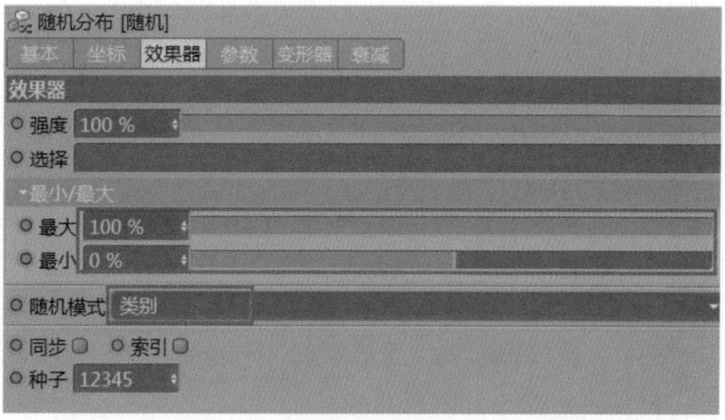

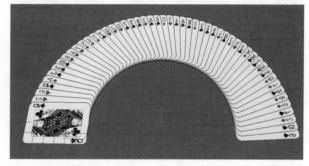

图22-135

此时，在场景中得到扑克牌随机排列的效果，在当前方式下可以保证每种纹理（扑克牌花色）只出现一次，如图22-136所示。

图22-136

10 首先在对象窗口中选择材质纹理标签，单击鼠标右键，执行"适合对象"命令，将纹理匹配到扑克牌模型上，如图22-134所示。将随机效果器的效果器属性面板中的最大、最小值分别设置为100%和0%，将随机模式设置为类别，如图22-135所示。

图22-134

调节随机效果器下"效果器"选项卡中的种子属性，可以调整当前扑克牌的排列方式。

- 空间：随机模式设置为噪波或者湍流时，空间属性被激活，提供全局和UV两种空间方式，如图22-137所示。

图22-137

◇ 全局：当空间设置为全局时，噪波在空间中是固定的，即克隆对象移动时，噪波不会跟随克隆对象移动，如图22-138和图22-139所示。

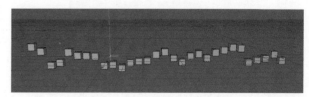

图22-138

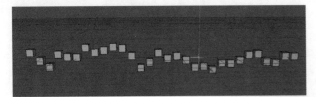

图22-139

◇ UV：当空间设置为UV时，噪波在空间中是跟随克隆对象的，即克隆对象移动时，噪波会跟随克隆对象移动，如图22-140所示。

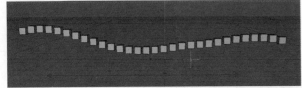

图22-140

- 动画速率：随机模式设置为噪波或者湍流时，动画速率被激活，调节动画速率可以控制随机运动的速度；值越大，速度越快；值越小，速度越慢。
- 缩放：此参数控制噪波和湍流中内部3D噪波纹理的大小，增大缩放值，噪波细节会变少，如图22-141所示；相反，减小缩放值，细节将变多，如图22-142所示。

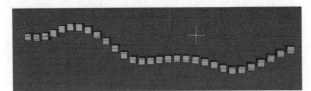

图22-141

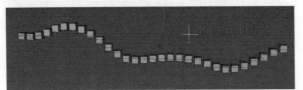

图22-142

- 同步：当位置、缩放或者旋转参数为同一数值时，勾选此选项，否则单一的随机值会指定到每一个变换属性。
- 索引：对噪波和湍流模式非常重要，当这个选项没有被勾选，参数面板下的变换属性的X、Y、Z是相同的数值时，可能导致播放动画时，对象做对角线运动，勾选这个选项，将产生更多的随机和自然的动作。

"参数"选项卡用来调节当前效果器作用在对象上的强度和作用方式，不同效果器的作用效果不同，但是所有的效果器的控制参数基本上是一致的，具体的使用和操作方法可以参照22.2节的内容。

22.10　重置效果器

重置效果器有点类似于群组效果器，但是重置效果器可以单独控制某一属性的百分比，例如，位置X、位置Y、位置Z。

在运动图形里面建立克隆，再建立一个球体作为克隆的子对象，使用克隆的线性模式，如图22-143所示。在运动图形里建立随机效果器，并且在参数面板下调节位置X、位置Y、位置Z属性为500cm，再在运动图形里建立公式效果器，在"参数"选项卡中调节位置Y属性为500cm，再新建一个重置效果器，将随机效果器、公式效果器放入重置效果器里，将重置效果器放入克隆"效果器"选项卡中，如图22-144所示。打开重置效果器参数属性面板，可以单独调节某个参数的百分比，单击左侧的 按钮，可以调节更详细的参数，如图22-145所示。

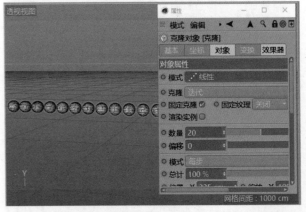

图22-143

图22-144

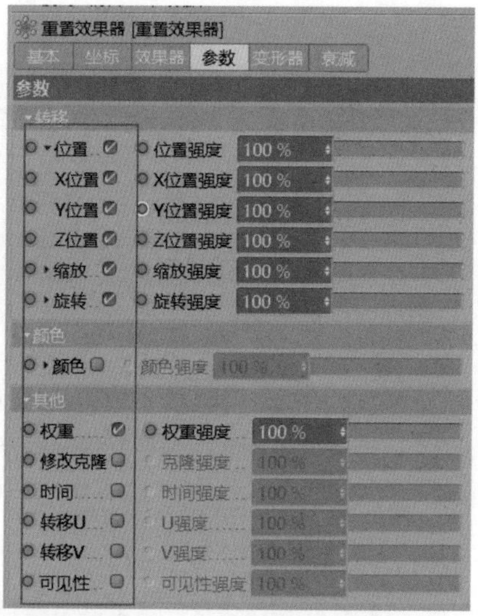

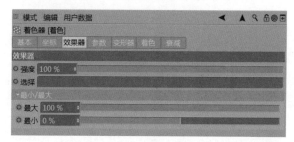

图22-145

22.11 着色效果器

着色效果器主要是应用纹理的灰度值对克隆对象产生影响的。用户要实现这一效果，必须将某一种纹理按照一定的方式投射到克隆对象上。

1. 效果器

"效果器"选项卡如图22-146所示。

图22-146

- 强度：控制效果器影响的强度，强度设置为0%时，将终止效果器本身的效果，也可以输入小于0%或者大于100%的数值。
- 选择：可以对克隆对象使用运动图形选集，将运动图形选集拖入该选项右侧文本框内，使着色效果只作用于运动图形选集范围内的对象。
- 最大/最小：共同控制当前变换的范围。

2. 参数

"参数"选项卡如图22-147所示。

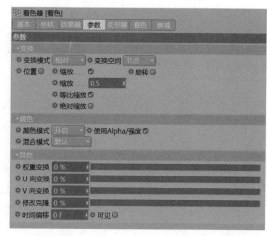

图22-147

- 变换：与其他效果器不同，着色效果器利用纹理的灰度值来影响克隆对象的变换属性。不同纹理的明暗，对对象变换属性的影响不同。可以在着色效果器的着色属性面板中的着色器属性右侧下拉列表中选择程序内置的各种纹理来影响变换属性。对克隆对象添加了渐变纹理得到的效果如图22-148和图22-149所示。

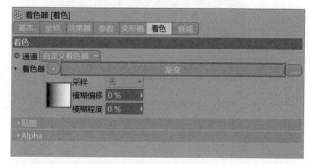

图22-148

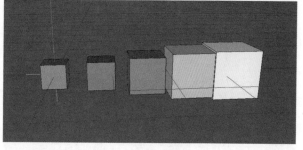

图22-149

- 颜色模式：主要用于确定效果器的颜色或者以何种方式与克隆对象结合，默认为关闭。颜色模式有3种，分别是关闭、开启和自定义，如图22-150所示。

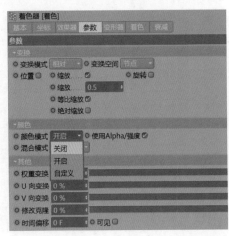

图22-150

◇ 关闭：将颜色模式设置为关闭时，当前效果器颜色不
参与克隆对象的颜色计算。

◇ 开启：将颜色模式设置为开启时，着色效果器指定
对象变为着色属性面板中通道下拉列表中指定的
纹理，如图22-151和图22-152所示。

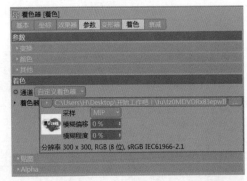

图22-151

图22-152

◇ 自定义：当颜色模式设置为自定义时，调节下方的
颜色属性可以定义着色效果器指定对象的颜色，

如图22-153所示。

图22-153

- 混合模式：控制当前效果器中颜色属性与克隆对象
变换属性面板下颜色属性的混合模式，这里的混合
模式与Photoshop当中的混合模式一致，如图22-154
所示。

图22-154

- 权重变换：将当前效果器的作用效果施加在克隆
对象的每个节点上，可以调节每个克隆对象受效
果器影响的权重；例如，在着色器属性面板中的
着色器属性中指定一个渐变纹理，如图22-155所
示，调节权重变换属性为100%时，得到的效果如
图22-156所示。
- U向变换：克隆对象内部的U方向坐标，用于控制
效果器在克隆对象U方向上的影响。
- V向变换：克隆对象内部的V方向坐标，可以控制
效果器在克隆对象V方向上的影响。

在使用U向变换或V向变换属性时，可以将克隆工具
变换属性面板下的显示设置为UV，如图22-157所示。

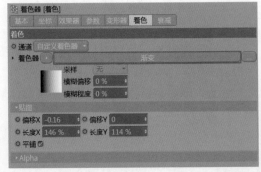

图22-155

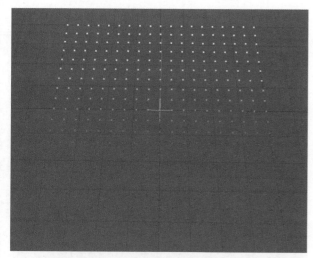

图22-156

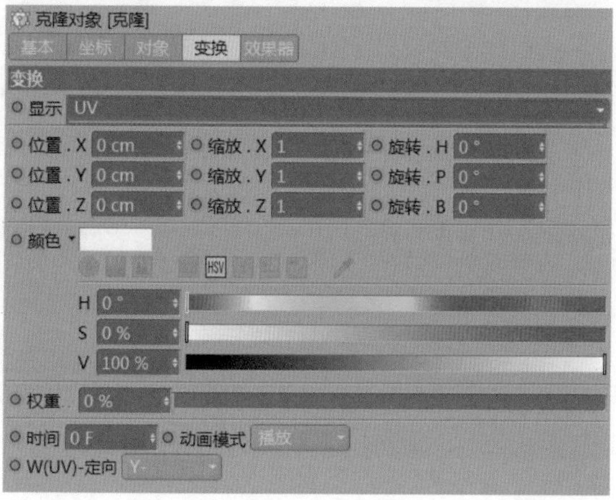

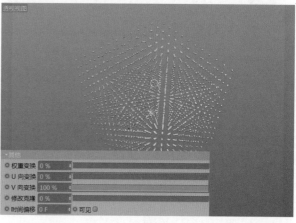

克隆对象 [克隆]
基本
坐标
对象
变换
效果器
变换
显示 UV
位置 . X 0 cm
缩放 . X 1
旋转 . H 0 °
位置 . Y 0 cm
缩放 . Y 1
旋转 . P 0 °
位置 . Z 0 cm
缩放 . Z 1
旋转 . B 0 °
颜色
HSV
H 0 °
S 0 %
V 100 %
权重 0 %
时间 0 F
动画模式 播放
W(UV)-定向 Y-

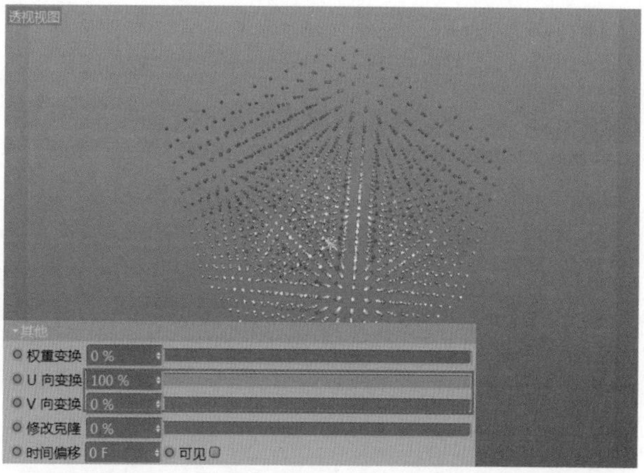

图22-157

在着色效果器中，U向变换、V向变换为不同参数时，对克隆对象*U*、*V*方向影响的变化如图22-158～图22-161所示。

其他
权重变换 0 %
U 向变换 0 %
V 向变换 0 %
修改克隆 0 %
时间偏移 0 F
可见

图22-158

透视视图
其他
权重变换 0 %
U 向变换 100 %
V 向变换 0 %
修改克隆 0 %
时间偏移 0 F
可见

图22-159

透视视图
其他
权重变换 0 %
U 向变换 0 %
V 向变换 100 %
修改克隆 0 %
时间偏移 0 F
可见

图22-160

透视视图
其他
权重变换 0 %
U 向变换 100 %
V 向变换 100 %
修改克隆 0 %
时间偏移 0 F
可见

图22-161

- 修改克隆：对多个对象进行克隆时，调整修改克隆数值，可以调整克隆对象的分布状态。
- 时间偏移：当被克隆对象带有动画属性时，调节时间偏移属性，可以移动克隆对象动画的起始和结束位置。如果克隆对象原有动画起始帧为第0

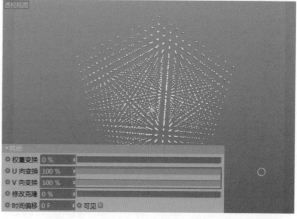

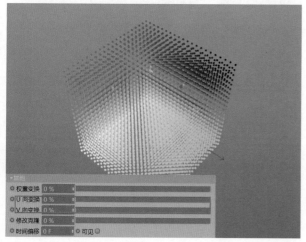

帧，结束帧为第20帧，当前设置时间偏移为10F，那么最终的动画的起始帧为第10帧，结束帧为第30帧，在原有动画起始帧、结束帧的基础上各加了10帧。

- 可见：勾选该选项，只有效果器属性面板中的最大值大于50%时，克隆对象才可见。

3. 着色

可以在"着色"选项卡中指定一张纹理贴图，或者使用场景中的材质球当中的纹理来对克隆对象产生相应的影响，如图22-162所示。

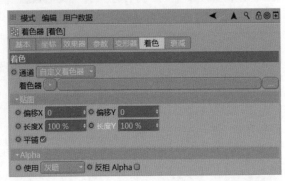

图22-162

- 通道：可以在右侧的下拉列表中指定一张纹理贴图，或者利用场景中材质的通道属性来影响克隆的变化，如图22-163所示。

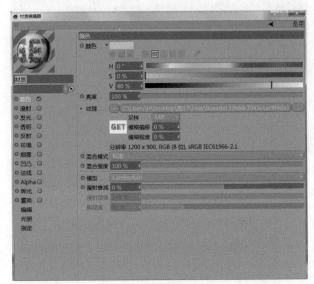

图22-164

当通道指定为颜色、发光、透明、环境、凹凸、Alpha、高光、置换、漫射、法线当中的任意一种方式时，都是针对材质球中的相应属性进行指定的。例如，将一个材质球指定给着色器，并且在这个材质球的颜色属性内指定了一张纹理，如果将着色器属性面板中的

通道指定为颜色，那么当前材质球内颜色属性的纹理就会对当前克隆对象产生影响，如图22-164~图22-166所示。

图22-165

图22-166

当通道属性指定为自定义着色器时，可以从着色器属性右侧的下拉列表中指定任意一种纹理，利用当前选择纹理的灰度值来影响对象的变换属性。例如，在着色器中加载一张图像，再通过其灰度来影响矩阵对象的变换属性，如图22-167和图22-168所示。

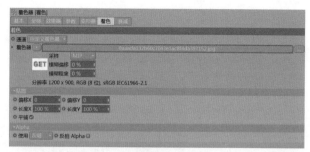

图22-167

图22-172 　　　　　　　　图22-173

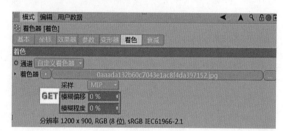

图22-168

指定纹理后,可以通过着色器属性下方的采样、模糊偏移及模糊程度属性,对纹理进行处理。被模糊后的纹理会产生不同的影响,如图22-169所示。相应的材质使用方法请参照"第11章材质详解"的介绍。

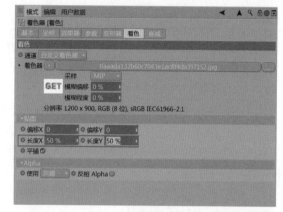

图22-174

图22-169

- 偏移X/偏移Y:调节贴图卷展栏下的偏移X、偏移Y属性,可以使纹理在x轴向与y轴向上产生位移,如图22-170和图22-171所示。

图22-175

- 平铺:勾选后,纹理将以平铺的形式映射对象表面。当长度X与长度Y分别设置为50%时,如果勾选"平铺"选项,超出纹理覆盖区域的区域中指定纹理会重复出现。如果取消勾选"平铺"选项,原纹理覆盖不到的区域将不再受到纹理影响,如图22-176和图22-177所示。

图22-170 　　　　　　　　图22-171

- 长度X/长度Y:调节贴图组下的长度X、长度Y属性,可以使纹理产生拉伸。长度X、长度Y大于100%,会对原纹理产生沿x轴、y轴的拉伸,如图22-172和图22-173所示。长度X、长度Y小于100%,会对原纹理产生沿x轴、y轴的收缩,如图22-174和图22-175所示。

图22-176 　　　　　　　　图22-177

- 使用:可以在右侧的下拉列表中,选择纹理的单色、灰度或者Alpha通道来影响对象的变换属性,如图22-178所示。

图22-178

◇ Alpha：如果使用的纹理（或者QuickTime视频）
有一个Alpha通道，则在Alpha模式下将使用纹理
（或者QuickTime视频）的Alpha通道来影响对
象的变换属性；如果没有Alpha通道，则使用纹理
（或者QuickTime视频）的灰度来影响对象的变
换属性。

◇ 灰暗：将使用纹理的灰度值来影响对象的变换属
性。

◇ 红色/绿色/蓝色：分别利用单色来影响对象的变换
属性。

• 反相Alpha：勾选该选项，可以反转图像的Alpha
通道，如图22-179和图22-180所示。

图22-179　　　　　图22-180

22.12　声音效果器

声音效果器可以指定一个WAV或者AIF格式的音频
文件，再根据指定音频文件的频率高低，来对对象的变换
属性产生影响。

"效果器"选项卡如图22-181所示。

• 强度：该选项控制效果器影响的强度，可以输入小
于0%或者大于100%的数值。

• 选择：将运动图形选集拖曳入该选项右侧文本框
内，可以使声音的效果只作用于运动图形选集范
围内。

• 最大/最小：共同控制变换的范围。

• 声音：该选项可以指定一个音频文件，或者将音频
文件直接拖入。

• 音轨：从这里导入声音文件。

• 分布：通过改变分布形式来影响克隆的动画效果。

• 放大：该选项可以通过改变黄色框的大小来控制
物体的运动范围，如图22-182所示。

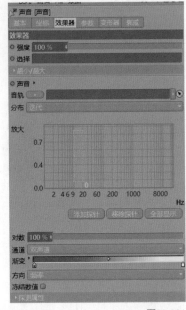

图22-181

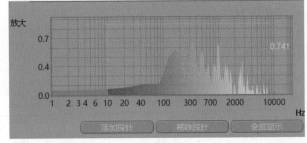

图22-182

• 对数：该选项可以控制音频的显示范围。

• 通道：该选项可以控制声音效果器使用的音频
通道。

• 渐变：开启颜色模式，并且将采样模式调为步
幅，可以控制运动图形对象的颜色，如图22-183
所示。

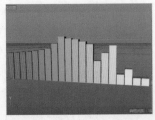

图22-183

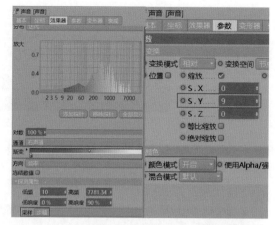

图22-183（续）

- 方向：该选项决定了颜色渐变方式，"音量"根据音量的大小来决定运动图形对象的颜色；"频率"根据音频的快慢来决定运动图形对象颜色，如图22-184所示。

图22-184

- 冻结数值：勾选该选项后，运动图形物体将停止运动。
- 低频/高频/低响度/高响度：共同控制探针的范围。
- 采样：该选项决定了对象运动的模式。
  ◇ 峰值：该数值控制对象随着音频的最高值进行运动，如图22-185所示。

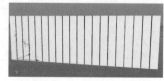

图22-185

  ◇ 均匀：该数值控制对象随着音频的平均值进行运动，如图22-186所示。

图22-186

  ◇ 步幅：该数值控制对象随着音频的顺序进行运动，如图22-187所示。

图22-187

- 衰退：该参数越大，物体运动得越柔和。
- 强度：该参数控制整体音频的强度。
- 限制：未勾选该选项，音频的高度超出框选范围的部分会延伸，如图22-188所示；勾选该选项后，音频超出框选范围的时候会被限制，如图22-189所示。
- 颜色：勾选该选项可以改变运动图形对象的颜色。

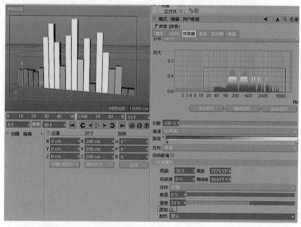

图22-188

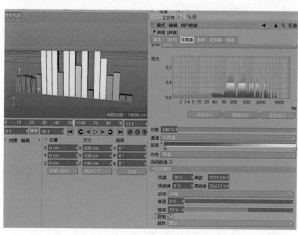

图22-189

22.13 样条效果器

使用样条效果器可以将克隆对象或对象按照先后顺序排列在一条指定的样条线上，如图22-190所示。将克隆对象或对象中的第一个对象排列到样条曲线的起始处，将最后一个对象排列到样条曲线的结尾处。位于第一个对象和最后一个对象之间的对象会根据不同的设置排列。

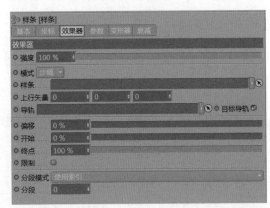

图22-190

"效果器"选项卡如图22-191所示。

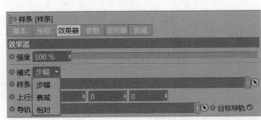

图22-191

- 强度：控制效果器影响的强度，强度设置为0%时，将终止效果器本身的效果，也可以输入小于0%或者大于100%的数值。
- 模式：用来控制样条排列的方式，右侧的下拉列表中提供了3种样条排列方式，如图22-192所示。

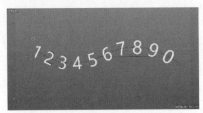

图22-192

◇ 步幅：使用步幅模式，克隆对象或者对象会按顺序等距地排列在指定的样条曲线上，如图22-193所示。

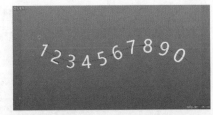

图22-193

◇ 衰减：使用衰减模式时，每个克隆对象或者对象在样条曲线上的位置取决于样条曲线效果器"衰减"选项卡中的参数设置，如图22-194～图22-197所示。

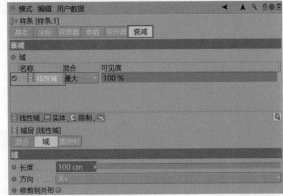

图22-194

图22-195

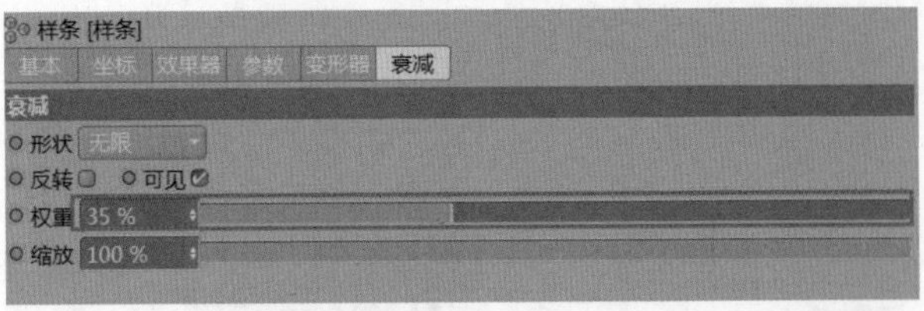

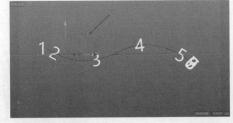

图22-196

图22-197

样条效果器选择为衰减模式后,文本中的字符会全部聚集到曲线的右侧。可以通过移动线性域改变文字在样条上的位置。

◇ 相对:如果克隆对象或者对象在x轴、y轴、z轴向上存在差异,在使用相对模式时,可以保留克隆对象或者对象中原有的差异,如图22-198和图22-199所示。

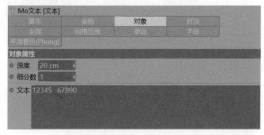

图22-198

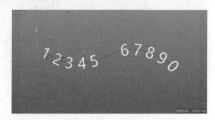

图22-199

• 上行矢量:可以手动定义上行矢量,这样能有效避免克隆对象或者对象在沿样条曲线排列过程中出现突然跳转180°的情况。

• 导轨:可以将任意样条曲线拖曳到右侧文本框内,将样条曲线作为目标导轨;使用此选项可以禁用克隆对象,或者让对象绕x轴的旋转;指定目标导轨样条曲线后,克隆对象或者对象的y轴将指向目标导轨样条曲线,如图22-200所示。

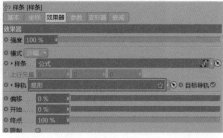

图22-200

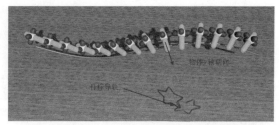

图22-200(续)

• 偏移:调节偏移属性可以让克隆对象或者对象沿曲线的方向偏移。

• 开始:控制克隆对象或者对象,在样条曲线上由起始端至结束端的分布范围,将其设置为42%时得到的效果如图22-201所示。

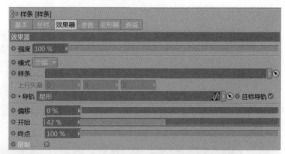

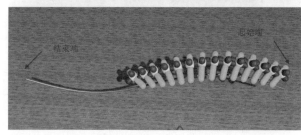

图22-201

• 终点:控制克隆对象或者对象在样条曲线上由结束端至起始端的分布范围,如图22-202所示,将其设置为73%时得到的效果如图22-203所示。

图22-202

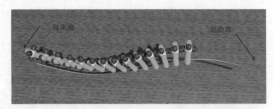

图22-203

- 限制：控制偏移属性不为0时，克隆对象或对象的排列位置超过曲线长度以后的状态。不勾选该选项，在偏移过程中，从起始端超出的部分将从结束端再次流入，从结束端超出的部分将从起始端再次流入，如图22-204所示。如果勾选该选项，那么不论向曲线的哪一端偏移，超出的部分都不再出现，如图22-205所示。

图22-204

图22-205

- 分段模式：如果当前克隆对象或对象排列的样条曲线并不是完整的，那么可以通过分段模式来调节克隆对象或者对象在多段样条曲线上的分布方式。在右侧的下拉列表中，有4种分段模式可供选择，如图22-206所示。

图22-206

◇ 使用索引：默认状态下克隆对象只在一条完整的样条曲线上排列，也可以使用索引下方的分段属性来控制指定克隆对象或者对象要在样条曲线当中的哪一段分布，如图22-207和图22-208所示。

图22-207

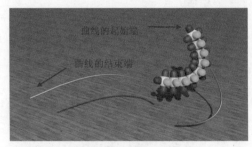

图22-208

◇ 平均间隔：克隆对象将平均分布在多段样条曲线上，每段样条曲线内指定克隆对象或者对象间隔都将保持不变，如图22-209所示。

图22-209

◇ 随机：克隆对象将随机分布在所有的样条曲线上。随机分布可以是多种多样的，只需要修改下方的种子数即可，如图22-210和图22-211所示。

图22-210

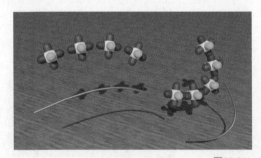

图22-211

◇ 完整间距：在这种模式下，指定的克隆对象或对象都将保持固定间距，间距与每段样条曲线的长度无关。

- 分段：当样条曲线断开的时候，可以通过分段来控制影响哪一条样条曲线。

22.14　步幅效果器

步幅效果器可以对对象进行属性变换，这种变换效果在整个对象上呈现出的是一种递进式的变换，如图22-212所示。

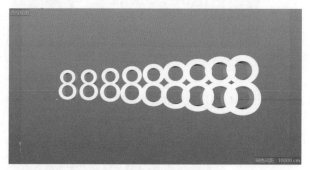

图22-212

"效果器"选项卡如图22-213所示。

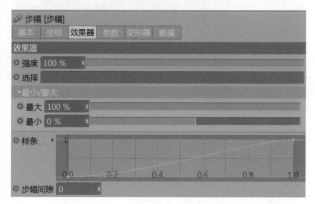

图22-213

- 强度：控制效果器影响的强度，强度设置为0%时，将终止效果器本身的效果，也可以输入小于0%或者大于100%的数值。
- 选择：可以对克隆物体使用运动图形选集，将运动图形选集拖入该选项右侧文本框内，可以使步幅效果器只作用于运动图形选集范围内的部分。
- 最大/最小：共同控制当前变换的范围。
- 样条：使用曲线编辑窗口可以调整所控制的对象中，第一个对象到最后一个对象所受到的影响强度，曲线调节的效果也会实时反映到对象上，如图22-214和图22-215所示。

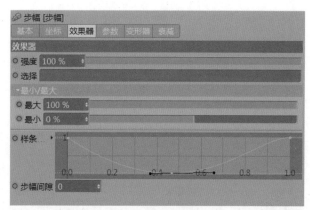

图22-214

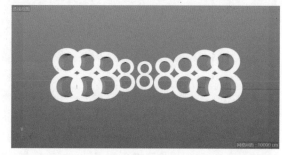

图22-215

- 步幅间隙：控制对象中，第一个对象到最后一个对象，所受到影响强度递进变化的差值方式；当值大于0时，影响强度递进的方式不同，如图22-216和图22-217所示。

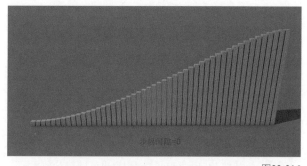

图22-216

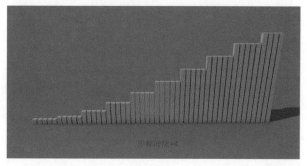

图22-217

22.15 目标效果器

目标效果器可以使对象始终朝向一个方向,或者是摄影机本身,也可以使对象成为彼此间的指向目标。

"效果器"选项卡如图22-218所示。

图22-218

- 强度:控制效果器影响的强度,设置为0%时,将终止效果器本身的效果,也可以输入小于0%或者大于100%的数值。
- 选集:可以对克隆对象使用运动图形选集,将运动图形选集拖入该选项右侧的文本框内,可以使目标效果器只作用于运动图形选集范围内的对象。
- 目标模式:指定不同的目标模式,选择模式不同,对象的目标指向方式也不同,如图22-219所示。

图22-219

◇ 对象目标:目标模式设置为对象目标时,对象的z轴始终指向目标效果器。用户也可以在对象目标模式下指定一个具体的对象,将其拖入目标对象右侧的文本框中,用来作为一个具体的目标对象,让对象始终指向目标对象。指定目标对象后,目标效果器就失去了对对象的控制能力,如图22-220和图22-221所示。

图22-220

图22-221

◇ 朝向摄像机:目标模式设置为朝向摄像机,对象的z轴会以当前视图摄像机为指向目标,如图22-222所示。

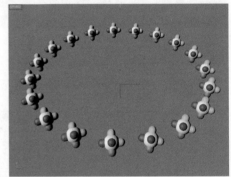

图22-222

◇ 下一个节点:目标模式设置为下一个节点时,每个对象都会把它的下一个对象作为自己的目标体进行指向。每个对象都会将它的z轴指向它的下一个对象,如图22-223所示。

图22-223

◇ 上一级节点:目标模式设置为上一级节点时,每个对象都会把它的上一个对象作为自己的目标体进行指向。每个对象都会将它的z轴指向它的上一个对象,如图22-224所示。

图22-224

- 目标对象：指定作为目标的对象。
- 使用Pitch：勾选该选项，对象的z轴总是指向目标对象。如果不勾选该选项，对象在指向目标对象时，只会在对象的水平方向进行指向，不会跟随高度变化进行指向，如图22-225所示。

图22-225

- 转向：勾选该选项后，对象会反转指向轴，即原有z轴指向目标对象会转变成-z轴。
- 上行矢量：可以根据实际需要指定任意轴向为上行矢量，指定上行矢量的主要目的是避免对象在指向目标对象的过程中发生方向跳转。也可以将一个具体对象作为上行矢量的指向目标，如图22-226和图22-227所示。

图22-226

图22-227

图22-227所示的红色宝石为目标体，黄色球体为上行矢量对象。

- 排斥：勾选该选项后，目标对象靠近指向它的对象时，会对指向它的对象的位置，形成排斥效果，如图22-228和图22-229所示。勾选"排斥"后，会出现下面的两个选项。
  ◇ 距离：用来控制排斥范围，数值越大，排斥范围越大。
  ◇ 距离强度：用来控制排斥强度的大小，数值越大，排斥强度也就越大。

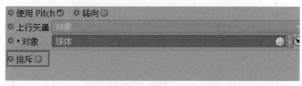

图22-228

图22-229

22.16 时间效果器

时间效果器不需要对其他参数进行设置，便可以利用动画的时间来影响对象属性的变换。

"效果器"选项卡如图22-230所示。

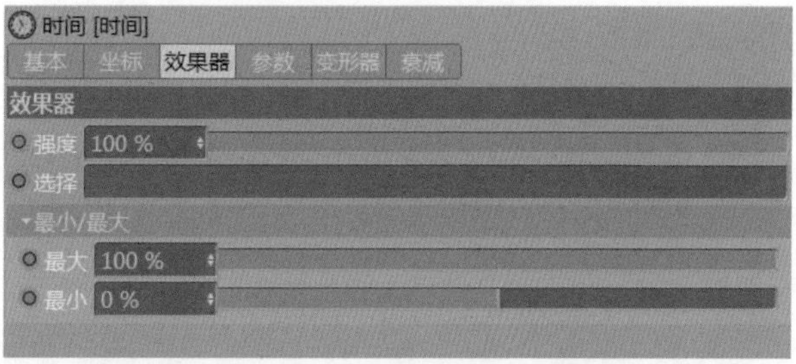

图22-230

22.17 体积效果器

体积效果器可以定义一个范围，在这个范围内对对象的变换属性产生影响。当克隆对象位于指定的体积对象内部时，在体积对象范围内的对象会受到效果器的影响，如图22-231所示。

图22-231

"效果器"选项卡如图22-232所示。

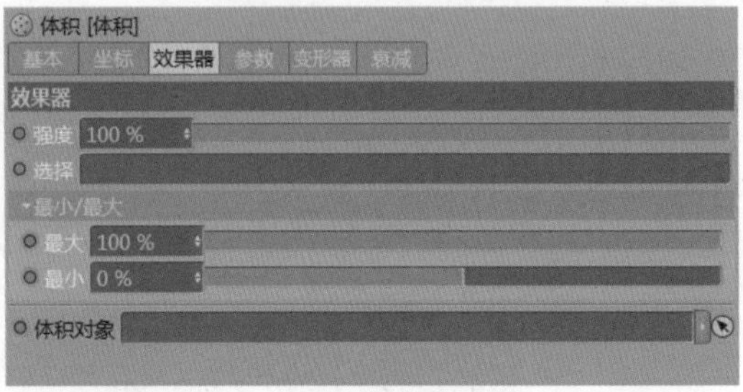

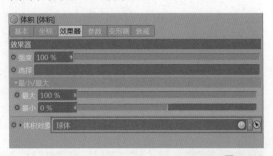

图22-232

- 强度：控制效果器影响的强度，强度设置为0%时，将终止效果器本身的效果，也可以输入小于0%或大于100%的数值。
- 选择：可以对克隆对象使用运动图形选集，将运动图形选集拖入该选项右侧文本框内，可以使体积效果器只作用于运动图形选集范围内的对象。
- 最大/最小：共同控制当前变换的范围。
- 体积对象：可以将几何体拖入该选项右侧文本框内，拖入的几何体将作为影响克隆对象变换属性的范围。

例如，将一个球体拖入体积效果器下的"体积对象"右侧文本框内，如图22-233所示。

图22-233

在当前体积效果器的"参数"选项卡中，设置缩放为等比缩放、缩放值为5，如图22-234所示。

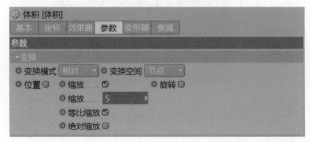

图22-234

然后可以调整球体，使其逐渐接近克隆对象，直到穿过整个克隆对象。可以看到，当克隆对象位于球体体积范围内时，克隆对象的缩放属性受到了体积效果器的影响，如图22-235～图22-237所示。

图22-235

图22-236

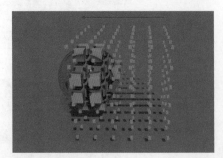

图22-237

第23章

关节

23

23.1 创建关节

23.1.1 关节工具

在C4D中有两种常用的创建关节工具的方法，一种是执行主菜单中的"角色>关节工具"命令，另一种是执行主菜单中的"角色>关节"命令，如图23-1所示。

图23-1

执行"角色>关节工具"命令时，需要按住Ctrl键不放，在工作视图内进行绘制创建。绑定不同角色及对象时，比较适合用这种方法，如图23-2所示。

图23-2

每执行一次"角色>关节"命令，都会在工作视图内的世界坐标原点处创建一个独立的骨关节点，如图23-3所示。

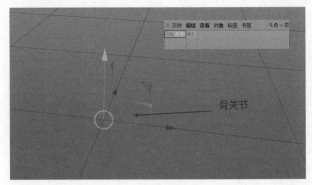

图23-3

在执行"角色>关节"命令时按住Shift键不放，可以将先、后创建出来的骨关节设置为父子关系。调节每一个骨关节的位置参数，可以迅速创建出一条骨骼链，这种方法经常用来绑定一些飘带或绳子，如图23-4所示。

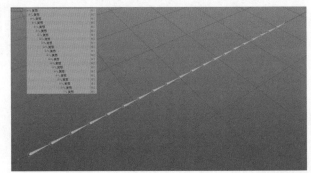

图23-4

23.1.2 关节对齐

在设置骨骼时，不管选择哪一种方法来创建骨骼，骨骼的轴向都将对接下来的反向运动学（Inverse Kinematics, IK）设置产生非常重要的影响。一般情况下，骨骼习惯性地将关节的z轴指向设置为指向它的下一个关节处。但如果关节被旋转过，或者指定过新的父子关系，关节的自身坐标轴向将改变，如图23-5所示。

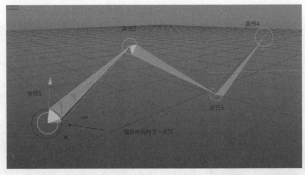

图23-5

此时可以执行"角色>关节对齐工具"命令,来矫正骨关节的z轴指向,如图23-6所示。

图23-6

在关节对齐工具属性中,将对齐方向设定为骨骼,将上行轴设定为Y,勾选"子级"再单击"对齐"按钮,如图23-7所示。

图23-7

被改变轴向的关节将对齐,如图23-8所示。

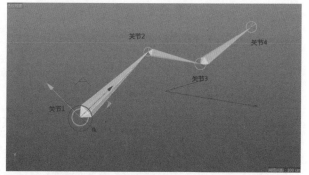

图23-8

23.1.3 关节镜像

在设置对称的骨骼时一般都会采用镜像骨骼的方式。这样既可以避免在骨骼的重复设置中出现位置与角度误差,也非常节省制作时间。用户只需选择根关节,执行主菜单中的"角色>镜像工具"命令,在镜像工具属性面板中设定镜像坐标的方式、轴向平面即可,如图23-9所示。

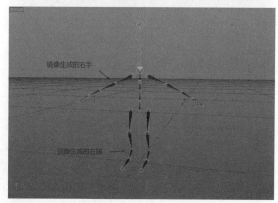

图23-9

以图23-9所示为例,只需要选中需要进行镜像操作的根关节,执行主菜单中"角色>镜像工具"命令即可,如图23-10所示。

图23-10

在镜像工具的属性面板中设置坐标为世界、轴向为X(YZ),单击"镜像"按钮,即可对选中骨骼沿世界坐标的YZ平面进行镜像,如图23-11所示。

图23-11

23.2　关节绑定与IK设置

对于已经架设完成的骨骼，用户可以通过绑定操作来实现骨骼对模型的实际控制，并且可以通过对骨骼设置IK控制器来实现模型肢体的协调控制。下面就以绑定一个人物角色模型的下肢为例来说明骨骼绑定与IK设置。

23.3　功能实操：骨骼设置案例

01 执行内容浏览器内的"预置>Prime>Humans> Male"命令，如图23-12所示，将预置文件内的角色模型拖曳到工作视图中。

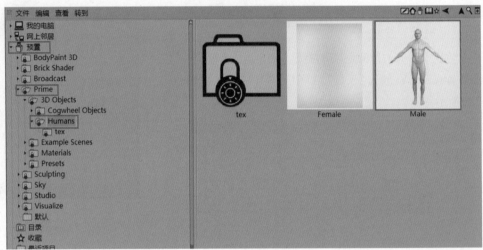

图23-12

02 在对象窗口中将Body从male对象下拖曳出来，在对角色模型进行绑定的过程中，不需要绑定平滑细分后的模型，如图23-13所示。

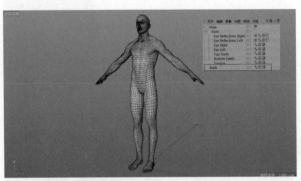

图23-13

03 执行"角色>关节工具"命令。在右视图中按住Ctrl键，分别在角色模型的股骨根部、膝盖、脚踝、脚掌、脚尖处单击，创建出符合人类生理结构的腿骨骨骼。值得注意的是，膝盖应当略微靠前，以符合人类正常的生理弯曲，脚

跟至脚尖处应当保持水平。在创建时可以配合捕捉工具进行水平对齐，如图23-14所示。

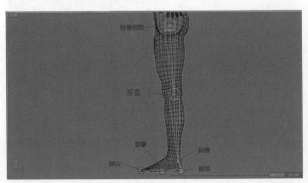

图23-14

04 由于角色模型的脚部向内靠拢，所以需要将整个腿部骨骼在正视图中进行小幅度旋转，以适配模型的结构，如图23-15所示。

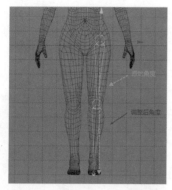

图23-15

05 单击对象窗口中Body左侧的"+"，将所有的骨骼层级展开。将骨骼由上至下依次重命名，如图23-16所示。

图23-16

06 在对象窗口中分别选择L大腿和L脚踝，执行"角色>命令>创建IK链"命令，如图23-17所示。

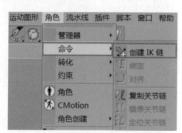

图23-17

07 分别选择L脚踝与L脚跟，创建IK链，分别选择L脚跟与L脚掌，创建IK链，分别选择L脚掌与L脚尖，创建IK链，如图23-18所示。

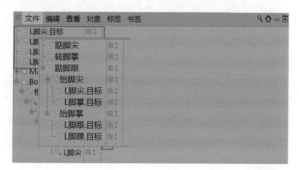

图23-18

08 单击工具栏上对象工具组中的空白处，在场景中创建两个空白对象，将它们分别重命名为"抬脚掌"和"抬脚尖"。将对象窗口中的"L脚跟.目标"与"L脚踝.目标"拖曳为抬脚掌的子级，将"L脚尖.目标"与"L脚掌.目标"拖曳为抬脚尖的子级。修改抬脚掌对象与抬脚尖对象的坐标，将它放置到脚掌骨骼的位置上，如图23-19所示。

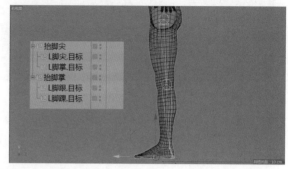

图23-19

09 创建3个空白对象，分别将它们重命名为"踮脚尖""转脚掌""踮脚跟"。选择踮脚跟对象，修改它的坐标，将它移动到L脚跟骨骼的位置处，将抬脚尖对象与抬脚掌对象作为它的子级，如图23-20所示。

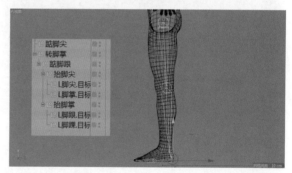

图23-20

10 选择转脚掌对象，将它的坐标移动到L脚掌骨骼处，将踮脚跟对象作为它的子级，如图23-21所示。

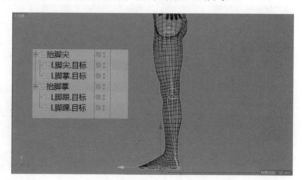

图23-21

11 选择踮脚尖对象，将它的坐标移动到L脚尖骨骼处，将转脚掌对象作为它的子级，如图23-22所示。

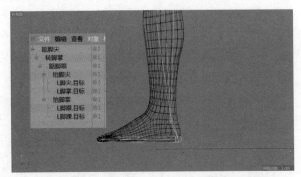

图23-22

12 在场景中创建一条圆环曲线，将它转换为可编辑对象，并重命名为"L_Foot-Con"。在它的坐标属性面板中单击"冻结全部"按钮，将L_Foot-Con对象的坐标参数全部清零，如图23-23所示。

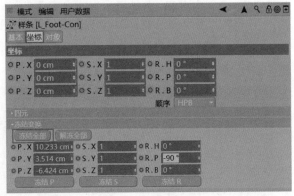

图23-23

13 在工作视图中选择L_Foot-Con，调整它的控制点，将它修整为比角色模型脚部略大的环状结构。调整它的坐标位置到L脚踝骨骼处，将踮脚尖对象作为L_Foot-Con对象的子级，如图23-24所示。

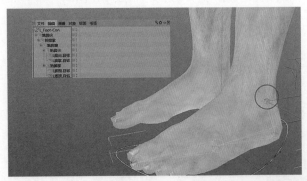

图23-24

14 选择"L_大腿"骨骼的IK链标签，在它的标签面板下单击极向量下的"添加旋转手柄"按钮，为大腿到脚踝处的骨骼添加一个极向量控制器，命名为"L_大腿.旋转手柄"，用来控制膝盖的朝向，如图23-25所示。

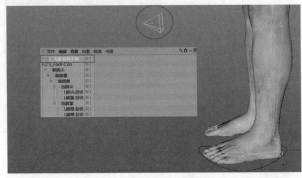

图23-25

15 选择L_大腿.旋转手柄对象，将它作为L_Foot-Con的子级。在L_大腿.旋转手柄的"坐标"选项卡中单击"冻结全部"按钮，将L_大腿.旋转手柄对象的坐标参数清零，如图23-26所示。

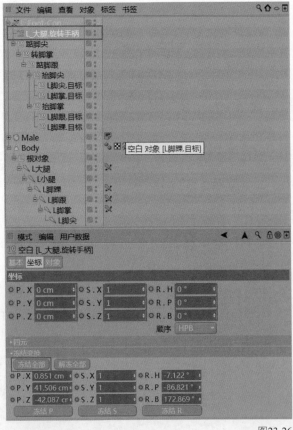

图23-26

16 左腿骨骼设置完成后，选择骨骼组与控制器组，如图23-27所示。

图23-27

17 选择L_Foot-Con对象，在它的属性面板中单击"用户数据"，再选择"增加用户数据"，为L_Foot-Con对象添加一组用户数据，如图23-28所示。

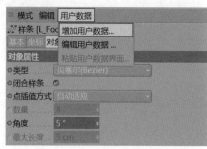

图23-28

18 在"编辑用户数据"窗口的名称文本框内输入"踮脚尖"，设置用户界面为浮点滑块，设置单位为角度，如图23-29所示。

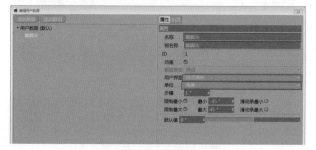

图23-29

19 单击"确定"按钮后，在L_Foot-Con的属性面板中会多出一个"用户数据"选项卡，在"用户数据"选项卡中显示了踮脚尖属性，如图23-30所示。

图23-30

20 按照上述方法依次为L_Foot-Con对象添加踮脚尖、抬脚尖、踮脚跟、转脚掌、抬脚掌，"用户数据"选项卡如图23-31所示。

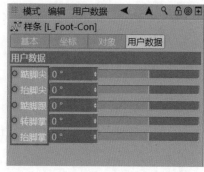

图23-31

21 选择对象窗口中的L_Foot-Con对象，选择"用户数据"选项卡中的踮脚尖属性，单击鼠标右键，执行"XPress-ions>设置驱动"命令，如图23-32所示。

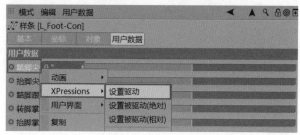

图23-32

22 选择对象窗口中的踮脚尖对象，找到对应旋转的轴向P轴，单击鼠标右键，执行"XPressions>设置被驱动（绝对）"命令，这样L_Foot-Con"用户数据"选项卡中的踮脚尖属性就可以控制踮脚尖空白对象的P轴旋转了，如图23-33所示。

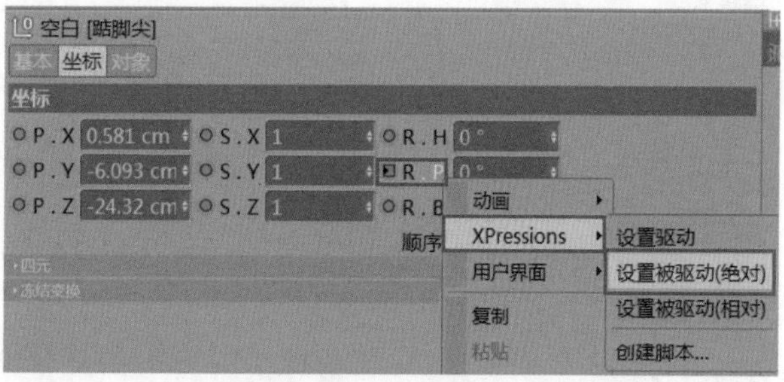

图23-33

23 选择L_Foot-Con"用户数据"选项卡中的其他属性，重复上述的操作，把对应的属性一一关联起来，如图23-34所示。

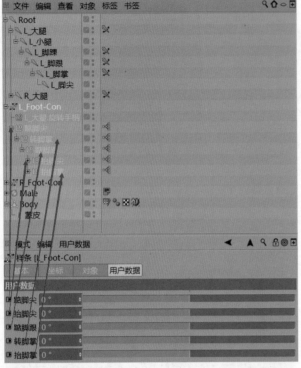

图23-34

24 此时调整L_Foot-Con对象属性面板中的用户数据，可以控制相应的骨骼反应，如图23-35所示。

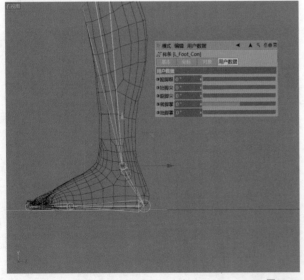

图23-35

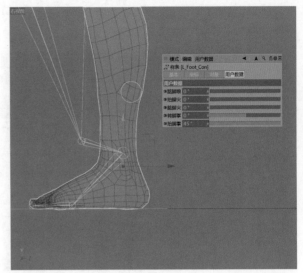

图23-35（续）

25 执行"角色>镜像工具"命令，如图23-36所示。

图23-36

26 在镜像工具的方向属性面板下设置坐标为世界、轴为X(YZ)，如图23-37所示。

图23-37

27 在命名属性面板下设置需要替换的前缀名为L_，用其替换的前缀名为R_，如图23-38所示。

图23-38

28 设置完成后，单击工具属性面板下的"镜像"按钮，左腿骨骼的设置将会完整地镜像到右腿的相应位置上，如图23-39所示。同时控制器与骨骼的名称会将前缀名称全部由L_修改为R_。

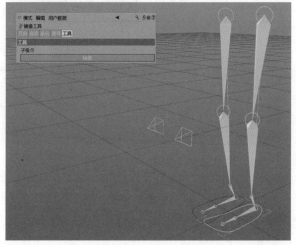

图23-39

29 执行"角色>关节工具"命令，在角色模型的腹部中心位置创建一个单独的骨骼关节，将它重命名为Root。将L_大腿与R_大腿骨骼关节作为Root的子层级，如图23-40所示。

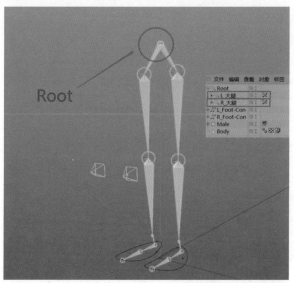

图23-40

30 骨骼设置完成后，选择Root下的所有骨骼关节和Body对象，执行"角色>命令>绑定"命令，如图23-41所示。

图23-41

31 此时调整"L_Foot-Con"与"R_Foot-Con"控制器的位置及相关用户数据的参数，角色模型就会在骨骼的带动下发生相应的变化，如图23-42所示。

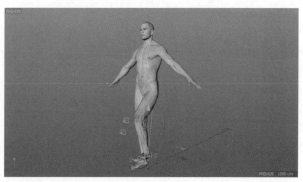

图23-42

32 仔细观察角色的运动效果，可以看到在某些运动达到一定角度时，模型表面会出现一些破面错误，如图23-43所示。

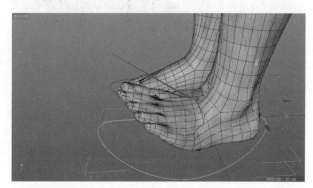

图23-43

33 这种情况在角色绑定过程中是普遍存在的，可以修改骨骼权重，将模型表面的控制效果矫正过来。这里选择相应部位的控制骨骼，执行"角色>权重工具"命令，如图23-44所示。

图23-44

34 在本例中，调整脚部权重时可以选择"L_脚掌"关节，在打开的权重工具属性面板中，将强度设置为10%左右，将模式调整为添加，如图23-45所示。

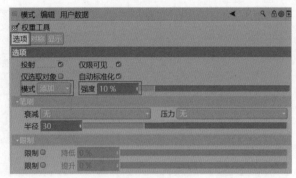

图23-45

35 在需控制的模型表面单击，逐渐增加"L_脚掌"关节所控制的范围与强度，如图23-46所示。

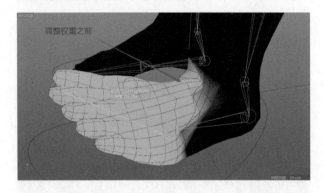

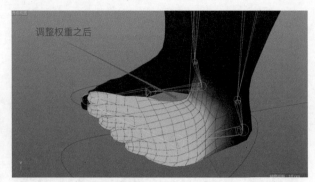

图23-46

　　除了在权重工具属性面板下使用添加方式以外，还可以使用平滑方式来调整关节间衔接位置的权重效果。绝大多数情况下，使用这两种方式就可以正确设置角色模型的权重，同时自然的骨骼控制效果，不仅与权重设置有关，还与模型结构及骨骼设置是否合理有关。使用以上方式就可以初步完成骨骼对模型的控制与调整。

XPresso和Thinking Particles

24

XPresso和ThinkingParticles是难度相对较大的部分，也是之前所学习过内容的提升。下面先通过两个案例的实操来初步了解XPresso的奇妙，再进行详细讲解。

24.1 功能实操：抖动的球体

01 在已经创建好的球体的名称上单击鼠标右键，执行"CINEMA 4D标签>XPresso"命令，为其添加XPresso标签，如图24-1所示。

图24-1

02 在对象窗口中将球体拖至XPresso编辑器中，如图24-2所示。

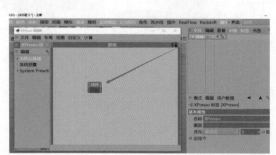

图24-2

03 在XPresso编辑器左侧找到噪波节点，将其拖曳至右侧，如图24-3所示。

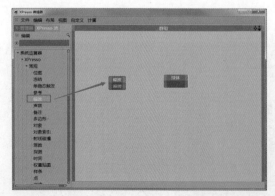

图24-3

04 在球体节点左上角的蓝色块上单击，在弹出的菜单中执行"坐标>位置>位置"命令，把球体的位置属性调出来，以便于接下来进行链接，如图24-4所示。

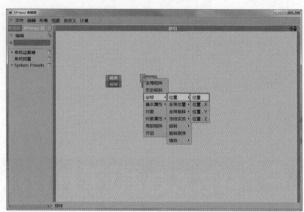

图24-4

05 将噪波后面的红点拖曳至球体前面的蓝点上，如图24-5所示，即可将噪波和球体位置链接，如图24-6所示。

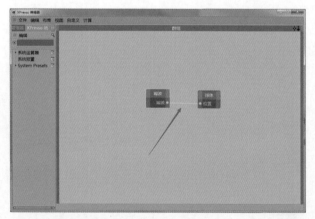

图24-5

图24-6

06 选择噪波节点，在属性面板中设置噪波类型为湍流，设置频率为5，设置振幅为50，如图24-7所示。

图24-7

07 播放动画，球体在视图中将产生随机抖动的效果，此效果并不是通过传统的关键帧方式产生的，如图24-8所示。

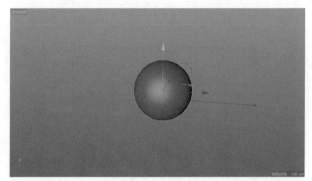

图24-8

24.2 功能实操: 球体的位置控制立方体的旋转

01 创建球体和立方体，在球体上单击鼠标右键，为其添加XPresso标签，并把球体和立方体拖曳到XPresso编辑器中，如图24-9所示。

图24-9

02 在球体节点的右上角红色块上单击，在弹出的菜单中执行"坐标>位置>位置.Y"命令，如图24-10所示。

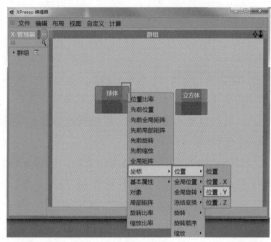

图24-10

03 在立方体节点的左上角蓝色块上单击，在弹出的菜单中执行"坐标>全局旋转>全局旋转.H"命令，如图24-11所示。

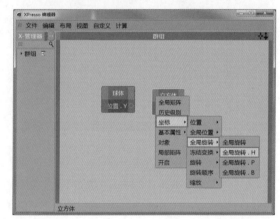

图24-11

04 链接球体节点的位置.Y和立方体节点的全局旋转.H，如图24-12所示。此时可以沿着y轴移动球体，观察立方体的变化。

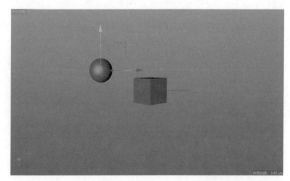

图24-12

24.3 XPresso编辑器

通过前面的两个实操，大家可以了解到C4D提供的XPresso的简单操作，接下来专门讲解XPresso编辑器的使用方法。

通过前面的练习，大家了解到了XPresso编辑器操作需要在对象上单击鼠标右键，为对象添加XPresso标签，如果需要对其进行修改，可以双击对象后面的<键按钮，打开XPresoo编辑器。

XPresso编辑器主要分为两大块，左侧为XPresso池，其中包含系统提供的各种使用节点，右侧为群组窗口，所有节点都需要在群组窗口中完成链接，如图24-13所示。

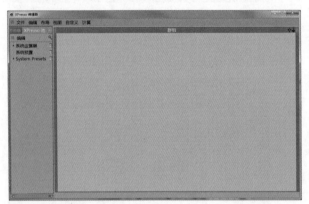

图24-13

在群组窗口中可以直接链接节点，也可以新建多个群组，把一些需要分开链接的节点放置在不同的群组中。还可以直接在群组窗口中单击鼠标右键，执行"空白群组"命令创建新群组，如图24-14所示。

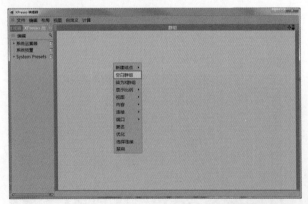

图24-14

可以将需要使用的节点或对象放置在新建的群组中，如图24-15所示。

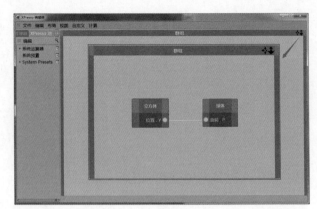

图24-15

在新建的群组上单击鼠标右键，可以执行"解开群组"命令解散群组，群组里的节点会被放置回原来的群组中，如图24-16所示。

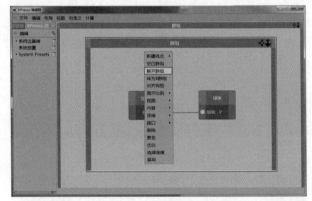

图24-16

创建好节点后，在当前节点的左上角和右上角会默认出现蓝色和红色色块。蓝色色块可以添加输入属性，也就是被控制属性；红色色块可以添加输出属性，也就是要使用当前属性控制其他属性。这两个色块是可以在窗口的"布局"菜单中进行调换的。

可以单击窗口右上角的两个按钮对窗口进行平移和缩放，也可以配合键盘上的Alt键、鼠标中键和鼠标右键来控制窗口的平移和缩放。这里和控制2D视图的方法一样。

在XPresso编辑器的左侧，用户可以根据需要创建相应的节点。XPresso编辑器提供的节点众多，只有充分了解这些节点的属性，才能轻松达到想要的结果。

24.4 数学节点的应用

下面使用XPresso编辑器完成稍微复杂一些的效果。

01 在场景中已经创建好了两个立方体和一个球体，并为它们分别赋予了蓝色和红色材质，如图24-17所示。

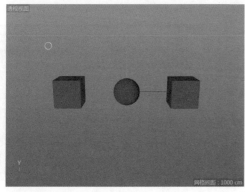

图24-17

02 若想得到球体的y轴数值等于两个立方体y轴数值的总和，则当立方体的y轴位置发生变化时，球体的y轴会进行实时计算。将3个对象拖曳到XPresso编辑器窗口中，并创建数学：加节点，摆好位置，如图24-18所示。

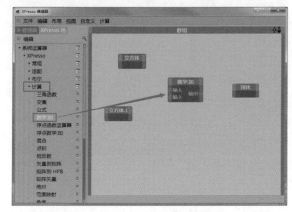

图24-18

03 在立方体右上角的红色块上单击，执行"坐标>位置>位置.Y"命令，用同样的方法为另一个立方体节点添加位置.Y属性，如图24-19所示。

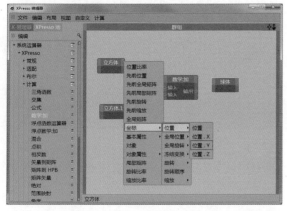

图24-19

04 在球体节点左上角的蓝色色块上单击，执行"坐标>全局位置>全局位置.Y"命令，如图24-20所示。

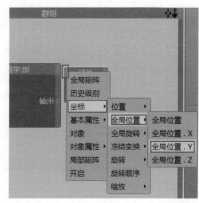

图24-20

05 分别将两个立方体的位置.Y链接到数学：加节点的输入上，将数学：加节点的输出链接到球体节点的位置.Y上，如图24-21所示。

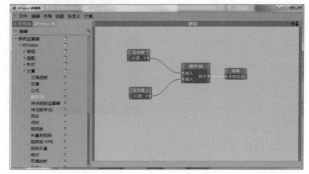

图24-21

06 此时沿着y轴移动两个立方体，可以看到球体的y轴已经被控制，如图24-22所示。

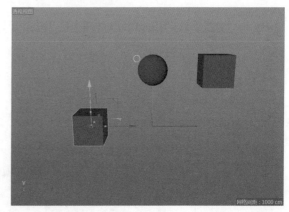

图24-22

07 通过类似的操作，可以灵活控制坐标。现在得到的效果是两个立方体的y轴控制一个球体的y轴，也可以创建常数节点和数学：乘节点，链接常数节点的实数和数学：乘节点的输入，如图24-23所示。

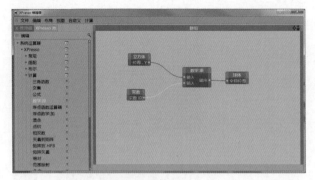

图24-23

08 在属性面板中，设置常数的数值为2，设置数学节点的功能为乘，如图24-24所示。

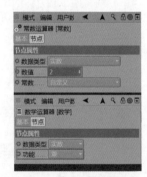

图24-24

通过以上操作，球体的y轴数值永远是立方体y轴数值的2倍。

24.5 用时间节点控制文字和贴图变化

24.5.1 功能实操：用时间节点控制文字样条变化

01 在场景中创建文本样条，在属性面板中确保对齐方式为中对齐，如图24-25所示。

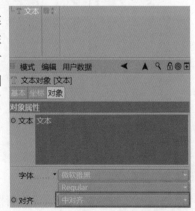

图24-25

02 在对象窗口中，用鼠标右键单击文本，为其添加XPresso标签，如图24-26所示。

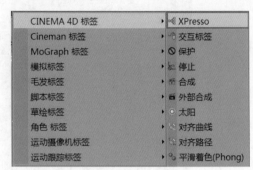

图24-26

03 将文本拖入XPresso编辑器窗口中，创建时间节点，如图24-27所示。

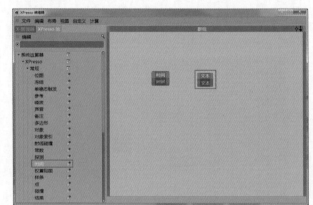

图24-27

04 在文本节点左上角的蓝色块上单击，执行"对象属性>文本"命令，如图24-28所示。

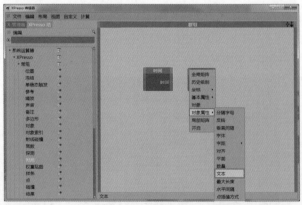

图24-28

05 在时间节点右上角的红色块上单击，执行"帧"命令，如图24-29所示。

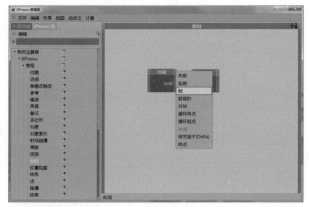

图24-29

06 链接时间节点的帧和文本节点的文本属性，如图24-30所示。

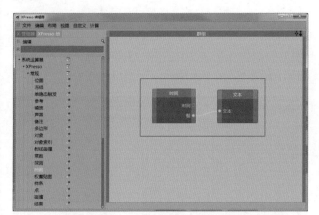

图24-30

07 播放动画，不同时间的观察效果如图24-31所示。

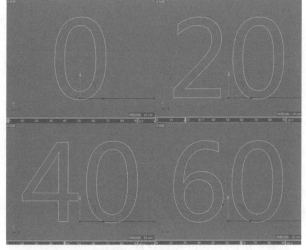

图24-31

08 为文本样条添加挤压对象，可以得到立体的效果，如图24-32所示。

图24-32

24.5.2 功能实操：用时间节点控制纹理数字变化

01 创建立方体，并为其指定新的默认材质，如图24-33所示。

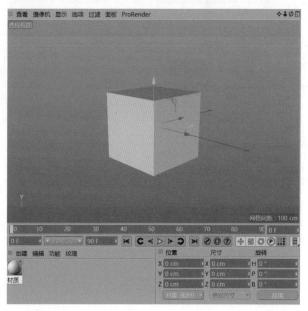

图24-33

02 双击材质球，打开材质编辑器窗口，在颜色通道的纹理属性中添加样条，如图24-34所示。

03 在材质编辑器窗口中单击■按钮，将样条属性面板复制出来，如图24-35所示。

04 在对象窗口中，用鼠标右键单击立方体，为其添加XPresso标签。将材质编辑器窗口中的■图标拖至XPresso编辑器窗口中，如图24-36所示。

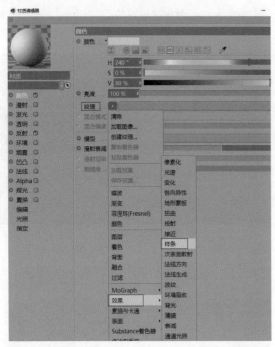

图24-34

图24-35

图24-36

05 单击样条节点的左上角蓝色块，执行"着色器属性>文本"命令，如图24-37所示。

图24-37

06 创建时间节点，并为其添加帧属性，链接时间节点的帧属性到样条节点的文本属性上，如图24-38所示。

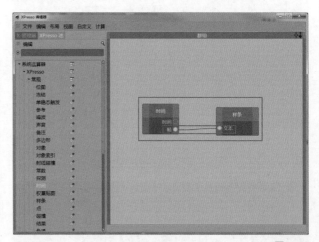

图24-38

07 播放动画，效果如图24-39所示。

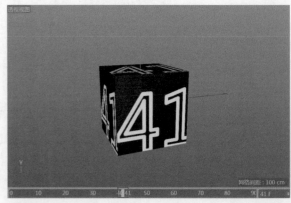

图24-39

08 通过调整样条属性，文字可居中显示，如图24-40所示。

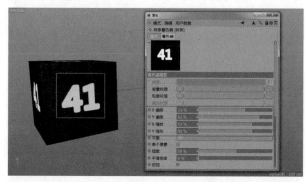

图24-40

24.6 Thinking Particles

Thinking Particles配合XPresso制作粒子特技。

01 创建空白对象，将其命名为TP，再为其添加XPresso标签，如图24-41所示。

图24-41

02 创建粒子风暴节点，如图24-42所示。

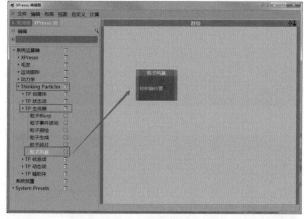

图24-42

03 播放动画，此时在画面中可以看到一些十字状的粒子被喷射出来，如图24-43所示。

04 虽然可以看到粒子，但此时的发射器并不能记录坐标变化，无法做位置动画，要想解决此问题，必须有一个对象和粒子风暴节点相链接。将TP对象拖到XPresso编辑器窗口中，如图24-44所示。

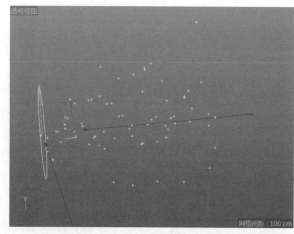

图24-43

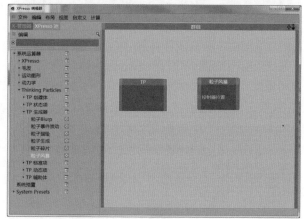

图24-44

05 将投射器位置前面的蓝色色块拖曳到空白对象右上角的红色色块上，执行"坐标>位置>位置"命令，如图24-45所示。这样链接的目的是使用TP对象的位置来控制粒子风暴发射器的位置。

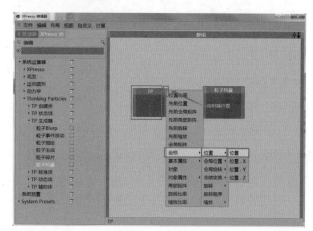

图24-45

06 播放动画，在视图中使用移动工具移动TP对象的位置，发现其正确控制了粒子发射器的位置，如图24-46所示。

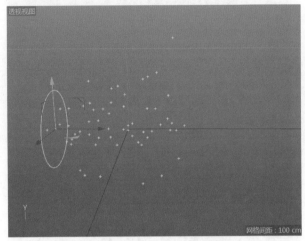

图24-46

07 但是此时，如果旋转TP对象，会发现还无法得到正确的角度控制。现在开始使用Thinking Particles节点，完成基本链接后，就可以自由控制了。单击粒子风暴节点的蓝色色块，执行"投射器对齐"命令，如图24-47所示。

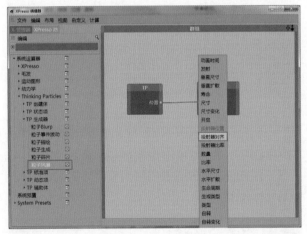

图24-47

08 单击TP对象的红色色块，执行"全局矩阵"命令，如图24-48所示。

09 链接TP对象节点的全局矩阵和粒子风暴节点的投射器对齐，如图24-49所示。

10 播放动画，旋转TP对象，视图中的粒子如图24-50所示。

11 在左侧TP动态项下将粒子重力拖曳到右侧群组窗口中，创建的粒子重力节点并不能立刻对粒子生效，如图24-51所示。

图24-48

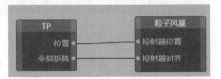

图24-49

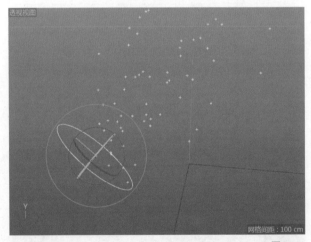

图24-50

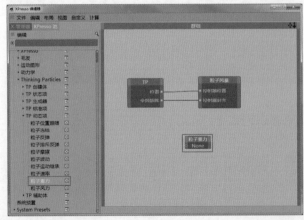

图24-51

12 创建空白对象，并命名为G，用来代表重力。可以直接把新建的G对象拖曳到粒子重力节点上，或拖入粒子重力属性的"对象"右侧文本框内，这样就可以通过G对象来控制重力的位置和角度等，如图24-52所示。

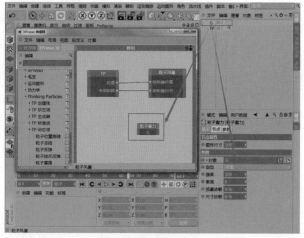

图24-52

13 此时，重力仍然无法对粒子产生作用，接下来要创建粒子传递节点。粒子传递节点是Thinking Particles中的重要节点，用户要想更深层次地理解Thinking Particles，必须先理解粒子传递节点，在左侧TP创建体下找到粒子传递，将其拖到右侧，如图24-53所示。

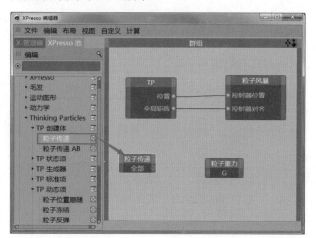

图24-53

14 链接粒子传递节点的全部和粒子重力节点的G，如图24-54所示。

15 播放动画，可以发现粒子朝向重力的指示方向飞去，如图24-55所示。

16 在粒子传递节点中，现在默认的是全部，也就是说，无论场景中有多少个粒子发射器，都会受到当前粒子重力的影响。要得到当前重力只影响某个粒子的效果，必须使用Thingking Particles的粒子群组。

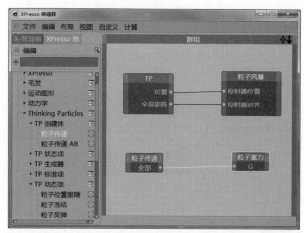

图24-54

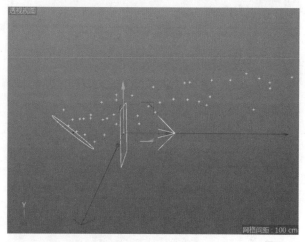

图24-55

17 在TP标准项中找到粒子群组，将其拖曳到右侧即可创建，这里创建群组的目的是为粒子风暴指定一个群组，如图24-56所示。

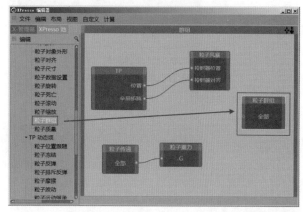

图24-56

18 单击粒子风暴节点右上角的红色色块，为其添加粒子生成，并链接粒子风暴的粒子生成和粒子群组的全部，如果只这样链接，那么并没有真正把粒子分组，如图24-57所示。从图中可以看到，现在粒子群组和粒子传递节点中显示的都是全部，也就是说，现在粒子风暴节点仍然属于全部群组，粒子重力对全部粒子都产生作用。

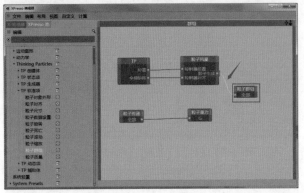

图24-57

19 执行主菜单中的"模拟>Thinking Particles>Thinking Particles设置"命令，如图24-58所示，打开Thinking Particles窗口，如图24-59所示。在Thinking Particles窗口中，可以设置多个分组，并可以为每个分组设置不同的颜色。

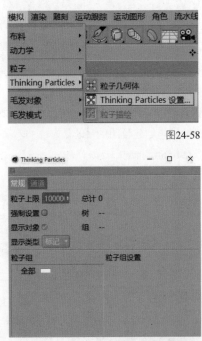

图24-58

图24-59

20 用鼠标右键单击"全部"，执行"添加"命令，添加群

组.1后，设置当前群组为红色，如图24-60所示。

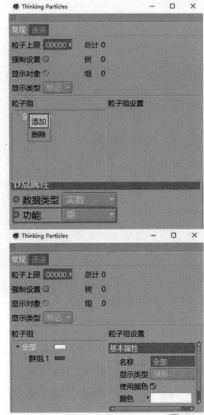

图24-60

21 这一步是很关键的一步，在Thinking Particles窗口中拖曳群组.1到XPresso编辑器中的粒子群组和粒子传递上，如图24-61所示。

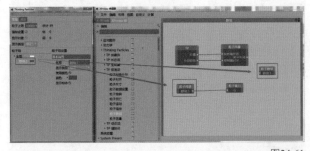

图24-61

通过以上操作，就可以得到力场单独影响粒子的效果。不仅如此，如反弹影响等，也是通过类似的方法得到的，有了之前的链接，再添加其他影响粒子的因素就相对简单了。

22 在TP动态项下找到粒子反弹节点，将其拖曳到右侧。使用粒子反弹节点可以得到粒子被遮挡并且弹回的效果，如图24-62所示。

粒子和平面之间发生了正确的反弹,如图24-65所示。

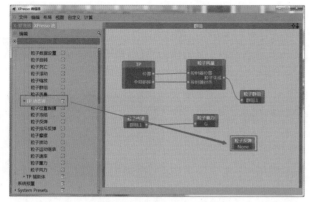

图24-62

23 在场景中创建平面对象,并调整其位置。旋转TP对象,让粒子垂直向下喷射。调整G对象,让重力场有一定的角度。粒子由于被分为群组.1,因此显示为红色,但是此时,粒子和平面并未发生反弹,如图24-63所示。

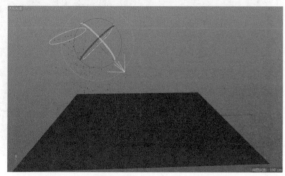

图24-63

24 将平面对象拖曳到粒子反弹节点上,并链接粒子传递的群组.1到粒子反弹的平面上,播放动画,此时粒子和平面也并未发生反弹,如图24-64所示。

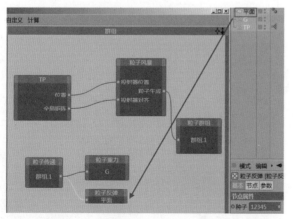

图24-64

25 选择平面,按C键将平面转化为多边形。选择粒子反弹节点,在属性面板中设置反弹类型为对象,播放动画,发现

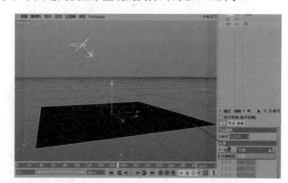

图24-65

26 复制平面对象,并调整位置,将其作为粒子下一次碰撞的遮挡物,如图24-66所示。

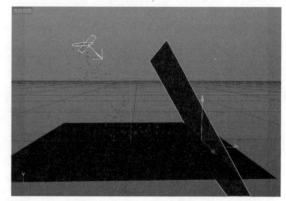

图24-66

27 按住Ctrl键拖曳粒子反弹节点,复制当前节点,如图24-67所示。

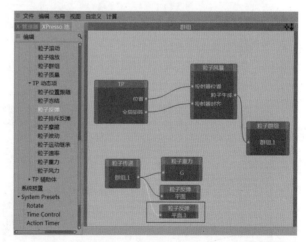

图24-67

28 选择粒子风暴节点,在属性面板中设置数量为1000,设置寿命为200,设置水平扩散和垂直扩散为0,播放动画,如图24-68所示。

437

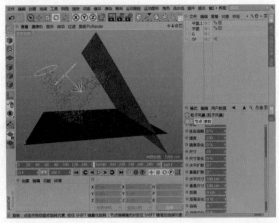

图24-68

24.6.1 粒子替代功能讲解

01 创建用作体态的立方体对象，并将立方体转化为多边形。在TP标准项中找到粒子对象外形节点，将其拖曳到右侧，如图24-69所示。

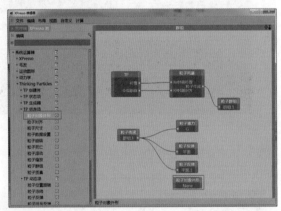

图24-69

02 将立方体对象拖曳到粒子对象外形节点上，链接粒子传递的群组.1到粒子对象外形的立方体，如图24-70所示。

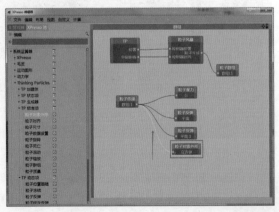

图24-70

03 现在在场景中看不到粒子替代的结果，执行主菜单中的"模拟>Thinking Particles>粒子几何体"命令；只有在场景中创建粒子几何体后，才可以看到粒子外形，如图24-71所示。

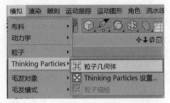

图24-71

04 播放动画，效果如图24-72所示。

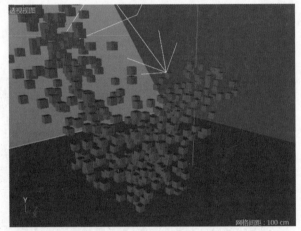

图24-72

通过以上讲解，相信读者对Thinking Particles的应用有了一定的了解。

24.6.2 粒子Blurp工具的应用

01 创建两个球体，并将它们转化为多边形，如图24-73所示。

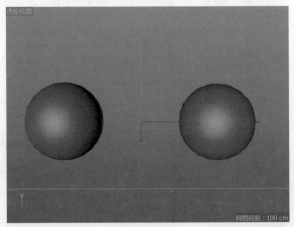

图24-73

02 在其中一个球体上添加XPresso标签，打开XPresso编辑器窗口，创建粒子Blurp节点，如图24-74所示。

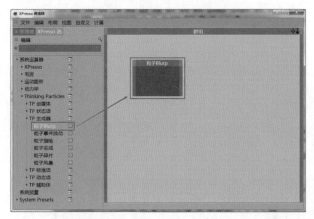

图24-74

03 将两个球体拖曳到粒子Blurp节点属性面板中的"对象"右侧文本框内，在视图中可以看到两个球体之间建立了一条连线，如图24-75所示。

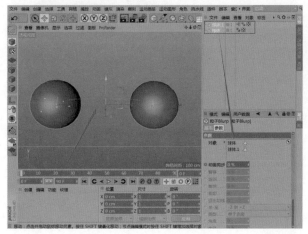

图24-75

04 在第0帧处设置动画同步值为0，并添加关键帧。在第90帧处设置动画同步值为100，并添加关键帧。播放动画，在视图中可以看到粒子从一个球体飞向另外一个球体，如图24-76所示。

05 分别设置两个球体的类型为单个表面，再设置厚度均为3%，如图24-77所示。

06 执行主菜单中的"模拟>Thinking Particles>粒子几何体"命令，播放动画，效果如图24-78所示。

07 可在场景中将两个原始球体的显示和渲染关闭，得到两个球之间自然的变化效果。

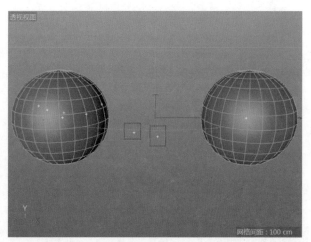

图24-76

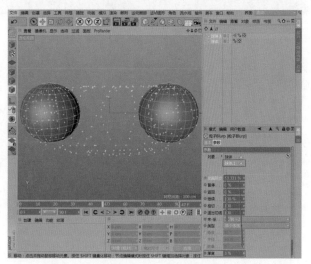

图24-77

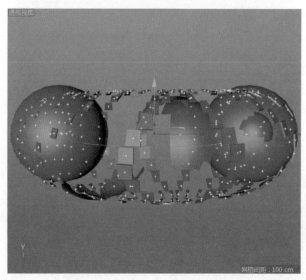

图24-78

第25章

Sculpting

25

Sculpting界面
雕刻工具

25.1 Sculpting界面

Sculpting（雕刻）是一种完全不同的建模方法，其追求自然与艺术。雕刻就像使用黏土，你可以将其捏成你想要的任何形状。雕刻能为模型做出如皱纹、发丝、青春痘、雀斑等皮肤细节。一般都会使用Sculpting对模型进行雕刻处理。下面先来介绍Sculpting的工作界面。

Sculpting的界面布局和默认的界面布局有很大的区别，如图25-1所示。

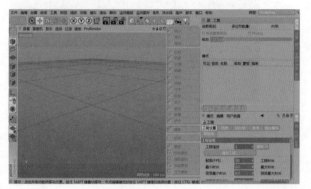

图25-1

雕刻工具如图25-2所示。

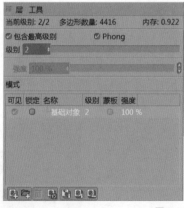

图25-2

雕刻层面板如图25-3所示。

图25-3

25.2 雕刻工具

首先模型要有足够的分段数，然后用户选择要雕刻的模型，单击细分工具，准备对模型进行雕刻，此时模型后

面会出现一个雕刻标签，如图25-4所示。再次单击细分工具可以给模型加上细分，每单击一次细分工具就可以对模型多进行一次细分，操作视图的右上角显示当前的细分次数，如图25-5所示。

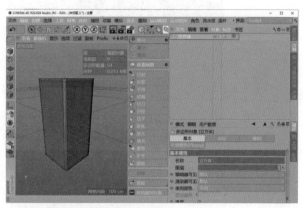

图25-4

图25-5

- 减少：可以回到上一层细分中去操作。
- 增加：可以跳到下一层细分中去操作，但不能超出细分的总层数。

注意

被雕刻的模型一定是多边形对象。对应的细节应该在对应的细分下操作。这里我们先讲解拉起工具。

- 拉起：进入雕刻状态，单击拉起工具，用笔刷在模型上单击，可以使模型的表面凸出来，按住Ctrl键单击也可使模型凹进去，如图25-6所示。

用户可以在属性面板中修改笔刷的属性，如图25-7所示。

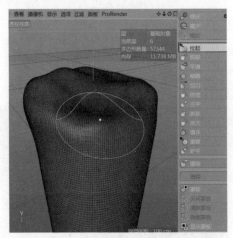

图25-6

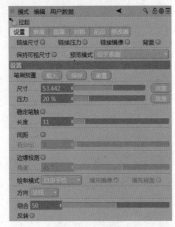

图25-7

25.2.1 设置

勾选链接尺寸、链接压力、链接镜像这3个选项后，再选择别的笔刷工具时，对应的属性会相互关联起来，因此这里不建议勾选，如图25-8所示。

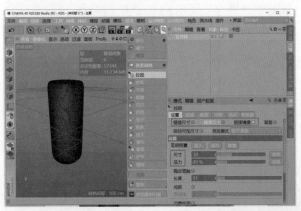

图25-8

- 背面：笔刷在默认情况下不能雕刻法线反方向的面，只有在勾选该选项后笔刷才能雕刻背面，勾选该选项后笔刷会变成蓝色，如图25-9所示。

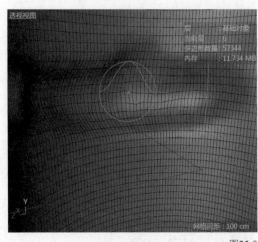

图25-9

- 保持可视尺寸：勾选该选项，笔刷的大小会随编辑视窗的放大或缩小而改变；如果取消勾选选项被禁用，那么笔刷的大小总是相同的。
- 预览模式：可以选择笔刷在界面中显示的方式，包括关闭、屏幕和位于表面，如图25-10所示。

图25-10

◇ 关闭：在视图里看不到笔刷，如图25-11所示。

◇ 屏幕：笔刷会以屏幕为平面去定义笔刷朝向，如图25-12所示。

◇ 位于表面：笔刷会以模型表面的法线方向去定义笔刷朝向，如图25-13所示。

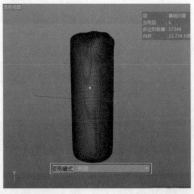

图25-11

图25-12

图25-13

- 笔刷预置：C4D中有很多关于笔刷的预置，单击
  笔刷预置的"载入"按钮，可以看到很多预置的笔
  刷，如图25-14所示；单击"保存"按钮，可以把制
  作的笔刷保存下来，如图25-15所示；单击"重置"
  按钮，可以将笔刷还原成默认状态。

图25-14

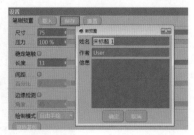

图25-15

- 尺寸：控制笔刷的大小，也可以上下滚动鼠标中键
  来调节，如图25-16所示。

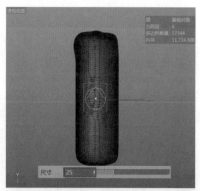

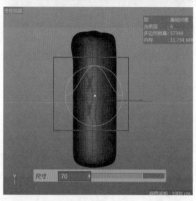

图25-16

- 压力：控制笔刷的强度，也可以上下滚动鼠标中键
  来调节，如图25-17所示。

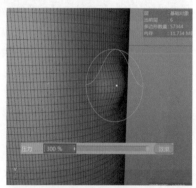

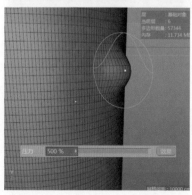

图25-17

- 稳定笔触：勾选这个选项后，拖曳笔刷会出现一条蓝色的线，这条蓝线会让画笔更加稳定，也会让创建笔触变得更加容易。长度用于定义蓝线的长度，数值越大笔触越稳定，如图25-18所示。

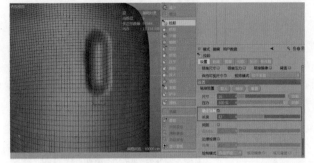

图25-18

- 间距：默认是不勾选这个选项的，勾选该选项后笔刷之间会有空隙。百分比控制笔刷之间的空隙，如图25-19所示。

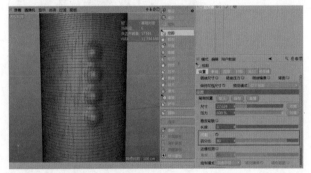

图25-19

- 边缘检测：如果绘制将结束在模型的边缘时，可以勾选这个选项。勾选后如果两个面之间的角度超过了设置的角度，笔刷将不会产生作用。

- 绘制模式：选择笔刷在模型上的绘制方法，如图25-20所示。

图25-20

◇ 自由手绘：可以在模型上自由涂抹，如图25-21所示。

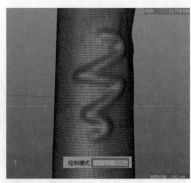

图25-21

◇ 拖拽矩形：可以以放大的形式来雕刻模型，如图25-22所示。

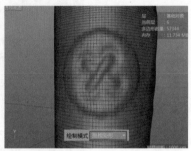

图25-22

◇ 拖拽涂抹：可以控制笔刷的位置。

◇ 线：可以沿着一条线涂抹，单击鼠标右键完成涂抹，如图25-23所示。

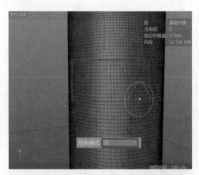

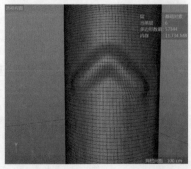

图25-23

◇ 套索填充/多边形填充/矩形填充：可以选择一个区域进行填充。

• 方向：定义被雕刻模型的朝向，如图25-24所示。

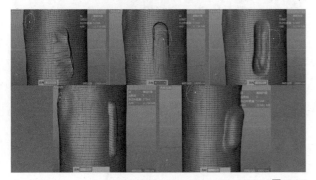

图25-24

• 组合：可以把笔刷的效果组合在一起使用。
• 反转：反转笔刷的效果，如笔刷效果是凸起的，则反转之后就是凹进去的。需要按住Ctrl键配合鼠标操作如图25-25所示。

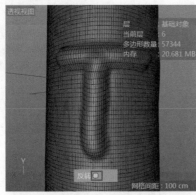

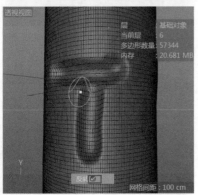

图25-25

25.2.2 衰减

• 衰减：默认情况下，笔刷的形式会以提供的样条形式衰减，如图25-26所示，用户也可以用改变样条

的方法去改变笔刷衰减的形式，如图25-27所示。

• 重置：可以将样条还原成默认状态。

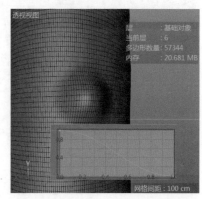

图25-26

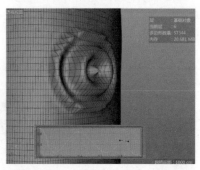

图25-27

25.2.3 图章

• 使用图章/图像：勾选"使用图章"，可以将一张图像作为笔刷的形状，在"图像"右侧文本框内加载一张图像即可，如图25-28所示。

图25-28

• 材质：可以用材质的贴图来影响笔刷的形状，新建一个材质球，为材质加一张噪波贴图，将材质拖到"图章"选项卡里的"材质"选项中，如图

25-29所示。

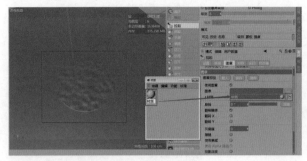

图25-29

- 旋转：设置图像的角度。
- 翻转镜像：如果勾选了该选项，镜像笔触的图像也将反转。先在对称里勾选"X(YZ)"选项，如图25-30所示，然后勾选"翻转镜像"选项，效果如图25-31所示。

图25-30

图25-31

- 翻转X：可以翻转图像的*x*轴方向。
- 翻转Y：可以翻转图像的*y*轴方向。
- 灰度值：是指对黑白图像影响的强度。默认数值为0时，白色最强、黑色最弱。数值为1，黑色最强、白色最弱，如图25-32所示。

图25-32

- 跟随：勾选该选项时，笔刷会跟随笔触旋转，默认情况下是垂直向下的，如图25-33所示。

图25-33

- 使用衰减：勾选这个选项后，可以用衰减去影响笔刷。
- 使用Alpha通道：如果使用的图像有Alpha通道，就要勾选这个选项。
- 投影深度/双线性/密封：对模型效果影响不大，建议保持默认设置。

25.2.4　对称

切换到"对称"选项卡后，可以进行一系列的对称操作，如图25-34所示。

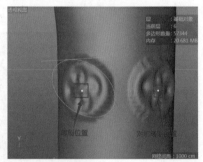

图25-34

- 轴心：对称的模式，如图25-35所示。X(YZ)、Y(XZ)、Z(XY)选项用来确定对称的轴向，也可以多选轴向来配合使用，如图25-36所示。轴心也分为世界、局部和工作平面，直接使用局部模式即可。

图25-35

图25-36

- 径向：当勾选这个选项时，模型表面将进行复杂的对称。

25.2.5 拓印

- 拓印：可以将一张图片载入视图窗口中作为雕刻对象模版，可以对这张图片进行位移、旋转和缩放，如图25-37所示。

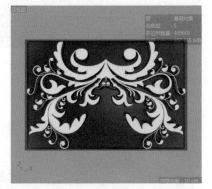

图25-37

注意

拓印适用于位图，黑色区域笔刷的影响力为0、白色区域笔刷的影响力为100。

- 材质：可以将材质作为拓印的图像，新建一个材质球，为材质加一张噪波贴图，然后将材质拖到"拓印"选项卡里的"材质"选项中，如图25-38所示。

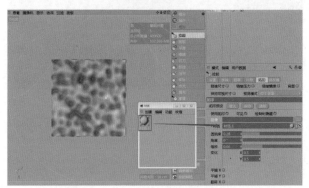

图25-38

- 透明度：显示图片的透明度（这个透明度只是显示，不会影响到实际效果）。
- 角度：调整图片的角度。
- 缩放：调整图片的大小。
- 变化：调整图片的位置。
- 平铺X：平铺图片的x轴方向，如图25-39所示。

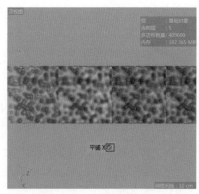

图25-39

- 平铺Y：平铺图片的y轴方向，如图25-40示。

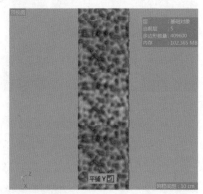

图25-40

- 翻转X：可以翻转图像的x轴方向。
- 翻转Y：可以翻转图像的y轴方向。
- 灰度值：是指对黑白图像影响的强度；默认数值为0时，白色最强、黑色最弱；数值为1时，黑色最强、白色最弱。

25.2.6 修改器

- 启用修改器：勾选这个选项时，可以将几个笔刷组合起来使用，如图25-41所示。

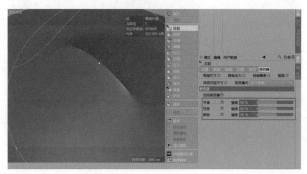

图25-41

注意

有关平滑、挤捏和膨胀的具体操作效果，接下来会讲解。

- 体素网格：可以将模型转化为体素网格。
- 抓取：抓取笔刷可以用来抓取模型的一部分，把它放到所需的位置，小范围的模型表面细节可用抓取笔刷来实现，也可以使用一个大的笔刷在模型范围内做大的改动，如塑造人物的下巴或头，如图25-42所示。

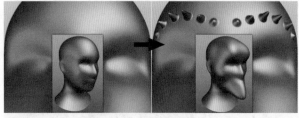

图25-42

- 平滑：平滑笔刷是雕刻的最重要的笔刷之一，可以使雕刻的模型表面平滑，在任何笔刷下按住Shift键并单击都会变为平滑笔刷，如图25-43所示。

图25-43

- 蜡雕：蜡雕笔刷适合在表面增加或者减少形状，有点像在模型表面涂上一层蜡，按住Ctrl键可以进行方向操作，如图25-44所示。

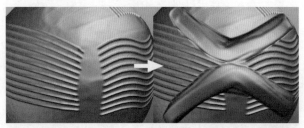

图25-44

- 切刀：切刀笔刷可以做出模型表面被切过的效果，类似疤痕的效果，如图25-45所示。

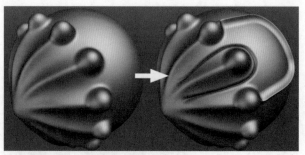

图25-45

- 挤捏：挤捏笔刷可以把两边的网格向中间汇聚，用于强调模型边缘的效果，如图25-46所示。

图25-46

- 压平：压平笔刷可以使模型变平坦，如图25-47所示。

图25-47

- 膨胀：膨胀笔刷可以使模型沿着法线方向膨胀，如图25-48所示。
- 放大：放大笔刷可以使模型细节放大，使凸出的地方更凸出，凹陷的地方更凹陷，如图25-49所示。

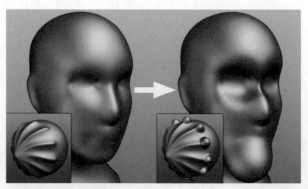

图25-48

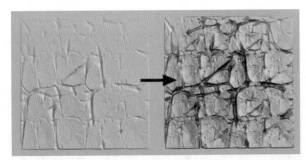

图25-49

- 填充：填充笔刷可以填补凹陷的区域，如图25-50所示。

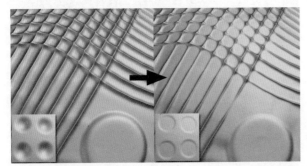

图25-50

- 重复：重复笔刷可以使模型的面在法线方向上扩大，如图25-51所示。

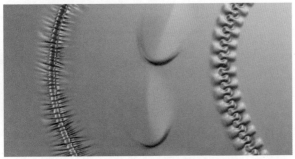

图25-51

- 铲平：铲平笔刷可以将模型凸出的地方铲平，如图25-52所示。

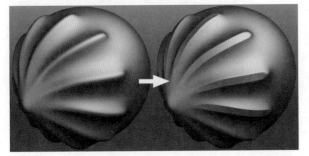

图25-52

- 擦除：擦除笔刷可以将雕刻过的地方还原，如图25-53所示。

图25-53

- 选择：进入模型的面层级，可以使用选择工具来选择某些固定的面，之后单独对这些面进行雕刻。
- 蒙板：使用蒙板时，可以单独对图案内部进行雕刻，如图25-54所示。

图25-54

- 反转蒙板：可以翻转灰色的蒙板部分。
- 清除蒙板：可以清除蒙板。
- 隐藏蒙板：可以将蒙板隐藏。
- 显示蒙板：可以将蒙板显示出来。
- 烘焙雕刻对象：模型进入雕刻模式，雕刻的模型级别高的时候会多出很多面，但在面多的情况下不利于进行别的操作，所以可以用烘焙对象的烘焙层法线与置换贴图来保存雕刻的细节，如图25-55所示。

图25-55所示为400 000个面的雕刻效果，使用烘焙雕刻后，用6个面的模型就可以得到极为接近的效果。

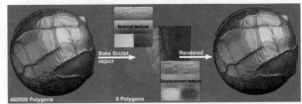

图25-55

- 镜像雕刻：当雕刻的模型是一个对称模型时，这个工具是非常有用的，可以先雕刻一半模型，然后镜像雕刻，但镜像雕刻会完全覆盖另外一半模型的雕刻。而均匀模式会把两边雕刻的细节中和，如图25-56所示，它展示了原始雕刻、镜像效果和均匀处理之后的对比效果。

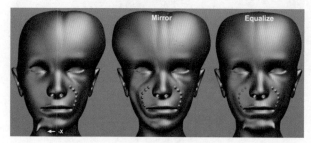

图25-56

- 投射网格：可以将雕刻的模型覆盖在另外一个模型的表面上。

选择要投射的模型，在选择被投射的模型源里面，选择要投射的模型的细分级别，单击"投射"按钮，要投射的模型就会以雕刻的形式吸附到被投射模型的表面，如图25-57所示。

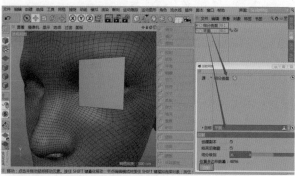

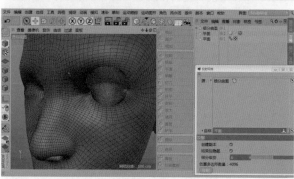

图25-57

- 反细分：当模型的细分数变多时，可以将细分数减少，效果如图25-58所示。

图25-58

- 雕刻到姿态混合：可以用雕刻好的模型与原模型做混合动画，要使用此功能，必须有多个雕刻图层，如图25-59所示。

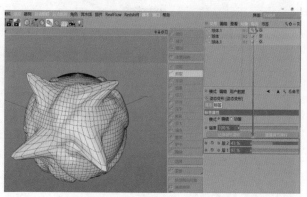

图25-59

- 雕刻层：雕刻时，雕刻层与Photoshop的图层有点相似，对应的细节处理应在所对应的级别里面进行，如人脸的皱纹应该在级别较高的层级里面做，层菜单下有对应的操作信息，如图25-60所示。
- 添加层：选择对应的细分级别，单击"添加层"，可以在这个级别下建立一个雕刻层，如图25-61所示。

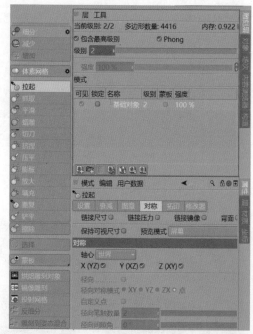

图25-60

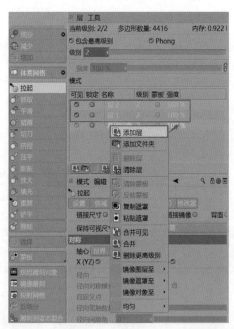

图25-61

- 添加文件夹：给雕刻层添加文件夹，更方便操作，如图25-62所示。

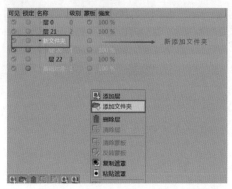

图25-62

- 删除层：删除选中的层。
- 清除层：清除层中的所有雕刻。
- 合并可见：可以把同样级别的层级合并。
- 合并：将所有层合并到基础模型下。
- 删除更高级别：将高于当前细分级别的层删除，包括自身的细分级别。
- 可见：这个层的可见性。
- 锁定：锁定在层里操作。
- 级别：显示这个当前层的细分级别。
- 蒙板：在层里显示蒙板。
- 强度：此层的混合强度。

注意

雕刻的模型不要在基础模型上去更改，这样更方便操作与修改。

只有选择对应的细分级别才能选中对应的层。

层高亮的时候才能表示在这个层里面。

第26章

场次系统

26

26.1　场次系统功能介绍

在3D工作中会出现许多需要建立多个工程来解决的问题，如渲染设置、摄像机视角、材质变换。这就意味着创建或者修改时需要大量的时间。场次系统就是把这些工程信息整理到一个工程中来呈现的。这样更容易对复杂项目进行整理，提高工作效率。

下面用一个案例来解释场次系统中的大部分参数：在同一个工程中将同样一个模型改变4种不同的颜色，如图26-1所示。

图26-1

先从场次列表区开始介绍，场次列表区的作用有建立新场次、选择操作场次、标记场次、选择场次的摄像机和进行每一个场次的渲染设置，如图26-2所示。

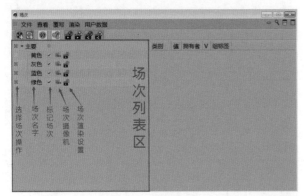

图26-2

• 新场次：在默认情况下，创建一个工程就会有一个主要场次，可以用鼠标右键单击场次列表的空白区域，执行"新场次"命令创建新的场次，如图26-3所示；单击 按钮也可以新建场次。

图26-3

注意

新建立的场次默认都是主场次的子级，子场次属性会跟随它的父级。

• 新子场次：选择一个场次，选择"新子场次"，可以建立一个子场次，如图26-4所示；新建一个场次，并将新场次拖入其他场次中也可以建立父子级关系。

图26-4

• 删除场次：删除选中的场次。
• 复制/粘贴：复制/粘贴场次。

26.2　场次系统列表详解

• 选择操作场次：只有选择场次前面的白色按钮高亮时，才表示该层被激活，如图26-5所示。

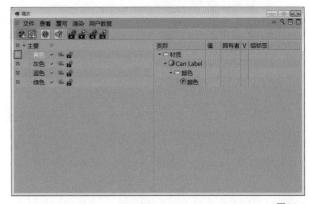

图26-5

• 标记场次：单击后面的圆点，可以标记场次，如图26-6所示。
• 场次摄像机：单击层上的"摄像机"按钮，可以选择层对应的摄像机，如图26-7所示；"继承自父级"表示使用父层级的摄像机，"默认摄像机"表示使用默认摄像机视角，也可以给场次单独指定

CINEMA 4D R20 完全学习手册

一个摄像机。

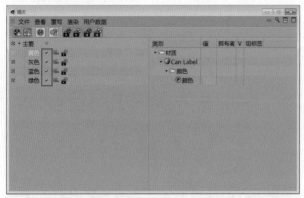

图26-6

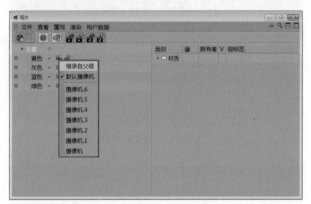

图26-7

- 场次渲染设置：可以对场次进行单独的渲染设置，如图26-8所示。

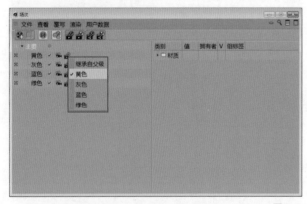

图26-8

覆盖列表：记录场次的类别、数值等的差别，如图26-9所示。

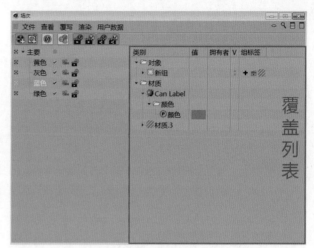

图26-9

- 类别：可以把想修改的类别记录下来。
- 值：记录类别的数值，双击可以修改数值。
- 拥有者：可以标注作者名字。
- V：类别对象的编辑器可见与渲染可见。
- 组标签：可以给类别对象单独建立一个标签，单击加号可以添加标签，如图26-10所示。

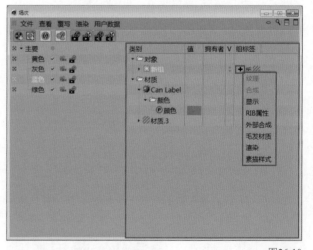

图26-10

26.3 场次系统快捷工具栏

场次系统快捷工具栏：主要记录场次系统中大部分的快捷键，如图26-11所示。

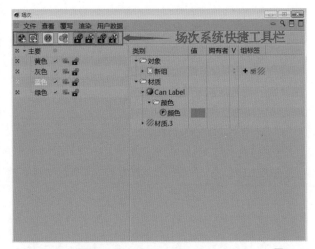

图26-11

- 新场次 ![icon]: 单击 ![icon] 按钮或者执行"文件>新场次"命令,都可以新建场次,如图26-12所示。

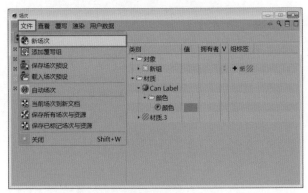

图26-12

- 添加覆写组 ![icon]: 单击 ![icon] 或者执行"文件>添加覆写组"命令,都可以在覆盖列表的类别中添加一个覆写组,其相当于文件夹,如图26-13所示。

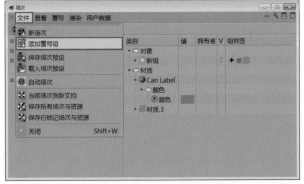

图26-13

- 自动场次 ![icon]: 在没有开启时,场次的类别中没有的属性是灰色的,不能修改,如图26-14所示;

单击 ![icon] 或者执行"文件>自动场次"命令,开启之后,所有的属性都会变成蓝色的,可以修改,修改的属性记录到操作的场次中,如图26-15所示。

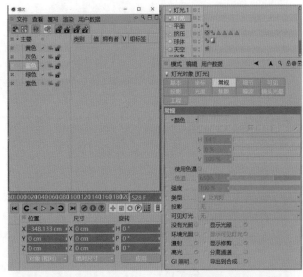

图26-14

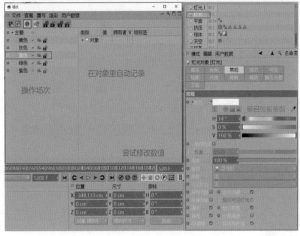

图26-15

- 锁定覆写 ![icon]: 没有开启该模式时,改变所有场次的属性,开启该模式时,改变操作的场次的属性。
- 渲染所有场次到PV ![icon]: 单击 ![icon] 或者执行"渲染>渲染所有场次到PV"命令,将所有场次渲染到图片查看器中,如图26-16所示。
- 渲染已标记场次到PV ![icon]: 单击 ![icon] 或者执行"渲染>渲染已标记场次到PV"命令,将已标记的场次渲染到图片查看器中,如图26-17所示。

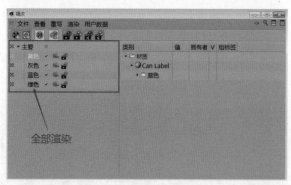

图26-16

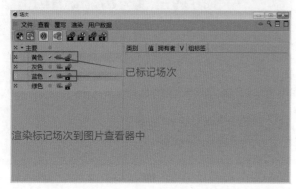

图26-17

- Team Render所有场次到PV🖼：单击🖼或者执行"渲染＞Team Render所有场次到PV"命令，用Team Render渲染所有的场次到图片查看器中。
- Team Render已标记场次到PV🖼：单击🖼或者执行"渲染＞Team Render已标记场次到PV"命令，用Team Render渲染已标记的场次到图片查看器中。

26.4 场次系统菜单栏

场次系统菜单栏：记录场次系统的大部分功能，如图26-18所示。

图26-18

1. 文件

- 保存场次预设/载入场次预设：选择要保存成预设的场次，单击"保存场次预设"，如图26-19所示，单击"载入场次预设"，可以载入保存的场次预设。

图26-19

- 当前场次到新文档：可以将当前场次单独保存为一个工程文件，切换到要保存的场次，单击"当前场次到新文档"，如图26-20所示。

图26-20

- 保存所有场次与资源：打包保存所有场次中的文件。
- 保存已标记场次与资源：打包已经标记场次中的文件。
- 关闭：关闭场次窗口。

2. 查看

- 显示空文件夹：默认情况下，只有被改变的参数才能显示对应的文件夹，选择该选项可以显示所有类型的文件夹，如图26-21所示。

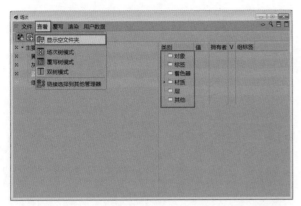

图26-21

图26-23

- 场次树模式/覆写树模式/双树模式：场次列表的3
  种显示模式，如图26-22所示。

图26-22

- 链接选择到其他管理器：可以将自己的选择和其
  他的管理器相链接。

3. 覆写

- 所有：把所有功能的覆写全部开启，如图26-23
  所示。

- 无：所有的功能全部不能覆写。
- 对象：记录对象覆写属性。
- 标签：记录标签的覆写属性。
- 材质：记录材质的覆写属性。
- 着色器：记录着色器的覆写属性。
- 层：记录层级的覆写属性。
- 其他：记录其他覆写属性，如XPresson节点、特殊
  插件元素等的覆写属性。
- 启用状态/可见性：记录启用和可见性的属性。
- 变形：记录坐标旋转的覆写。
- 参数：记录所有参数的覆写。
- 摄像机：记录摄像机的属性参数的覆写。
- 渲染设置：记录渲染属性的覆写。

4. 用户数据

使用"用户数据"菜单用户可以增加自定义控制属性。